普通高等教育"九五"国家级重点教材

金属塑性成形原理

俞汉清
陈金德　编
王仲仁　主审

机械工业出版社

本教材系统地阐述了金属塑性成形的基本原理和共性问题，较好地反映了塑性成形理论的新发展。全书共分十章，其主要内容包括金属塑性变形的物理基础和力学基础理论、塑性成形中的摩擦、塑性成形件质量的定性分析、塑性成形力学的求解方法（包括主应力法、滑移线法、上限法、有限元法）、塑性成形过程的物理模拟。为便于学生复习和自学，每章末都附有思考与练习题。

本书可作为高等学校机械类、材料工程类专业本科生教材，也可作为相关专业研究生和有关工程技术人员参考用书。

本书配有电子课件，位于机械工业出版社教材服务网（www.cmpedu.com）上，向本书授课教师免费提供。

图书在版编目（CIP）数据

金属塑性成形原理/俞汉清，陈金德编．—北京：机械工业出版社，1999.8（2025.1重印）

面向 21 世纪课程教材．普通高等教育"九五"国家级重点教材

ISBN 978-7-111-07150-1

Ⅰ．金… Ⅱ．①俞…②陈… Ⅲ．金属—塑性变形—高等学校—教材 Ⅳ．TG111.7

中国版本图书馆 CIP 数据核字（2001）第 042824 号

机械工业出版社（北京市百万庄大街22号 邮政编码100037）

责任编辑：冯春生 版式设计：冉晓华 责任校对：韩 晶

封面设计：姚 毅 责任印制：单爱军

北京虎彩文化传播有限公司印刷

2025 年 1 月第 1 版第 31 次印刷

184mm×260mm・19.75 印张・479 千字

标准书号：ISBN 978-7-111-07150-1

定价：55.00 元

电话服务 网络服务

客服电话：010-88361066 机 工 官 网：www.cmpbook.com

010-88379833 机 工 官 博：weibo.com/cmp1952

010-68326294 金 书 网：www.golden-book.com

封底无防伪标均为盗版 机工教育服务网：www.cmpedu.com

前　言

本教材经第二届全国高等学校材料工程类专业教学指导委员会和塑性成形工艺及设备专业指导小组推荐，国家教育委员会批准，列为"九五"国家级重点立项教材，并列为机械工业部"九五"重点规划教材。

"金属塑性成形原理"是我国高校材料成形与控制、机械工程及自动化专业的技术基础课。作为该课程的基本教材——《金属塑性成形原理》，目前已有为数不少的版本，但这些版本的教材其内容和模式显得有些陈旧。随着我国教改的深入，为适应科学技术的发展和培养具有更强适应性的高等工程专门人才的需要，对现有教材在体系上、内容上进行了必要的调整、补充和更新。

本教材的编写思想是"有限目标，深、新适度；突出概念，加强基础；需求互引，力避繁琐"。在编写中，充分吸收了现有各教材中的精华部分，适度反映了该学科领域的最新成就，从塑性成形金属学、成形件的质量控制理论、塑性成形过程的数值及工程解法、计算机模拟理论及技术等方面吸取了新的内容。

全书共分十章。第一章综合介绍金属塑性成形及其分类、金属塑性成形原理及其研究的目的和任务，以及金属塑性成形理论的发展概况。第二章着重从微观角度阐明金属塑性变形的物理本质和机理、塑性变形对金属组织和性能的影响、金属塑性变形时的塑性行为等，在内容上比现有教材有较大的拓宽和深化，并注意与前置课程"金属学与热处理"的合理衔接，避免不必要的重复。第三章主要论述金属塑性变形时的力学基础理论，包括应力状态、应变状态、屈服准则、本构关系等，并将应力、应变、屈服准则之间的内在关系联系在一起。由于塑性成形往往是大变形过程，且对其应力场、应变场的描述要求越来越精确，因此在本章中加强了对张量分析、有限应变等基础理论的论述。第四章着重介绍金属在塑性成形过程中产生的摩擦及其所引起的不良后果等基本问题。第五章重点介绍金属在塑性成形中常遇到质量问题的成因及其控制理论、几种典型缺陷的分析及其分析实例。第六章到第九章主要介绍金属塑性成形问题的数值及工程解法的基本原理及其应用。对于主应力法，采用规范化切块的思想进行编写，以便于计算机编程计算。滑移线场理论虽然在理论上较严密，但由于其解题范围有限，国际上已很少应用，所以在本教材中只作一般介绍，同时增加了滑移线场矩阵算子法简介。关于上限法，考虑到刚性块变形模式仅适用于平面应变问题的局限性，故介绍了有关上限元技术的内容，以拓宽上限法在求解塑性成形问题的应用范围。有限元法是对塑性成形过程进行数值模拟最有效的一种方法，重点介绍刚塑性有限元法的基本原理及其应用。第十章主要介绍相似理论、模拟实验的基本方法及成形极限图在板料成形模拟实验中的应用等。

本教材内容丰富、新颖，理论与实际联系紧密，比现有高校统编教材无论在深度、广度和内容安排上都有质的提高。各学校可根据自己的特点和学时数安排选择有关内容讲授。本教材还可作为机械类、材料类、力学类等专业本科生参考用书，也可供有关工程技术人员作参考。

Ⅳ

本教材由西北工业大学俞汉清教授和西安交通大学陈金德教授合编。俞汉清教授编写第一、三、四、五、七章；陈金德教授编写第二、六、八、九、十章。

本教材由哈尔滨工业大学王仲仁教授主审，由下列人员参加了各章分审：清华大学王祖唐教授（审阅第七章）、华中理工大学肖景容教授（审阅第二章）、南昌大学林治平教授（审阅第三、六、八章）、北京航空航天大学周贤宾教授（审阅第四、十章）、哈尔滨工业大学吕炎教授（审阅第五章）和张凯锋教授（审阅第九章）。在审阅中和审稿会上，上述教授及参加审稿会的哈尔滨工业大学张士宏教授和王忠金副教授等提出了许多宝贵意见。此外，清华大学胡忠教授、山东工业大学塑性成形教研室、燕山大学锻压技术研究所等对本教材的编写提出了不少建设性的建议，在此一并表示衷心的感谢！

由于编者水平所限，书中定有许多缺点和不当之处，恳请读者批评指正。

编　者

目　　录

主要符号说明

A——面积

E——杨氏弹性模量

G——切变模量

I_1、I_2、I_3——应变张量第一、第二、第三不变量

I'_1、I'_2、I'_3——应变偏张量第一、第二、第三不变量

J_1、J_2、J_3——应力张量第一、第二、第三不变量

J'_1、J'_2、J'_3——应力偏张量第一、第二、第三不变量

K——剪切屈服强度

P——外力、变形力

S——一点的全应力

S_D——速度不连续面

S_U——位移边界面

S_T——力边界面

T_i——表面力

T_i^*——假想表面力

V——体积

W——变形功

$\dot{W}$——变形功功率

Y——真实应力（流动应力）

du_i——位移增量场

dW——变形功增量

l、m、n——方向余弦

m——应变速率敏感性指数、摩擦因子

n——应变硬化指数

p——单位变形力

u、v、w——位移分量

u_i——位移场

$\dot{u}\,\dot{v}\,\dot{w}$——速度分量

$\dot{u}_i$——速度场

β——中间主应力影响系数

γ——切应变

γ_8——八面体切应变

δ——伸长率

δ_{ij}——克氏符号，单位球张量

$\delta_{ij}\sigma_m$——应力球张量

$\delta_{ij}\varepsilon_m$——应变球张量

ε——正应变

$\bar{\varepsilon}$——等效应变

ε_8——八面体正应变

ε_m——平均正应变

ε_{ij}——应变张量

ε_{ij}^*——假想应变张量

ε'_{ij}——应变偏张量

$\dot{\varepsilon}_{ij}$——应变速率张量

$\bar{\dot{\varepsilon}}$——等效应变速率

μ——摩擦系数

μ_σ——罗德应力参数

μ_e——罗德应变参数

ν——泊松比

$\in$——对数应变

σ——正应力

τ——切应力

σ_0——标称正应力

σ_b——强度极限（抗拉强度）

σ_{ij}——应力张量

σ_{ij}^*——假想应力张量

σ'_{ij}——应力偏张量

σ'^*_{ij}——假想应力偏张量

σ_m——平均应力

$\bar{\sigma}$——等效应力

σ_8——八面体正应力

τ_8——八面体切应力

σ_s——屈服应力（屈服点）

ϕ——工程切应变

Ψ——断面收缩率

第一章 绪 论

第一节 金属塑性成形的特点及分类

一、金属的塑性、塑性成形及其特点

将圆柱形试样进行拉伸试验时，拉力 P 与试样伸长 Δl 之间的关系如图 1-1 所示。由图可看出，当作用力 $P < P_e$（弹性极限载荷）时进行卸载，伸长沿 $\overline{eo}$ 方向减小，最后伸长消失，试样恢复原来长度，这种性质称为材料弹性。当作用力 $P > P_s$（屈服极限载荷），例如加载到 c 点，然后进行卸载，则伸长随载荷的减小而沿 $\overline{cd}$ 方向变化（$\overline{cd} /\!/ \overline{eo}$）。卸载后，试样中保留残余变形 od，这种残余变形称为塑性变形，即当作用在物体上的外力取消后，物体的变形不能完全恢复而产生的残余变形。在外力作用下使金属材料发生塑性变形而不破坏其完整性的能力称为塑性。

金属材料在一定的外力作用下，利用其塑性而使其成形并获得一定力学性能的加工方法称为塑性成形，也称塑性加工或压力加工。

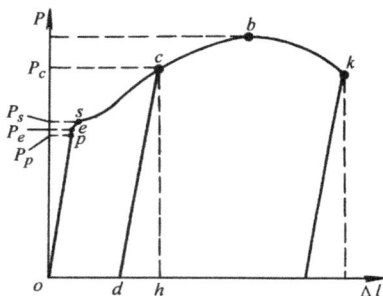

图 1-1 塑性材料试样拉伸时拉力与伸长之间的关系

与其他加工方法（如金属的切削加工、铸造、焊接等）相比，金属塑性成形有如下特点：

（1）组织、性能好 金属材料在塑性成形过程中，其内部组织发生显著的变化。例如钢锭，其内部组织疏松多孔、晶粒粗大且不均匀等许多缺陷，经塑性成形使其结构致密、组织改善、性能提高。因此，90% 以上的铸钢都要经过塑性加工，制成各部门所需的坯料或零件。

（2）材料利用率高 金属塑性成形主要是靠金属在塑性状态下的体积转移来实现的，不产生切屑，因此只有少量的工艺废料，并且流线分布合理。

（3）尺寸精度高 不少成形方法已达到少或无切削的要求（因用通用模具）。例如，精密模锻的锥齿轮，其齿形部分可不经切削加工而直接使用；精锻叶片的复杂曲面可达到只需磨削的精度。这是由于应用了先进的生产技术和设备。

（4）生产效率高，适于大批量生产。这是由于随着塑性加工工具和设备的改进及机械化、自动化程度的提高，生产率也相应得到提高。例如，高速冲床的行程次数已达 1500 ~ 1800 次/min；在 12000 × 10kN 热模锻压力机上锻造一根汽车发动机用的六拐曲轴只需 40s；在双动拉深压力机上成形一个汽车覆盖件仅需几秒钟。

由于金属塑性成形具有上述特点，因而它在冶金工业、机械制造工业等部门中得到广泛应用，在国民经济中占有十分重要的地位。

2

二、金属塑性成形的分类

将金属塑性成形进行分类，是为了便于对它们进行分析和研究。但是，至今还无统一分类方法。

按照成形的特点，一般将塑性成形分为块料成形（又称体积成形）和板料成形两大类，每类又包括多种加工方法，形成各自的工艺领域。

1. 块料成形

块料成形是在塑性成形过程中靠体积转移和分配来实现的。这类成形又可分一次加工和二次加工。

（1）一次加工 这是属冶金工业领域内的原材料生产的加工方法，可提供型材、板材、管材和线材等。其加工方法包括轧制、挤压和拉拔。在这类成形过程中，变形区的形状随时间是不变化的，属稳定的变形过程，适于连续的大批量生产。

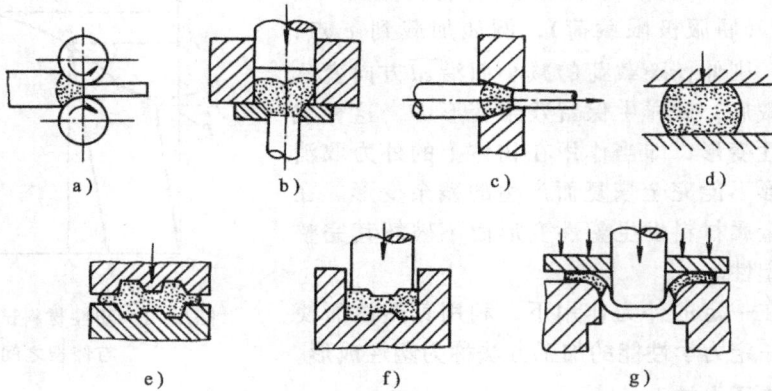

图 1-2 金属塑性成形方法的种类
a）轧制（纵轧） b）挤压（正挤压） c）拉拔 d）自由锻（镦粗）
e）开式模锻 f）闭式模锻 g）拉深

1）轧制。轧制是将金属坯料通过两个旋转轧辊间的特定空间使其产生塑性变形，以获得一定截面形状材料的塑性成形方法。这是由大截面坯料变为小截面材料常用的加工方法。轧制可分纵轧（图 1-2a）、横轧和斜轧。利用轧制方法可生产出型材、板材和管材。

2）挤压。挤压是在大截面坯料的后端施加一定的压力，将金属坯料通过一定形状和尺寸的模孔使其产生塑性变形，以获得符合模孔截面形状的小截面坯料或零件的塑性成形方法。挤压又分正挤压（图 1-2b）、反挤压和正反复合挤压。因为挤压是在很强的三向压应力状态下的成形过程，所以更适于生产低塑性材料的型材、管材或零件。

3）拉拔。拉拔是在金属坯料的前端施加一定的拉力，将金属坯料通过一定形状、尺寸的模孔使其产生塑性变形，以获得与模孔形状、尺寸相同的小截面坯料的塑性成形方法（图 1-2c）。用拉拔方法可以获得各种截面的棒材、管材和线材。

（2）二次加工 这是为机械制造工业领域内提供零件或坯料的加工方法。这类加工方法包括自由锻和模锻，统称为锻造。在锻造过程中，变形区随时间是不断变化的，属非稳定性塑性变形过程，适于间歇生产。

1）自由锻。自由锻是在锻锤或水压机上，利用简单的工具将金属锭料或坯料锻成所需形状和尺寸的加工方法（图 1 – 2d）。自由锻时不使用专用模具，因而锻件的尺寸精度低，生产率也不高，主要用于单件、小批量生产或大锻件生产。

2）模锻。模锻是将金属坯料放在与成品形状、尺寸相同的模腔中使其产生塑性变形，从而获得与模腔形状、尺寸相同的坯料或零件的加工方法。模锻又分开式模锻（图 1 – 2e）和闭式模锻（图 1 – 2f）。由于金属的成形受模具控制，因而模锻件有相当精确的外形和尺寸，也有相当高的生产率，适合于大批量生产。

2. 板料成形

板料成形一般称为冲压。它是对厚度较小的板料，利用专门的模具，使金属板料通过一定模孔而产生塑性变形，从而获得所需的形状、尺寸的零件或坯料。冲压这类塑性加工方法可进一步分为分离工序和成形工序两类。分离工序用于使冲压件与板料沿一定的轮廓线相互分离，如冲裁、剪切等工序；成形工序用来使坯料在不破坏的条件下发生塑性变形，成为具有要求形状和尺寸的零件，如弯曲、拉深（图 1 – 2g）等工序。

随着生产技术的发展，还不断产生新的塑性加工方法，例如连铸连轧、液态模锻、等温锻造和超塑性成形等，这些都进一步扩大了塑性成形的应用范围。

塑性加工按成形时工件的温度还可以分为热成形、冷成形和温成形三类。热成形是在充分进行再结晶的温度以上所完成的加工，如热轧、热锻、热挤压等；冷成形是在不产生回复和再结晶的温度以下进行的加工，如冷轧、冷冲压、冷挤压、冷锻等；温成形是在介于冷、热成形之间的温度下进行的加工，如温锻、温挤压等。

第二节　金属塑性成形原理课程的目的和任务

由上述介绍可知，金属塑性成形方法多种多样，具有各自的特点。但它们具有共同的特点，即都要利用金属的塑性，并都要借助于一定的外力使其产生塑性变形。而金属产生塑性变形时在金属学和力学等方面有着共同的基础和规律。因此，金属塑性成形原理课程的基本任务是阐明金属在塑性成形时的共同性，即金属塑性成形原理是研究和探讨金属在各种塑性加工过程中可遵循的基础和规律的一门学科。其目的在于科学地、系统地阐明这些基础和规律，为学习后续的工艺课程作理论准备，也为合理制订塑性成形工艺规范及选择设备、设计模具奠定理论基础。

对金属塑性成形工艺应提出如下要求：

1）使金属具有良好的塑性；

2）使变形抗力小；

3）保证塑性成形件质量，即使成形件组织均匀、晶粒细小、强度高、残余应力小等；

4）能了解变形力，以便为选择成形设备、设计模具提供理论依据。

为了达到上述要求，就要求《金属塑性成形原理》从塑性变形的力学基础、物理基础、塑性成形问题的工程解法、塑性成形件的质量分析等方面进行论述。因此，本课程的具体任务是：

1）阐明金属塑性变形的物理基础，即从微观上研究塑性变形的机理以及变形条件对金属塑性的影响，以便使工件在塑性成形时获得最佳的塑性状态、最高的变形效率和优质的力学性能。

2）阐明金属塑性变形的力学基础，即掌握金属塑性变形体内的应力场、应变场、应力—应变之间关系、塑性变形时的力学条件等塑性理论基础知识。在此基础上，分析研究塑性成形力学问题的各种工程解法及其在具体工艺中的应用，从而科学地确定变形体内的应力、应变分布规律及所需的变形力和变形功，为选择成形设备吨位和设计模具提供依据，并为降低变形力指明方向。

3）阐述金属塑性成形时的金属流动规律和变形特点，以便确定合理的坯料尺寸和成形工序，使工件顺利成形。

4）对成形件质量进行定性分析，理论联系实际，以便寻求提高成形件质量的途径。

第三节　金属塑性成形理论的发展概况

作为金属塑性加工方法，我国已有悠久的历史，早在 2000 多年前的青铜器时期，我国劳动人民就已经发现铜具有塑性变形的性能，并掌握了锤击金属以制造兵器和工具的技术。随着近代科学技术的发展，人们赋予了塑性加工技术以崭新的内容和涵义。但是，作为这门技术的理论基础——金属塑性成形原理则发展得较晚，直到本世纪 40 年代才逐步形成独立的学科。它是在塑性变形的物理、物理—化学和力学的基础上发展起来的一门新兴的工程应用技术理论学科。

金属塑性变形的物理及物理—化学基础是属于金属学及金属物理范畴。本世纪 30 年代提出的位错理论，可以解释塑性变形过程中很多现象，特别是塑性变形的微观机理有了科学的解释。对于金属的塑性，人们也有了更深刻的认识。塑性，作为金属状态属性，不仅取决于金属材料本身（如晶格类型、化学成分和组织结构等），还取决于变形的外部条件，如变形温度、变形速度及力学状态等，从而使人们对塑性变形的物理本质有了充分的认识。

塑性变形的物理—化学方面，主要研究金属的化学成分、组织结构与塑性变形之间的关系，工具和工件接触表面之间的摩擦及其机理等内容。

塑性成形原理的另一个重要内容是塑性成形力学，它是在塑性理论的发展和应用中逐渐形成的。塑性理论的发展历史可追溯到 1864 年，法国工程师屈雷斯加（H. Tresca）首次提出了最大切应力屈服准则，即屈雷斯加屈服准则。1870 年，圣维南（B. Saint - Venant）提出了应力–应变速率方程（塑性流动方程）。列维（M. Levy）于 1871 年提出了应力–应变增量关系。后来一段时间，塑性理论发展缓慢，直到本世纪初才有所进展。德国学者在这方面有很大贡献。1913 年，米塞斯（Von. Mises）从纯数学角度提出了另一新的屈服准则——米塞斯屈服准则。1923 年，亨盖（H. Hencky）和普朗特（L. Prandtl）论述了平面塑性变形中滑移线的几何性质。1930 年，劳斯（A. Reuss）根据普朗特的观点提出了考虑弹性应变增量的应力–应变关系。至此，塑性理论的基础已经奠定。到本世纪 40 年代以后，由于工业生产的需要，塑性理论在很多国家中相继发展，利用塑性理论求解塑性成形问题的各种方法陆续问世，塑性成形力学逐渐形成并不断得到充实。

最早将塑性理论用于金属塑性加工的是德国学者卡尔曼（Von Karman），他在 1925 年用初等方法建立了轧制时的应力分布规律。此后不久，萨克斯（G. Sachs）和齐别尔（E. Siebel）在研究拉丝过程中提出了相似的求解方法——切块法，即后来所称的主应力法。此后，人们对塑性成形过程的应力、应变和变形力的求解逐步建立了许多理论和求解方法，如滑移线法、工程计算法、变形功法、上限法、上限元法、有限元法、逐次单元分析法等。50 年代，美国学者汤姆逊(E.G.Thomsen)等提出了一种由理论解析与实验相结合的研究方法——视塑性法。利用这种方法，可以根据实验确定的速度场求解变形体内的应力场和应变场。

在国内，建国以来许多学者在塑性理论及其工程应用方面作了不少研究工作。近年来，国内出版发行了一系列有关弹塑性理论及金属塑性加工力学方面的专著；且发表了不少有关文章。这些重要的著作和文章对于分析研究金属塑性成形过程提供了理论基础。

塑性成形一般是在屈服以后断裂以前这一变形范围内完成，刘叔仪教授早在 1954 年非常形象地提出了"理论断裂钟面与应力空间"理论，并指明三向拉应力下随着应力的增大必然出现断裂及流体静压力对提高塑性的作用，为寻求合理的加工方案指明方向。

王仲仁教授从便于工程应用的角度出发，吸取了增量理论的共同点，于 1979 年提出了"应力应变顺序对应规律"理论，这一理论将应力状态、应变状态、屈服准则三者之间的内在关系联系在一起，它根据应力、应变的变化可定性地判断出工件各部分尺寸的变化趋向。同时还给出了平面应力状态及三向应力状态下屈服图形上的应力分区。王仲仁教授还应用塑性成形理论发明了"无模胀球工艺"，这是一种变形效率较高的成形方式。

在塑性成形问题的力学分析方法（如滑移线法、上限法、有限元法等）的理论研究及应用方面，国内许多学者做了许多卓有成效的工作。例如：王仲仁及顾震隆提出了一种用莫尔圆求证 Hencky 方程的方法；王仁较早地将滑移线理论用于分析平板间的塑性流问题；王仲仁也较早地将滑移线理论用于解考虑加工硬化的环形件应力计算问题；朱吉君将滑移线理论用于计算三辊仿形斜轧变形力问题；李双义利用基元矩形技术对平面应变正挤、反挤的优化上限解进行了简便、有效的分析；陈适先利用连续速度场分析计算了筒形件变薄旋压力；王仲仁、富大欣利用弹塑性有限元法求解了径向挤压的应力分布；王祖唐等利用有限元法分析了静液挤压的应力应变场；等等。

近年来，随着电子计算机技术的发展和普遍应用，对塑性成形问题的求解起了很大促进作用。特别是有限元法已能在考虑变形热效应以及工件与模具和周围介质热交换的情况下，确定变形体内的应力、应变和温度分布情况。有限元法所以能获得如此广泛应用，与计算机技术的发展和应用密切相关。在其他解法中的一些求解过程，往往需经大量的计算工作，利用计算机，运用数值计算方法，可以快速地获得较精确的解答，极大地提高了解题的效率。可以相信，在今后金属塑性成形理论的发展中，计算机技术会愈来愈发挥它的作用。

思 考 与 练 习

1. 什么是金属的塑性？什么是塑性成形？塑性成形有何特点？
2. 试述塑性成形的一般分类。
3. 本课程的任务是什么？

第二章　金属塑性变形的物理基础

第一节　金属冷态下的塑性变形

塑性成形所用的金属材料绝大部分是多晶体，其变形过程较单晶体的复杂得多，这主要是与多晶体的结构特点有关。

多晶体是由许多结晶方向不同的晶粒组成。每个晶粒可看成是一个单晶体，相邻晶粒彼此位向不同，但晶体结构相同，化学组成也基本一样。就每个晶粒来说，其内部的结晶学取向并不完全严格一致，而是有亚结构存在，也即每个晶粒又是由一些更小的亚晶粒组成。

晶粒之间存在厚度相当小的晶界。晶界的结构与相邻两晶粒之间的位向差有关，一般可分为小角度晶界和大角度晶界。小角度晶界由位错组成，最简单的情况是由刃型位错垂直堆叠而构成的倾斜晶界。实际多晶体金属通常都是大角度晶界，其晶界结构很难用位错模型来描述，可以笼统地把它看成是原子排列混乱的区域，并在该区域内存在着较多的空位、位错及杂质等。正因为如此，晶界表现出许多不同于晶粒内部的性质，如室温时晶界的强度和硬度高于晶内，而高温时则相反；晶界中原子的扩散速度比晶内原子快得多；晶界的熔点低于晶内；晶界易被腐蚀等。

一、塑性变形机理

由于多晶体是由许多位向不同的晶粒组成，晶粒之间存在晶界，因此，多晶体的塑性变形包括晶粒内部变形（亦称晶内变形）和晶界变形（亦称晶间变形）两种，下面分别介绍其变形机理。

（一）晶内变形

晶内变形的主要方式和单晶体一样为滑移和孪生。其中滑移变形是主要的；而孪生变形是次要的，一般仅起调节作用。但在体心立方金属、特别是密排六方金属中，孪生变形也起着重要作用。

1. 滑移

所谓滑移是指晶体（此处可理解为单晶体或构成多晶体中的一个晶粒）在力的作用下，晶体的一部分沿一定的晶面和晶向相对于晶体的另一部分发生相对移动或切变。这些晶面和晶向分别称为滑移面和滑移方向。滑移的结果使大量原子逐步地从一个稳定位置移到另一个稳定位置，产生宏观的塑性变形。

一般地说，滑移总是沿着原子密度最大的晶面和晶向发生。因为原子密度最大的晶面，原子间距小，原子间结合力强；而其晶面间的距离则较大，晶面与晶面之间的结合力较弱，滑移阻力当然也较小。在图 2-1 所示的晶格中，显然 *AA*面最易成为滑移面；而沿 *BB* 面则难以滑移。同理可以解释，

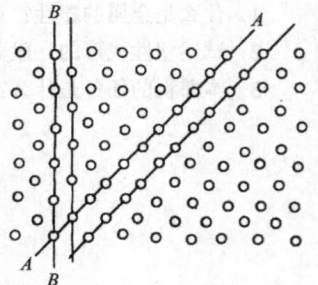

图 2-1　滑移面示意

沿原子排列最密集的方向滑移阻力最小，最容易成为滑移方向。

通常每一种晶胞可能存在几个滑移面，而每一滑移面又同时存在几个滑移方向。一个滑移面和其上的一个滑移方向，构成一个滑移系。表2-1列出一些金属晶体的主要滑移面、滑移方向和滑移系。

表 2-1 金属的主要滑移面、滑移方向和滑移系

晶格	体心立方晶格	面心立方晶格	密排六方晶格
滑移面	$\{110\}\times6$	$\{111\}\times4$	$\{0001\}\times1$
滑移方向	$\langle111\rangle\times2$	$\langle110\rangle\times3$	$\langle1120\rangle\times3$
滑移系	$6\times2=12$	$4\times3=12$	$1\times3=3$
金 属	α-Fe, Cr, W, V, Mo	Al、Cu、Ag、Ni、γ-Fe	Mg、Zn、Cd、α-Ti

滑移系多的金属要比滑移系少的金属，变形协调性好、塑性高，如面心立方金属比密排六方金属的塑性好。至于体心立方金属和面心立方金属，虽然同样具有 12 个滑移系，后者塑性却明显优于前者。这是因为就金属的塑性变形能力来说，滑移方向的作用大于滑移面的作用。体心立方金属每个晶胞滑移面上的滑移方向只有两个，而面心立方金属却为三个，因此后者的塑性变形能力更好。

滑移面对温度具有敏感性。温度升高时，原子热振动的振幅加大，促使原子密度次大的晶面也参与滑移。例如铝高温变形时，除 $\{111\}$ 滑移面外，还会增加新的滑移面 $\{001\}$。正因为高温下可出现新的滑移系，所以金属的塑性也相应地提高。

滑移系的存在只说明金属晶体产生滑移的可能性。要使滑移能够发生，需要沿滑移面的滑移方向上作用有一定大小的切应力，此称临界切应力。临界切应力的大小，取决于金属的类型、纯度、晶体结构的完整性、变形温度、应变速率和预先变形程度等因素。

当晶体受力时，由于各个滑移系相对于外力的空间位向不同，其上所作用的切应力分量的大小也必然不同。现设某一晶体作用有由拉力 P 引起的拉伸应力 σ，其滑移面的法线方向与拉伸轴的夹角为 ϕ，面上的滑移方向与拉伸轴的夹角为 λ（见图 2-2），通过简单的静力学分析可知，在此滑移方向上的切应力分量为

$$\tau = \sigma\cos\phi\cos\lambda \qquad (2-1)$$

令 $\mu = \cos\phi\cos\lambda$，称为取向因子。由式（2-1）可见，当 σ 为定值时，滑移系上所受的切应力分量取决于取向因子。若 $\phi = \lambda = 45°$，则 $\mu = \mu_{max} = 0.5$，$\tau = \tau_{max} = \sigma/2$。此

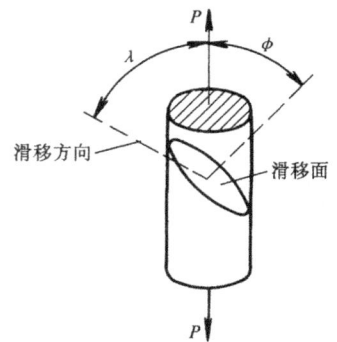

图 2-2 晶体滑移时的应力分析

意味着该滑移系处于最佳取向，其上的切应力分量最有利于优先达到临界值而发生滑移，而当 $\phi = 90°$、$\lambda = 0°$ 或 $\phi = 0°$、$\lambda = 90°$ 时，$\mu = \tau = 0$，此时无论 σ 多大，滑移的驱动力恒等于零，处于此取向的滑移系不能发生滑移。通常把 $\mu = 0.5$ 或接近于 0.5 的取向称为软取向，而把 μ 为零或接近于零的取向称为硬取向。由此可以联想到，在金属多晶体中，由于各个晶粒的位向不同，塑性变形必然不可能在所有晶粒内同时发生，这就构成多晶体塑性变形不同于单晶体的一个特点。

晶体在滑移过程中，由于受到外界的约束作用会发生转动。就单晶体拉伸变形来说，滑移面会力图向拉力方向转动，而滑移方向则力图向最大切应力分量方向转动。同样，对于多晶体的晶内变形，晶粒在被拉长的同时，其滑移面和滑移方向也会朝一定方向转动，尽管这种转动由于晶界和相邻晶粒的影响，情况会比较复杂。转动的结果使原来任意取向的各个晶粒，逐渐调整其方位而趋于一致。

以上是关于滑移变形的宏观描述。下面从微观角度分析滑移过程的实质。最初认为滑移是理想完整的晶体沿着滑移面发生刚性的相对滑动，但基于此出发点所计算的临界切应力却比实验值大 $10^3 \sim 10^4$ 倍，这就迫使人们放弃完整晶体刚性滑动的假设。1934 年 G.I.泰勒等人把位错概念引入晶体中，并把它和滑移变形联系起来，使人们对滑移过程的物理本质有了明确的认识。滑移过程不是沿着滑移面上所有原子同时产生刚性的相对滑动，而是在其局部区域首先产生滑移，并逐步扩大，直至最后整个滑移面上都完成滑移。此局部区域所以首先产生滑移，是因为该处存在位错，引起很大的应力集中。虽然整个滑移面上作用的应力水平相当低，但在此局部区域的应力却可能已大到足以引起晶体的滑移。当一个位错沿滑移面移过后，便使晶体产生一个原子间距大小的相对位移。由于晶体产生一个滑移带的位移量需要上千个位错的移动，且当位错移至晶体表面产生一个原子间距的位移后，位错便消失，这样，为使塑性变形能不断地进行，就必须有大量新的位错出现，这就是在位错理论中所说的位错增殖。因此可以认为，晶体的滑移过程，实质上就是位错的移动和增殖的过程。图 2-3 和图 2-4 分别给出刃型位错和螺型位错运动造成晶体滑移变形的示意图。

由于滑移是位错运动引起的，因此根据位错运动方式的不同，会出现不同类型的滑移。主要有单滑移、多

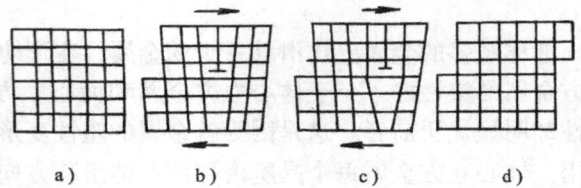

图 2-3　刃型位错运动造成晶体滑移变形示意

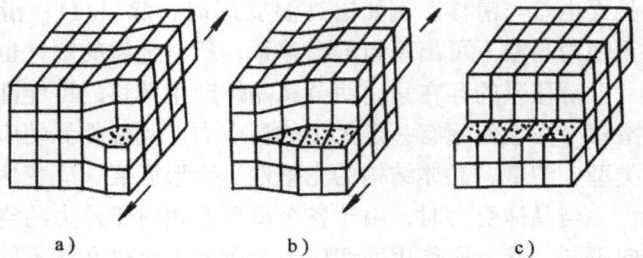

图 2-4　螺型位错运动造成晶体滑移变形示意

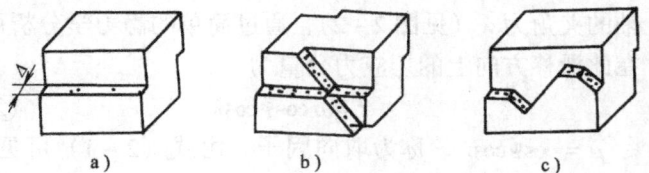

图 2-5　不同滑移类型滑移线形态示意
a) 单滑移　b) 多滑移　c) 交滑移

滑移和交滑移，其示意图如图 2-5。一般金属在塑性变形的开始阶段，仅有一组滑移系开动，此种滑移称为单滑移。由于位错的不断移动和增殖，大量的位错沿着滑移面不断移出晶体表面，形成滑移量为 Δ 的滑移台阶（见图 2-5a）。随着变形的进行，晶体发生转动，当晶体转动到有两个或几个滑移系相对于外力轴线的取向因子相同时，这几个滑移系的切应力分量都达到临界切应力值，它们的位错源便同时开动，产生在多个滑移系上的滑移，滑移后在晶体表面所看到的是两组或多组交叉的滑移线（见图 2-5b）。对于螺型位错，由于它具有一定的灵活性，当滑移受阻时，可离开原滑移面而沿另一晶面继续移动。此时位错线的柏氏矢量不变，所以在另一晶面上滑移时仍保持原来的滑移方向和大小。例如，体心立方金属的变形，可在 ⟨111⟩ 方向上的任一个晶面（如 {110}、{112}、{113} 等）发生滑移。因此滑移后在晶体表面上所看到的滑移线，就不再如单滑移时的直线，而是呈折线或波纹线（见图 2-5c）。交滑移与许多因素有关，通常是变形温度越高、变形量越大，交滑移越显著。

2. 孪生

孪生是晶体在切应力作用下，晶体的一部分沿着一定的晶面（称为孪生面）和一定的晶向（称为孪生方向）发生均匀切变。孪生变形后，晶体的变形部分与未变形部分构成了镜面对称关系，镜面两侧晶体的相对位向发生了改变。这种在变形过程中产生的孪生变形部分称为"形变孪晶"，以区别于由退火过程中产生的孪晶。

下面以面心立方金属为例，说明孪生变形时原子的迁移情况（图 2-6）。

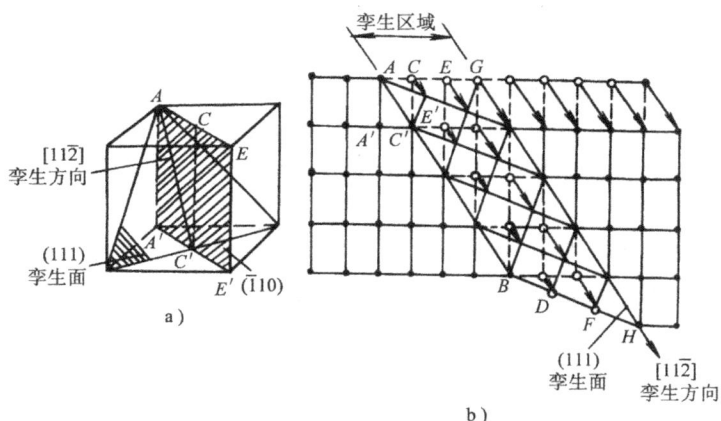

图 2-6　面心立方晶体孪生变形示意
a）孪生面和孪生方向　b）孪生变形时原子的移动

面心立方金属的孪生面为 (111) 面，孪生方向为 〔11$\bar{2}$〕晶向。当晶体在切应力作用下发生孪生变形时，晶体的一部分（图 2-6b 中的 AGHB）相对于另一部分作均匀切变。每层 (111) 晶面都相对于其相邻晶面沿 〔11$\bar{2}$〕方向移动一个小于原子间距的距离，每层的总切变量和它与孪生面 AB 的距离成正比。经过上述变形后，形变孪晶与未变形部分（母体）以孪生面为分界面，构成了镜面对称的位向关系，但不改变晶体的点阵类型。

金属晶体究竟以何种方式进行塑性变形，取决于哪种方式变形所需的切应力为低。在常温下，大多数体心立方金属滑移的临界切应力小于孪生的临界切应力，所以滑移是优先的变形方式，只在很低的温度下，由于孪生的临界切应力低于滑移的临界切应力，这时孪生才能发生。对于面心立方金属，孪生的临界切应力远比滑移的大，因此一般不发生孪生变形，但在极低温度（4～78K）或高速冲击载荷下，也不排除这种变形方式。再者，当金属滑移变形剧烈进行并受到阻碍时，往往在高度应力集中处会诱发孪生变形。孪生变形后由于变形部分位向改变，可能变得有利于滑移，于是晶体又开始滑移，二者交替地进行。至于密排六方金属，由于滑移系少，滑移变形难以进行，所以这类金属主要靠孪生方式变形。

孪生和滑移相似，也是通过位错运动来实现的。但是产生孪生的位错，其柏氏矢量要小于一个原子间距，这种位错叫做部分位错，所以孪生是由部分位错横扫孪生面而进行的。直观来看，自孪生面起向上，每层原子都各需一个部分位错来进行切变，即当一个部分位错横扫孪生面后，紧接着就要有另一个部分位错横扫第二层晶面，而后是横扫第三层晶面，以下依次类推，其示意图如图2-7。至于部分位错为何能够如此巧妙地产生、组合和运动，尚有待于更深入的实验研究。

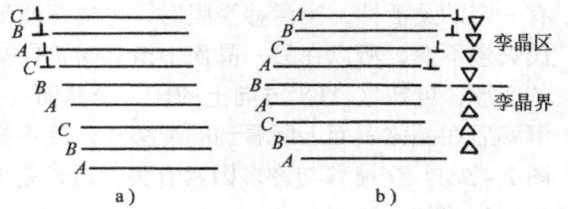

图2-7　面心立方金属部分位错横扫孪生面产生孪生变形示意
a) 变形前　b) 变形后

（二）晶间变形

晶间变形的主要方式是晶粒之间相互滑动和转动，如图2-8所示，多晶体受力变形时，沿晶界处可能产生切应力，当此切应力足以克服晶粒彼此间相对滑动的阻力时，便发生相对滑动。另外，由于各晶粒所处位向不同，其变形情况及难易程度亦不相同。这样，在相邻晶粒间必然引起力的相互作用，而可能产生一对力偶，造成晶粒间的相互转动。

对于晶间变形不能简单地看成是晶界处的相对机械滑移，而是晶界附近具有一定厚度的区域内发生应变的结果。这一应变是晶界沿最大切应力方向进行的切应变，切变量沿晶界不同点是不同的，即使在同一点上，不同的变形时间，其切变量亦是不同的。

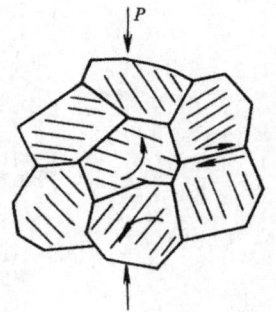

图2-8　晶粒之间的滑动和转动

在冷态变形条件下，多晶体的塑性变形主要是晶内变形，晶间变形只起次要作用，而且需要有其他变形机制相协调。这是由于晶界强度高于晶内，其变形比晶内的困难。还由于晶粒在生成过程中，各晶粒相互接触形成犬牙交错状态，造成对晶界滑移的机械阻碍作用，如果发生晶界变形，容易引起晶界结构的破坏和裂纹的产生，因此晶间变形量只能是很小的。

二、塑性变形的特点

由于组成多晶体的各个晶粒位向不同，塑性变形不是在所有晶粒内同时发生，而是首先在那些位向有利、滑移系上的切应力分量已优先达到临界值的晶粒内进行。对于周围位向不利的晶粒，由于滑移系上的切应力分量尚未达到临界值，所以还不能发生塑性变形。此时已经开始变形的晶粒，其滑移面上的位错源虽然已经开动，但位错尚无法移出这个晶粒，仅局限在其内部运动，这样就使符号相反的位错在滑移面两端接近晶界的区域塞积起来，如图2-9所示。位错塞积群会产生很强的应力场，它越过晶界作用到相邻的晶粒上，使其得到一个附加的应力。随着外加的应力和附加的应力的逐渐增大，最终使位向不利的相邻晶粒（如图 2-9 中的 B、C 晶粒）中的某些取向因子较小的滑移系的位错源也开动起来，从而发生相应的滑移。而晶粒 B、C 的滑移会使位错塞积群前端的应力松弛，促使晶粒 A 的位错源继续开动，进而位错移出晶粒，发生形状的改变，并与晶粒 B 和 C 的滑移以某种关系连接起来。这就意味着越来越多的晶粒参与塑性变形，塑性变形量也越来越大。

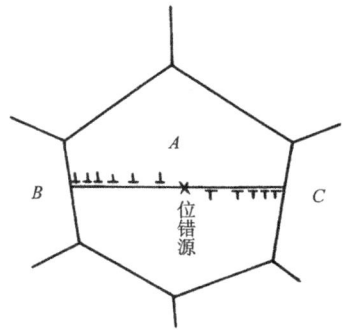

图 2-9 多晶体滑移示意

由于多晶体中的每个晶粒都是处于其他晶粒的包围之中，它们的变形不是孤立和任意的，而是需要相互协调配合，否则无法保持晶粒之间的连续性。故此，要求每个晶粒进行多系滑移，即除了在取向有利的滑移系中进行滑移外，还要求其他取向并非很有利的滑移系也参与滑移。只有这样，才能保证其形状作各种相应的改变，而与相邻晶粒的变形相协调。理论上的推算表明，为保证变形的连续性，每个晶粒至少要求有五个独立的滑移系启动。所谓"独立"，可理解为每一个这样的滑移系所引起的晶粒变形效果，不能由其他滑移系获得。

如前所述，面心立方晶体有 12 个 {111}⟨110⟩ 滑移系，体心立方晶体一般也至少有 12 个 {110}⟨111⟩ 滑移系，而六方晶体只有 3 个 (0001)⟨11$\bar{2}$0⟩ 滑移系。这些滑移系并不都是独立的，如果要在面心立方或体心立方晶体的上述潜在滑移系中找出 5 个独立的滑移系还勉强可以的话，那么在仅有 3 个滑移系的六方晶体中简直就是不可能的事。因此，多晶体变形时，很可能出现不同于单晶体变形时的滑移系，特别是六方晶体的变形更是如此。此外，它还必须使孪生和滑移相结合起来，才有可能连续地进行变形，这也正显示了孪生在六方晶体变形中的重要作用，同时也说明了六方系金属的塑性总是比面心立方和体心立方金属差的基本原因。

多晶体变形的另一特点是变形的不均匀性。宏观变形的不均匀性是由于外部条件所造成的，这一点将在以后的章节中作分析。微观与亚微观变形的不均匀性则是由多晶体的结构特点所决定的。前面已提到，软取向的晶粒首先发生滑移变形，而硬取向的晶粒继之变形，尽管它们的变形要相互协调，但最终必然表现出各个晶粒变形量的不同。另外，由于晶界的存在;考虑到晶界的结构、性能不同于晶内的特点，其变形不如晶内容易。且由于晶界处于不同位向晶粒的中间区域，要维持变形的连续性，晶界势必要起折中调和作用。也就是说，晶界一方面要抑制那些易于变形的晶粒的变形，另一方面又要促进那些不利于变形的晶粒进行变形。所有这些，最终也必然表现出晶内和晶界之间变形的不均匀性。

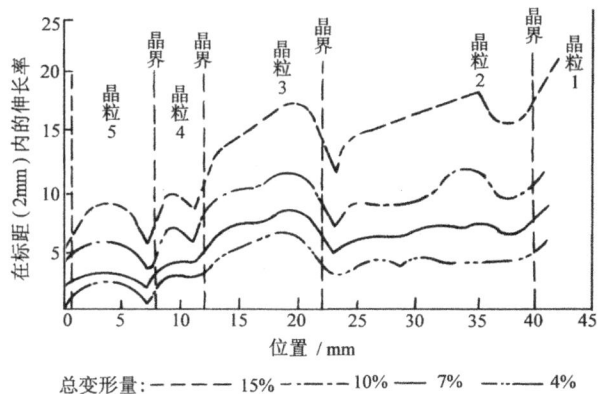

图 2-10 在不同总变形量下多晶体铝试样中
部分晶粒的变形分布

图 2-10 给出不同的总变形量下，所测出的多晶体铝中一部分晶粒的变形量。由图可以看出，各晶粒的变形

量大致和总变形量成正比例的增加，但不同晶粒之间的变形量以及一个晶粒不同部位的变形量都有相当大的差别。就一个晶粒来说，中心部位变形量大，而晶界附近的变形量小。

综上所述，多晶体塑性变形的特点，一是各晶粒变形的不同时性；二是各晶粒变形的相互协调性；三是晶粒与晶粒之间和晶粒内部与晶界附近区域之间变形的不均匀性。

据此，我们还可以进一步分析晶粒大小对金属的塑性和变形抗力的影响。如前所述，为使滑移由一个晶粒转移到另一个晶粒，主要取决于晶粒晶界附近的位错塞积群所产生的应力场能否激发相邻晶粒中的位错源也开动起来，以进行协调性的次滑移。而位错塞积群应力场的强弱与塞积的位错数目 n 有关。n 越大，应力场就越强。但 n 的大小又是和晶界附近位错塞积群到晶内位错源的距离相关的，晶粒越大，这个距离也越大，位错源开动的时间就越长，n 也就越大。由此可见，粗晶粒金属的变形由一个晶粒转移到另一个晶粒会容易些，而细晶粒时则需要在更大的外力作用下才能使相邻晶粒发生塑性变形。这就是为什么晶粒越细小金属屈服强度越大的原因。

实验研究表明，晶粒平均直径 d 与屈服强度 σ_s 的关系可表达为

$$\sigma_s = \sigma_0 + K_y d^{-\frac{1}{2}} \tag{2-2}$$

式中，σ_0 和 K_y 皆为常数；前者表征晶内的变形抗力，约为单晶体临界切应力的 $2 \sim 3$ 倍；后者表征晶界对变形的影响。

图2-11为实测所得低碳钢的晶粒大小与屈服强度的关系曲线。

再者，晶粒越细小，金属的塑性也越好。因为在一定的体积内，细晶粒金属的晶粒数目比粗晶粒金属的多，因而塑性变形时位向有利的晶粒也较多，变形能较均匀地分散到各个晶粒上；又从每个晶粒的应变分布来看，细晶粒时晶界的影响区域相对加大，使得晶粒心部的应变与晶界处的应变的差异减小。由于细晶粒金属的变形不均匀性较小，由此引起的应力集中必然也较小，内应力分布较均匀，因而金属断裂前可承受的塑性变形量就更大。上述关于晶粒大小对金属塑性的影响得到了实验的证实。图 2-12 给出几种钢的平均晶粒直径和断面收缩率的关系曲线。

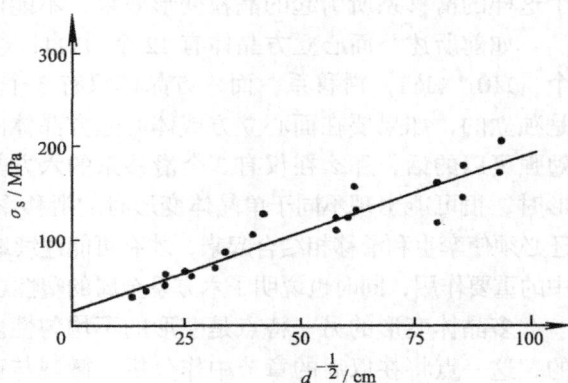

图 2-11　低碳钢的晶粒大小与屈服强度的关系

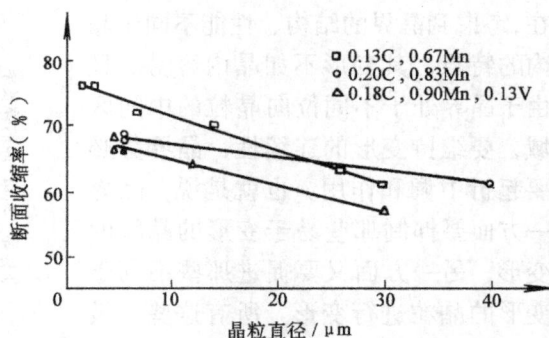

图 2-12　晶粒大小与断面收缩率的关系

此外，晶粒细化对提高塑性成形件的表面质量也是有利的。例如，粗晶粒金属板材冲压成形时，冲压件表面会呈现凹凸不平，即所谓"桔皮"现象，而细晶粒板材则不易看到；又

如粗晶粒金属的冷挤压件表面粗糙，甚至出现伤痕和微裂纹等。

三、合金的塑性变形

工程上使用的金属大多数是合金。合金与纯金属相比，具有纯金属所达不到的力学性能，有些合金还具有特殊的物理和化学性能。

合金的相结构有两大类，即固溶体（如钢中的铁素体、铜锌合金中的 α 相等）和化合物（如钢中的 Fe_3C、铜锌合金中的 β 相等）。常见的合金组织有两种：一种是单相固溶体合金；另一种是两相或多相合金。它们的塑性变形特点各不相同，下面分别进行讨论。

（一）单相固溶体合金的塑性变形

单相固溶体合金与多晶体纯金属相比，在组织上无甚差异；而且其变形机理与多晶体纯金属相同，也是滑移和孪生，变形时也同样会受到相邻晶粒的影响。不同的是固溶体晶体中有异类原子存在，这种异类原子（即溶质原子）无论是以置换还是间隙方式溶入基体金属，都会对金属的变形行为产生影响，表现为变形抗力和加工硬化率有所提高，塑性有所下降。这种现象称为固溶强化，它是由于溶质原子阻碍金属中的位错运动所致。

金属中的位错使位错区域的点阵结构发生畸变，产生了位错应变能，而固溶体中的溶质原子却能减小这种畸变，结果使位错应变能降低，并使位错比原来的更稳定。如果溶质原子大于基体相原子（即溶剂原子），那么溶质原子倾向于置换位错区域晶格伸长部分的溶剂原子，如图 2－13a 所示。反之，如果溶质原子小于基体相原子，则溶质原子倾向于置换位错区域晶格受压缩部分的溶剂原子(如图2－13b)，或力图占据位错区域晶格伸长部分溶剂原

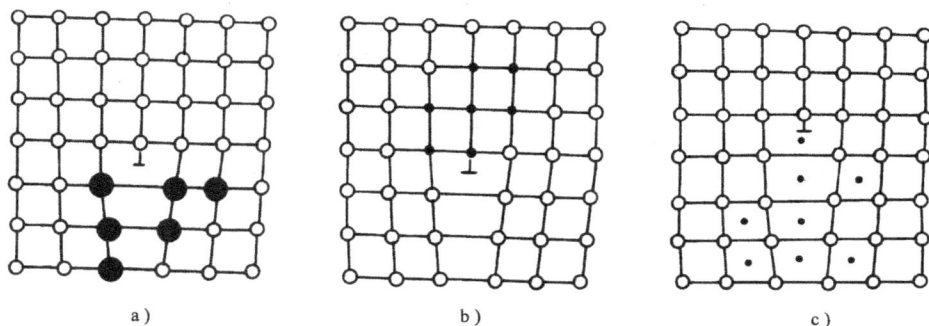

图 2－13　溶质气团对位错的"钉扎"
a)、b) 置换固溶体时　c) 间隙固溶体时

子间的间隙中（如图 2－13c）。溶质原子在位错区域的这种分布，通常称为"溶质气团"或"柯氏气团"，它们都会使位错能降低，位错比没有"气团"时更加稳定，也就是说对位错起"钉扎"作用。这时，要使位错脱离"溶质气团"而移动，势必要增大作用在位错上的力，从材料性能上即表现为具有更高的屈服强度。

深拉延用的低碳钢拉伸时，其真实应力－应变曲线常表现为如图 2－14 所示的形式。在曲线上有明显的上屈服点 A 和下屈服点 B，随后有应力平台区 BC，在此区域内变形继续进行，而应力却保持不变或作微小波动，此称为屈

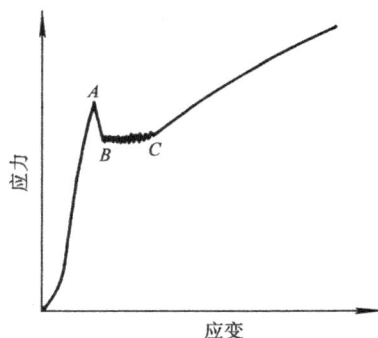

图 2－14　低碳钢的屈服效应示意

服效应。试样经屈服延伸后，由于加工硬化，应力又随应变继续上升，其进程与一般塑性金属材料的真实应力—应变曲线相同。

应用前述的溶质原子或微量杂质原子与位错的交互作用，可以对这种屈服效应作解释：当位错被"气团"钉扎时，为使位错脱出气团，需要加大应力，与此相对应的是曲线上的 A 点；一旦位错摆脱气团的束缚，位错运动就不需要开始时那样大的应力，故应力下降到下屈服点 B；此后，即使不增加外加应力，位错也能继续移动。

如果将已经过少量塑性变形的低碳钢卸载后立即重新拉伸，这时由于位错已脱离"溶质气团"，因此不再出现屈服效应（如图2-15a），但当试样卸载后，经200℃加热或室温长期放置，则碳原子通过扩散再次进入位错区的铁原子间隙中，形成气团将位错"钉扎"，这时试样在拉伸过程中就会再次出现屈服效应（如图2-15b所示）。这种现象称为应变时效。

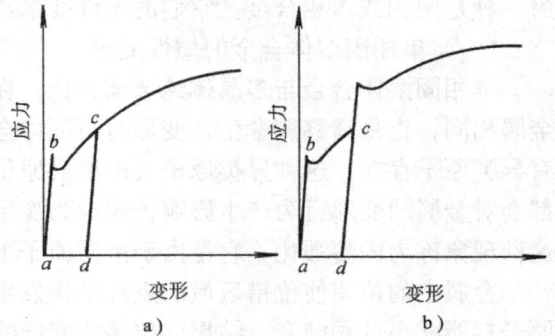

图 2-15　应变时效示意曲线
a) 卸载后立即加载时　b) 卸载后加热或室温长期放置时

屈服效应在金属外观上的反映，就是当金属变形量恰好处在屈服延伸范围时，金属表面会出现粗糙不平、变形不均的痕迹，称为吕德斯带，它是一种外观表面缺陷。如果使用屈服效应显著的低碳钢薄板加工复杂拉延件时，由于各处变形不均匀，在变形量正好是处于屈服延伸区的地方，就会出现吕德斯带而使零件外观不良。为了防止吕德斯带的产生，可在薄板拉延前进行一道微量冷轧工序（一般为1%~2%的压下量），以使被溶质碳原子钉扎的位错大部分脱钉，随后再进行冲压加工。但如果被预轧制变形的钢板长期放置后再进行冲压加工，则由上述可知，吕德斯带又会重新产生。另一种防止方法是在钢中加入少量钛、铝等强碳化物、氮化物形成元素，它们与碳、氮稳定结合，减少碳、氮对位错的钉扎作用，从而消除屈服效应。

（二）多相合金的塑性变形

单相固溶体合金的强化程度有限，因此实际使用的合金材料大多是两相或多相合金，通过合金中存在的第二相或更多的相，使合金得到进一步的强化。多相合金与单相固溶体合金不同之处，是除基体相外，尚有其他相（统称第二相）存在。但由于第二相的数量、形状、大小和分布的不同，以及第二相的变形特性和它与基体相（体积分数约高于70%的相）间的结合状况的不同，使得多相合金的塑性变形更为复杂。但从变形机理来说，仍然是滑移和孪生。

在讨论多相合金塑性变形时，通常可按第二相粒子的尺寸大小将合金分为两大类：一类是第二相粒子的尺寸与基体相晶粒尺寸属于同一数量级，称为聚合型两相合金（如 α-β 两相黄铜合金，碳钢中的铁素体和粗大渗碳体等）；另一类是第二相粒子十分细小，并弥散地分布在基体晶粒内，称为弥散分布型两相合金（如钢中细小的渗碳体微粒分布在铁素体基体上）。典型的两相

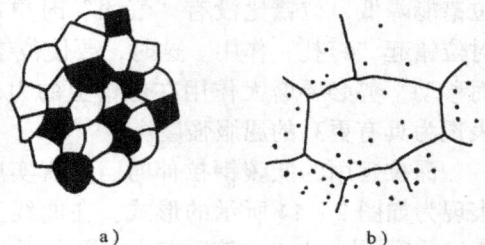

图 2-16　典型两相合金的两类显微组织
a) 聚合型　b) 弥散分布型

合金的显微组织如图 2 - 16 所示。

这两类合金的塑性变形情况有所不同，分别讨论如下。

1. 聚合型两相合金的塑性变形

此类合金并非第二相都能产生强化作用，只有当第二相为较强相时，合金才能得到强化。当合金发生塑性变形时，滑移首先发生于较弱的相中；如果较强相的数量很少，则变形基本上是在较弱的相中进行；如果较强相的体积分数占到 30% 时，较弱相一般不能彼此相连，这时两相就要以接近于相等的应变发生变形；如果较强相的体积分数高于 70% 时，则该相变为合金的基体相，合金的塑性变形将主要由其控制。

两相合金中，如一相为塑性相，而另一相为硬脆相，则合金的力学性能主要取决于硬脆相的存在情况。现以碳钢中渗碳体在铁素体中的存在情况为例作说明（参见表 2 - 2）。

表 2 - 2　渗碳体的存在情况对碳钢强度和塑性的影响

材料及组织 / 性能	工业纯铁	共 析 钢（$w_C = 0.8\%$）					过共析钢（$w_C = 1.2\%$）
		片状珠光体（片间距 ≈ 6300Å[①]）	索 氏 体（片间距 ≈ 2500Å[①]）	屈 氏 体（片间距 ≈ 1000Å[①]）	球状珠光体	淬火 + 350℃回火	网状渗碳体
σ_b/MPa	275	780	1060	1310	580	1760	700
δ(%)	47	15	16	14	29	3.8	4

① Å 为非法定计量单位，1Å = 10^{-10}m。

已知钢中的铁素体是塑性相，而渗碳体为硬脆相，所以钢的塑性变形基本上是在铁素体中进行，而渗碳体则成为铁素体变形时位错运动的障碍物。对于亚共析钢和共析钢，当渗碳体以层片状分布于铁素体基体上形成片状珠光体时，铁素体的变形受到阻碍，位错运动被限制在渗碳体层面间的短距离内，使继续变形更为困难。片层间距离越小，变形抗力就越高，但塑性却基本不降低。这是因为粗片状珠光体中渗碳体片厚，容易断裂，而细片状珠光体中渗碳体片薄，碳钢变形时它能承受一定的变形。因此，在冷拉钢丝时，先将钢丝的原材料组织处理成索氏体，然后进行冷拉，这样可提高钢丝原材料的强度，并改善冷拉加工性能。如果珠光体中渗碳体呈球状，则它对铁素体变形的阻碍作用就显著降低，因此片状珠光体经球化处理后，钢的强度下降，而塑性显著提高。在精密冲裁中，对于碳的质量分数大于0.3% ~ 0.35%的碳钢板一般要预先进行球化处理，以获得球状渗碳体，提高精冲效果。

当钢中碳的质量分数提高到1.2%时，虽然渗碳体数量增多，但其强度和塑性却都显著下降。这是因为硬而脆的二次渗碳体呈网状分布于晶界处，削弱了各晶粒之间的结合力，并使晶内变形受阻而导致很大的应力集中，从而造成材料变形时提早断裂。

2. 弥散型两相合金的塑性变形

当第二相以细小弥散的微粒均匀分布于基体相时，将产生显著的强化作用。如果第二相微粒是通过对过饱和固溶体的时效处理而沉淀析出并产生强化的，则又称为沉淀强化或时效强化；如果第二相微粒是借粉末冶金方法加入而起强化作用的，则称为弥散强化。

在讨论第二相微粒的强化作用时，通常将微粒分成"可变形的"和"不可变形的"两类来考虑。这两类粒子与位错的交互作用方式不同，其强化的机理亦不同。一般地说，弥散强化型合金中的第二相微粒是属于不可变形的；而沉淀相的粒子多属可变形的，但当沉淀粒子在时效过程中长大到一定程度后，也能起到不可变形粒子的作用。

不可变形微粒对位错的阻碍作用如图2-17所示。当移动的位错与不可变形微粒相遇时，将受到粒子的阻挡，使位错线绕着它发生弯曲；随着外加应力的增大，位错线弯曲加剧，以致围绕着粒子的位错线左右两边相遇。于是，正负号位错彼此抵消，形成一个包围着粒子的位错环，而位错线的其余部分则越过粒子继续向前移动。显然位错线按这种方式移动时受到的阻力是很大的，而且每个位错经过微粒

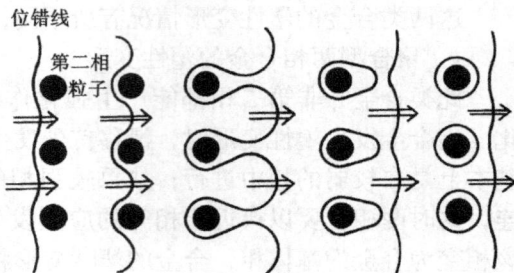

图 2-17　位错绕过第二相粒子的过程示意

时都要留下一个位错环。随着位错环的增加，相当于粒子间距 λ 的减小；而由位错理论可知，两端固定的位错线运动的临界切应力为

$$\tau = \frac{2Gb}{\lambda} \tag{2-3}$$

式中　G——切变模量；

　　　b——柏氏矢量。

公式表明，λ 的减小势必增大位错通过粒子的阻力，也即需要更大的外力。再者，堆集起来的绕粒子的位错环对位错源和运动的位错又有相互作用，会抑制位错源的继续开动和阻止其他位错的运动，从而进一步增大强化作用。

当第二相粒子为可变形时，位错将切过粒子使之随同基体一起变形，如图2-18所示。由于第二相粒子与基体相是两个性质和结构不同的相，且位错切过粒子时，由于相界面积增大而增加了界面能，所有这些都会增大位错运动的阻力，而使合金强化。据此可以看出，对可变形粒子来说，粒子尺寸越大，位错切过粒子的阻力越大，合金的强化效果越好。但是，当第二相的体积百分数一定时，粒子越大，数量就越少，即意味着粒子的间距 λ 增大，位错以绕过的方式通过第二相粒子的阻力减小。由于位错总是选择需要克服阻

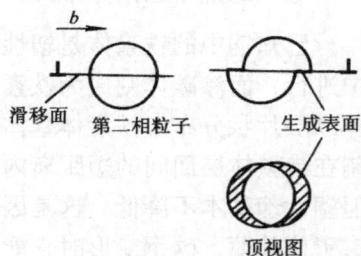

图 2-18　位错切过第二相粒子示意图

力最小的方式通过第二相粒子，粒子过小，切过容易，绕过困难；反之，粒子过大，切过困难，绕过容易。由此不难推断，当粒子尺寸为某一合适数值时，能获得最佳的强化效果。

四、冷塑性变形对金属组织和性能的影响

（一）组织的变化

多晶体金属经冷态塑性变形后，除了在晶粒内部出现滑移带和孪生带等组织特征外，还具有下列的组织变化。

1. 晶粒形状的变化

金属经冷加工变形后，其晶粒形状发生变化，变化趋势大体与金属宏观变形一致。例如，轧制变形时，原来等轴的晶粒沿延伸变形方向伸长。若变形程度很大，则晶粒呈现为一片如纤维状的条纹，称为纤维组织。当金属中有夹杂或第二相质点时，则它们会沿变形方向拉长成细带状（对塑性杂质而言）或粉碎成链状（对脆性杂质而言），这时在光学显微镜下会很难分辨出晶粒和杂质。

2．晶粒内产生亚结构

已知金属的塑性变形主要是借位错的运动而进行的。在塑性变形过程中，晶体内的位错不断增殖，经很大的冷变形后，位错密度可从原先退火状态的 $10^6 \sim 10^7 \text{cm}^{-2}$ 增加到 $10^{11} \sim 10^{12} \text{cm}^{-2}$。由于位错运动及位错交互作用的结果，金属变形后的位错分布是不均匀的。它们先是比较纷乱地纠缠成群，形成"位错缠结"，如果变形量增大，就形成胞状亚结构。这时变形的晶粒是由许多称为"胞"的小单元所组成，各个胞之间有微小的取向差，高密度的缠结位错主要集中在胞的周围地带，构成胞壁；而胞内体积中的位错密度甚低。随着变形量进一步增大，胞的数量会增多、尺寸减小，胞壁的位错更加稠密，胞间的取向差也增大。当经过很大的冷轧或冷拉拔变形后，不但胞的尺寸很小，而且其形状还会随着晶粒外形的改变而变化，形成排列甚密的呈长条状的"形变胞"。

上述关于形成胞状亚结构的分析，主要是针对高层错能一类的金属（如铝及铝合金、铁素体钢及密排六方的金属等）。对于层错能较低的金属（如奥氏体钢、铜及铜合金等），变形后位错的分布会比较均匀和分散，构成复杂的网络，尽管位错密度增加了，但不倾向于形成胞状亚结构。

3．晶粒位向改变（变形织构）

多晶体塑性变形时伴随有晶粒的转动，尽管这种转动不像单晶体的转动那样自由。当变形量很大时，多晶体中原为任意取向的各个晶粒，会逐渐调整其取向而彼此趋于一致。这种由于塑性变形的结果而使晶粒具有择优取向的组织，称为"变形织构"。

金属或合金经冷挤压、拉拔、轧制和锻造后，都可能产生变形织构。不同的塑性加工方式，会出现不同类型的织构。通常，将变形织构分为丝织构和板织构两种。

丝织构在拉拔和挤压中形成。这种加工都是轴对称变形，其主应变为两向压缩、一向拉伸，变形后各个晶粒都有一个共同的晶向与最大主应变方向趋于平行，如图 2-19 所示。丝织构以此晶向表示，体心立方金属的丝织构为〔110〕，面心立方金属的丝织构为〔100〕和〔111〕。

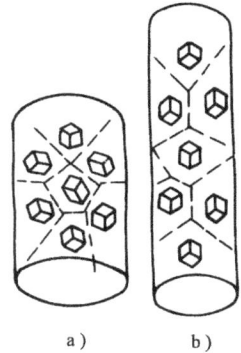

图 2-19　丝织构示意
a) 拉拔前　b) 拉拔后

板织构是在轧制或宽展很小的矩形件镦粗时形成的。其特征是各个晶粒的某一晶向趋向于与轧制方向平行，而某一晶面趋向于与轧制平面平行，如图 2-20 所示。板织构以其晶面和晶向共同表示，体心立方金属的板织构为（100）〔011〕；面心立方金属的板

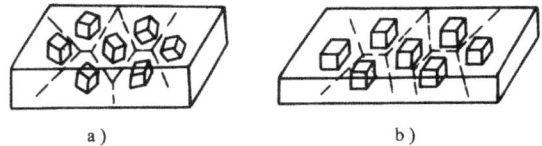

图 2-20　板织构示意
a) 轧制前　b) 轧制后

织构依层错能的高低而不同，层错能低的面心立方金属的板织构为（110）〔112〕。

织构不是描述晶粒的形状，而是描述多晶体中晶粒取向的特征。应当指出，使变形金属中的每个晶粒都转到上述所给出的织构晶面和晶向，这只是一种理想情况。实际上，变形金属的晶粒取向只能是趋向于这种取向，一般是随着变形程度的增加，趋向于这种取向的晶粒就越多，织构特征就越明显。

由于变形织构的形成，金属的性能将显示各向异性，且经退火后，织构和各向异性仍然

存在。例如，深拉延用的铜板，在90%的轧制变形和800℃退火后，由于板材存在织构，顺轧制方向和垂直轧制方向的伸长率δ均为40%，而与轧制方向成±45°的方向，δ却为75%。用这种板材冲出的拉延件，壁厚不均、沿口不齐，出现所谓"制耳"，如图2-21所示。制耳的凸部分布在与轧制方向成±45°的方位上，而谷部则位于与轧制方向相同和相垂直的方位上。拉延件形成"制耳"，会影响工件的质量和材料利用率。生产中为减小"制耳"现象，可采用带圆角的正方形板坯来拉延圆筒形件，板坯的排样应合理。

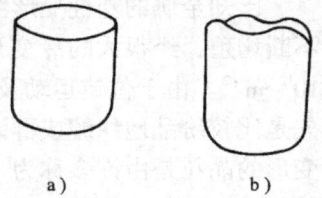

图2-21 因板织构所造成的"制耳"

a) 无制耳 b) 有制耳

（二）性能的变化

由于塑性变形使金属内部组织发生变化，因而金属的性能也发生相应的改变。其中变化最显著的是金属的力学性能，即随着变形程度的增加，金属的强度、硬度增加，而塑性韧性降低，这种现象称为加工硬化。图2-22示出45号钢经不同程度的冷拔变形后，制成拉伸试样所测出的力学性能指标与冷拔变形程度的关系曲线。由图可见，随着预先冷变形程度的增加，强度、硬度增加越多，而塑性指标降低越甚，也即加工硬化越严重。

关于加工硬化的成因，普遍认为是与位错的交互作用有关。即随着塑性变形的进行，位错密度不断增加，位错反应和相互交割加剧，结果产生固定割阶、位错缠结等障碍，以致形成胞状亚结构，使位错难以越过这些障碍而被限制在一定范围内运

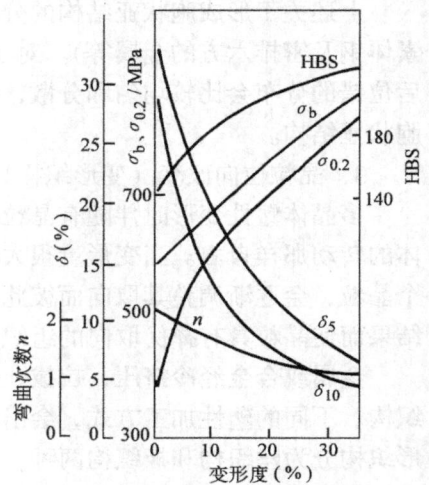

图2-22 45号钢力学性能与变形程度的关系曲线

动。这样，要使金属继续变形，就需要不断增加外力，才能克服位错间强大的交互作用力。由此可以理解，滑移系较多的金属，滑移可以同时或交替地在几个滑移面上进行，位错间的交互作用就较强，所以加工硬化速率必然会越大。故此，立方晶系的加工硬化速率较之密排六方晶系的金属大；又层错能低的金属，其扩展位错宽，不易发生交滑移，位错的可动性和滑移的灵便性差，因而其加工硬化速率比层错能高的金属大。这就是为什么铜、奥氏体不锈钢等和铝同为面心立方排列，但前二者的加工硬化率却远比后者高的原因。对于这类高硬化率的金属，在进行多道次塑性加工（例如多道拉延、多道冷挤压等）时，通常需要增加中间退火工序，以消除加工硬化。此外，晶粒大小对加工硬化也有一定的影响，这与晶界对变形的阻碍作用有关，一般细晶金属比粗晶金属的加工硬化率高。

有关金属加工硬化现象，还可用真实应力-应变曲线来描述，该曲线越陡、斜率越大，表明金属的加工硬化率越大（参见第3章）。

加工硬化是金属塑性变形时的一个重要特性，也是强化金属的重要途径。例如，自行车链条的链片是用16Mn钢带冲裁制成，该钢带先经五道冷轧，厚度由3.5mm减至1.2mm，由于加工硬化，材料的硬度、抗拉强度及链条的负荷能力都可成倍地提高；又如冷挤压成形，

由于金属的加工硬化，加之金属纤维的合理分布，可使冷挤压件的强度提高，并有可能用低强度材料替代高强度材料。

对于不能用热处理方法强化的材料，借助冷塑性变形来提高其力学性能就显得更为重要。发电机中护环的变形强化即是其中的一例。护环是用来紧固发电机转子绕组端部线圈的重要零件，它承受热装配应力和高速旋转产生的离心力。如果护环的工作应力一旦超过材料的屈服极限，护环就会松动，甚至破裂飞出，因此，要求护环具有很高的综合力学性能。由于护环是在定子产生的强大磁场中工作，为防止漏磁与涡流损失，要求护环钢无磁性，目前多用高锰奥氏体无磁钢锻制（常用钢号为 40Mn18Cr3、50Mn18Cr4、50Mn18Cr4WN 等）。但是，这类钢在加热冷却过程中无相变，淬火后强度不能提高，远不能满足对护环的技术要求。故此，生产中常再采用冷变形强化方法来提高其强度，常用的变形方式有液压胀形、楔块扩孔、芯轴扩孔、爆炸变形强化等。图 2－23 为护环液压胀形示意图。

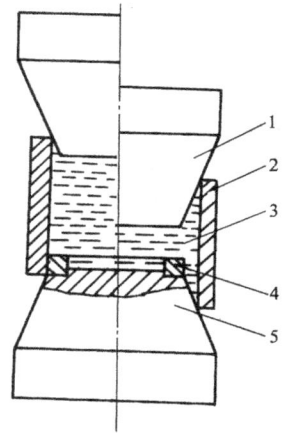

图 2－23　护环液压胀形示意
1—上锥形冲头　2—护环
3—液体　4—定位圈
5—下锥形冲头

在某些场合下加工硬化对于改善板料成形性能亦有积极的意义。例如，在以拉伸变形为主的内孔翻边、胀形、局部成形等变形工序中，加工硬化率高的板材，能使变形均匀、减小局部变薄和增大成形极限。最后还要指出，加工硬化对金属塑性成形也有不利的一面。它使金属的塑性下降，变形抗力升高，继续变形越来越困难，特别是对于高硬化速率金属的多道次成形更是如此。因此，有时需要增加中间退火来消除加工硬化，以使成形加工能继续进行下去，其结果降低了生产率、提高了生产成本。

第二节　金属热态下的塑性变形

从金属学的角度看，在再结晶温度以上进行的塑性变形，称为热塑性变形或热塑性加工。生产实际中的热塑性加工，为了保证再结晶过程的顺利完成以及操作上的需要等，其变形温度通常远比再结晶温度高，材料成形中广泛采用的热锻、热轧和热挤压等即属于这一类加工。

在热塑性变形过程中，回复、再结晶与加工硬化同时发生，加工硬化不断被回复或再结晶所抵消，而使金属处于高塑性、低变形抗力的软化状态。

一、热塑性变形时的软化过程

热塑性变形时的软化过程比较复杂。它与变形温度、应变速率、变形程度以及金属本身的性质等因素密切相关。按其性质可分为以下几种：动态回复，动态再结晶，静态回复，静态再结晶，亚动态再结晶等。动态回复和动态再结晶是在热塑性变形过程中发生的；而静态回复、静态再结晶和亚动态再结晶则是在热变形的间歇期间或热变形后，利用金属的高温余热进行的。图 2－24 给出热轧和热挤时，动、静态回复和再结晶的示意图。其中图 2－24a 表示高层错能金属在热轧变形程度较小（50%）时，只发生动态回复，随后发生静态回复；图 2－24b 表示低层错能金属在热轧变形程度较小（50%）时，只发生动态回复，随后发生静态回复和静态再结晶；图 2－24c 表示高层错能金属在热挤压变形程度很大（99%）时，发生动态回复，出模孔后发生静态回复和静态再结晶；图 2－24d 表示低层错能金属在热挤压变形程度很大（99%）时，发生动态再结晶，出模孔后发生亚动态再结晶。

由于静态的和动态的回复或再结晶在机理上并没有本质的区别，为了便于衔接，先简单回顾一下静态回复和静态再结晶，然后再讨论动态回复和动态再结晶。

（一）静态回复和再结晶

前面已指出，金属和合金经冷塑性变形后，其组织、结构和性能都发生了相当复杂的变化。若从热力学的角度来看，变形引起了金属内能的增加，而处于不稳定的高自由能状态，具有向变形前低自由能状态自发恢复的趋势。这时，只要动力学条件允许，例如加热升温，使原子具有相当的扩散能力，则变形后的金属就会自发地向着自由能降低的方向转变。进行这种转变的过程称为回复和再结晶。前者是指在较低温度下、或在较早阶段发生的转变过程；后者则指在较高温度下，或较晚阶段发生的转变过程。转变过程中金属的组织和性能都会发生不同程度的变化，直至恢复到冷变形前的原始状态。此转变过程也即变形金属的软化过程，如图 2－25所示。

1. 静态回复

由图 2－25 可以看出，在回复阶段，总的说来金属的物理性能和微细结构发生变化，强度、硬度有所降低，塑性、韧性有所提高；但显微组织没有什么变化。这是由于在回复温度内，原子只在微晶内进行短程扩散，使点缺陷和位错发生运动，从而改变了它们的数量和分布状态。

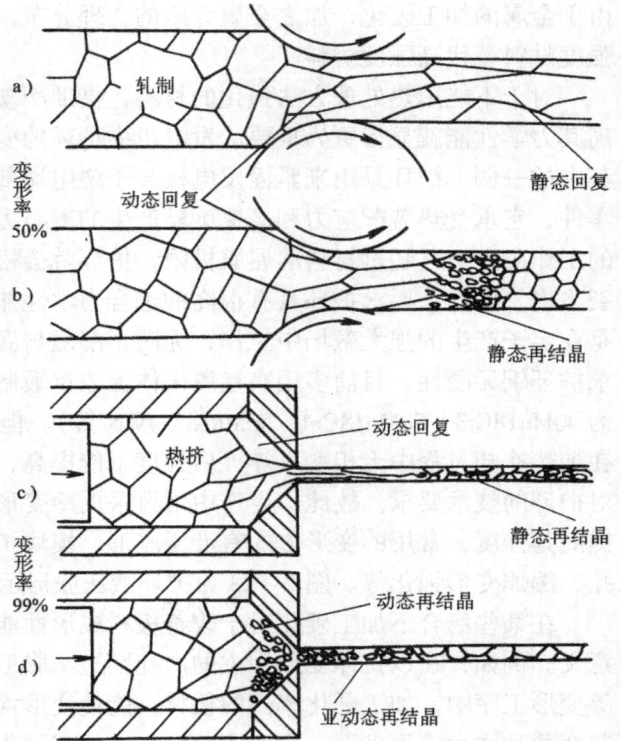

图 2－24　动、静态回复和再结晶示意

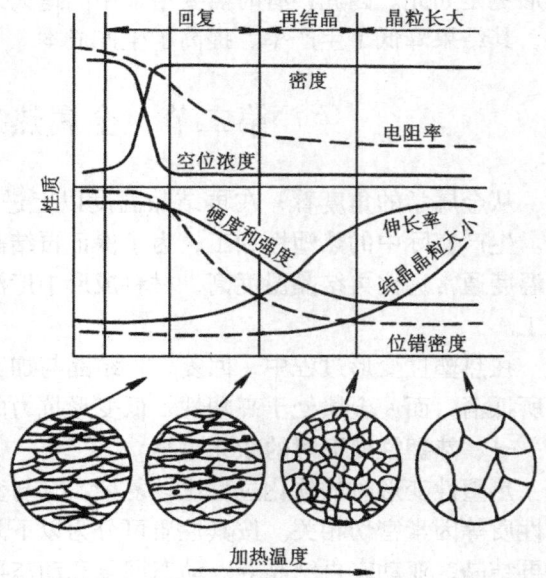

图 2－25　冷变形金属加热时组织和性能的变化

回复的机理随回复温度的不同而有差别。低温回复($0.1 \sim 0.3T_m$,T_m为金属的绝对熔化温度)时,回复的主要机理是空位的运动和空位与其它缺陷的结合,如空位与间隙原子结合,空位与间隙原子在晶界和位错处沉没,结果使点缺陷的浓度下降。中温回复($0.3 \sim 0.5T_m$)时,除了上述的点缺陷运动外,还包括位错发团内部位错的重新组合或调整、位错的滑移和异号位错的互毁等。其结果使得位错发团厚度变薄,位错网络更加清晰整齐,亚晶界趋向二维晶界,晶界的位错密度有所下降;而且通过亚晶界的移动,使亚晶缓慢长大。高温回复(大于$0.5T_m$,小于再结晶发生温度)时,则进而出现位错的攀移、亚晶的合并和多边形化。攀移是一个完全依靠扩散而进行的缓慢过程,当位错的攀移和滑移相结合,可以进一步使处于不同滑移面上的异号位错相遇而互毁,并可使一个区域内的同号或异号位错间按较稳定的形式重新调整和排列。亚晶的合并是借助亚晶的转动来实现的,这是一个复杂的运动,要求相关的亚晶界中的位错都进行相应的运动和调整,而首先是处于将要合并的亚晶界面上的位错必须撤出或就地消失,这就要求亚晶界及相邻区域的原子进行扩散,以及位错进行包括攀移和交滑移在内的各种运动。显然这一过程必须在更高的回复温度下才有可能完成。合并的结果,两个亚晶如同水银珠似地合并成一个。

已经知道,金属经冷变形后其位错密度增加,但位错分布的组态并不一定都是形成位错发团,而可能相当紊乱地分散在晶粒中。对于这种情况,高温回复的主要机理是"多边形化"。所谓多边形化是位错通过滑移、攀移、交滑移等多种运动形式,使滑移面上的位错由水平塞积逐渐变为垂直排列,形成所谓位错壁。于是晶体即被位错壁分隔成许多位向差小、而原子排列基本规则的小晶块。这些小晶块的形状近似一个多边形,故将此过程称为多边形化。位错之所以会呈上述形式排列,是由于此时在上下相邻的两个正刃型位错的区域内,上面一个位错所产生的拉应力场,正好与下面一个位错所产生的压应力场相互叠加而部分抵消,从而使金属的应变能降低、处于更稳定的状态。多边形化的结果形成亚晶,这种亚晶是回复时形成的,故称为回复亚晶,它比变形时由于位错缠结而直接形成的亚晶约大 10 倍左右。亚晶形成后,接着就是亚晶的长大和合并,与前述过程一样。

综合上述可知,在整个回复阶段,点缺陷减少,位错密度有所下降,位错分布形态经过重新调整和组合而处于低能态,位错发团变薄、网络更清晰,亚晶增大,但晶粒形状没有发生变化。所有这些,使整个金属的晶格畸变程度大为减小,其性能也发生相应的变化。

去应力退火是回复在金属加工中的应用之一。它既可基本保持金属的加工硬化性能,又可消除残余应力,从而避免工件的畸变或开裂,改善耐蚀性。例如,经冷冲挤加工制成的黄铜($w_{Sn} = 30\%$)弹壳,由于内部有残余应力,再加上外界气氛对晶界的腐蚀,在放置一段时间后会自动发生晶间开裂(又称应力腐蚀开裂)。通过对冷加工后的黄铜弹壳进行 260℃左右温度的去应力退火,就不会再发生应力腐蚀开裂。

2. 静态再结晶

冷变形金属加热到更高的温度后,在原来变形的金属中会重新形成新的无畸变的等轴晶,直至完全取代金属的冷变形组织,这个过程称为金属的再结晶。与前述的回复不同,再结晶是一个显微组织彻底重新改组的过程,因而在性能方面也发生了根本性的变化,表现为金属的强度、硬度显著下降,塑性大为提高,加工硬化和内应力完全消除,物理性能也得到恢复,金属大体上恢复到冷变形前的状态(参见图 2 – 25)。但是,再结晶并不只是一个简单地恢复到变形前组织的过程,通过控制变形和再结晶条件,可以调整再结晶晶粒的大小和再结晶的体积分数,以达到改善和控制金属组织、性能的目的。

金属的再结晶是通过形核和生长来完成的。再结晶的形核机理比较复杂,不同的金属和不同的变形条件,其形核的方式也不同。

当变形程度较大时,对于高层错能的金属就会形成胞状亚结构,这种组织在高温回复阶段,两个位向差很小的亚晶会合并成一个较大的亚晶。在亚晶粒合并过程中,亚晶粒必须转动,于是合并后的较大亚晶与它周围的亚晶粒之间的位向差必然加大,变成大角度的晶界。由于回复温度相对来说还是较低的,所以合并后的较大的亚晶粒再要相互合并就不大可能了。当进一步提高加热温度时,此合并长大的亚晶(其内部的位错密度很小)就成为再结晶的核心。对于低层错能冷变形金属,在高温回复阶段,会产生回复亚晶并逐渐长大。在此过程中,它与周围亚晶的位向差也逐渐增大,亚晶界变成了大角度晶界,当进一步提高加热温度时,由它所包围的亚晶粒即成为再结晶核心。

当变形程度较小时,由于变形的不均匀性,各晶粒的变形和位错密度彼此不同,也即晶界两侧的位错密度会有很大的差别。于是,在一定的高温下,晶界的一个线段就会向着位错密度高的晶粒一侧突然移动,被这段晶界扫掠过去的那块小面积,位错互毁而降低到最低的密度,这块小区域就成为再结晶核心。当然,此形核过程并不是到处都可以进行,而是要求晶界两侧有很大的位错密度差;也不是随时即可进行,而是需要有一个相当长的孕育期。

再结晶形核后,通过晶界的迁移使晶粒长大。晶界迁移的驱动力是再结晶晶核与周围变形基体之间的畸变能差,畸变能差越大,晶界迁移速度就越快。由前述已知,生成的再结晶晶核其畸变能很低,与平衡状态相当;而它的周围处于高能量的畸变状态。由于此时金属处于高温状态,周围点阵上的原子就会脱离其畸变位置向外,也即向着畸变能较高的基体中扩散过来,并按照晶核的取向排列,从而实现了晶界的迁移和晶粒的长大。从热力学的观点,这是一个自发的趋势。当生长着的再结晶晶粒相互接触时,晶界两侧的畸变能差变为零,以畸变能差为动力的晶界迁移便停止,再结晶过程结束。

再结晶过程完成之后,金属已处于较低的能量状态,但从界面能的角度来看,细小的晶粒合并成粗大的晶粒,会使总晶界面积减小、晶面能降低,组织越趋稳定。因此,当再结晶过程完成之后,若继续升高温度或延长加热时间,则晶粒还会继续长大,此即为晶粒长大阶段(参见图 2–25)。加热温度越高或加热时间越长,晶粒的长大就越显著。

(二)动态回复

动态回复是在热塑性变形过程中发生的回复,在它未被人们认识之前,一直错误地认为再结晶是热变形过程中唯一的软化机制;而事实上,金属即使在远高于静态再结晶温度下塑性加工时,一般也只发生动态回复,且对于有些金属甚至其变形程度很大,也不发生动态再结晶。因此可以说,动态回复在热塑性变形的软化过程中占有很重要的地位。

研究表明,动态回复主要是通过位错的攀移、交滑移等来实现的。对于铝及铝合金、铁素体钢以及密排六方金属锌、镁等,由于它们的层错能高,变形时扩展位错的宽度窄、集束容易,位错的交滑移和攀移容易进行,位错容易在滑移面间转移,而使异号位错相互抵消,结果使位错密度下降,畸变能降低,不足以达到动态再结晶所需的能量水平。因此这类金属在热塑性变形过程中,即使变形程度很大、变形温度远高于静态再结晶的温度,也只发生动态回复,而不发生动态再结晶,也就是说,动态回复是高层错能金属热变形过程中唯一的软化机制。如果将这类金属在热变形后迅速冷却至室温,可发现这类金属的显微组织仍为沿变形方向拉长的晶粒,而其亚晶仍保持等轴状。亚晶粒的大小受变形温度和应变速率的控制,降低应变速率和提高变形温度,则亚晶粒的尺寸增大,晶体的位错密度降低。但总的说来,动态回复后金属的位错密度高于相应的冷变形后经静态回复的密度,而亚晶粒的尺寸小于相应的冷变形后经静态回复的亚晶粒尺寸。

金属在热变形时,若只发生动态回复的软化过程,其真实应力 – 应变曲线如图 2 – 26 所示。

此曲线可大体分成三个阶段:第一阶段为微变形阶段,此时应变速率从零增加到试验所要求的恒定应变速率,其真实应力 – 应变曲线呈直线。当达到屈服点后(图 2 – 26 中的 a 点),变形进入第二阶段,真实应力因加工硬化而增加,但加工硬化速率逐渐降低。最后进入第三阶段(从图 2 – 26 中的 b 点起),为稳定变形阶段,此时,加工硬化被动态回复所引起的软化过程所消除,即由变形所引起的位错增加的速率和动态回复所引起的位错消失的速率几乎相等,达到了动态平衡,因此这段曲线接近于一水平线。

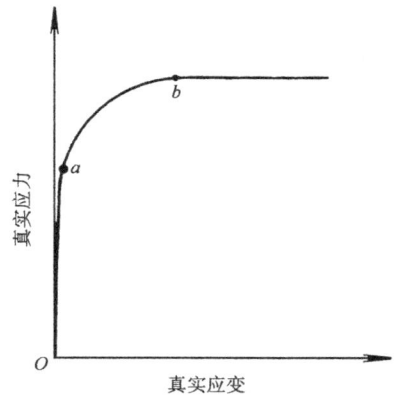

图 2 – 26　动态回复的真实应力 – 应变曲线

对于给定的金属,当变形温度和应变速率不同时,上述示意曲线的形状走向亦会有所不同。随着变形温度的升高或应变速率的降低,曲线的应力值减小,第二段曲线的斜率和对应于 b 点的应变值也都减小,也即越早进入稳定变形阶段。

对于层错能较低的金属的热变形,实验表明,如果变形程度较小时,通常也只发生动态回复。总之,金属在热塑性变形时,动态再结晶是很难发生的。

当高温变形金属只发生动态回复时,其组织仍为亚晶组织,金属中的位错密度还相当高。若变形后立即进行热处理,则能获得变形强化和热处理强化的双重效果,使工件具有较之变形和热处理分开单独进行时更为良好的综合力学性能。这种把热变形和热处理结合起来的方法,称为高温形变热处理。例如,钢在高温变形时,合理控制其变形温度、应变速率和变形程度,使其只发生动态回复,随后即进行淬火而获得马氏体组织,此马氏体组织由于继承了动态回复中奥氏体的亚晶组织和较高位错密度的特征而细化,淬火后再加以适当的回火处理,这样就可以使钢在提高强度的同时,仍然保持良好的塑性和韧性,从而提高零件在复杂强载荷下的工作可靠性,而不象一般的淬火回火处理那样,总是伴随着塑性的显著下降。这种形变热处理称为高温形变淬火,是高温形变热处理中的一种。高温形变淬火工艺过程,如图 2 – 27 所示。

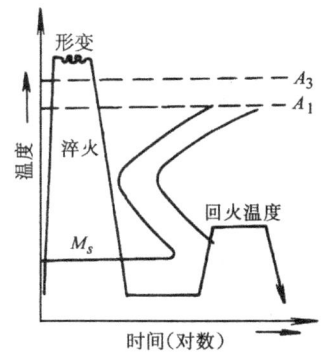

图 2 – 27　高温形变淬火工艺过程

(三)动态再结晶

动态再结晶是在热塑性变形过程中发生的再结晶。动态再结晶和静态再结晶基本一样,也是通过形核和长大来完成,其机理也如前述,是大角度晶界(或亚晶界)向高位错密度区域的迁移。

动态再结晶容易发生在层错能较低的金属,且当热加工变形量很大时。这是因为层错能低,其扩展位错宽度就大,集束成特征位错困难,不易进行位错的交滑移和攀移;而已知动态回复主要是通过位错的交滑移和攀移来完成的,这就意味着这类材料动态回复的速率和程度都很低,材料中的一些局部区域会积累足够高的位错密度差(畸变能差),且由于动态回复的不充分,所形成的胞状亚组织的尺寸较小、边界不规整,胞壁还有较多的位错缠结,这种不完整的亚组织正好有利于再结晶形核,所有这些都有利于动态再结晶的发生。至于为什么需要更大的变形程度,这是因为动态再结晶需要一定的驱动力(畸变能差),这类材料在热变形过程中,动态回复尽管不充分但必竟随时在进行,畸变能也随时在释放,因而只有当变形程度远远高于静态再结晶所需的临界变形程度时,畸变能差才能积累到再结晶所需的水平,动态再结晶才能启动,否则也只能发生动态回复。

动态再结晶的能力除了与金属的层错能高低有关外,还与晶界迁移的难易有关。金属越纯,发生动态再结晶的能力越强。当溶质原子固溶于金属基体中时,会严重阻碍晶界的迁移,从而减慢动态再结晶的速率。弥散的第二相粒子能阻碍晶界的移动,所以会遏制动态再结晶的进行。

在动态再结晶过程中,由于塑性变形还在进行,生长中的再结晶晶粒随即发生变形,而静态再结晶的晶粒却是无应变的。因此,动态再结晶晶粒与同等大小的静态再结晶晶粒相比,具有更高的强度和硬度。

动态再结晶后的晶粒度与变形温度、应变速率和变形程度等因素有关。降低变形温度、提高应变速率和变形程度,会使动态再结晶后的晶粒变小,而细小的晶粒组织具有更高的变形抗力。因此,通过控制热加工变形时的温度、速度和变形量,就可以调整成形件的晶粒组织和力学性能。

金属在热塑性变形过程中发生动态再结晶时,其真实应力－应变曲线如图 2 - 28 所示,对应的材料为 $w_C = 0.25\%$ 的普通碳钢,变形温度为 1100℃,属奥氏体型金属。

图 2 - 28 发生动态再结晶时的真实应力 – 应变曲线($w_C = 0.25\%$ 的普通碳钢,变形温度 1100℃)

由图可见,曲线的基本特征与只发生动态回复时的曲线(见图 2 - 26)不同。在变形初期,曲线迅速升到一个峰值,其相应的应变为 ε_p,表明在此变形程度以下,材料只发生动态回复,该 ε_p 相当于动态再结晶的临界变形程度。随着变形程度的继续增加,发生了动态再结晶,材料软化,因此真实应力下降,最后达到稳定值,此时,由变形引起的硬化过程和由动态再结晶引起的软化过程相互平衡。由图 2 - 28 中还可以看出,在低应变速率情况下,曲线呈波浪形。这是由于在再结晶形核长大期间还进行着塑性变形,新形成的再结晶晶粒都是处于变形状态,其畸变能由晶粒中心向边缘逐渐减小,当晶粒中心的位错密度积累到足以发生另一轮再结晶时,则新一轮的再结晶便开始。如此反复地进行。对应于新一轮再结晶开始时的应力值为波浪形的峰值,随后由于软化作用大于硬化作用,应力值便下降至波谷值,表明该轮再结晶已结束。以后另一轮再结晶又开始,先是硬化作用大于软化作用,所以曲线又上升至峰值,依次重复上述过程。但当应变速率较大时,其再结晶晶粒内的畸变能变化梯度较之低应变速率时的大,在再结晶尚未完成时,晶粒中心的位错密度就已经达到足以激发另

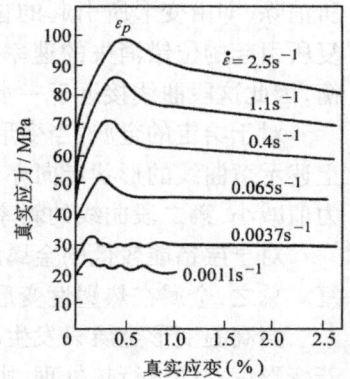

一轮再结晶的程度。于是，新的晶核又开始生成和长大，虽然只能有限地长大。正由于各轮再结晶紧密连贯进行，所以在真实应力－应变曲线上表现不出波浪形。最终获得的再结晶晶粒组织比较细小，真实应力也保持较高的水平。

图 2-28 还表明，随着应变速率的降低，除了应力水平降低外，ε_p 也减小，即能更早地发生动态再结晶；提高变形温度，也有类似的影响。

（四）热变形后的软化过程

在热变形的间歇时间或者热变形完成之后，由于金属仍处于高温状态，一般会发生以下三种软化过程：静态回复、静态再结晶和亚动态再结晶。

已经知道，金属热变形时除少数发生动态再结晶情况外，会形成亚晶组织，使内能提高，处于热力学不稳定状态。因此在变形停止后，若热变形程度不大，将会发生静态回复；若热变形程度较大，且热变形后金属仍保持在再结晶温度以上时，则将发生静态再结晶。静态再结晶进行得比较缓慢，需要有一定的孕育期才能完成，在孕育期内发生静态回复。静态再结晶完成后，重新形成无畸变的等轴晶粒。这里所说的静态回复、静态再结晶，其机理均与金属冷变形后加热时所发生的回复和再结晶的一样。

对于层错能较低在热变形时发生动态再结晶的金属，热变形后则迅即发生亚动态再结晶。所谓亚动态再结晶，是指热变形过程中已经形成的、但尚未长大的动态再结晶晶核，以及长大到中途的再结晶晶粒被遗留下来，当变形停止后而温度又足够高时，这些晶核和晶粒会继续长大，此软化过程即称为亚动态再结晶。由于这类再结晶不需要形核时间，没有孕育期，所以热变形后进行得很迅速。由此可见，在工业生产条件下要把动态再结晶组织保留下来是很困难的。

上述三种软化过程均与热变形时的变形温度、应变速率和变形程度，以及材料的成分和层错能的高低等因素有关。但不管怎样，变形后的冷却速度，也即变形后金属所具备的温度条件却是非常重要的，它会部分甚至全部地抑制静态软化过程，借助这一点就有可能来控制产品的性能。

二、热塑性变形机理

金属热塑性变形机理主要有：晶内滑移、晶内孪生、晶界滑移和扩散蠕变等。一般地说，晶内滑移是最主要和常见的；孪生多在高温高速变形时发生，但对于六方晶系金属，这种机理也起重要作用；晶界滑移和扩散蠕变只在高温变形时才发挥作用。随着变形条件（如变形温度、应变速率、三向压应力状态等）的改变，这些机理在塑性变形中所占的分量和所起的作用也会发生变化。

1. 晶内滑移

在通常条件下（一般晶粒大于 $10\mu m$ 以上时），热变形的主要机理仍然是晶内滑移。这是由于高温时原子间距加大，原子的热振动及扩散速度增加，位错的滑移、攀移、交滑移及位错结点脱锚比低温时来得容易；滑移系增多，滑移的灵便性提高，改善了各晶粒之间变形的协调性；晶界对位错运动的阻碍作用减弱，且位错有可能进入晶界。

2. 晶界滑移

热塑性变形时，由于晶界强度低于晶内，使得晶界滑动易于进行；又由于扩散作用的增强，及时消除了晶界滑动所引起的破坏。因此，与冷变形相比晶界滑动的变形量要大得多。此外，降低应变速率和减小晶粒尺寸，有利于增大晶界滑动量；三向压应力的作用会通过

"塑性粘焊"机理及时修复高温晶界滑动所产生的裂缝，故能产生较大的晶间变形。

尽管如此，在常规的热变形条件下，晶界滑动相对于晶内滑移变形量还是小的。只有在微细晶粒的超塑性变形条件下，晶界滑动机理才起主要作用，并且晶界滑动是在扩散蠕变调节下进行的。

3．扩散性蠕变

扩散性蠕变是在应力场作用下，由空位的定向移动所引起的。在应力场作用下，受拉应力的晶界（特别是与拉应力相垂直的晶界）的空位浓度高于其他部位的晶界。由于各部位空位的化学势能差，引起空位的定向移动，即空位从垂直于拉应力的晶界放出，而被平行于拉应力的晶界所吸收。

图 2-29a 中虚箭头方向表示空位移动的方向，实箭头方向表示原子的移动方向。空位移动的实质就是原子的定向转移，从而发生了物质的迁移，引起晶粒形状的改变，产生了塑性变形。

按扩散途径的不同，可分为晶内扩散和晶界扩散。晶内扩散引起晶粒在拉应力方向上的伸长变形（见图 2-29b），或在受压方向上的缩短变形；而晶界扩散引起晶粒的"转动"，如图 2-29c 所示。扩散性蠕变既直接为塑性变形作贡献，也对晶界滑移起调节作用。

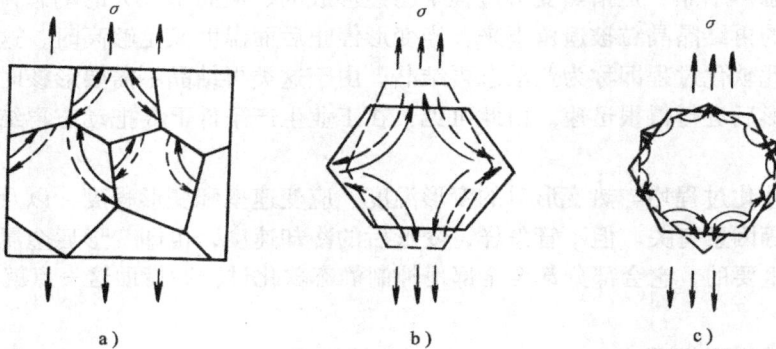

图 2-29　扩散性蠕变
a）空位和原子的移动方向　b）晶内扩散　c）晶界扩散

扩散性蠕变即使在低应力诱导下，也会随时间的延续而不断地发生，只不过进行的速度很缓慢。温度越高、晶粒越细和应变速率越低，扩散蠕变所起的作用就越大。这是因为温度越高，原子的动能和扩散能力就越大；晶粒越细，则意味着有越多的晶界和原子扩散的路程越短；而应变速率越低，表明有更充足的时间进行扩散。在回复温度以下的塑性变形，这种变形机理所起的作用不明显，只在很低的应变速率下才有考虑的必要；而在高温下的塑性变形，特别是在超塑性变形和等温锻造中，这种扩散性蠕变则起着非常重要的作用。

三、双相合金热塑性变形的特点

在本章第一节中，已分析了第二相的性质、大小和分布状况等对合金塑性变形的影响，这些影响对于双相合金的热塑性变形也是普遍存在的。但是，热塑性变形时金属是处于一定的高温条件下，由于热力学因素的加入，情况会变得更为复杂。

1）对于弥散型双相合金，第二相粒子除直接对基体相的变形产生影响外，还会通过对合金的再结晶行为的影响而对热塑性变形产生影响。在一般情况下，由于位错在第二相粒子附近塞积，使位错密度增加、分布不均，因而有利于再结晶形核。但是，如果弥散的第二相粒子直径和间距都很小，则位错的分布会较为均匀，在热变形过程中不易重新排列和形成大角度晶界，因而反而不利于再结晶形核。由于第二相粒子除了是借助粉末冶金方法加入而具有良好的高温稳定性外，一般在热塑性变形过程中会聚合和软化，使第二相粒子的直径和间距加大，因而有利于再结晶形核。

弥散的第二相粒子对晶界具有钉扎作用，降低了晶界的可动性，因而既限制了高温过程的晶粒长大，也限制了动态再结晶、静态再结晶以及聚合再结晶的晶粒长大。钢中的 MnS、Al_2O_3、AlN、TiN、以及 W、Nb、V、Zr 的碳化物等第二相粒子，都具有这种机械阻碍作用。

2）对于聚合型的双相合金，由于各相的性能和体积百分数的不同，同样会对热变形时的再结晶行为产生影响。已知，再结晶的驱动力是变形金属的储存能，此储存能是由位错密度及其分布状况所决定的，再结晶形核地点是位错数量多而分布密集的区域。所以，对于变形小的那一相，再结晶的晶核只能在相界旁形成，而对于变形大的那一相，既可在相界旁也可在该相的内部生成。由于形核机率在两相中的不同，再结晶的情况及晶粒大小必然亦不同，这就造成热变形时的不均匀流动和较大的内应力，降低了合金的塑性变形能力。两相变形量的差异越大，这种后果就会越明显。

3）两相合金热变形时，在较大的变形程度条件下，可将粗大的第二相打碎、并改变其分布状况，使第二相（包括夹杂物）呈带状、线状或链状分布。例如，低碳钢在两相区热锻时，初始生成的铁素体和奥氏体一起变形，形成铁素体带状组织。

4）双相合金热变形时，由于具备有利的原子扩散条件，会使第二相的形态发生改变。特别是在较高的变形温度和较低的应变速率下，第二相粒子可能发生粗化。在亚共析钢和共析钢中，还可看到第二相的球化。例如，$w_C = 0.8\%$ 的共析钢，在 700℃、$\dot{\varepsilon} = 1.6 \times 10^{-2} s^{-1}$ 条件下变形，变形前本来是片状珠光体的两相组织，变形过程中渗碳体会逐渐球化，并使流动应力连续降低。

5）当第二相为低熔点纯金属相或低熔点共晶体分布于晶界时，则热变形时会局部熔化，造成金属的热脆性，在热锻、热轧时容易沿晶界开裂。

四、热塑性变形对金属组织和性能的影响

1．改善晶粒组织

对于铸态金属，粗大的树枝状晶经塑性变形及再结晶而变成等轴（细）晶粒组织；对于经轧制、锻造或挤压的钢坯或型材，在以后的热加工中通过塑性变形与再结晶，其晶粒组织一般也可得到改善。

晶粒的大小对金属的力学性能有很大的影响。晶粒越细小均匀，金属的强度和塑、韧性指标均越高。尽管锻件的晶粒度还可以通过锻后的热处理来改善，但如果锻件的晶粒过于粗大，则这种改善也不可能很彻底。生产中曾发生由 45 号钢锻制的汽车转向节（控制汽车方向系统的一个受力零件），由于晶粒粗大在使用中折断，造成汽车控制失灵的严重事故。至于那些无固态相变、不能通过热处理来改善其晶粒度的金属（如奥氏体不锈钢、铁素体不锈钢和一些耐热合金等），控制其塑性变形再结晶晶粒度就更具有十分重要的意义。

锻件的晶粒大小直接取决于热塑性变形时的动态回复和动态再结晶的组织状态，以及随后的三种静态软化机理的作用，特别是其中的静态再结晶和亚动态再结晶。而所有这些，又都与金属的性质、变形温度、应变速率和变形程度，以及变形后的冷却速度等因素有密切关系，情况比较复杂。

对于热变形时只发生动态回复的金属，只要变形程度足以达到稳定动态回复阶段，则亚结构是均匀相等的，其尺寸大小主要与热变形时的温度和速度有关。终锻温度高、应变速率低，则随后的静态再结晶晶粒粗大；反之，则静态再结晶晶粒细小。由于此类金属的静态再结晶进展缓慢，因此，若锻后的冷却速度快，也可能使静态再结晶不充分。

对于只发生动态再结晶金属，热变形后的晶粒大小与动态再结晶时的组织状态和亚动态再结晶过程有关。当变形温度较高、应变速率较低和变形程度较小时，动态再结晶晶粒较大，经亚动态再结晶后晶粒也较粗大；反之，则动态再结晶晶粒较细小，经亚动态再结晶后的晶粒也就较小。由于亚动态再结晶进展速度很快，因此亚动态再结晶后的晶粒总是比动态再结晶时的晶粒大；如果热变形后继续保持高温、冷却速度过慢，则再结晶后的晶粒又会继续长大而变得很粗大。

合金元素的影响，不论是固溶还是生成弥散微粒，都有利于提高再结晶形核率和降低晶界的迁移速度，因而能使再结晶晶粒细化。例如，添加微量 Nb 的碳钢比普通碳钢能显著降低再结晶速度，使晶粒细化。

热变形时的变形不均匀，会导致再结晶晶粒大小的不均匀，特别是在变形程度过小而落入临界变形程度的区域，再结晶后的晶粒会很粗大。在实际的成形加工中，这种再结晶晶粒的大小不均往往很难避免。对于大型自由锻，可以通过改进工艺操作规程来改善这种不均匀性；但在热模锻时，由于模锻件形状往往很复杂，而所用原毛坯的形状又比较简单，这样变形分布就可能很不均匀，而出现局部粗晶现象。

在热塑性变形时，当变形程度过大（大于 90%）且温度很高时，还会出现再结晶晶粒的相互吞并而异常长大，此称二次再结晶。

将不同变形温度和在此温度下的不同变形程度、以及发生再结晶后空冷所得的晶粒大小，画成立体图，称为第二类再结晶图或动态再结晶图。这类再结晶图比起金属学中通常介绍的第一类再结晶图（又称静态再结晶图），更接近于热成形加工的生产实际，它是制订热加工工艺规程的重要参考资料，用以控制热成形件的晶粒大小。图 2-30 为 GH4037 镍基高温合金的动态再结晶图。

由图可见，在 800~900℃时，对于各种变形程度，晶粒直径都保持原来的大小，表明再结晶还不能开始。950℃时开始有再结晶发生，高于1000℃时则有明显再结晶。因此，终锻温度应选在 1000℃以上，以保证由变形引起的加工硬化

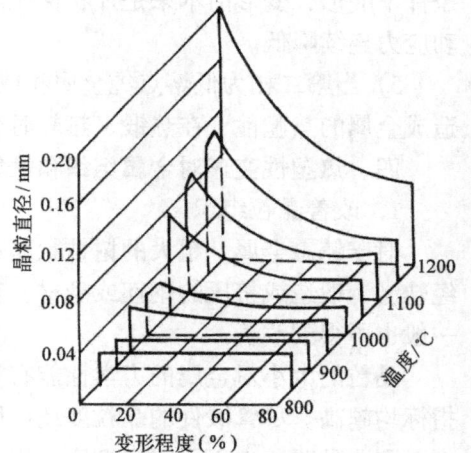

图 2-30　GH4037 镍基高温合金的动态再结晶图

能被再结晶软化消除，使热加工得以顺利进行。从图中还可以看出，在 1200℃变形时，晶粒急剧长大，所以锻造温度不应超过 1150℃。同时，为了获得理想的晶粒组织，最后一、二次的变形程度应避免落入临界变形区，即变形程度应大于 25%。

2. 锻合内部缺陷

铸态金属中的疏松、空隙和微裂纹等缺陷被压实，从而提高了金属的致密度。通过对2.2t重的 40 号钢锭的拔长试验表明，原始铸造状态时的密度 $\rho = 7.819\text{g/cm}^3$，当锻造比（即拔长前后毛坯的横断面积比）为 1.5 时，$\rho = 7.824\text{g/cm}^3$；当锻造比增至 10 时，$\rho = 7.826\text{g/cm}^3$，锻造比再增加时，密度不再提高。

内部缺陷的锻合效果，与变形温度、变形程度、三向压应力状态及缺陷表面的纯洁度等因素有关。宏观缺陷的锻合通常经历两个阶段：首先是缺陷区发生塑性变形，使空隙变形、两壁靠合，此称闭合阶段；然后在三向压应力作用下，加上高温条件，使空隙两壁金属焊合成一体，此称焊合阶段。如果没有足够大的变形程度，不能实现空隙的闭合，虽有三向压应力的作用，也很难达到宏观缺陷的焊合。对于微观缺陷，只要有足够大的三向压应力，就能实现锻合。

大钢锭的断面尺寸大，疏松、孔隙等缺陷又多集中于钢锭的中心区域（因浇注时，该处钢液最终凝固），因此在大钢锭锻造时，为提高中心区缺陷的锻合效果，常采用"中心压实法"或称"硬壳锻造法"。这种方法是当钢锭或钢坯加热到始锻温度出炉后，对其表面吹冷风或喷水雾进行强制冷却，使钢坯表面温度迅速降至 700 ~ 800℃，然后立即进行锻造。这时心部的温度仍然很高，内外温差可达 250 ~ 350℃，钢坯表层尤如一层"硬壳"，变形抗力大、不易变形；而被"硬壳"包围的心部，温度高、变形抗力小、容易变形。当对钢坯沿其轴线方向锻压时，心部处在强烈的三向压应力作用下，得到类似于闭式模锻一样的锻造效果，从而有利于锻合中心区域的疏松、孔隙缺陷。钢坯经过中心压实后，再进行加热和完成以后的锻造工序，图 2 - 31 为中心压实示意图。

3. 破碎并改善碳化物和非金属夹杂物在钢中的分布

对于高速钢、高铬钢、高碳工具钢等，其内部含有大量的碳化物。这些碳化物有的呈粗大的鱼骨状，有的呈网状包围在晶粒的周围。通过锻造或轧制，可使这些碳化物被打碎、并均匀分布，从而改善了它们对金属基体的削弱作用，并使由这类钢锻制的工件在以后的热处理时硬度分布均匀，提高了工件的使用性能和寿命。为了使碳化物能被充分击碎并均匀分布，通常采用"变向锻造"，即沿毛坯的三个方向上反复进行镦拔。

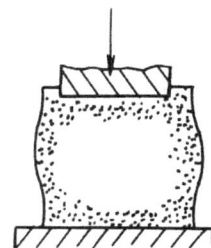

图 2 - 31　中心压实示意

对于已经轧制的这类钢的棒材，如果其断面直径较大，内部的碳化物仍可能呈不同程度的带状或断续网状分布。在由这种棒材锻制工件时，除了具有"成形"的目的外，还应考虑改善其碳化物偏析。

钢锭内部通常还存在各种非金属夹杂物，它们破坏了基体金属的连续性。含有夹杂物的零件在服役时，容易引起应力集中，促使裂纹的产生，因而是有害的，许多大型锻件的报废，往往就是由夹杂物引起的。

通过合理的锻造，可使这些夹杂物变形或破碎，加之高温下的扩散溶解作用，使其较均匀地分布在钢中。根据断裂力学原理，如果把夹杂物作为一种裂纹来看待，则当夹杂物被击碎和均匀分布时，就相当于减小裂纹的尺寸和改善其分布，从而能大大降低其有害作用。关于非金属夹杂物在变形过程中的变化情况，还将在"形成纤维组织"中介绍。

4. 形成纤维组织

在热塑性变形过程中，随着变形程度的增大，钢锭内部粗大的树枝状晶逐渐沿主变形方向伸长，与此同时，晶间富集的杂质和非金属夹杂物的走向也逐渐与主变形方向一致，其中脆性夹杂物（如氧化物、氮化物和部分硅酸盐等）被破碎呈链状分布；而塑性夹杂物（如硫化物和多数硅酸盐等）则被拉长呈条带状、线状或薄片状。于是在磨面腐蚀的试样上便可以看到顺主变形方向上一条条断断续续的细线，称为"流线"，具有流线的组织就称为"纤维组织"。

显然，形成纤维组织的内因是金属中存在杂质或非金属夹杂物，外因是变形沿某一方向达到一定的程度，且变形程度越大，纤维组织越明显。图2－32为钢锭锻造时随变形程度增大形成纤维组织的示意图。

需要指出，在热塑性加工中，由于再结晶的结果，被拉长的晶粒变成细小的等轴晶，而纤维组织却很稳定地被保留下来直至室温。因此，这种纤维组织与冷变形时由于晶粒被拉长而形成的纤维组织是有不同的。

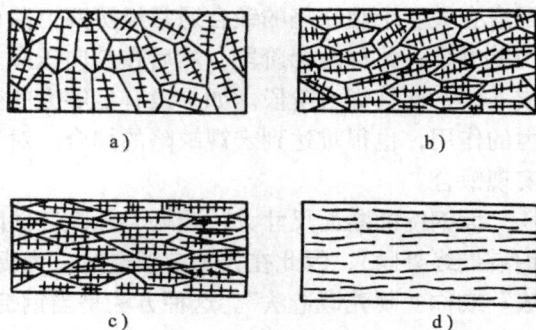

图2－32　钢锭锻造过程中纤维组织形成示意

纤维组织的形成，使金属的力学性能呈现各向异性，沿流线方向较之垂直于流线方向具有较高的力学性能。图2－33给出45号钢锭经不同锻比拔长后，室温力学性能的变化曲线。由图可以看出，随着锻比 K 的增加，钢锭内部的疏松、气孔、微裂纹等缺陷逐渐被压实和焊合，晶界的夹杂物和碳化物逐渐被打碎和改善分布，粗大的铸造晶粒组织逐渐转变为锻造细晶组织，因此钢的力学性能不论是纵向还是横向的都有显著提高。但是，当锻造比达到2～5时，由于铸造组织已完全转变为锻造组织，所以纵向的力学性能基本上不再随锻造比的增大而增加，而横向的力学性能，在强度指标方面也基本不变。但由于此时已形成纤维组织，力学性能出现各向异性，因此沿纵向和横向的塑性、韧性指标有明显的差别。以后，随着锻比的继续增大，横向的塑性、韧性指标显著下降，金属的各向异性也越加严重。因此，在钢锭锻造时，为使锻件具有较高的力学性能，锻造应达到一定的锻造比，并控制在一定的范围内，大型锻件的锻比一般为2～6。

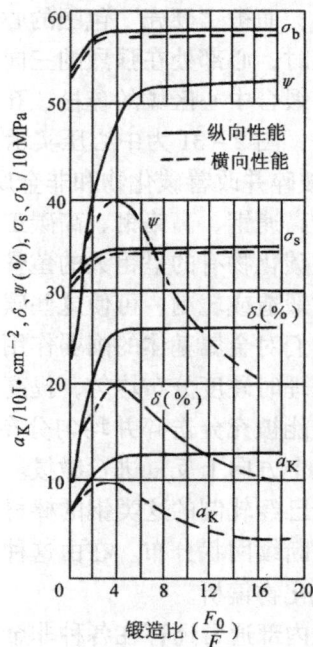

图2－33　中碳钢锭不同锻比对力学性能的影响

顺纤维方向的塑性、韧性指标之所以远比垂直于纤维方向的高，是因为前者试样承受拉伸时，在流线处所产生的显微空隙不易于扩大和贯穿到整个试样的横截面上，而后者情况下显微空隙的排列和纤维方向趋于一致，因此容易导致试样的断裂。还要指出，在零件工作表面如果纤维（流线）露头，则对零件的疲劳强度很不利。因为纤维露头的地方本身就是一个微观缺陷，在重复和交变载荷作用下容易造成应力集中，成为疲劳源使零件破坏。再者，纤维露头的地方抗腐蚀性能也较差，因为该处有大量杂质裸露在外，且原子排列紊乱，易受腐蚀。

由于纤维组织对金属的性能具有上述的影响，因此，在制订热成形工艺时，应根据零件的服役条件，正确控制金属的变形流动和流线在锻件中的分布。

对于受力比较简单的零件，如立柱、曲轴等，在锻造时应尽量避免切断纤维，控制流线分布与零件几何外形相符，并使流线方向与最大拉应力方向一致。大型曲轴的全纤维锻造就是其中的一个实例。

对于容易疲劳剥损的零件，如轴承套圈、热锻模、搓丝板等，应尽量使流线与工作表面平行。轴承套圈的精密辗扩即是其中的一个实例，套圈上的沟槽用辗扩成形，使纤维的走向基本上与沟槽面相平行；若用切削方法加工沟槽，则该部位的纤维被切断而露头。

对于受力比较复杂的零件，如发电机的主轴及锤头等，因为各个方向的性能都有要求，不希望锻件具有明显的流线分布。这类锻件多采用镦粗和拔长相结合的方法成形，镦粗的变形程度和拔长的变形程度合理组合，并使总锻比达到最佳值。

5．改善偏析

在一定程度上改善铸造组织的偏析是由于热变形破碎枝晶和加速扩散所致。其中枝晶偏析（或显微偏析）改善较大，区域性偏析改善不明显。

第三节　金属的超塑性变形

塑性是金属及合金的一种重要状态属性，其影响因素相当复杂。若综合考虑变形时金属的内外部因素，使其处于特定的条件下，如一定的化学成分、特定的显微组织及转变能力、特定的变形温度和应变速率等，则金属会表现出异乎寻常的高塑性状态，即所谓超塑性变形状态。

超塑性变形状态的主要优越性在于它能极大地发挥材料塑性潜力和大大降低变形抗力，从而有利于复杂零件的精确成形。这对于像钛合金、铝合金、镁合金、合金钢和高温合金等较难成形的金属材料的成形，尤其具有重要意义。

近几十年来，对有关超塑性的本质特性、变形机理及应用技术等进行了广泛而深入的研究。在各种金属材料中（包括有色金属、钢铁、合金材料等），具备超塑性的组织状态和控制条件正愈来愈多地被开发出来，甚至在一些非金属材料，如陶瓷、有机材料等，亦发现具有超塑性。

在超塑性应用方面，不仅超塑性体积成形和超塑性板料成形的应用日益增多，而且在焊接和热处理（如改善材质、细化晶粒和表面处理等）的广泛领域内也有应用。此外，还开辟了各种组合的加工方法，例如，用超塑性气压胀形与扩散连接复合工艺（简称 SPF/DB），制造航空航天器上的一些钛合金和铝合金的复杂板结构件，这种复合工艺被认为是超塑性研究领域中最具发展前途的工艺之一。

一、超塑性的概念和种类

（一）超塑性的概念

工程用的金属材料，其室温的伸长率 δ，对于黑色金属一般不超过40%，对于有色金属一般也不超过60%；即使在高温状态下也难以达到100%。虽然曾从冶炼、热处理等各个方面努力采取措施，但均未能大幅度提高其塑性。

直至半个世纪前，人们在实验工作中发现某些合金在特定的变形条件下具有很大的伸长率，并于1945年正式提出"超塑性"概念后，情况才起了很大的变化。

所谓超塑性，可以理解为金属和合金具有超常的均匀变形能力，其伸长率达到百分之几百、甚至百分之几千。但从物理本质上确切定义，至今还没有。有的以拉伸试验的伸长率来定义，认为 $\delta > 200\%$ 即为超塑性；有的以应变速率敏感性指数 m 来定义，认为 $m > 0.3$，即为超塑性；还有的认为抗缩颈能力大，即为超塑性。但不管如何，与一般变形情况相比，超塑性效应表现有以下的特点：大伸长率，甚至可高达百分之几千；无缩颈，拉伸时表现均匀的截面缩小，断面收缩率甚至可接近100%；低流动应力，对于几乎所有合金，其流动应力仅为每平方毫米几个到几十个牛顿（例如，Zn－22Al合金只有2MPa，GCr15只有30MPa），且非常敏感地依赖于应变速率；易成形。由于上述原因，且变形过程中基本上无加工硬化，因此，超塑性成形时，具有极好的流动性和充填性，能加工出复杂精确的零件。

（二）超塑性的种类

对目前已被观察到的超塑性现象，可归纳为细晶超塑性和相变超塑性两大类。

1. 细晶超塑性

它是在一定的恒温下，在应变速率和晶粒度都满足要求的条件下所呈现的超塑性。具体地说，材料的晶粒必须超细化和等轴化，并在成形期间保持稳定，晶粒细化的程度要求小于 $10\mu m$，越小越好；恒温条件的下限温度约为 $0.5 T_m$（T_m 为绝对熔化温度），一般为 $0.5 \sim 0.7$ T_m；应变速率在 $10^{-1} \sim 10^{-5} s^{-1}$ 范围内。由于这种超塑性的特点是先使金属经过必要的组织结构准备，又是在特定的恒温条件下出现的，故又称为结构超塑性或恒温超塑性。

细晶超塑性是目前研究和应用较多的一种，其优点是恒温下易于操作，故大量用于超塑性成形；但也有其缺点，因为晶粒的超细化、等轴化及稳定化要受到材料的限制，并非所有合金都能达到。

2. 相变超塑性

这类超塑性不要求金属具有超细晶粒组织，但要求具有相变或同素异构转变。在一定的外力作用下，使金属或合金在相变温度附近反复加热和冷却，经过一定的循环次数后，就可以获得很大的伸长率。相变超塑性的主要控制因素是温度幅度（$\Delta t = t_{上} - t_{下}$）和温度循环率（即加热 $\leftrightarrow$ 冷却速度）。相变超塑性的总伸长率与温度循环次数有关，循环次数越多，所得的伸长率也越大。图2－34给出碳钢和轴承钢在 $538 \sim 816$℃温度区间内反复加热和冷却时，伸长率和温度循环次数的关系，负荷条件为 $\sigma = 17.6$ MPa。材料在每一温度循环中发生一次 $\alpha \xrightarrow[\text{冷却}]{\text{加热}} \gamma$ 转变，并获得一次跳跃式的均匀延伸，

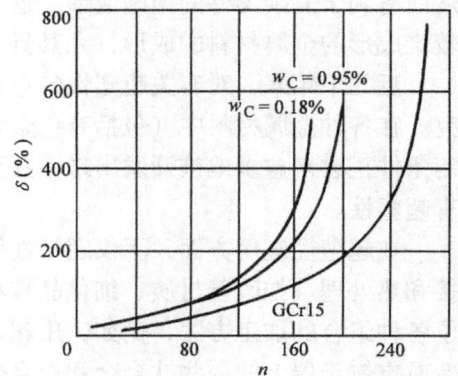

图2－34　碳钢和轴承钢的伸长率 δ 与温度循环次数 n 之间的关系
（试验温度幅度：$538 \sim 816$℃；定负荷：$\sigma = 17.6$ MPa）

多次循环后，即可累积很大的延伸变形量。

由于相变超塑性是在一个变动频繁的温度范围内，依靠结构的反复变化而引起的，材料的组织不断地从一种状态转变为另一种状态，故又称为动态超塑性。

相变超塑性不同于细晶超塑性，它不要求材料进行晶粒的超细化、等轴化和稳定化的预先处理，这是其有利的一面；但是相变超塑性必须给予动态热循环作用，这就构成操作上的一大缺点，较难应用于超塑性成形加工。目前其工业应用主要是在焊接和热处理方面。例如，利用金属在反复加热和冷却的过程中原子发生剧烈运动、具有很强的扩散能力，将两块具有相变或同素异构转变的金属相互接触，施加一个很小的负荷，在经过一定的温度循环次数后，最终可使这两块金属完全粘合。钢与钢、铸铁与铸铁、钢与铸铁都可以利用这种方法进行焊接。至于成形方面目前只用于变形方式很简单的场合，如镦粗、弯曲等，有人曾用铸铁材料利用相变超塑性进行弯曲，经 50 次温度循环后可弯至 45°而不断裂。

目前有关相变超塑性的研究不如细晶超塑性那样广泛深入，对其规律性尚无统一的认识，因此，下面的有关论述都是针对细晶超塑性的。

二、细晶超塑性变形力学特征

超塑性变形与普通金属塑性变形在变形力学特征方面有着本质的差别。在超塑性变形时，由于没有加工硬化（或加工硬化可以忽略不计），其条件应力－应变曲线如图 2－35 所示；当条件应力 σ_0 达到最大值后，随着变形程度的增加而下降，而变形量则可达到很大的数值。如果换算成真实应力－应变曲线，则如图 2－36 所示；此时，真实应力几乎不随变形程度的增加而变化。在整个变形过程中，表现出低应力水平、无缩颈的大延伸现象。

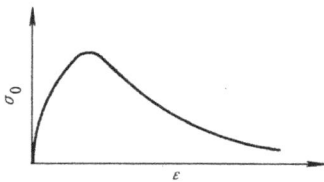

图 2－35　超塑性材料的
条件应力－应变曲线

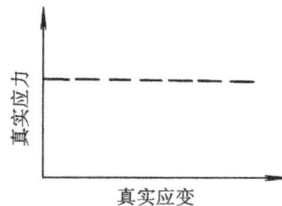

图 2－36　超塑性材料的
真实应力－应变曲线

超塑性变形的另一个重要力学特征，是流动应力（真实应力）对变形速率极其敏感。描述这种特征的方程为

$$Y = K\dot{\varepsilon}^m \tag{2-4}$$

式中　Y——真实应力；

　　　K——决定于试验条件的材料常数；

　　　$\dot{\varepsilon}$——应变速率；

　　　m——应变速率敏感性指数。

m 是表征超塑性的一个重要指标。当 $m=1$ 时，上式即为牛顿粘性流动公式，而 K 就是粘性系数。对于普通金属，$m=0.02\sim0.2$；对于超塑性金属，$m=0.3\sim1.0$；m 值越大，伸长率也越大。对此可作如下分析：

设施加于试样横截面 A 的拉伸载荷为 P，

则

$$Y = K\dot{\varepsilon}^m = \frac{P}{A} \tag{2-5}$$

因为

$$\varepsilon = -\frac{dA}{A}; \quad \dot{\varepsilon} = -\frac{1}{A}\frac{dA}{dt} \quad (t \text{ 为变形时间})$$

故得

$$\frac{dA}{dt} = -\left(\frac{P}{K}\right)^{\frac{1}{m}} \cdot A^{(1-\frac{1}{m})} \tag{2-6}$$

或

$$-\frac{dA}{dt} \propto A^{(1-\frac{1}{m})} \tag{2-7}$$

这说明试样截面缩减率与 $A^{(1-\frac{1}{m})}$ 成比例关系，亦即横截面收缩速度与 m 值有关。图 2–37 给出几个 m 值下 dA/dt 与 A 的关系曲线。从图中可以看出，当 $m=1$ 时，dA/dt 与 A 无关，这是纯粘性流动，试样不会出现细颈，而获得极大的均匀拉伸变形；当 $m<1$ 时，若 m 值较小，则 dA/dt 与 A 的关系曲线较陡，这说明拉伸试样如果出现局部收缩，该处的横截面收缩速度就很大，而其余断面尺寸较大的区域，断面收缩速度则小得多，这样，局部收缩处就会急剧地发展，产生缩颈的倾向大，迅速导致试样在缩颈处的断裂；反之，若 m 值较大，则上述关系曲线较平坦，dA/dt 对 A 的变化不敏感，拉伸时不易出现缩颈，有可能得到更大的伸长率。

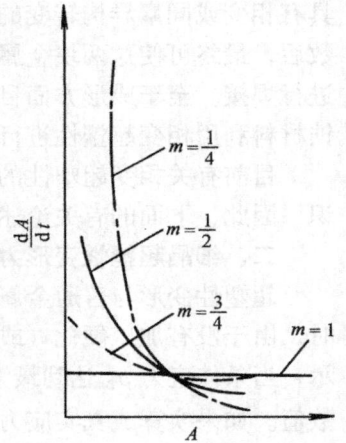

图 2–37 $\dfrac{dA}{dt}$ 与 A 的关系

从物理意义上说，m 值大时，由式（2–4）可知，流动应力会随着应变速率 $\dot{\varepsilon}$ 的增大而急速增大；此时，如试样某处有局部缩小，则该处的应变速率加大，该处继续变形所需的应力也随之剧增，这就阻止了该处断面的继续减小，促使变形向别处发展而趋于均匀，最终获得了更大的伸长率。由此可见，m 值反映了材料抗局部收缩或产生均匀拉伸变形的能力。图 2–38 为实验所得的 Ti 及 Zr 合金的伸长率与 m 值的关系曲线。

但是也必须指出，许多试验结果表明，材料的伸长率并不总是由 m 值唯一地确定，试样几何尺寸和晶粒大小对伸长率亦有影响。因此，尽管 m 值可作为衡量超塑性的一个很重要指标，但如果综合考虑 m 值、伸长率 δ 和断面收缩率 Ψ 等诸项指标，则会更全面合理些。

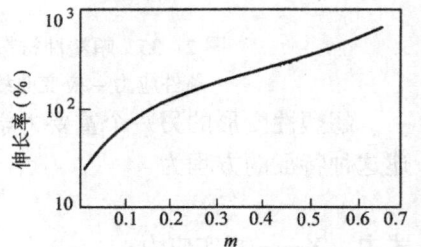

图 2–38 Ti 及 Zr 合金的伸长率与 m 值的关系曲线

三、影响细晶超塑性的主要因素

影响细晶超塑性的因素很多，其中主要的有应变速率、变形温度、组织结构和晶粒度等，这些因素大都直接影响 m 值的大小。

（一）应变速率的影响

图 2–39 分别给出 Al–Mg 共晶合金应变速率 $\dot{\varepsilon}$ 和流动应力 Y 与 m 值的关系曲线。此曲线是反映超塑性变形力学特征的典型曲线，可大致分成三个区间：区间 I 的应变速率极低（$\dot{\varepsilon} < 10^{-4} \text{min}^{-1}$），在此区间内流动应力很低，$m$ 值亦较小（$m \leqslant 0.3$），属于蠕变速度范围；

区间 II，$\dot{\varepsilon} \approx 10^{-4} \sim 10^{-1} \mathrm{min}^{-1}$，在此区间内，随着 $\dot{\varepsilon}$ 的增加，流动应力迅速增加，m 值亦增大并出现峰值，此属超塑性应变速率范围；区间 III，$\dot{\varepsilon} > 10^{-1} \mathrm{min}^{-1}$，属于常规应变速率范围，流动应力达到最大值，而 m 值下降（$m < 0.3$）。以上三个速度区间的界限不是很严格，会随晶粒大小和变形温度而变化。

由此曲线可以看出，细晶超塑性具有高度的速度敏感性，速度的变化对流动应力和 m 值的影响很显著，只有控制在 $\dot{\varepsilon} = 10^{-4} \sim 10^{-1} \mathrm{min}^{-1}$ 范围内，才能获得超塑性。

（二）变形温度的影响

变形温度对超塑性的影响非常明显，当低于或超过某一温度范围时，就不出现超塑性现象。超塑性变形温度大约在 $0.5\,T_m$ 左右，但对于不同的金属和合金会有所差别。图 2 - 40 给出 Al - Zn 合金（$w_{Al} = 22\%$）的伸长率和 m 值与变形温度之间的关系曲线。由图可见，只有在 $250 \sim 270\,℃$ 温度范围内，才能获得最大的伸长率和 m 值；低于或高于此温度范围，伸长率和 m 值都急剧下降。

需要指出，只有当应变速率和变形温度的综合作用有利于获得最大 m 值时，合金才会表现出最佳的超塑性状态，这可从图 2 - 41 明显看出。

（三）组织的影响

为了获得超塑性，除了选择适当的应变速率和变形温度外，还要求金属具有超细、等轴、双相及稳定的晶粒。之所以要求双相，是因为第二相能阻止母相晶粒的长大，而母相也能阻止第二相的长大；所谓稳定，是指在变形过程中，晶粒长大的速度缓慢，以便在保持细晶的条件下有充分的热变形持续时间；又由于在超塑性变形过程中，晶界的滑动和扩散蠕变起着很重要的作用，所以要求晶粒细小、等轴，以便有数量多、且短而平坦的晶界。对于大多数合金，一般认为直径大于 $10\mu m$ 的晶粒组织是难以实现超塑性的。

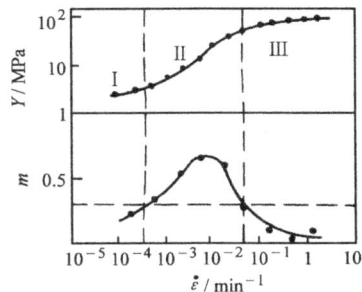

图 2 - 39 Al - Mg 共晶合金应变速率 $\dot{\varepsilon}$ 和流动应力 Y 与 m 值的关系曲线
（变形温度：350℃，晶粒直径：10.6 μm）

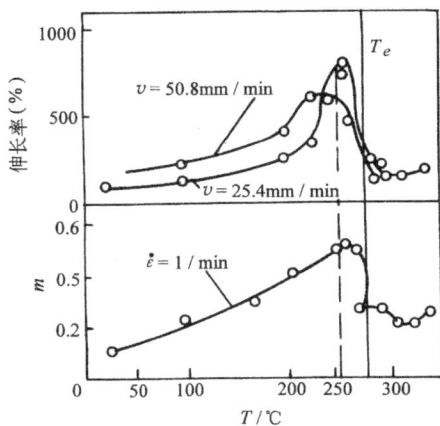

图 2 - 40 Zn - Al 合金（$w_{Al} = 22\%$）的伸长率和 m 值与变形温度的关系
T_e—临界温度 v—拉伸速度

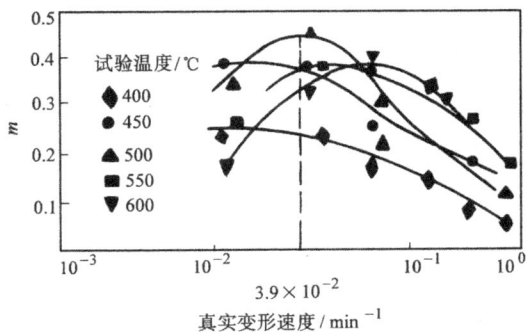

图 2 - 41 弥散铜（$w_{Cu} = 95\%$、$w_{Al} = 2.8\%$、$w_{Si} = 1.8\%$、$w_{Co} = 0.4\%$）应变速率及试验温度对 m 值的影响（平均晶粒尺寸 $1\mu m$）

图 2-42 给出 Al-Cu 共晶合金 520℃拉伸时，晶粒尺寸对超塑性的影响。由图可见，晶粒越小，则流动应力越低，这与以前所述的晶粒小变形抗力大恰好相反；再者，晶粒越小，m 的峰值增大，且移向高应变速率区。这对超塑性成形是有利的，因为它使提高成形加工速度成为可能。

在考虑晶粒大小的同时，晶粒的形态也很重要。例如，在 Pb-Sn 系共晶合金中曾发现，其铸态组织为层片状两相晶粒，而经轧制后形成等轴的两相晶粒，它们的平均晶粒尺寸几乎相同，都约为 $2\mu m$，但由于晶粒形态截然不同，在超塑性变形条件下，前者的伸长率只有 50%（$m<0.15$），而后者可达 1600%（$m=0.59$）。可见，要实现超塑性，不但晶粒尺寸要小，而且要求晶粒呈等轴状。

通过以上分析不难理解，为什么超塑性材料多为共晶或共析合金，这是因为这类合金有利于获得两相和稳定的超细晶粒组织。但近期的研究表明，在弥散合金和单相合金中也发现有超塑性，可见超塑性材料的范围有扩大的趋势。

四、超塑性变形时组织的变化和对力学性能的影响

任何塑性变形都会引起材料的组织和性能的变化，超塑性变形也不例外。了解这些问题，对于研究超塑性变形机理和指导超塑性加工生产均具有重要意义。

（一）组织的变化

1. 晶粒度的变化

许多研究资料表明，超塑性变形时，晶粒会发生长大，但等轴度基本不变。晶粒的长大与变形程度、应变速率和变形温度有关。图 2-43 给出 Zn-Al 合金（w_{Al} =22%）分别拉伸 100%、200% 和 600% 时，应变速率与晶粒大小的关系曲线（变形温度为 250℃、晶粒的原始直径为 $0.5\mu m$）。从图中可以看出，晶粒的大小随应变速率 $\dot\varepsilon$ 的降低而增大，但在最佳超塑性应变速率范围内晶粒随速率的降低而增大并不明显；再者，变形程度越大，晶粒长大也越显著。

晶粒长大的真正原因目前还不太清楚，普遍认为，超塑性变形是在持续高温下发生的，且变形使晶格缺陷、空位和位错的浓度、密度增加，从而大大促进了合金中的扩散过程，结果使晶粒长大。但在某些试验中也发现有晶粒细化的相反现象；例如，HPb59-1 黄铜在 620℃下进行压缩变形，结果变形后的晶粒比变形前的细小，而且随着压缩变形程度的增大，晶粒细化越显著。

金属在超塑性变形时，如果应变速率低，则晶粒除了长大外，还可能沿拉伸变形方向上

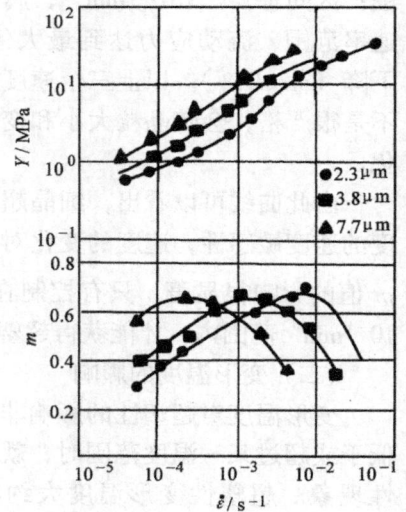

图 2-42 Al-Cu 共晶合金 520℃时晶粒尺寸对流动应力及 m 值的影响

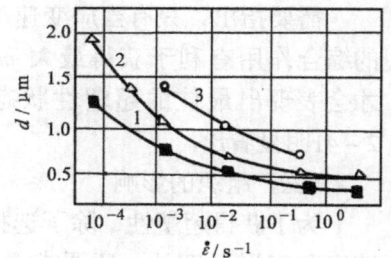

图 2-43 250℃拉伸时，应变速率 $\dot\varepsilon$ 对 Zn-Al 淬火合金（w_{Al} =22%）晶粒尺寸的影响
1—δ =100% 2—δ =200%
3—δ =600%

被拉长。例如，Zn – Al 合金（$w_{Al} = 0.4\%$）在 $\dot{\varepsilon} = 2.5 \times 10^{-5}\,\mathrm{s}^{-1}$ 下拉伸时，当 $\delta = 50\%$ 时，晶粒出现拉长现象，当 $\delta = 200\%$ 时，晶粒长短轴的平均比可达 1.3。但在最佳的应变速率范围内，晶粒则仍基本保持等轴状。低速变形时晶粒被拉长，主要是扩散蠕变所致，也可能与滑移沿某一单一晶面进行有关。

2. 显微组织的变化

大量研究资料表明，在最佳超塑性应变速率范围内，不形成亚结构，亦未发现有晶内位错或仅有个别位错，在试样抛光表面上不出现滑移线，说明没有位错运动。但如提高应变速率，则位错数量会增加，个别地方（如晶界处）还会看到位错的塞积。如果应变速率更高（实际上已超出超塑性变形范围）时，则亦会形成亚结构。

3. 空洞的生成

大量的金相资料表明，许多合金在超塑性拉伸变形时会伴生空洞。空洞不仅与变形程度和应变速率有关，还与变形温度、晶粒尺寸和相的性质有关。在 HPb59 – 1 黄铜超塑性变形中，发现在相同变形条件下，细晶组织比粗晶组织更易于产生空洞。在研究 Zn – Al 共析合金空洞形成时，发现空洞随应变速率的升高而增多，并观察到空洞沿拉伸变形方向被拉长。至于变形温度的影响，不同的合金，表现不一。

另外，并不是所有合金在超塑性变形时，都会形成空洞；而且，对于超塑性拉伸变形时能产生空洞的合金，在同样的变形程度和应变速率下做压缩试验时，却不产生空洞。

关于空洞形成的原因，有的认为是空位在变形期间向晶界处汇集的结果，也有的认为是超塑性变形时晶界滑移未能充分相互协调所致。

综合上述可知，超塑性变形对合金组织的影响，与一般的热变形时是不同的。尽管影响因素很复杂，至今的认识也不完全一致，有些试验结果甚至还互有矛盾，但归纳起来其组织具有如下典型性的特征：在超塑性变形时，晶粒虽有不同程度的长大，但基本上保持等轴状；变形后的微观组织中几乎看不到位错，也没有晶内滑移的痕迹，不形成亚结构；有显著的晶界滑移痕迹，在许多情况下晶界或相界处形成空洞等。

（二）对力学性能的影响

1）超塑性变形后由于合金仍保持均匀细小的等轴晶组织，不存在织构，所以不产生各向异性，且具有较高的抗应力腐蚀性能。我国对钛合金（Ti – 6Al – 4V）整体涡轮盘进行超塑性等温模锻，锻后测试表明，锻件各部位的显微组织均为细小等轴晶组织，不同部位和不同取向试样的室温拉伸性能也相当接近。对于耐热材料，为提高高温下的抗蠕变性能，在超塑性成形后，还可以通过热处理使晶粒粗化，以达到所需的晶粒度。

2）超塑性成形时，由于变形温度稳定、变形速度缓慢，所以零件内部不存在弹性畸变能，变形后没有残余应力。

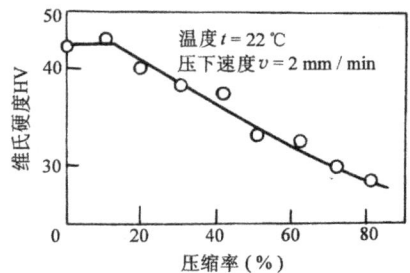

图 2 – 44 Zn – Al 共析合金（$w_{Al} = 22\%$）压缩率与维氏硬度的关系

3）对超塑性变形后的 Zn – Al 共析合金，在图 2 – 44 中所示的条件下进行压缩试验，发现其硬度随压缩率的增加而降低，即存在所谓加工软化现象，而这是一般材料的压缩试验所没有的。

4）高铬高镍超塑性不锈钢经超塑性成形后，形成微细的双相混合组织，显示出很高的抗疲劳强度。

五、超塑性变形机理

前面曾提到，在超塑性变形时，尽管金属具有超细晶粒组织，但其流动应力却很小，这与通常的晶粒度对变形抗力影响的概念相反，而且流动应力对应变速率很敏感；另外，还分析了超塑性变形时组织变化的一些典型特征。所有这些现象和特征都是一般塑性变形机理所难以解释的。

关于超塑性变形机理，目前还处于研究探讨阶段，尚无统一的认识。有人认为，在超塑性变形过程中，起支配作用的变形机理是晶界滑移；也有人认为，扩散蠕变机理的作用很大；还有人认为，在超塑性变形过程中，伴随有动态回复和动态再结晶。由于超塑性变形过程中，晶粒的大小和形状都没有显著的变化，这一事实有力地支持了在超塑性变形过程中，大量的变形来自晶间滑移的观点；但是如果晶粒形状不变只是单纯地依赖于晶间滑移，则必然会导致晶间空洞或裂缝的形成，而这与普遍观察到的现象又是不相符的。因此，晶间滑移不可能作为独立的变形机理，还必须有其他的变形机理来相互协调配合。扩散蠕变机理已如前述，是在应力场的作用下原子（或空位）发生定向转移，引起物质的迁移和晶体的塑性变形；但若此过程单独地进行，必然会引起晶粒沿外力方向伸长，而这与超塑性变形中晶粒仍基本保持等轴状也是相矛盾的。动态再结晶虽然能解释超塑性变形中等轴晶粒的形成；但是，在通常的热塑性变形过程中亦有发生再结晶，却不能获得象超塑性变形那样的大伸长率、低流动应力和表现出对应变速率的高敏感性。所有这些都说明，没有哪一个理论能够完满地解释各种金属材料中所发生的超塑性变形现象。事实上，超塑性变形机理比常规塑性变形机理更为复杂，它包括晶界的滑移和晶粒的转动、扩散蠕变、位错的运动、在特殊情况下还有再结晶等；不可能是单一的变形机理，而是几个机理的综合作用；而且，在不同情况下，可能有不同的机理起着主导作用。

由阿希贝（Ashby）和弗拉尔（Verrall）提出的晶界滑动和扩散蠕变联合机理（简称 A－V 机理）被认为能较好地解释超塑性变形过程，该理论认为，在晶界滑移的同时伴随有扩散蠕变，对晶界滑移起调节作用的不是晶内位错的运动，而是原子的扩散迁移。

图 2－45 示出 A－V 机理的模型。一组晶粒在拉应力作用下，由于晶界滑移和原子扩散（包括晶内扩散和晶界扩散），一方面使晶粒由起始状态演变成图中所示的中间状态，从而使晶界面积和系统的自由能增加；另一方面，随着中间状态向最终状态的转变，晶界面积逐渐减小。这样，外部给预的能量消耗在晶界面积的变化过程中，结果横向晶粒相互靠近、接触，纵向晶粒彼此分离、拉开，而所有晶粒仍保持等轴状原样，只是发生了"转动"换位。

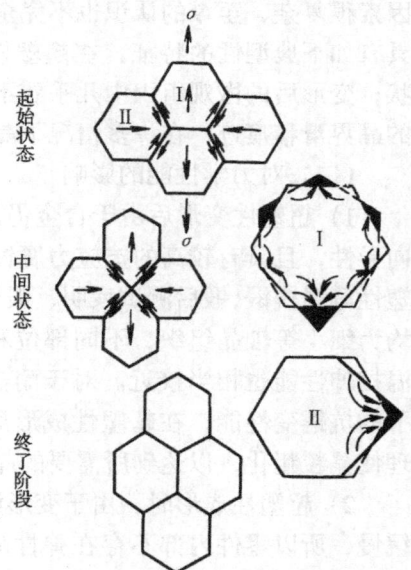

图 2－45 晶界滑动和扩散蠕变联合机理模型

以上讨论的只是一个平面模型的情况，所得的沿应力方向上的拉伸变形量当然有限。

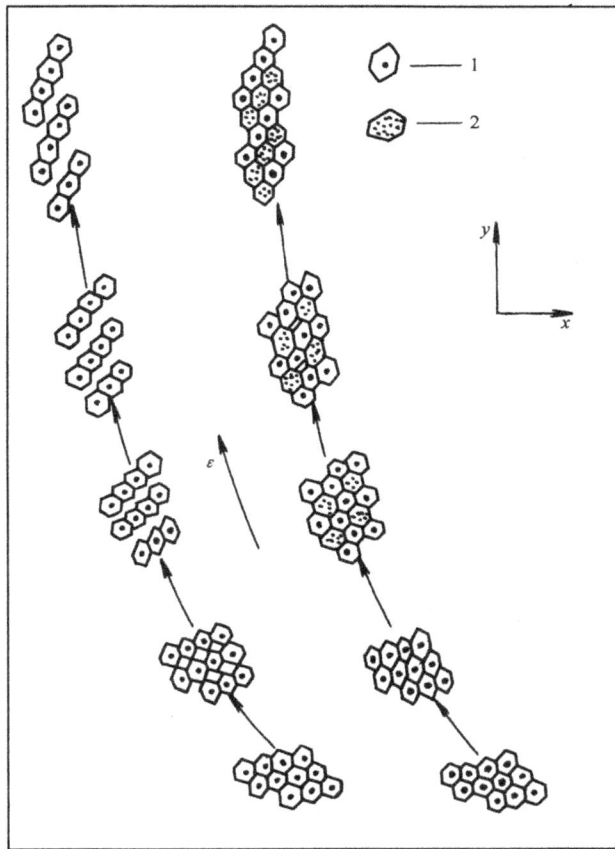

图 2 – 46   晶粒移动的立体模型
1—*xy* 平面内原有的晶粒   2—从 *Z* 方向两相邻层移来的晶粒

但事实上，这种伴随扩散蠕变的晶间滑移是发生在三维空间内，沿垂直于拉伸轴的所有方向上的相邻晶粒，都会发生同样的过程（见图 2 – 46），结果就可获得很大的整体伸长变形，也只有这样，才能使试样的圆形断面在变形后仍为圆形。

顺便指出，在其他的有关超塑性变形机理的理论中，也都普遍认为晶界滑移起着主要作用。至于晶界滑移的本质目前有两种假设，一种认为，在超塑性条件下，晶界结构是非晶体状态，因此晶界滑移是一种非晶体的粘性流动；另一种则认为晶界的滑移是晶界位错的运动。因为对晶界的实验观测相当困难，因此尚不能给予何种假设以证实。

第四节   金属在塑性加工过程中的塑性行为

金属的塑性加工是以塑性为前提条件。塑性越好，则预示着金属具有更好的塑性成形适应能力，允许产生更大的变形量；反之，如果金属一受力即行断裂，则塑性加工也就无从进行。因此，从工艺角度出发，人们总是希望变形金属具有良好的塑性。特别是随着生产与科技的发展，有越来越多的低塑性、高强度的难变形材料需要进行塑性加工，如何改善其塑性就更具有重要的意义。

一、塑性的基本概念和塑性指标

1．塑性的基本概念

所谓塑性，是指金属在外力作用下，能稳定地发生永久变形而不破坏其完整性的能力，它是金属的一种重要的加工性能。金属的塑性不是固定不变的，它受诸多因素的影响，大致包括以下两个方面：一是金属的内在因素，如晶格类型、化学成分、组织状态等；另一是变形的外部条件，如变形温度、应变速率、变形的力学状态等。正因为这样，通过创造合适的内外部条件，就有可能改善金属的塑性行为。

2．塑性指标

为了衡量金属材料塑性的好坏，需要有一种数量上的指标，称为塑性指标。塑性指标是以材料开始破坏时的塑性变形量来表示，它可借助于各种试验方法来测定。常用的试验方法有拉伸试验、压缩试验和扭转试验等。此外，还有模拟各种实际塑性加工过程的实验方法。

（1）拉伸试验　在材料试验机上进行，拉伸速度通常在 10mm/s 以下，对应的应变速率为 $10^{-1} \sim 10^{-3} \mathrm{s}^{-1}$，相当于一般液压机的速度范畴。也有在高速试验机上进行，拉伸速度约为 3.8 ~ 4.5 m/s，相当于锻锤变形速度的下限。在拉伸试验中可以确定两个塑性指标——伸长率 δ（%）和断面收缩率 Ψ（%），即

$$\delta = \frac{L_K - L_0}{L_0} \times 100\%$$

$$\Psi = \frac{A_0 - A_K}{A_0} \times 100\%$$

式中　L_0——拉伸试样原始标距长度；

$\quad\quad L_K$——拉伸试样破断后标距间的长度；

$\quad\quad A_0$——拉伸试样原始断面积；

$\quad\quad A_K$——拉伸试样破断处的断面积。

这两个指标越高，说明材料塑性越好。试样拉伸时，在缩颈出现以前，材料承受单向拉应力；缩颈出现以后，缩颈处承受三向拉应力。可见，上述两个指标反映了材料在单向拉应力均匀变形阶段和三向拉应力局部变形阶段的塑性总和。伸长率的大小与试样原始标距长度 L_0 有关，标准试样的标距长度有 $L_0 = 10d$ 和 $L_0 = 5d$（d 为试样原始直径）两种；而断面收缩率与试样原始标距长度无关。因此，在塑性材料中，用 Ψ（%）作为塑性指标更显合理。

（2）镦粗试验　将圆柱体试样在压力机或落锤上进行镦粗，试样的高度 H_0 一般为直径 D_0 的 1.5 倍（例如 $H_0 = 30\mathrm{mm}$，$D_0 = 20\mathrm{mm}$），用试样侧表面出现第一条裂纹时的压缩程度 ε_c 作为塑性指标，即

$$\varepsilon_c = \frac{H_0 - H_K}{H_0} \times 100\%$$

式中　H_K——镦粗试样侧表面出现第一条裂纹时的高度。

镦粗时由于接触摩擦的影响，试样会出现鼓形，内部处于三向压应力状态，而侧表面出现切向拉应力，这种应力状态与自由锻、冷镦等塑性成形过程相近。试验资料表明，同一金属在一定的变形温度和速度条件下进行镦粗时，可能得出不同的塑性指标，这是由于接触表面上的外摩擦条件、散热条件和试样的原始尺寸不完全相同所致。因此，为使所得结果能进行比

较，对镦粗试验必须制订相应的规程，注明进行试验的具体条件。

（3）扭转试验　在专门的扭转试验机上进行，材料的塑性指标用试样破断前的扭转角或扭转圈数表示。由于扭转时的应力状态接近于零静水压力，且试样沿其整个长度上的塑性变形均匀，不像拉伸试验时出现缩颈和镦粗试验时出现鼓形，从而排除了变形不均匀性的影响，这对塑性理论的研究无疑是很重要的。

模拟实际塑性加工过程的试验方法有多种。例如，在偏心轧辊间轧制矩形断面长条毛坯（见图2-47），测出侧表面首先出现裂纹处的压下率 $\Delta H/H_0$（ΔH 为侧表面首先出现裂纹处的压下量，H_0 为试样轧前原始高度），以此表征金属轧制过程的塑性指标。

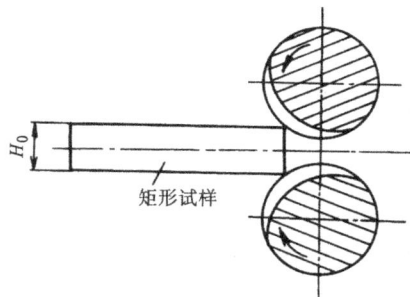

图2-47　偏心轧辊轧制矩形试样示意

至于板料成形性能的模拟实验方法，则有胀形试验、扩孔试验、拉深试验、弯曲试验和拉深—胀形复合试验等。通过这些试验，可以获得评价各相关成形工序板料成形性能的指标。限于篇幅，下面仅介绍胀形试验。常用的胀形试验为杯突试验，如图2-48所示。试验时，将试样置于凹模与压边圈之间夹紧，球状冲头向上运动使试样胀成凸包，直到凸包产生裂纹为止，测出此时的凸包高度 IE 记为杯突试验值。由于试验过程中，试样外轮廓不收缩，板料胀出部分承受两向拉应力，其应力状态和变形特点与冲压工序中的胀形、局部成形等相同，因此，该 IE 值即可作为这类成形工序的成形性能指标。

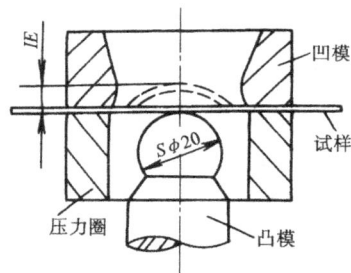

图2-48　杯突试验

需要指出，各种试验方法都是相对于其特定的受力状况和变形条件的，由此所测定的塑性指标（或成形性能指标），仅具有相对的和比较的意义。它们说明，在某种受力状况和变形条件下，哪种金属的塑性高，哪种金属的塑性低；或者对于同一种金属，在哪种变形条件下塑性高，而在哪种变形条件下塑性低。尽管如此，塑性指标对于正确选择变形的温度、速度规范和变形量，都有着重要的参考价值。

二、金属的化学成分和组织对塑性的影响

（一）化学成分的影响

化学元素种类繁多，在金属材料中的含量及相对比例又各不相同，其对塑性的影响错综复杂，要逐一描述很困难。下面仅以钢（包括碳钢和合金钢）为主要对象，作简要介绍。

在碳钢中，Fe 和 C 是基本元素；在合金钢中，除了 Fe 和 C 外，还包含有合金元素，常见的合金元素有 Si、Mn、Cr、Ni、W、Mo、V、Co、Ti 等。此外，由于矿石、冶炼和加工方面的原因，在各类钢中还可能含有一些杂质元素，如 P、S、N、H、O 等。

1. 碳钢中碳和杂质元素的影响

（1）碳　碳对碳钢性能的影响最大。碳能固溶于铁，形成铁素体和奥氏体，它们都具有良好的塑性。当碳的含量超过铁的溶碳能力时，多余的碳便与铁形成化合物 Fe_3C，称为渗碳体。渗碳体具有很高的硬度，而塑性几乎为零，对基体的塑性变形起阻碍作用，而使碳钢的塑性降低。随着含碳量的增加，渗碳体的数量亦增多，塑性的降低也越大。图 2-49 为退火状态下，碳含量对碳钢的塑性和强度指标的影响曲线。因此，对于冷成形用的碳钢，含碳量应低。在热变形时，虽然碳能全部溶于奥氏体中，但碳含量越高，则碳钢的熔化温度越低，锻造温度范围越窄，奥氏体晶粒长大的倾向越大，再结晶的速度越慢，这些对热成形加工也是不利的。

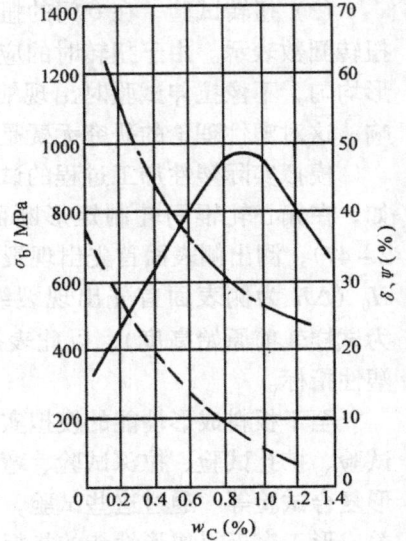

图 2-49　碳含量对碳钢力学性能的影响

（2）磷　一般说来，磷是钢中的有害杂质，它在铁中有相当大的溶解度，使钢的强度、硬度提高，而塑性、韧性降低，在冷变形时影响更为严重，此称冷脆性。当磷的质量分数大于 0.3% 时，钢已完全变脆，故对于冷变形用钢（如冷镦钢、冷冲压钢板等）应严格控制磷的含量。但在热变形时，当磷的质量分数不大于 1%~1.5% 时，对钢的塑性影响不大，因为磷能全部固溶于铁中。

（3）硫　它是钢中的有害杂质。硫很少固溶于铁中，在钢中它常和其他元素组成硫化物，这些硫化物除 NiS 外，一般熔点都较高，但当组成共晶体时，熔点就降得很低（例如 FeS 的熔点为 1190℃，而 Fe-FeS 共晶体的熔点为 985℃）。这些硫化物及其共晶体，通常分布于晶界上，当温度达到其熔点时，它们就会熔化；而由于钢的锻造温度范围约为 800~1220℃，因此会导致钢热变形时的开裂，这种现象称为热脆性。但当钢中含有锰元素时，由于锰和硫的亲和力大于铁和硫的亲和力，因此，钢中的锰会优先夺取钢中的硫，形成 MnS，硫化锰及其共晶体的熔点高于钢的锻、轧温度，因此不会产生钢的热脆性，从而消除了硫的有害作用。

（4）氮　氮在钢中除少量固溶外，以氮化物形式存在。当氮化物的质量分数较小（0.002%~0.015%）时，对钢的塑性无明显的影响；但随着氮化物的质量分数的增加，钢的塑性将降低，导致钢变脆。由于氮在 α 铁中的溶解度在高温和低温时相差很大，当含氮量较高的钢从高温快冷至低温时，α 铁被过饱和，随后在室温或稍高温度下，氮会逐渐以 Fe_4N 形式析出，使钢的塑性、韧性大为降低，这种现象称为时效脆性，若在 300℃ 左右加工时，则会出现所谓"兰脆"现象。

（5）氢　氢以离子或原子形式溶入固态钢中，形成间隙固溶体，其溶解度随温度的降低而减小，如图 2-50 所示。

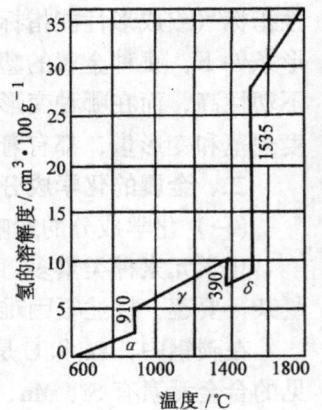

图 2-50　氢在钢中的溶解度与温度的关系

氢是钢中的有害元素，表现在两个方面：一是氢溶入钢中使钢的塑性韧性下降，造成所谓氢脆，另一是当含氢量较高的钢锭锻、轧后较快冷却时，从固溶体中析出的氢原子来不及向钢坯表面扩散逸出，而聚集在钢内的显微缺陷处（如晶界、亚晶界和显微空隙等），形成氢分子，产生局部高压。如果此时钢中还存在组织应力或温度应力，则在它们的共同作用下可能产生微裂纹，即所谓"白点"。之所以称为白点，是因为沿此钢坯的纵向断口呈表面光滑的圆形或椭圆形的银色白斑，而横向截面上则呈发丝状裂纹。白点多处于离锻件表面较远的部位。

影响氢白点形成的因素很多，包括钢的含氢量、氢在冷却过程中的析出条件、金属内部微观缺陷的总体积量以及力学状态等。氢含量高、又不利于向外部析出（如快速冷却，锻件截面大等）时，则白点形成的倾向大。当金属内部微观缺陷足够多时，由于氢在缺陷内不足以形成局部高压，白点的倾向性反而降低，这可用来解释为什么铸件的白点倾向比锻、轧件低。冷却过程中的温度应力、尤其是相变时的组织应力是引起白点的主要力学因素，因此白点的形成与钢的化学成分和组织转变有关。一般钢中含 Cr、Ni、Mo 等元素会增大白点的敏感性；而没有相变、且塑性又转好的奥氏体钢和高铬铁素体钢却不会产生白点。

白点对钢材的强度影响不太大，但会显著降低钢的塑性和韧性。由于它在金属中造成高度的应力集中，因而会导致工件在淬火时的开裂和使用过程中的突然断裂。因此，在大型锻件的技术条件中明确规定，一旦发现白点锻件必须报废。电站设备中的大型自由锻件用钢，大都是一些对白点敏感的钢种（如 34CrNi2Mo、34CrNi3Mo 等），此种钢若含氢量较高，锻后冷却工艺又不得当，就容易出现白点。正因为如此，在大型自由锻中，一方面非常注意提高所用钢锭的冶金质量，如在钢锭的浇注工艺中采用真空浇注、循环除气等方法，以降低氢含量；另一方面注意锻后的冷却和热处理，尽量创造最有利的氢扩散条件和使内应力（主要是由于奥氏体转变引起的组织应力）最小的条件。

（6）氧　氧在铁中的溶解度很小，主要是以氧化物的形式存在于钢中，它们多以杂乱、零散的点状分布于晶界处。氧在钢中不论以固溶体还是氧化物形式存在都使钢的塑性降低，以氧化物形式存在时尤为严重，因为它在钢中起着空穴和微裂纹的作用。氧化物还会与其他夹杂物（如 FeS）形成易熔共晶体（如 FeS – FeO，熔点 910℃）分布于晶界处，造成钢的热脆性。

2. 合金元素对钢的塑性的影响

合金元素加入钢中，不仅改变钢的使用性能，而且改变钢的塑性成形性能。主要表现为塑性降低、变形抗力提高。这些现象可以从以下几个方面来解释：

1）所有合金元素都能不同程度地溶入铁中形成固溶体（不论 α – Fe、还是 γ – Fe）。由于合金元素的溶入（置换），使铁原子的晶格点阵发生不同程度的畸变，从而使钢的变形抗力提高，而塑性也有不同程度的降低。图 2 – 51 表示一些合金元素对铁素体的伸长率和韧性的影响。

从图中可以看出，当 w_{Si}、w_{Mn} 超过 1% 时，铁素体的韧性显著下降，而塑性指标在其大约为 2% ~ 3% 时明显下降。因此，w_{Si}、w_{Mn} 大的钢难以冷塑性变形，深拉延用钢一般分别控制在 $w_{Si} = 0.04\%$ 和 $w_{Mn} = 0.5\%$ 以下，而变压器用的硅钢板，一般控制在 $w_{Si} = 3.5\%$ 以下。与 Si、Mn 相比，在图中所规定的含量范围内，Cr、Ni、Mo、W 等合金元素对塑性的影响不大（其中 W、Mo 对韧性的影响较大）。

2）许多合金元素如 Mn、Cr、Mo、W、Nb、V、Ti 等会与钢中的碳形成硬而脆的碳化物，使钢的强度提高，而塑性下降。但是，碳化物的影响还与它的形状、大小和分布状况有密切关系。Nb、Ti、V 等元素的碳化物在钢中成高度分散的极小颗粒，起弥散强化作用，使钢的强度显著提高，但对塑性的影响不大；而高合金钢（如高速钢）由于晶界上含有大量共晶碳化物，塑性很低。

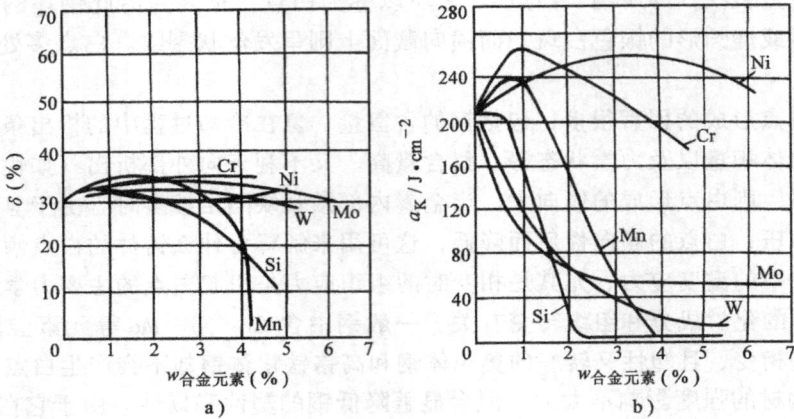

图 2-51　合金元素对铁素体伸长率和韧性的影响

在热塑性变形时，大量碳化物溶入奥氏体，减弱了碳化物对钢的强化作用。但是，对于那些含有大量 W、Mo、V、Ti、Cr 和 C 的高合金钢（如高速钢、铬 12 型工具钢等），在热成形温度范围内，并非全部碳化物都能溶入奥氏体中（对于共晶碳化物，则完全不溶解），加上此时大量合金元素溶入奥氏体所引起的固溶强化作用，故其高温抗力要比同碳分的碳钢高出许多，塑性也明显降低，从而给热成形加工带来一定的困难。

3) 当合金元素与钢中的氧、硫形成氧化物或硫化物夹杂时，会造成钢的热脆性，给热成形带来困难。例如，在钼钢和镍基合金中，若硫含量较高，钼或镍会与硫化合，形成含硫化钼或硫化镍的低熔点共晶产物，分布于晶界处，造成热脆性；相反，锰、钛、铌等合金元素能与硫化合，形成熔点远高于 FeS 的硫化物，使钢的热脆性降低，有利于热成形加工。

4) 合金元素会改变钢中相的组成，造成组织的多相性，从而使钢的塑性降低。例如，铁素体不锈钢和奥氏体不锈钢均为单相组织，在高温下具有良好的塑性。但如成分调配不当，则会在铁素体钢中出现 γ 相，或在奥氏体钢中出现 α 相，或者造成两相比例不适中，由于这两相的高温性能和它们的再结晶速度差别很大，引起锻造时变形的不均匀，从而降低钢的塑性。

5) 有些合金元素会影响钢的铸造组织和钢材加热时晶粒长大的倾向，从而影响钢的塑性。例如，Si、Ni、Cr 等会促使铸钢中柱状晶的成长，从而降低钢的塑性，给锻轧开坯带来困难；而 V 能细化铸造组织，对提高钢的塑性有利。又如 Ti、V、W 等元素对钢材加热时晶粒长大倾向有强烈的阻止作用，由于晶粒细化而使钢的高温塑性提高；而 Mn、Si 等会促使奥氏体晶粒在加热过程中的粗大化，也即对过热的敏感性很大，因而降低钢的塑性。

6) 合金元素一般都使钢的再结晶温度提高、再结晶速度降低，因而使钢的硬化倾向增加，塑性降低。

7) 若钢中含有低熔点元素（如 Pb、Sn、As、Bi、Sb 等）时，这些元素几乎都不溶于基体金属，而以纯金属相存在于晶界，造成钢的热脆性。图 2-52 示出锡和铅对 $w_C = 0.2\% \sim 0.25\%$ 的碳钢热态下塑性指标的影响。

以上只是从几个方面概略地说明合金元素对钢塑性的影响。实际情况往往更为复杂，需要就具体钢种，根据冷、热变形条件进行具体分析。

（二）组织的影响

一定化学成分的钢，由于组织状态的不同，其塑性亦有很大的差别。

1. 相组成的影响

单相组织（纯金属或固溶体）比多相组织塑性好。多相组织由于各相性能不同，变形难易程度不同，导致变形和内应力的不均匀分布，因而塑性降低。这方面的例子很多，如碳钢在高温时为奥氏体单相组织，故塑性好，而在 800℃ 左右时，转变为奥氏体和铁素体两相组织，塑性就明显降低。因此，对于有固态相变的金属来说，在单相区内进行成形加工显然是有利的。

工程上使用的金属材料多为两相组织，此时根据第二相的性质、形状、大小、数量和分布状态的不同，其对塑性的影响程度亦不同。若两个相的变形性能相近，则金属的塑性近似介于两相之间。若

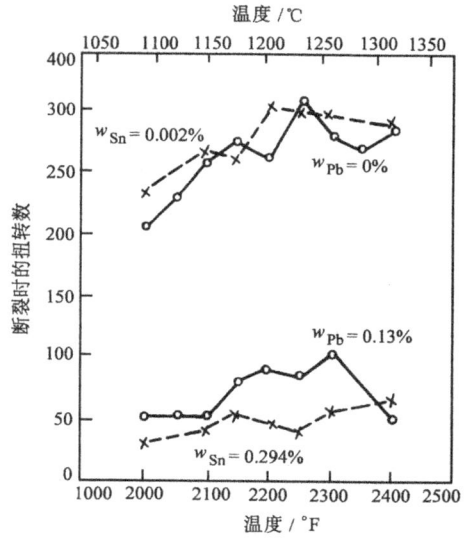

图 2 - 52　锡和铅对 $w_C = 0.2\% \sim 0.25\%$ 碳钢热成形性能的影响

两个相的性能差别很大，譬如一相为塑性相，而另一相为脆性相，则变形主要在塑性相内进行，脆性相对变形起阻碍作用；此时，如果脆性相呈连续或不连续的网状分布于塑性相的晶界处，则塑性相被脆性相包围分割，其变形能力难以发挥，变形时易在晶界处产生应力集中，导致裂纹的早期产生，使金属的塑性大为降低；如果脆性相呈片状或层状分布于晶粒内部，则对塑性变形的危害性较小，塑性有一定程度的降低；如果脆性相呈颗粒状均匀分布于晶内，则对金属塑性的影响不大，特别是当脆性相数量较小时，如此分布的脆性相几乎不影响基体金属的连续性，它可随基体相的变形而"流动"，不会造成明显的应力集中，因而对塑性的不利影响就更小。关于相组成对塑性的影响，还可参阅"多相合金冷塑性变形"一节。

2. 晶粒度的影响

细晶组织比粗晶组织具有更好的塑性，这一点已在"冷塑性变形特点"一节中介绍过，在此不再赘述。

3. 铸造组织的影响

铸造组织由于具有粗大的柱状晶粒和偏析、夹杂、气泡、疏松等缺陷，故使金属塑性降低。为保证塑性加工的顺利进行和获得优质的锻件，有必要采用先进的冶炼浇注方法来提高铸锭的质量，这在大型自由锻件生产中尤为重要。另外，钢锭变形前的高温扩散（均匀化）退火，也是有效的措施。锻造时，应创造良好的变形力学条件，打碎粗大的柱状晶粒，并使变形尽可能均匀，以获得细晶组织和使金属的塑性提高。图2-53示出 Cr - Ni - Mo 钢铸造状态和锻造状态

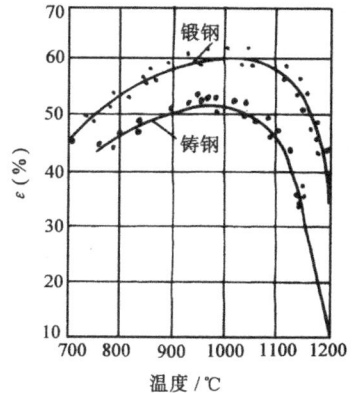

图 2 - 53　Cr - Ni - Mo 钢铸造组织和锻造组织塑性的差别

时塑性的差别。由于铸造状态时的塑性较低，在对合金钢锭进行锻造时，开始变形时的变形量不宜太大，待其铸造组织逐渐转变为锻造组织后，再加大变形量。像高速钢这类高合金的钢锭，即使在高温下其塑性也甚差，直接进行轧制容易开裂，故常先仔细地预锻到一定尺寸、改善其塑性后再进行轧制；有些塑性更差的合金铸锭，也有用挤压的方法进行初始变形或开坯的。

三、变形温度对金属塑性的影响

变形温度对金属的塑性有重大的影响，生产中由于变形温度控制不当而造成工件开裂是不乏其例的。确定最佳变形温度范围是制订工艺规范的主要内容之一，特别是对于高强度、低塑性材料以及新钢种的塑性加工尤为重要。

就大多数金属而言，其总的趋势是：随着温度的升高，塑性增加，但是这种增加并非简单的线性上升；在加热过程的某些温度区间，往往由于相态或晶粒边界状态的变化而出现脆性区，使金属的塑性降低。在一般情况下，温度由绝对零度上升到熔点时，可能出现几个脆性区，包括低温的、中温的和高温的脆性区等。下面以碳钢为例，说明温度对塑性的影响（见图 2－54）。

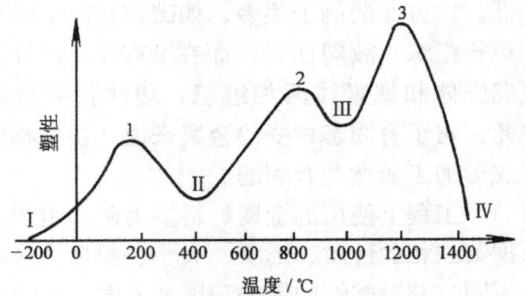

图 2－54　碳钢的塑性随温度的变化曲线

在超低温度（区域Ⅰ）时，金属的塑性极低，在 － 200℃ 时，塑性几乎已完全丧失。这可能是原子热振动能力极低所致，也可能与晶界组成物脆化有关。以后随着温度的升高，塑性增加。在大约 200～400℃ 温度范围内（区域Ⅱ），出现相反情况，塑性有很大的降低，其原因说法不一，一般认为是氮化物、氧化物以沉淀形式在晶界、滑移面上析出所致，类似于时效硬化，此温度区间称为蓝脆区（断口呈蓝色）。以后，塑性又继续随温度的升高而增加，直至大约 800～950℃ 时，再一次出现塑性稍有下降的相反情形（区域Ⅲ），这和珠光体转变为奥氏体，形成铁素体和奥氏体两相共存有关，也可能还与晶界处出现 FeS － FeO 低熔共晶体（熔点为 910℃）有关，此温度区间称为热脆区。过了热脆区，塑性又继续增加，一般当温度超过 1250℃ 后，由于发生过热、过烧（晶粒粗大化、继而晶界出现氧化物和低熔物质的局部熔化等），塑性又会急剧下降，此称高温脆区（区域Ⅳ）。

在塑性加工时，应力图避开上述各种脆区。例如，钢的温加工，不能在蓝脆温度范围内进行；钢的热加工，不能进入高温脆区；至于热脆区，由于此时的塑性水平已相当高，为了锻造操作上的方便，有时也可利用。

由于金属和合金的种类繁多，温度变化所引起的物理—化学状态的变化各不相同，所以温度对各种金属和合金塑性的影响规律并不一致。概括起来可以有八种类型，如图 2－55 所示（图中所示的可锻性是综合考虑塑性和抗力两方面的指标）。由图可见，随着温度的升高，一方面金属的塑性和可锻性提高，另一方面由于晶粒的粗大化，以及金属内化合物、析出物或第二相的存在和变化等原因，而出现塑性不随温度升高而增加的各种情况。

温度升高使金属塑性增加的原因，归纳起来有以下几个方面：

1）发生回复或再结晶。回复使金属得到一定程度的软化，再结晶则完全消除了加工硬化的效应，因而使金属的塑性提高。

2）原子动能增加，使位错活动性提高、滑移系增多，从而改善了晶粒之间变形的协调性。例如，面心立方的铝，在室温时的滑移面为（111），当温度升高到400℃时，除了（111）面外，（100）面也参与滑移，因此塑性增加，在450～550℃的温度范围内铝的塑性最好；从600℃开始，铝的塑性急剧下降，这除了过热外，还与（111）面停止作用有关。

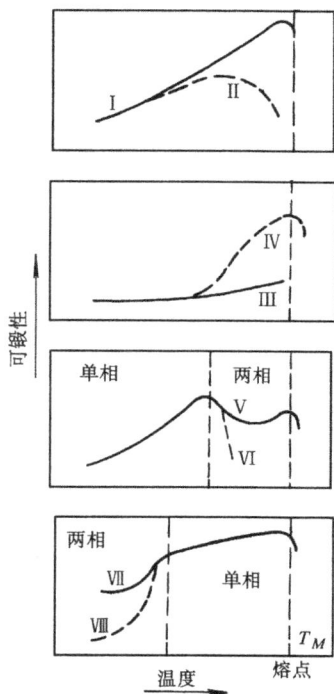

Ⅰ—纯金属和单相合金包括铝合金、钽合金、铌合金

Ⅱ—纯金属和单相合金（晶粒长大敏感）包括铍、镁合金、钨合金、β钛合金

Ⅲ—含有形成非固溶性化合物元素的合金包括高硫钢、含硒不锈钢

Ⅳ—含有形成固溶性化合物元素的合金包括含氧化物的铝合金、含有可溶性碳化物和氮化物的不锈钢

Ⅴ—加热时形成塑性第二相的合金包括高铬不锈钢

Ⅵ—加热时形成低熔点第二相合金包括含硫的铁、含锌的镁合金

Ⅶ—冷却时形成塑性第二相的合金包括碳钢和低合金钢、$\alpha - \beta$钛合金和α钛合金

Ⅷ—冷却时形成脆性第二相的合金包括高温合金、沉淀硬化不锈钢

图 2-55　各种合金系的典型可锻性曲线

3）金属的组织、结构发生变化，可能由多相组织转变为单相组织，也可能由对塑性不利的晶格转变为对塑性有利的晶格。例如，碳钢在950～1250℃温度范围内塑性最好，这与碳钢此时处于单相奥氏体组织有密切关系；又如，钛在室温时呈密集六方排列，塑性低，当温度高于882℃时，转变为体心立方晶格（称为$\beta - Ti$），因而塑性有明显增加。

4）扩散蠕变机理起作用，它不仅对塑性变形直接作贡献，还对变形起协调作用，因此使金属塑性增加，特别是高温低速条件下细晶组织金属的塑性变形，其发挥的作用就更大（参见"热塑性变形机理"一节）。

5）晶间滑移作用增强。随着温度的升高，晶界切变抗力显著降低，晶间滑移易于进行；又由于扩散作用的加强及时消除了晶间滑移所引起的微裂纹，使晶间滑移量增大；此外，晶间滑移的结果，能松弛相邻晶粒间由于不均匀变形所引起的应力集中。所有这些，都促使金属在高温下塑性的增加。

四、应变速率对金属塑性的影响

现有塑性成形设备的工作速度差别很大，水压机约为1～10cm/s，机械压力机约为30～100cm/s，通用锻锤约为500～900cm/s。设备的工作速度不同，工件的应变速率必然也不同。

48

为了合理制订变形时的温度—速度规范，需要了解应变速率对金属塑性行为的影响。

应变速率对塑性的影响比较复杂，对它的认识还有待深入，下面仅就一些规律性的问题作分析。

（一）热效应与温度效应

从能量观点看，塑性变形时金属所吸收的能量，绝大部分转化为热能，这种现象称为热效应。据有关资料介绍，在20℃塑性压缩的情况下，对于镁、铝、铜和铁等金属，塑性变形热能约占变形体所吸收能量的85%~90%；而上述金属的合金约占75%~85%。

塑性变形热能，除一部分散失到周围介质中，其余的使变形体温度升高，这种由于塑性变形过程中所产生的热量而使变形体温度升高的现象，称为温度效应。显然，温度效应与下列因素有关：

（1）变形温度 温度越高，变形抗力及单位体积变形功就越小，转化为热的那一部分能量当然也越少，而且高温下热量往往容易散失，所以，热变形时的温度效应就较小；反之，冷变形时的温度效应较大。例如，在机械压力机下进行钢的冷挤压，工件的表面温度有时会高达220~300℃。

（2）应变速率 应变速率越大，变形抗力及单位体积的变形功也越大，转化为热的那一部分能量当然就越大；另外，由于变形时间越短，热量的散失也越少；因此，温度效应也越大。常常可以看到这种现象：在空气锤下快速连击，毛坯的温度不仅不会降低，反而升高。

（3）变形程度 变形程度越大，所作的单位体积变形功也越大，转化为热的能量必然就越多，因而温度效应也越大。

此外，变形体与周围介质的温差及接触表面的导热情况等，对温度效应亦有影响。

（二）应变速率对塑性的影响机理

应变速率通过以下几种方式对塑性发生影响

1）增加应变速率会使金属的真实应力升高，这是由于塑性变形的机理比较复杂，需要有一定的时间来进行。如晶体位错的运动、滑移面由不利位向向有利位向的转动、晶间滑移和扩散蠕变等，这些都需要时间。如果应变速率大，则塑性变形不能在变形体内充分地扩展和完成，而弹性变形仅是原子离开其平衡位置，增大或缩小其原子间距，因此扩展的速度很大（与音速相同）；这样，就会更多地表现为弹性变形。而根据虎克定律，弹性变形量越大，应力就越大，也即意味着真实应力的增大。又实验研究表明，应变速率对金属的断裂抗力影响极小，因为断裂抗力归根结底取决于原子间的

图2-56 不同应变速率时真实应力-变形度曲线示意
1—高速 2—低速

结合力，它基本上不随变形的快慢而发生变化。既然真实应力随应变速率的增加而升高，而断裂抗力却变化不大，那么，随着应变速率的增加，金属就会较早地达到断裂阶段，也即金属塑性降低，这一点可以从图2-56方便地看出。图中高速下断裂时的变形程度Ψ_1显然小于低速时的Ψ_2。

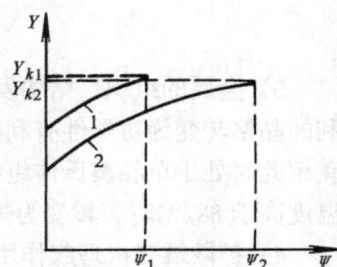

2）增加应变速率，由于没有足够的时间进行回复或再结晶，因而软化过程不充分而使金属的塑性降低。在冷变形时，尽管也存在消除硬化的自发过程，但作用毕竟是极其轻微

的，因此实际上不存在应变速率对金属软化效果的影响问题。单从这一点来看，变形温度越高，应变速率对金属塑性的不利影响会越大。

3）增加应变速率，会使温度效应增大和金属的温度升高；而正如以前的分析，温度的升高可以促进变形过程中位错的重新调整，有利于导号位错的合并和位错密度的降低，若为热变形，则由于温度的升高，可以促进回复和再结晶，促进微裂纹的修复等。所有这些，都有利于金属塑性的提高。在这一点上，由于冷变形时的温度效应较之热变形时的大，因此由温度效应所带来的对塑性的有利影响必然也会越大。需要指出，如果温度效应所引起的温升恰好使金属由塑性区进入脆性区，则应变速率的增加对塑性就是不利的了。

综合以上分析可以看出，应变速率的增加，既有使金属塑性降低的一面，又有使金属塑性增加的一面，这两方面因素综合作用的结果，最终决定了金属塑性的变化；且总的说来，热变形时应变速率对金属塑性的影响较之冷变形时的大。再者，随着变形温度的不同，应变速率对塑性的各影响机理所起的作用也不相同；因此，在分析应变速率对金属塑性的影响时，不应该脱离变形温度的因素，而应将温度、速度二者联系起来考虑。

（三）应变速率对金属塑性的影响的一些基本结论

1）应变速率对塑性的影响的一般趋势可用图2-57来描述。在较低的应变速率范围（图中的 *ab* 段）内提高应变速率时，由于温度效应所引起的塑性增加，小于其他机理所引起的塑性降低，所以最终表现为塑性的降低；当应变速率较大（图中 *bc* 段）时，由于温度效应更为显著，使得塑性基本上不再随应变速率的增加而降低；当应变速率更大时（图中 *cd* 段），则由于温度效应更大，其对塑性的有利影响超过其他机理对塑性的不利影响，因而最终使得塑性回升。

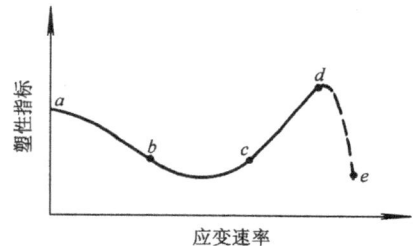

图 2-57　应变速率对塑性的影响的示意曲线

需要指出，该曲线没有任何数量上的意义，不同的金属或不同的变形温度，该曲线各阶段的进程亦有很大的差别。一般地说，在冷变形时，随着应变速率的增加，开始时塑性略有下降，以后由于温度效应的增强，塑性会有较大的回升；而热变形时，随着应变速率的增加，开始时塑性通常会有较显著的降低，以后由于温度效应的增强，而使塑性有所回升，但若此时温度效应过大，以致实际变形温度由塑性区进入高温脆区，则金属的塑性又急剧下降（如图中虚线段 *de*）。就材料性质来说，化学成分越复杂或合金元素含量越高，则再结晶速度就越低，软化过程进展越缓慢，因而应变速率与塑性的关系就越敏感，此时，增加应变速率会引起塑性的明显降低；高速钢、高温合金以及镁合金、钛合金等有色合金，在热变形时都表现出这种倾向；而碳钢和低合金结构钢的塑性受应变速率的影响就较小。

2）对于具有脆性转变的金属，如果应变速率增加，由于温度效应作用加强而使金属由塑性区进入脆性区，则金属的塑性降低；反之，如果温度效应的作用恰好使金属由脆性区进入塑性区，则对提高金属塑性有利。例如，前述碳钢在 200~400℃ 内为蓝脆区，若在此温度范围内提高应变速率，则由于温度效应而脱离蓝脆区，时效硬化来不及充分完成，塑性就不会有下降；又如，高速锤（锤头打击速度约为 12~18m/s）上模锻时，其锻造温度应比一般热模锻的低 50~150℃ 左右，否则会由于温度效应大而落入高温脆区，造成金属的过热、过烧。

3）从工艺性能的角度来看，提高应变速率会在以下几个方面起有利作用：第一，降低摩擦系数，从而降低金属的流动阻力、改善金属的充填性及变形的不均匀性；第二，减少热成形时的热量损失，从而减少毛坯温度的下降和温度分布的不均匀性，这对于工件形状复杂（如具有薄壁、高筋等）且材料的锻造温度范围又较窄的生产场合是有利的。因为，从模锻的充填过程来看，型腔的最复杂部分总是在模锻的最后阶段才充填，而这时金属的温度又总是较低，对充填不利；如果采用高速成形（例如高速锤，其打击速度 $v = 12 \sim 18m/s$），则由于变形时间短，热量来不及散失，加之温度效应大，这时毛坯温度不仅不会降低，还可能略有提高，使金属始终保持良好的流动性，而这正好迎合了型腔复杂部分充填的需要；第三，出现所谓"惯性流动效应"，从而改善金属的充填性，这对于象薄辐板类齿轮、叶片等复杂工件的模锻成形是有利的。

4）在非常高的应变速率（如爆炸成形、电液成形、电磁成形等）下，金属的流变行为可能发生更为复杂的变化，其机理还不太清楚。但实验研究显示，在此极高的应变速率下（爆炸成形压力波的速度约为 1200～7000m/s，电液成形的约为 6000m/s，电磁成形的约为 3000～6000m/s），材料的塑性变形能力大为提高，加之，零件成形时有很高的贴模速度，传力介质又为液体或气体，因而零件的精度高、表面质量好。故此，这类高速率、高能率的成形方法被认为是一种较理想的工艺方法，用于塑性差的难成形材料的成形加工。

（四）塑性图

为了具体掌握不同变形条件下，金属的塑性随温度变化的情形，需要用试验方法绘制其塑性—温度曲线，简称塑性图。它是拟定变形温度和速度规范的重要依据。

图 2－58 为三种铝合金的塑性图。从图中可以看出，LF21 铝合金在 300～500℃温度范围内具有很高的塑性，静载和动载下的压缩程度均在 80% 以上。中等硬度铝合金 LD5 在 350～500℃温度范围内亦具有良好的塑性，但对应变速率有一定的敏感性，静载下的压缩程度可达 80%，而动载下约为 50%～65%。超硬铝合金 LC4 的塑性较差，变形温度范围较窄，且对应变速率有较大的敏感性，静载时最佳塑性的温度范围为 350～450℃，相应的压缩程度约为 65%～80%，而动载时最佳塑性的温度范围约为 350～400℃，最大的压缩程度略低于 60%。

图 2－59 为 GH4037 镍基高温合金的塑性图。由图可见，该合金在 1000～1150℃温度范围内的塑性最好，静态变形时的压缩程度可达 75%，而动态变形时降低到 50% 左右。

需要指出，在制订生产工艺规程时，除了依据塑性图外，必要时还需参考再结晶立体图和抗力图（用实验方法绘制的抗力—温度曲线）等，只有充分利用这些资料，才能保证生产的顺利进行和获得优良的锻

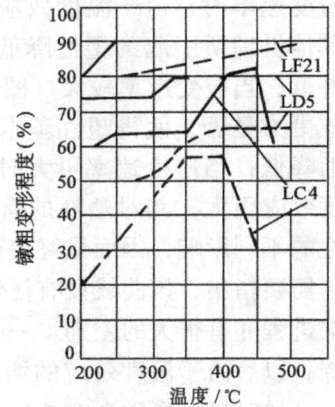

图 2－58　三种铝合金的塑性图
——静态变形　…… 动态变形

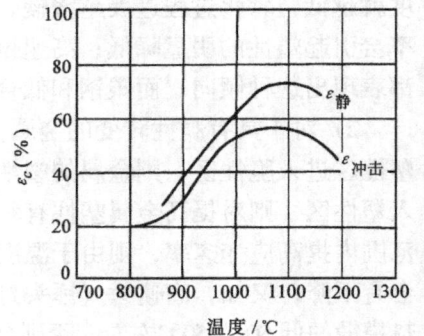

图 2－59　GH4037 镍基高温合金的塑性图

件质量。

五、变形力学条件对金属塑性的影响

塑性成形时，金属的受力和变形情况千变万化，反映在其内部质点上的应力状态和应变状态必然也各不相同。因此，研究变形力学条件对塑性的影响，实质上就是研究应力状态和应变状态对塑性的影响。

（一）应力状态的影响

应力状态对金属的塑性有很大的影响。人们从长期的实践中知道，同一金属在不同的受力条件下所表现出的塑性是不同的。例如，单向压缩比单向拉伸时塑性好些，挤压变形比拉拔变形时金属能发挥更大的塑性。最能清楚显示应力状态对塑性的影响的则是卡尔曼的大理石和红砂石实验。卡尔曼将圆柱形大理石和红砂石试样置于特制仪器中进行压缩，该仪器除了轴向加压外，还可以对试样施加侧向压力（用甘油注入仪器的试验腔室内）。试验表明，在只有轴向压力作用时，大理石和红砂石均显示完全脆性，而在轴向和侧向压力同时作用下，却表现出一定的塑性，侧向压力越大，变形所需的轴向压力和材料的塑性也越高。卡尔曼试验仪器的工作部分和试验结果如图 2-60 和图 2-61 所示。

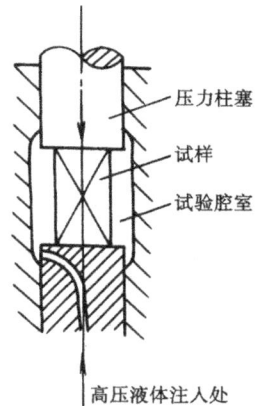

图 2-60　卡尔曼试验仪器的工作部分

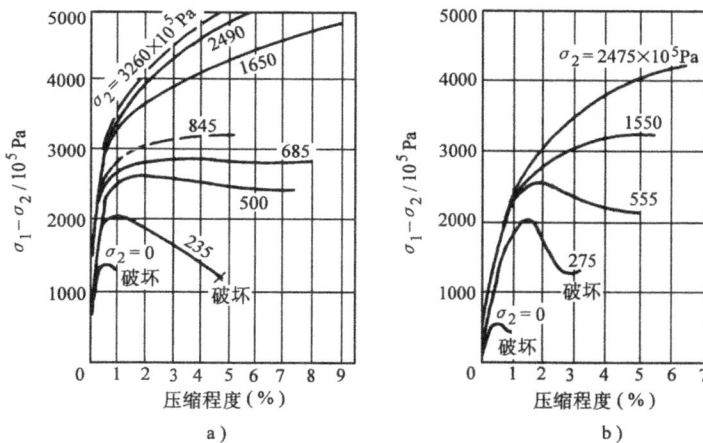

图 2-61　大理石和红砂石三向受压的试验结果
a）大理石　b）红砂石
σ_1—轴向压力　σ_2—侧向压力

由于受到当时试验条件的限制，卡尔曼所得到的大理石压缩程度约为 8% ~ 9%，红砂石的约为 6% ~ 7%，后人在更大的侧向压力下进行大理石压缩试验，获得了高达 78% 的压缩程度。

所有这些都说明，变形体的受力情况，也即质点的应力状态不同时，材料所表现的塑性行为也大不相同。而已知质点的应力状态可以用三个主应力来表示，在满足屈服准则的条件下，它们的有无、正负和数值的大小可以千变万化，构成无限多的情况。那么应力状态对塑

性的影响是通过什么来体现呢？研究表明，应力状态对塑性的影响起实际作用的是其应力球张量部分，它反映了质点三向均等受压（或受拉）的程度。应力球张量的每个分量称为平均应力或静水应力，它的负值称为静水压力。这样，应力状态对塑性的影响就最终归结为其静水压力对塑性的影响。由上述所列举的种种现象可以知道，当静水压力越大，也即在主应力状态下压应力个数越多、数值越大时，金属的塑性越好；反之，若拉应力个数越多、数值越大，即静水压力越小时，则金属的塑性越差。根据静水压力的大小，就可以方便地判断应力状态对塑性的影响。

静水压力越大，金属的塑性会越高，这可用下列理由来解释：

1）拉伸应力会促进晶间变形、加速晶界的破坏；而压缩应力能阻止或减小晶间变形，随着静水压力的增大，晶间变形越加困难，因而提高了金属的塑性。

2）三向压缩应力有利于愈合塑性变形过程中产生的各种损伤；而拉应力则相反，它促使损伤的发展。例如，在某晶粒的滑移面上，由于滑移变形而产生一显微缺陷，若此时滑移面上作用着拉应力，则会促使原子层的彼此分离，加速晶粒的破坏；反之，若作用着压应力，则有利于该缺陷的闭合和消除（图 2-62）。

3）当变形体内原先存在着少量对塑性不利的杂质、液态相或组织缺陷时，三向压缩作用能抑制这些缺陷，全部或部分地消除其危害；反之，在拉应力作用下，将在这些地方产生应力集中，促进金属的破坏（图 2-63）。

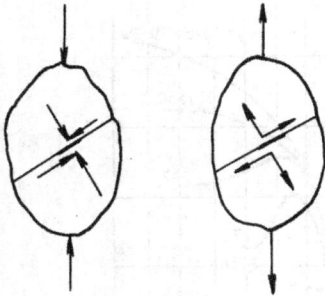

图 2-62 滑移面上的显微缺陷
受拉应力和压应力作用示意

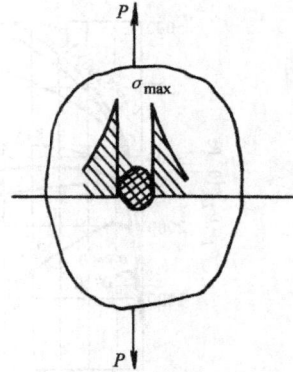

图 2-63 应力集中示意

4）增大静水压力能抵消由于不均匀变形引起的附加拉应力，从而减轻了附加拉应力所造成的拉裂作用。

在塑性加工中，人们通过改变应力状态来提高金属的塑性，以保证生产的顺利进行，并促进工艺的发展。例如，在平砧上拔长合金钢时，容易在毛坯心部产生裂纹（图 2-64），改用 V 型砧后，由于工具侧面压力的作用，减小了毛坯心部的拉应力，从而可避免裂纹的产生（图 2-65）。

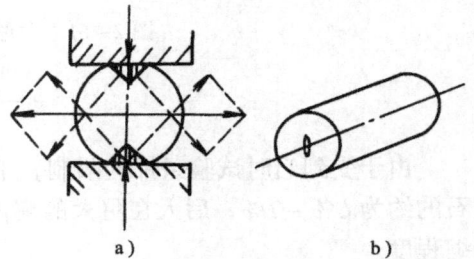

图 2-64 平砧拔长时圆断面坯料的受力
情况和产生的纵向裂纹

某些有色合金和耐热合金，由于塑性差需要采用挤压方法进行开坯或成形；但即使是这样，有时仍不能避免毛坯挤出端的开裂，为此可采用加反压力的挤压（图2-66）或包套挤压（图2-67）等方法，来进一步提高静水压力，以防止裂纹的产生。在板料冲裁和棒料切断工序中，由于剪裂纹的产生而降低剪切面的质量。若对毛坯（或剪切区）施加强大的压应力，则可提高金属塑性，抑制剪裂纹的产生，使塑性剪变位能延续到剪切的全过程，从而获得光滑的剪切面。具有强力齿圈压板的精密冲裁（图2-68）和施加轴向压力的棒料精密剪切（图2-69）就是依据这个原理。

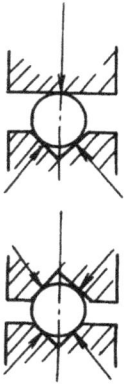

图2-65　型砧拔长圆断面毛坯　　图2-66　加反压力挤压　　图2-67　包套挤压

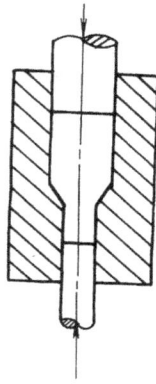

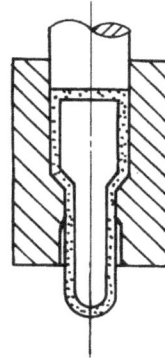

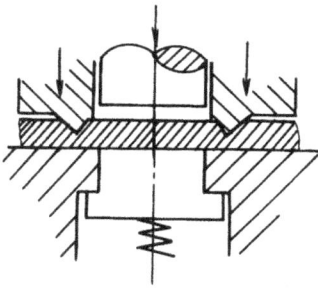

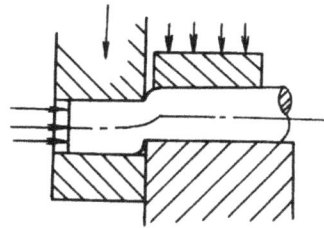

图2-68　精密冲裁　　　　　　图2-69　轴向加压剪切

（二）应变状态的影响

应变状态对金属的塑性亦有一定的影响。一般认为，压缩应变有利于塑性的发挥，而拉伸应变则对塑性不利。因此，在三种主应变状态图中，两向压缩一向拉伸的为最好，一向压缩一向拉伸的次之，而一向压缩两向拉伸的为最差。这是因为金属（特别是铸锭）中不可避免地存在着气孔、夹杂物等缺陷，这些缺陷在一向压缩、两向拉伸应变条件下，有可能向两个方向扩展而变为面缺陷；反之，在两向压缩一向拉伸应变条件下，则可收缩成线缺陷，其对塑性的危害性减小。这些情况可以用图2-70形象化地表示。

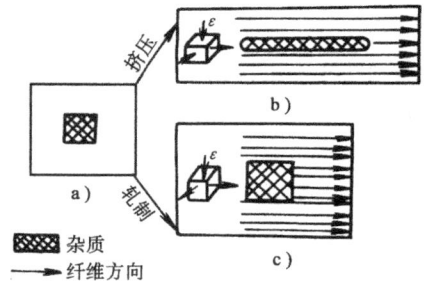

图2-70　主应变图对金属中缺陷形态的影响

a)未变形的情况　b)经两向压缩一向拉伸变形后的情况　c)经一向压缩两向拉伸变形后的情况

综合应力状态和应变状态对塑性的影响可知，具有三向压缩主应力图和两向压缩一向拉伸主应变图的塑性加工方法，最有利于发挥金属的塑性。挤压或加反压力挤压、闭式模锻等即属于此。

当然，在生产中究竟采用何种塑性加工方法，应视实际情况而定。当塑性是主要矛盾、又有多种塑性加工方法可供选择时，应尽量采用具有最佳变形力学条件的那一种，并在必要时，根据上述原理加以改进和创新。

六、其他因素对金属塑性的影响

(一) 不连续变形的影响

前面讨论的都是关于一次连续变形条件下可能产生的最大变形程度问题。实践表明，在不连续变形（或多次分散变形）的情况下，金属的塑性亦能得到提高，特别是低塑性金属热变形时更为明显。

图 2－71 给出 Cr13 钢不连续扭转时的实验数据。由图可见，当每次扭转的转数越小（即变形的分散程度越大）时，材料断裂前所能获得的总扭转数就越多。

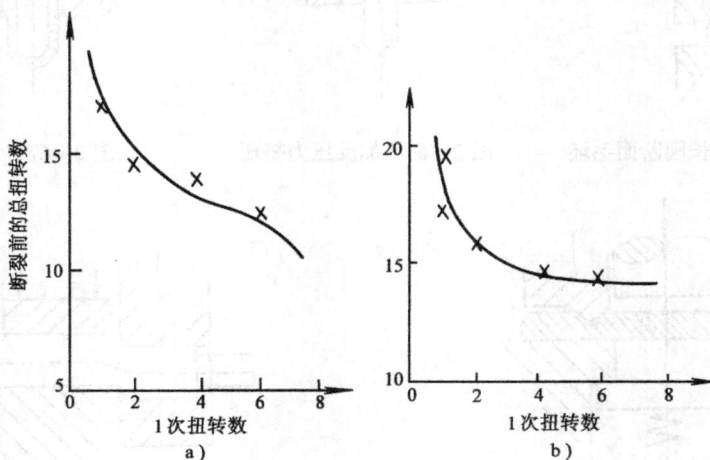

图 2－71　Cr13 钢不连续扭转的实验结果

a) $t = 850℃$，$\dot{\varepsilon} = 5.2\,\mathrm{s}^{-1}$　b) $t = 1100℃$，$\dot{\varepsilon} = 5.2\,\mathrm{s}^{-1}$

不连续热变形条件下使金属塑性提高的原因主要有：在分散变形中每次所给予的变形量都较小，远低于金属的塑性极限，所以在金属内所产生的应力也较小，不足以引起金属的断裂。同时，在各次变形的间歇时间内能更充分地进行软化过程，使金属的塑性在一定程度上得到恢复。此外，经过分散变形的铸态金属，其组织结构和致密程度一次次地得到改善。所有这些，都为后续的分散变形创造有利条件，累积的结果使断裂前所能获得的总变形程度较之一次性连续变形时大大提高。

对于容易过热过烧的钢和合金，在高温时采用分散小变形（如锻造这类钢锭开始时轻打）对于防止锻裂亦是有利的。从铸态 CrNi77TiAl 合金的塑性图（图 2－72）中可以看出，虽然一次连续变形和多次分散变形时塑性最好的温度都在 1100℃左右，但稍高于此温度时，一次连续变形情况下的塑性急剧下降，而多次分散变形时塑性的降低比较缓慢。出现这种现象的原因除一次连续大变形产生较大的应力外，还主要由于由变形功转化的热量也多，以致使钢锭的局部温度升高到过热过烧温度；相反，多次分散小变形时产生的应力小，热效应和温度效应也小。这样，在相同的试验温度下，多次分散小变形时金属的实际温度就不易达到过热过烧的温度。

顺便指出，金属在室温下进行冷加工时，其塑性大小主要取决于反映材料加工硬化的总的冷加工变形程度，而与达到此总变形程度的每次变形量关系不大。

（二）尺寸（体积）因素的影响

实践表明，变形体的尺寸（体积）会影响金属的塑性。尺寸越大，塑性越低；但当变形体的尺寸（体积）达到某一临界值时，塑性将不再随体积的增大而降低。尺寸因素与塑性之间的这种关系，可大致用图 2-73 表示。

尺寸因素影响塑性的原因可分析如下：变形体尺寸越大，其化学成分和组织总是越不均匀，且内部缺陷也越多，因而导致金属塑性的降低。对于锭料来说，这种塑性的降低就更为显著。其次，大变形体比几何相似的小变形体，具有较小的相对接触表面积，因而由外摩擦引起的三向压应力状态就较弱，这会导致塑性的有所降低。因此，在由小试样或小锭料所获得的实验结果和数据用于生产实际时，应考虑尺寸因素对塑性的影响。

顺便指出，尺寸因素对金属的变形抗力也有相同规律的影响。图 2-74 给出几何相似大小不同的铝试样室温压缩时变形抗力随变形程度变化的关系曲线。大试样的高度和直径均为100mm，小试样的高度和直径均为10mm，它们具有相同的内部组织和硬度值，试样接触表面均用云母绝热，应变速率同为0.1 /min。试验表明，大试样比小试样具有较低的变形抗力。由于现行计算成形工序变形抗力所依据的流动应力，都是由标准小试样测得的，因此在实际应用时，应根据工件尺寸（体积）的不同，乘以尺寸系数 φ，φ 值恒小于1，工件的尺寸越大，则 φ 值越小，具体数值可查阅有关资料。

除此之外，周围介质对金属的塑性亦有影响。大多数金属和合金在高温下易受周围气氛的侵入，这种侵入一般是通过氧化、溶解及扩散等方式进行的。例如，镍及其合金在煤气炉中加热时，由于炉内气氛含有硫，硫会扩散到金属中，与镍形成低熔点共晶体（$Ni + Ni_3S_2$），其熔点为645℃，主要分布于晶界处，造成镍及其合金的

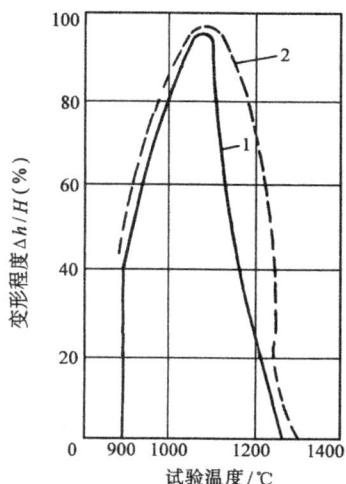

图 2-72 铸态 CrNi77TiAl
合金的塑性图
1——一次连续变形 2——多次分散变形

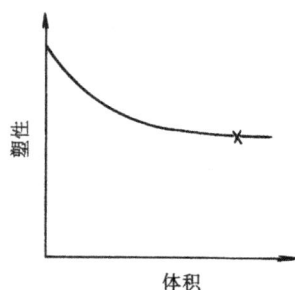

图 2-73 变形体体积对塑性
的影响

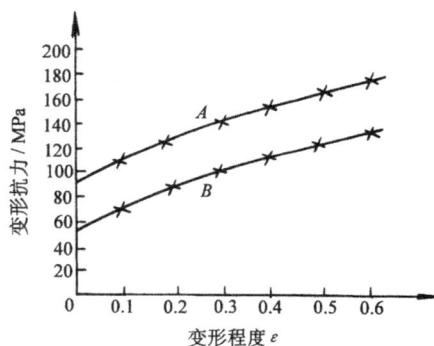

图 2-74 几何上相似的铝试样室温压缩时
变形抗力与变形程度之间的关系曲线
A——小试样的变形抗力曲线
B——大试样的变形抗力曲线

热脆性，锻轧时容易开裂。再者，变形的不均性对金属的塑性亦有不良的影响，可参阅本书第4章。

七、提高金属塑性的基本途径

目前的塑性加工，大都是由形状简单的原始毛坯，通过大塑性变形而获得所需工件的，这就要求金属变形时，处于良好的塑性流动状态。

归纳前面所述，提高金属塑性的基本途径有以下几个方面：

（1）提高材料成分和组织的均匀性　合金铸锭的化学成分和组织通常是很不均匀的，若在变形前进行高温扩散退火，能起到均匀化的作用，从而提高塑性。例如镁合金 MA3（w_{Al} =5.5%~7.0%）在400℃温度下进行高温均匀化处理10h，在压力机上的压缩变形程度可达75%以上；但若不进行高温均匀化处理，容许的变形程度仅为45%左右。对于高合金钢锭，根据成分的不同，可在1050~1150℃、甚至更高一些的温度范围内长时间保温，同样可获得良好的效果。由于高温均匀化处理生产周期长、耗费大，所以可用适当延长锻造加热时出炉保温时间来代替，其不足之处是降低生产率，且应注意避免晶粒粗大。

（2）合理选择变形温度和应变速率　合金钢的始锻温度通常比同碳分的碳钢低，而终锻温度则较高，其始、终锻的锻造温度范围一般仅100~200℃。若加热温度选择过高，则易使晶界处的低熔点物质熔化，而且对有些奥氏体钢会形成 δ 相，对有些铁素体钢其晶粒有过分长大的危险（因铁素体再结晶温度低、再结晶速度大）。而若变形温度选择过低，则回复再结晶不能充分进行，加工硬化严重。这一切都会造成金属塑性的降低，导致锻造时的开裂。因此必须合理选择变形温度，并保证毛坯的温度均匀分布，避免局部区域因与工具接触时间过长而使实际温度过分降低，或因温度效应显著而使实际温度过分升高。对于具有速度敏感性的材料，要注意合理选择应变速率。例如，上述镁合金，适于在压力机上塑性成形，如果要在锤上模锻，最好开始时轻击，随着模膛的充满，再逐渐加大每锤的变形程度。

（3）选择三向压缩性较强的变形方式　挤压变形时的塑性一般高于开式模锻，而开式模锻又比自由锻更有利于塑性的发挥。在锻造低塑性材料时，可采用一些能增强三向压应力状态的措施，以防止锻件的开裂。

（4）减小变形的不均匀性　不均匀变形会引起附加应力，促使裂纹的产生。合理的操作规范、良好的润滑、合适的工模具形状等都能减小变形的不均匀性。例如，选择合适的拔长比，可以避免毛坯心部锻不透，引起内部横向裂纹的产生；镦粗时采用铆锻、叠锻，或在接触表面上施加良好的润滑等，都有利于减小毛坯的鼓形和防止表面纵向裂纹的产生。又如合理的挤压凹模入口角和拉拔模的锥角，都可使金属具有更好的塑性流动条件。

思 考 与 练 习

1．简述滑移和孪生两种塑性变形机理的主要区别。

2．设有一简单立方结构的双晶体，如图2-75所示，如果该金属的滑移系是 {100} 〈100〉，试问在应力作用下，该双晶体中的哪一个晶体首先发生滑移？为什么？

3．试分析多晶体塑性变形的特点。

4．试分析晶粒大小对金属的塑性和变形抗力的影响。

5．什么是加工硬化？产生加工硬化的原因是什么？加工

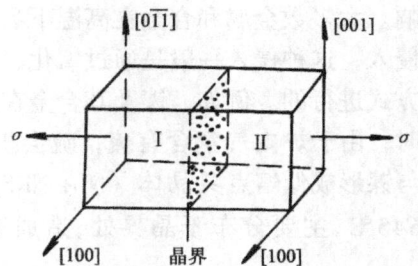

图　2-75

硬化对塑性加工生产有何利弊？

6．什么是动态回复？为什么说动态回复是热塑性变形的主要软化机制？

7．什么是动态再结晶？影响动态再结晶的主要因素有哪些？

8．什么是扩散性蠕变？为什么在高温和低速条件下这种塑性变形机理所起的作用越大？

9．钢锭经过热加工变形后其组织和性能发生什么变化？

10．冷变形金属和热变形金属的纤维组织有何不同？

11．与常规的塑性变形相比，超塑性变形具有哪些主要特征？

12．什么是细晶超塑性？什么是相变超塑性？

13．超塑性变形力学方程 $Y = K\dot{\varepsilon}^m$ 中，m 的物理意义是什么？

14．什么是晶界滑动和扩散蠕变联合机理（A－V机理）？试用该机理解释一些超塑性变形现象。

15．什么是塑性？什么是塑性指标？为什么说塑性指标只具有相对意义？

16．举例说明杂质元素和合金元素对钢的塑性的影响。

17．试分析单相与多相组织、细晶与粗晶组织、锻造组织与铸造组织对金属塑性的影响。

18．变形温度对金属塑性的影响的基本规律是什么？

19．什么是温度效应？冷变形和热变形时变形速度对塑性的影响有何不同？

20．试结合生产实例说明应力状态对金属塑性的影响。

第三章　金属塑性变形的力学基础

金属在外力作用下由弹性状态进入塑性状态，研究金属在塑性状态下的力学行为称为塑性理论或塑性力学，它是连续介质力学的一个分支。为了简化研究过程，建立理论公式，在研究塑性力学行为时，通常采用以下基本假设：

(1) 连续性假设　变形体内均由连续介质组成，即整个变形体内不存在任何空隙。这样，应力、应变、位移等物理量都是连续变化的，可化为坐标的连续函数。

(2) 匀质性假设　变形体内各质点的组织、化学成分都是均匀而且是相同的，即各质点的物理性能均相同，且不随坐标的改变而变化。

(3) 各向同性假设　变形体内各质点在各方向上的物理性能、力学性能均相同，也不随坐标的改变而变化。

(4) 初应力为零　物体在受外力之前是处于自然平衡状态，即物体变形时内部所产生的应力仅是由外力引起的。

(5) 体积力为零　体积力如重力、磁力、惯性力等与面力相比是十分微小，可忽略不计。

(6) 体积不变假设　物体在塑性变形前后的体积不变。

在塑性理论中，分析问题需要从静力学、几何学和物理学等角度来考虑。静力学角度是从变形体中质点的应力分析出发，根据静力平衡条件导出应力平衡微分方程。几何学角度是根据变形体的连续性和匀质性假设，用几何的方法导出小应变几何方程。物理学角度是根据实验和基本假设导出变形体内应力与应变之间的关系式，即本构方程。此外，还要建立变形体由弹性状态进入塑性状态并使继续进行塑性变形时所具备的力学条件，即屈服准则。

以上就是塑性变形的力学基础，也是本章所要学习的主要内容。这些内容为研究塑性成形力学问题提供基础理论。

第一节　应力分析

应力分析之目的在于求变形体内的应力分布，即求变形体内各点的应力状态及其随坐标位置的变化，这是正确分析工件塑性加工有关问题的重要基础。

一个物体受外力作用后，其内部质点在各方向上都受到应力的作用，这时不能以某一方向的应力来说明其质点的受力情况，于是就需要引入一个能够完整地表示出质点受力情况的物理量——应力张量。

一、外力和应力

(一) 外力

塑性成形是利用金属的塑性，在外力的作用下使其成形的一种加工方法。作用于金属的外力可以分为两类：一类是作用在金属表面上的力，称为面力或接触力，它可以是集中力，但更一般的是分布力；第二类是作用在金属物体每个质点上的力，称为体积力。

1．面力

面力可分为作用力、反作用力和摩擦力。

作用力是由塑性加工设备提供的，用于使金属坯料产生塑性变形。在不同的塑性加工工序中，作用力可以是压力、拉力或剪切力。

反作用力是工具反作用于金属坯料的力。一般情况下，作用力与反作用力互相平行，并组成平衡力系，如图3-1中 $P = P'$（P—作用力、P'—反作用力）。

摩擦力是金属在外力作用下产生塑性变形时，在金属与工具的接触面上产生阻止金属流动的力。摩擦力的方向与金属质点移动的方向相反，如图3-1中 T。摩擦力的最大值不应超过金属材料的抗剪强度。摩擦力的存在往往引起变形力的增加，对金属的塑性变形往往是有害的。

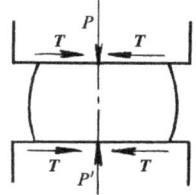

图3-1　镦粗时受
力分析

2．体积力

体积力是与变形体内各质点的质量成正比的力，如重力、磁力和惯性等。对一般的塑性成形过程，由于体积力与面力相比要小得多，可以忽略不计。因此，一般都假定是在面力作用下的静力平衡力系。

但是在高速成形时，如高速锤锻造、爆炸成形等，惯性力不能忽略。在锤上模锻时，坯料受到由静到动的惯性力作用，惯性力向上，有利于金属填充上模，故锤上模锻通常将形状复杂的部位设置在上模。

（二）应力

1．单向受力下的应力及其分量

在外力作用下，物体内各质点之间就会产生相互作用的力，叫做内力。单位面积上的内力称为应力。图3-2a表示一物体受外力系 P_1、P_2…的作用而处于平衡状态。设 Q 为物体内任意一点，过 Q 点作一法线为 N 的截面 $C-C$，面积为 A。此截面将该物体分为两部分并移去上半部分。这样，截面 $C-C$ 可看成是物体下半部的外表面，作用在 $C-C$ 截面上的内力就变成外力，并与作用在下半部分的外力保持平衡。这样，内力问题就可转化为外力问题来处理。

在 $C-C$ 截面上围绕 Q 点切取一很小的面积 ΔA，设该面积上内力的合力为 ΔP，则定义

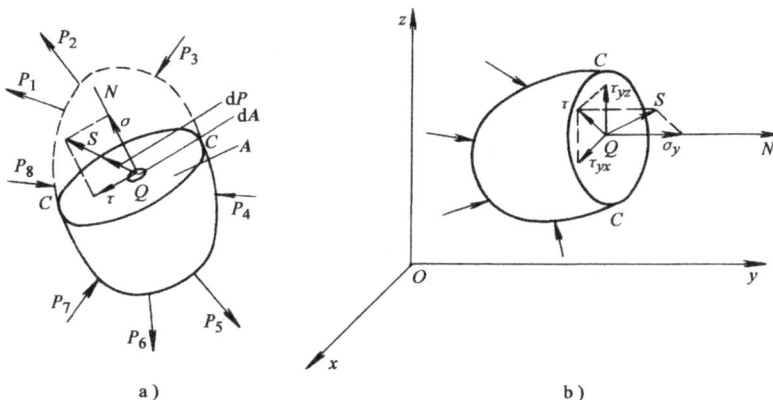

a）　　　　　　　　　b）

图3-2　面力、内力和应力

$$S = \lim_{\Delta F \to 0} \frac{\Delta P}{\Delta A} = \frac{dP}{dA}$$

为截面 $C-C$ 上 Q 点的全应力。全应力是个矢量，可以分解成两个分量，一个垂直于截面 $C-C$，即 $C-C$ 截面外法线 N 上的分量，称为正应力，一般用 σ 表示；另一个平行于截面 $C-C$，称为切应力，用 τ 表示。显然

$$S^2 = \sigma^2 + \tau^2 \qquad (3-1)$$

微小面积 dF 可叫做过 Q 点在 N 方向的微分面，用其外法线方向命名。若将截面 $C-C$ 截得的下半部分放在空间直角坐标系 $oxyz$ 中，使 $C-C$ 截面垂直于某坐标轴，如 y 轴，即 $C-C$ 截面外法线方向 N 平行于 y 轴，则过 Q 点的微分面称为 y 面。将 Q 点的全应力 S 在三个坐标轴上的投影称为应力分量，如图 3-2b 所示。每个应力分量可用带两个下角标的符号来表示，第一个下角标表示该应力分量所在之微分面，第二个下角标表示其作用方向。

通过 Q 点可以作无限多的切面，在不同方位的切面上，同一 Q 点的应力分量显然是不同的。因此，在一般情况下，变形体内一点的全应力 S 的大小和方向取决于过该点所切取截面的方位。现以单向均匀拉伸为例进行分析。如图 3-3 所示，过试棒内一点 Q 并垂直于拉伸轴线横截面 $C-C$ 上的应力为

$$\left.\begin{array}{l} S_0 = \dfrac{dP}{dA} = \dfrac{P}{A_0} = \sigma_0 \\[2mm] \tau_0 = 0 \end{array}\right\} \qquad (3-2)$$

式中　P——轴向拉力；

　　　A_0——过 Q 点的试棒横截面 $C-C$ 的面积。

若过 Q 点作任意切面 C_1-C_1，其法线 N 与拉伸轴成 θ 角，面积为 A_1。由于是均匀拉伸，故截面 C_1-C_1 上的应力是均布的。此时，C_1-C_1 截面上 Q 点的全应力 S_θ、正应力 σ_θ、切应力 τ_θ 分别为

$$\left.\begin{array}{l} S_\theta = \dfrac{P}{A_1} = \dfrac{P}{A_0}\cos\theta = \sigma_0 \cos\theta \\[2mm] \sigma_\theta = S_\theta \cos\theta = \sigma_0 \cos^2\theta \\[2mm] \tau_\theta = S_\theta \sin\theta = \dfrac{1}{2}\sigma_0 \sin 2\theta \end{array}\right\} \qquad (3-3)$$

式（3-3）表明，过 Q 点任意切面上的全应力及其分量随其法线的方向角 θ 的改变而变化，即是 θ 角的函数。故对于单向均匀拉伸，只要确定出 σ_0，则过 Q 点任意切面上的应力也就可以确定。因此，在单向均匀拉伸条件下，可用一个 σ_0 来表示其一点的应力状态，称为单向应力状态。

图 3-3　单向均匀拉伸时
任意截面上的应力

2．多向受力下的应力分量

塑性成形时，变形体一般是多向受力，显然不能只用一点某切面上的应力求得该点其他方位切面上的应力，也就是说，仅仅用某一方位切面上的应力还不足以全面地表示出一点的受力情况。为了全面地表示一点的受力情况，就需引入单元体及点的应力状态的概念。

设在直角坐标系 $oxyz$ 中有一承受任意力系的物体，物体内有任意点 Q，过 Q 点可作无

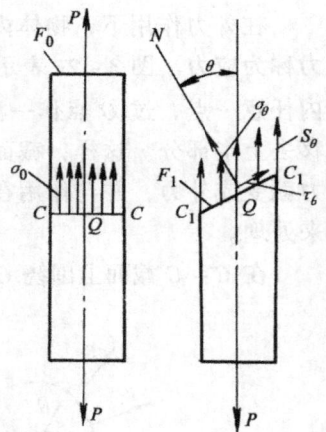

限多个微分面，不同方位的微分面上都有其不同的应力分量。在这无限多的微分面中总可找到三个互相垂直的微分面组成无限小的平行六面体，称为单元体，其棱边分别平行于三根坐标轴。由于各微分面上的全应力都可以按坐标轴方向分解为一个正应力分量和两个切应力分量，这样，三个互相垂直的微分面上共有九个应力分量，其中三个正应力分量，六个切应力分量，如图3-4所示。

图3-4 直角坐标系中单元体上的应力分量

按应力分量符号的规定，很明显，两个下角标相同的是正应力分量，例如 σ_{xx} 即表示 x 面上平行于 x 轴的正应力分量，一般简写为 σ_x；两个下角标不同的是切应力分量，例如 τ_{xy} 即表示 x 面上平行于 y 轴的切应力分量。为了清楚起见，可将九个应力分量写成下面矩阵形式：

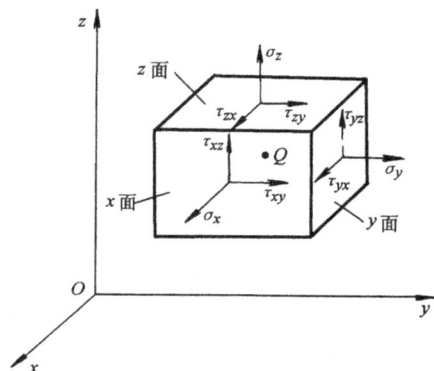

应力分量的正、负号规定如下：在单元体上，外法线指向坐标轴正向的微分面叫做正面，反之称为负面，在正面上，指向坐标轴正向的应力分量取正号，反之取负号；在负面上，指向坐标轴负向的应力分量取正号，反之取负号。按此规定，正应力分量以拉为正，以压为负。图3-4中画出的切应力分量都是正的，这与材料力学中关于切应力分量正负号的规定是不同的。

由于单元体处于静力平衡状态，故绕单元体各轴的合力矩必须等于零，由此可以导出切应力互等定理

$$\tau_{xy} = \tau_{yx}; \quad \tau_{yz} = \tau_{zy}; \quad \tau_{zx} = \tau_{xz} \tag{3-4}$$

因此，这九个应力分量只有六个是独立的。

二、点的应力状态

物体变形时的应力状态是表示物体内所承受应力的情况。只有了解变形体内任意一点的应力状态，才可能推断出整个变形体的应力状态。点的应力状态是指受力物体内一点任意方位微分面上所受的应力情况。

这里要说明如何完整地表示受力物体内一点的应力状态，亦将证明若已知过一点的三个互相垂直的微分面上的九个应力分量，则可求出过该点任意微分面上的应力分量，这就表明该点的应力状态完全被确定。

如图3-5所示，已知过 Q 点三个互相垂直坐标微分面上的九个应力分量。现设过 Q 点任一方位的斜切微分面 ABC 与三个坐标轴相交于 A、B、C。这样，过 Q 点的四个微分面组成一个微小四面体 $QABC$。设斜微分面 ABC 的外法线方向为 N，其方向余弦为 l、m、n，即

$l = \cos(N, x)$；$m = \cos(N, y)$；$n = \cos(N, z)$ 若斜微分面 *ABC* 的面积为 dA，微分面 *QBC*（即 x 面）、*QCA*（即 y 面）、*QAB*（即 z 面）的面积分别为 dA_x、dA_y、dA_z，则

$$dA_x = l dA；\quad dA_y = m dA；\quad dA_z = n dA$$

现设斜微分面 *ABC* 上的全应力为 S，它在三个坐标轴方向上的分量为 S_x、S_y、S_z。由于四面体无限小，可以认为在四个微分面上的应力分量是均布的，并微小四面体 *QABC* 处于静力平衡状态，由静力平衡条件 $\sum P_x = 0$，有

$$S_x dA - \sigma_x dA_x - \tau_{yx} dA_y - \tau_{zx} dA_z = 0$$

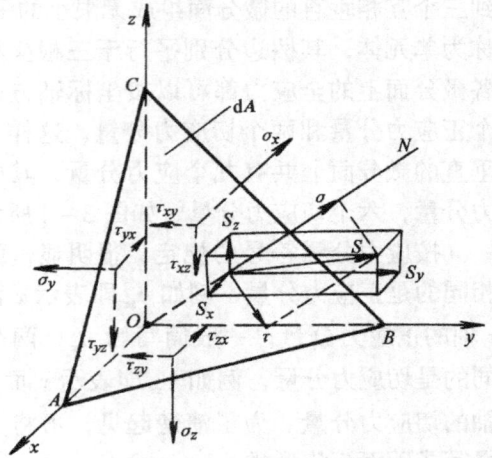

图 3-5 任意斜切微分面上的应力

整理得
同理可得

$$\left. \begin{array}{l} S_x = \sigma_x l + \tau_{yx} m + \tau_{zx} n \\ S_y = \tau_{xy} l + \sigma_y m + \tau_{zy} n \\ S_z = \tau_{xz} l + \tau_{yz} m + \sigma_z n \end{array} \right\} \quad (3-5)$$

于是可求得全应力为

$$S^2 = S_x{}^2 + S_y{}^2 + S_z{}^2 \tag{3-6}$$

全应力 S 在法线 N 上的投影就是斜微分面上的正应力 σ，它等于 S_x、S_y、S_z 在 N 上的投影之和，即

$$\begin{aligned} \sigma &= S_x l + S_y m + S_z n \\ &= \sigma_x l^2 + \sigma_y m^2 + \sigma_z n^2 + 2(\tau_{xy} lm + \tau_{yz} mn + \tau_{zx} nl) \end{aligned} \tag{3-7}$$

斜切微分面上的切应力为

$$\tau^2 = S^2 - \sigma^2 \tag{3-8}$$

因此，用过受力物体内一点互相正交的三个微分面上的九个应力分量来表示该点的应力状态。由于切应力互等，故一点的应力状态取决于六个独立的应力分量。

如果质点处于受力物体的边界上，则斜切微分面 *ABC* 即为物体的外表面，作用在其上的表面力（外力）T 沿坐标轴的分量为 T_x、T_y、T_z，式（3-5）仍能成立，根据式（3-5）即可得到

$$\left. \begin{array}{l} T_x = \sigma_x l + \tau_{yx} m + \tau_{zx} n \\ T_y = \tau_{xy} l + \sigma_y m + \tau_{zy} n \\ T_z = \tau_{xz} l + \tau_{yz} m + \sigma_z n \end{array} \right\} \tag{3-9}$$

式（3-9）称为应力边界条件。

一点应力状态的表达方法除用上述式（3-7）、式（3-8）表达外，还有张量表达（应力张量）、几何表达（应力莫尔圆、应力椭球面）。同时，在表示一点应力状态的单元体中存在 26 个特殊的微分面（6 个主平面、12 个主切应力平面、8 个八面体平面）及相应的应力（主应力、主切应力、八面体应力），下面将分别加以论述。

三、张量和应力张量

（一）张量的基本知识

1. 角标符号

带有下角标的符号称为角标符号，可用来表示成组的符号或数组，例如，直角坐标系的三根轴 x、y、z 可写成 x_1、x_2、x_3，于是就可用角标符号简记为 x_i（$i=1$，2，3）；空间直线的方向余弦 l、m、n 可写成 l_x、l_y、l_z，用角标符号记为 l_i（$i=x$，y，z）；表示一点应力状态的九个应力分量 σ_{xx}、$\sigma_{xy}\cdots$ 可记为 σ_{ij}（i，$j=x$，y，z），等等。如果一个角标符号带有 m 个角标，每个角标取 n 个值，则该角标符号代表 n^m 个元素，例如 σ_{ij}（i，$j=x$，y，z）就有 $3^2=9$ 个元素（即九个应力分量）。

2．求和约定

在运算中常遇到对几个数组各元素乘积求之和，例如空间中的平面方程为

$$Ax + By + Cz = p$$

采用角标符号，将 A、B、C 写成 a_1、a_2、a_3，并记为 a_i（$i=1$，2，3），将 x、y、z 记为 x_i（$i=1$，2，3），于是上式可写成

$$a_1x_1 + a_2x_2 + a_3x_3 = \sum_{i=1}^{3} a_ix_i = p$$

为了省略求和记号 $\sum$，可以引入如下的求和约定：在算式的某一项中，如果有某个角标重复出现，就表示要对该角标自 $1\sim n$ 的所有元素求和。这样，上式即可简记为

$$a_ix_i = p \quad (i=1，2，3)$$

下面再举一些例子：

例1 $\sigma = \sigma_x l^2 + \sigma_y m^2 + \sigma_z n^2 + 2(\tau_{xy}lm + \tau_{yz}mn + \tau_{zx}nl)$ 可简记为

$$\sigma = \sigma_{ij}l_il_j \quad (i，j=x，y，z)$$

例2
$$\begin{cases} T_x = \sigma_x l + \tau_{yx}m + \tau_{zx}n \\ T_y = \tau_{xy}l + \sigma_y m + \tau_{zy}n \\ T_z = \tau_{xz}l + \tau_{yz}m + \sigma_z n \end{cases}$$

上式可简记为

$$T_j = \sigma_{ij}l_i \quad (i，j=x，y，z)$$

上述例子中可看到，算式的某一项中，有的角标重复出现，有的角标不重复出现，将重复出现的角标称为哑标，不重复出现的角标称为自由标。自由标不包含求和的意思，但它可表示该表达式的个数。

3．张量的基本概念

有些简单的物理量，例如距离、时间、温度等，只需用一个标量就可以表示出来，它的量值为一个实数。有些物理量，例如位移、速度、力等空间矢量，则需要用空间坐标系中的三个分量来表示。有些复杂的物理量，例如应力状态、应变状态等，需要用空间坐标系中的三个矢量，也即九个分量才能完整地表示出来，这就需引入张量。

张量是矢量的推广，与矢量相类似，可以定义由若干个当坐标系改变时满足转换关系的分量所组成的集合为张量。

现设某个物理量 P，它关于 x_i（$i=1$，2，3）的空间坐标系存在九个分量 P_{ij}（i，$j=1$，2，3）。若将 x_i 空间坐标系的坐标轴绕原点 O 旋转一个角度，则得新的空间坐标系 x_k（$k=1'$，2'，3'），如图3–6所示。新的空间坐标系 x_k 的坐标轴在原坐标系 x_i

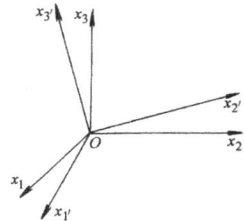

图3–6　空间坐标系 x_i 与 x_k

中的方向余弦列于表 3-1。

表 3-1 新、旧坐标轴间的方向余弦

x_k ＼ x_i	x_1	x_2	x_3
$x_{1'}$	$l_{1'1}$	$l_{1'2}$	$l_{1'3}$
$x_{2'}$	$l_{2'1}$	$l_{2'2}$	$l_{2'3}$
$x_{3'}$	$l_{3'1}$	$l_{3'2}$	$l_{3'3}$

上表中的九个方向余弦可记为 l_{ki} 或 l_{rj}（i，j＝1，2，3；k，r＝1′，2′，3′）。由于 $\cos$（x_k、x_i）＝$\cos$（x_i、x_k），所以 $l_{ki}=l_{ik}$，$l_{rj}=l_{jr}$。

上述这个物理量 P 对于新的空间坐标系 x_k 的九个分量为 P_{kr}（k，r＝1′，2′，3′）。若这个物理量 P 在坐标系 x_i 中的九个分量 P_{ij} 与在坐标系 x_k 中的九个分量 P_{kr} 之间存在下列线性变换关系

$$P_{kr}=P_{ij}l_{ki}l_{rj} \quad (i，j＝1，2，3；k，r＝1′，2′，3′) \tag{3-10}$$

这个物理量则为张量，用矩阵表示

$$P_{ij}=\begin{bmatrix} P_{11} & P_{12} & P_{13} \\ P_{21} & P_{22} & P_{23} \\ P_{31} & P_{32} & P_{33} \end{bmatrix}$$

张量所带的下角标的数目称为张量的阶数。P_{ij} 是二阶张量，矢量是一阶张量，而标量则是零阶张量。

式（3-10）为二阶张量的判别式。

4. 张量的某些基本性质

（1）存在张量不变量　张量的分量一定可以组成某些函数 $f(P_{ij})$，这些函数值与坐标轴的选取无关，即不随坐标而变，这样的函数就叫做张量的不变量。对于二阶张量，存在三个独立的不变量。

（2）张量可以叠加和分解　几个同阶张量各对应的分量之和或差定义为另一同阶张量。两个相同的张量之差定义为零张量。

（3）张量可分对称张量、非对称张量、反对称张量　若 $P_{ij}=P_{ji}$，则为对称张量；若 $P_{ij}\neq P_{ji}$，则为非对称张量；若 $P_{ij}=-P_{ji}$，则为反对称张量。

（4）二阶对称张量存在三个主轴和三个主值　如取主轴为坐标轴，则两个下角标不同的分量都将为零，只留下两个下角标相同的三个分量，称为主值。

（二）应力张量

在一定的外力条件下，受力物体内任意点的应力状态已被确定，如果取不同的坐标系，则表示该点应力状态的九个应力分量将有不同的数值，而该点的应力状态并没有变化。因此，在不同坐标系中的应力分量之间应该存在一定的关系。

现设受力物体内一点的应力状态在 x_i（$i=x$，y，z）坐标系中的九个应力分量为 σ_{ij}（i，$j=x$，y，z），当 x_i 坐标系转换到另一坐标系 x_k（$k=x'$，y'，z'），其应力分量为 σ_{kr}（k，$r=x'$，y'，z'），σ_{ij} 与 σ_{kr} 之间的关系符合数学上张量之定义，即存在线性变换关系式

（3 – 10），则有

$$\sigma_{kr} = \sigma_{ij}l_{ki}l_{rj} \quad (i, \ j = x, \ y, \ z; \ k, \ r = x', \ y', \ z')$$

因此，表示点应力状态的九个应力分量构成一个二阶张量，称为应力张量，可用张量符号 σ_{ij} 表示，即

$$\sigma_{ij} = \begin{bmatrix} \sigma_x & \tau_{xy} & \tau_{xz} \\ \tau_{yx} & \sigma_y & \tau_{yz} \\ \tau_{zx} & \tau_{zy} & \sigma_z \end{bmatrix} \tag{3 – 11}$$

由于切应力互等，所以应力张量是二阶对称张量，可以简写为

$$\sigma_{ij} = \begin{bmatrix} \sigma_x & \tau_{xy} & \tau_{xz} \\ \cdot & \sigma_y & \tau_{yz} \\ \cdot & \cdot & \sigma_z \end{bmatrix} \tag{3 – 11a}$$

每一分量称为应力张量之分量。

根据张量的基本性质，应力张量可以叠加和分解、存在三个主轴（主方向）和三个主值（主应力）以及三个独立的应力张量不变量。

四、主应力、应力张量不变量和应力椭球面

1．主应力

由式（3 – 7）和式（3 – 8）可知，如果表示一点应力状态的九个应力分量已知，则过该点的斜微分面上的正应力 σ 和切应力 τ 都将随外法线 N 的方向余弦 l、m、n 的变化而变化。当 l、m、n 在某一组合情况下，斜微分面上的全应力 S 和正应力 σ 重合，而切应力 $\tau = 0$。这种切应力为零的微分面称为主平面。主平面上的正应力叫做主应力。主平面的法线方向，也就是主应力方向，叫做应力主方向或应力主轴。

现设图 3 – 7 中的斜微分面 *ABC* 是待求的主平面，面上的切应力 $\tau = 0$，因而正应力就是全应力，即 $\sigma = S$。于是全应力 S 在三个坐标轴上的投影为

$$\left.\begin{aligned} S_x &= Sl = \sigma l \\ S_y &= Sm = \sigma m \\ S_z &= Sn = \sigma n \end{aligned}\right\}$$

将 S_x、S_y、S_z 的值代入式（3 – 5），整理后得

$$\left.\begin{aligned} (\sigma_x - \sigma)\, l + \tau_{yx}m + \tau_{zx}n &= 0 \\ \tau_{xy}l + (\sigma_y - \sigma)\, m + \tau_{zy}n &= 0 \\ \tau_{xz}l + \tau_{yz}m + (\sigma_z - \sigma)\, n &= 0 \end{aligned}\right\} \tag{3 – 12}$$

图 3 – 7 主平面上的应力

式（3 – 12）是以 l、m、n 为未知数的齐次线性方程组，其解就是应力主轴的方向。此方程组的一组解是 $l = m = n = 0$。但由解析几何可知，方向余弦之间必须满足以下关系

$$l^2 + m^2 + n^2 = 1 \tag{3 – 13}$$

即 l、m、n 不可能同时为零，所以必须寻求非零解。根据线性方程理论，只有在齐次线性方程组〔式（3 – 12）〕的系数组成的行列式等于零的条件下，该方程组才有非零解。所以必

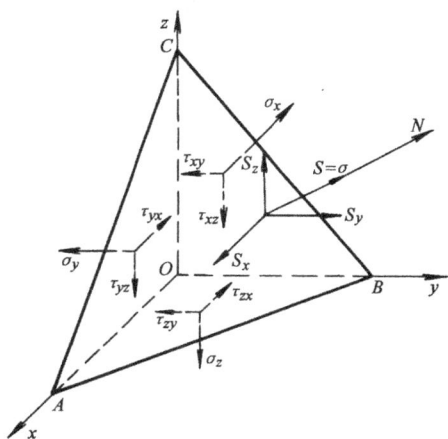

有

$$
\begin{vmatrix}
(\sigma_x - \sigma) & \tau_{yx} & \tau_{zx} \\
\tau_{xy} & (\sigma_y - \sigma) & \tau_{zy} \\
\tau_{xz} & \tau_{yz} & (\sigma_z - \sigma)
\end{vmatrix} = 0
$$

展开行列式，整理后得

$$
\sigma^3 - (\sigma_x + \sigma_y + \sigma_z) \sigma^2 + [\sigma_x\sigma_y + \sigma_y\sigma_z + \sigma_z\sigma_x -
$$
$$
(\tau_{xy}^2 + \tau_{yz}^2 + \tau_{zx}^2)] \sigma - [\sigma_x\sigma_y\sigma_z + 2\tau_{xy}\tau_{yz}\tau_{zx} -
$$
$$
(\sigma_x\tau_{yz}^2 + \sigma_y\tau_{zx}^2 + \sigma_z\tau_{xy}^2)] = 0
$$

设

$$
\left.\begin{array}{l}
J_1 = \sigma_x + \sigma_y + \sigma_z \\
J_2 = - (\sigma_x\sigma_y + \sigma_y\sigma_z + \sigma_z\sigma_x) + \tau_{xy}^2 + \tau_{yz}^2 + \tau_{zx}^2 \\
J_3 = \sigma_x\sigma_y\sigma_z + 2\tau_{xy}\tau_{yz}\tau_{zx} - (\sigma_x\tau_{yz}^2 + \sigma_y\tau_{zx}^2 + \sigma_z\tau_{xy}^2)
\end{array}\right\} \tag{3-14}
$$

于是有

$$
\sigma^3 - J_1\sigma^2 - J_2\sigma - J_3 = 0 \tag{3-15}
$$

式（3-15）称为应力状态特征方程。可以证明，该方程必然有三个实根，也就是三个主应力，一般用 σ_1、σ_2、σ_3 表示。将解得的每一个主应力代入式（3-12）中的任意两式，并与式（3-13）联解，便就求出三个互相垂直的主方向。

2．应力张量不变量

根据应力状态特征方程式（3-15）可解得一点的主应力大小。在推导式（3-15）过程中，坐标系是任意选取的，说明求得的三个主应力的大小与坐标系的选择无关，这说明对于一个确定的应力状态，主应力只能有一组值，即主应力具有单值性。因此，应力状态特征方程式（3-15）中的系数 J_1、J_2、J_3 也应该是单值的，不随坐标而变。于是可以得出如下的重要结论：尽管应力张量的各分量随坐标而变，但按式（3-14）的形式组成的函数值是不变的，所以将 J_1、J_2、J_3 分别称为应力张量的第一、第二、第三不变量。

若取三个应力主方向为坐标轴，则一点的应力状态只有三个主应力，应力张量为

$$
\sigma_{ij} = \begin{bmatrix}
\sigma_1 & 0 & 0 \\
0 & \sigma_2 & 0 \\
0 & 0 & \sigma_3
\end{bmatrix} \tag{3-16}
$$

在主轴坐标系中斜微分面上应力分量的公式可以简化为下列表达式

$$
S_1 = \sigma_1 l; \quad S_2 = \sigma_2 m; \quad S_3 = \sigma_3 n \tag{3-17}
$$
$$
S^2 = \sigma_1^2 l^2 + \sigma_2^2 m^2 + \sigma_3^2 n^2 \tag{3-18}
$$
$$
\sigma = \sigma_1 l^2 + \sigma_2 m^2 + \sigma_3 n^2 \tag{3-19}
$$
$$
\tau^2 = S^2 - \sigma^2 = \sigma_1^2 l^2 + \sigma_2^2 m^2 + \sigma_3^2 n^2 - (\sigma_1 l^2 + \sigma_2 m^2 + \sigma_3 n^2)^2 \tag{3-20}
$$

应力张量的三个不变量为

$$
\left.\begin{array}{l}
J_1 = \sigma_1 + \sigma_2 + \sigma_3 \\
J_2 = - (\sigma_1\sigma_2 + \sigma_2\sigma_3 + \sigma_3\sigma_1) \\
J_3 = \sigma_1\sigma_2\sigma_3
\end{array}\right\} \tag{3-21}
$$

利用应力张量不变量，可以判别应力状态的异同。现举例说明，设有以下两个应力张量

$$\sigma_{ij}{}^1 = \begin{bmatrix} a & 0 & 0 \\ 0 & b & 0 \\ 0 & 0 & 0 \end{bmatrix}; \quad \sigma_{ij}{}^2 = \begin{bmatrix} \dfrac{a+b}{2} & \dfrac{a-b}{2} & 0 \\ \dfrac{a-b}{2} & \dfrac{a+b}{2} & 0 \\ 0 & 0 & 0 \end{bmatrix}$$

上述两个应力张量是否表示同一应力状态，可以通过求得的应力张量不变量是否相同来判别。按式（3-14）计算，上述两个应力状态的应力张量不变量相等，均为

$$J_1 = a + b, \quad J_2 = -ab, \quad J_3 = 0$$

所以，上述两个应力状态相同。

3．应力椭球面

应力椭球面是在主轴坐标系中点应力状态的几何表达。

由式（3-17）可得

$$l = \frac{S_1}{\sigma_1} \qquad m = \frac{S_2}{\sigma_2} \qquad n = \frac{S_3}{\sigma_3}$$

由于

$$l^2 + m^2 + n^2 = 1$$

于是可得

$$\frac{S_1{}^2}{\sigma_1{}^2} + \frac{S_2{}^2}{\sigma_2{}^2} + \frac{S_3{}^2}{\sigma_3{}^2} = 1 \qquad\qquad (3-22)$$

式（3-22）是椭球面方程，其主半轴的长度分别等于 σ_1、σ_2、σ_3。这个椭球面称为应力椭球面，如图3-8所示。对于一个确定的应力状态，任意斜切面上全应力矢量 S 的端点必然在椭球面上。

人们常常根据三个主应力的特点来区分各种应力状态，如图3-9所示。若 $\sigma_1 \ne \sigma_2 \ne \sigma_3 \ne 0$，称为三向应力状态，见图3-9a。在锻造、挤压、轧钢等工艺中，大多是这种应力状态。若 $\sigma_1 \ne \sigma_2 \ne \sigma_3 = 0$，称为两向应力状态（或平面应力状态），见图3-9b。此时应力椭球面变为在某个平面上的椭圆轨迹。在弯曲、扭转等工艺中就属于这种应力状态。若 $\sigma_1 \ne \sigma_2 = \sigma_3 \ne 0$，称为圆柱应力状态，见图3-9c。此时应力椭球面变成为旋转椭球面，该点的应力状态对称于主轴 01。若 $\sigma_1 \ne \sigma_2 = \sigma_3 = 0$，称为单向应力状态，也属圆柱应力状态。在这种状态下，与 σ_1 轴垂直的所有方向都是主方向，而且这些方向上的主应力都相等。若 $\sigma_1 = \sigma_2 = \sigma_3$，称为球应力

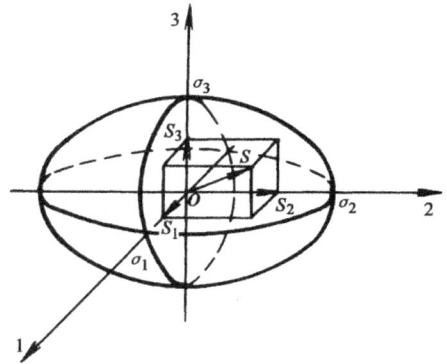

图3-8　应力椭球面

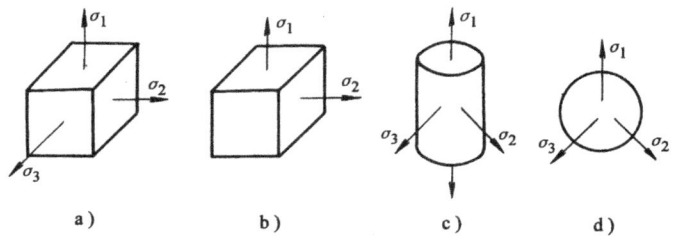

图3-9　主应力表示的各种应力状态

状态，见图 3-9d。根据式 (3-20) 可知，这时 $\tau \equiv 0$，即所有方向都没有切应力，所以都是主方向，而且所有方向的应力都相等，此时应力椭球面变成了球面。

4．主应力图

受力物体内一点的应力状态，可用作用在应力单元体上的主应力来描述，只用主应力的个数及符号来描述一点应力状态的简图称为主应力图。一般，主应力图只表示出主应力的个数及正、负号，并不表明所作用应力的大小。

主应力图共有九种，其中三向应力状态的四种，两向应力状态的三种，单向应力状态的二种，如图 3-10 所示。在两向和三向主应力图中，各向主应力符号相同时，称为同号主应力图，符号不同时，称为异号主应力图。根据主应力图，可定性比较某一种材料采用不同的塑性成形工序加工时，塑性和变形抗力的差异。

五、主切应力和最大切应力

与分析斜微分面上的正应力一样，切应力也随斜微分面的方位而改变。切应力达到极值的平面称为主切应力平面，其面上作用的切应力称为主切应力。

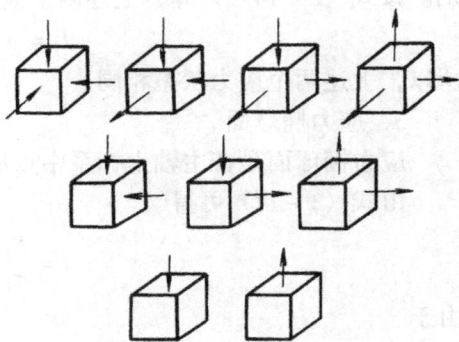

图 3-10　九种主应力图

取应力主轴为坐标轴，则任意斜微分面上的切应力可由式 (3-20) 求得，即

$$\tau^2 = \sigma_1^2 l^2 + \sigma_2^2 m^2 + \sigma_3^2 n^2 - (\sigma_1 l^2 + \sigma_2 m^2 + \sigma_3 n^2)^2 \tag{a}$$

以 $n^2 = 1 - l^2 - m^2$ 代入式 (a) 消去 n，可得

$$\tau^2 = (\sigma_1^2 - \sigma_3^2) l^2 + (\sigma_2^2 - \sigma_3^2) m^2 + \sigma_3 - [(\sigma_1 - \sigma_3) l^2 + (\sigma_2 - \sigma_3) m^2 + \sigma_3]^2 \tag{b}$$

为求切应力的极值，将式 (a) 分别对 l、m 求偏导并令其为零，经化简后得

$$\left. \begin{array}{l} [(\sigma_1 - \sigma_3) - 2(\sigma_1 - \sigma_3) l^2 - 2(\sigma_2 - \sigma_3) m^2] (\sigma_1 - \sigma_3) l = 0 \\ [(\sigma_2 - \sigma_3) - 2(\sigma_1 - \sigma_3) l^2 - 2(\sigma_2 - \sigma_3) m^2] (\sigma_2 - \sigma_3) m = 0 \end{array} \right\} \tag{c}$$

现对式 (c) 进行讨论：

1) 式 (c) 一组解为 $l = m = 0$，$n = \pm 1$，这是一对主平面，切应力为零，不是所需的解。

2) 若 $\sigma_1 = \sigma_2 = \sigma_3$，则式 (c) 无解，因这时是球应力状态，$\tau \equiv 0$。

3) 若 $\sigma_1 \neq \sigma_2 = \sigma_3$，则从式 (c) 中第一式解得 $l = \pm \dfrac{1}{\sqrt{2}}$。这是圆柱应力状态，这时，与 σ_1 轴成 45°（或 135°）的所有平面都是主切应力平面，单向拉伸就是如此。

4) 一般情况 $\sigma_1 \neq \sigma_2 \neq \sigma_3$，这里又有下列情况：

a．若 $l \neq 0$，$m \neq 0$，则式 (c) 必将有 $\sigma_1 = \sigma_2$，这与前提条件 $\sigma_1 \neq \sigma_2 \neq \sigma_3$ 不符，故这时式 (c) 无解。

b．若 $l = 0$，$m \neq 0$，即斜微分面始终垂直于 1 主平面（图 3-11a），则由式 (c) 中第二式解得 $m = \pm \dfrac{1}{\sqrt{2}}$，则解得此斜微分面（即主切应力平面）的方向余弦为

$$l = 0, \quad m = n = \pm\frac{1}{\sqrt{2}}$$

如图 3 - 11b 所示。

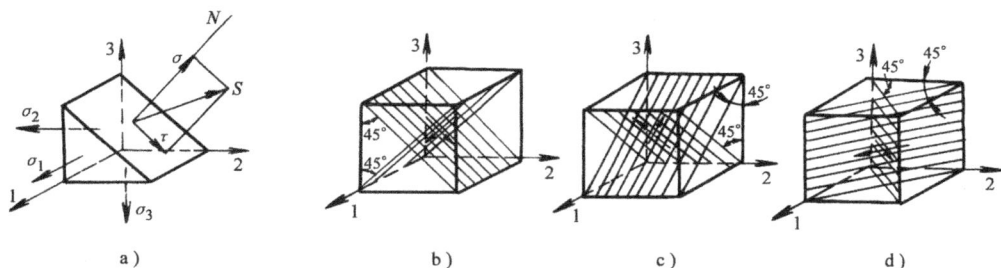

图 3 - 11　主切应力平面

a) $l = 0, \quad m^2 + n^2 = 1$　b) $l = 0, \quad m = n = \pm\frac{1}{\sqrt{2}}$　c) $m = 0, \quad l = n = \pm\frac{1}{\sqrt{2}}$　d) $n = 0, \quad l = m = \pm\frac{1}{\sqrt{2}}$

$$\tau_{23} = \pm\frac{\sigma_2 - \sigma_3}{2} \qquad \tau_{31} = \pm\frac{\sigma_3 - \sigma_1}{2} \qquad \tau_{12} = \pm\frac{\sigma_1 - \sigma_2}{2}$$

c. 若 $l \neq 0$，$m = 0$，即此斜微分面始终垂直于 2 主平面，这时由式（c）第一式解得 $l = \pm\frac{1}{\sqrt{2}}$，则解得此斜微分面（也即主切应力平面）的方向余弦为

$$m = 0, \quad l = n = \pm\frac{1}{\sqrt{2}}$$

如图 3 - 11c 所示。

按同样的方法，从式（a）中消去 l 或 m，则可分别求得三组方向余弦值，除去重复的解，还可得到一组主切应力平面的方向余弦值

$$n = 0, \quad l = m = \pm\frac{1}{\sqrt{2}}$$

如图 3 - 11d 所示。

将上列三组方向余弦值分别代入式（3 - 19）和式（3 - 20）中，可解出这些主切应力平面上的正应力和主切应力值，即

$$\left.\begin{array}{ll} \sigma_{23} = \dfrac{\sigma_2 + \sigma_3}{2} & \tau_{23} = \pm\dfrac{\sigma_2 - \sigma_3}{2} \\[2mm] \sigma_{31} = \dfrac{\sigma_3 + \sigma_1}{2} & \tau_{31} = \pm\dfrac{\sigma_3 - \sigma_1}{2} \\[2mm] \sigma_{12} = \dfrac{\sigma_1 + \sigma_2}{2} & \tau_{12} = \pm\dfrac{\sigma_1 - \sigma_2}{2} \end{array}\right\} \qquad (3 - 23)$$

将上面解得的结果列于表 3 - 2。

显然，表 3 - 2 中前三组微分面上的切应力为极小值（$\tau = 0$），这些微分面即为主平面。后三组微分面上的切应力有极大值，这些微分面为主切应力平面。三组主切应力平面分别与一个主平面垂直，与另外两个主平面交成 45°角，如图 3 - 11 所示。

应注意到，每对主切应力平面上的正应力相等。图 3 - 12 为 $\sigma_1\sigma_2$ 坐标平面上的例子。

三个主切应力中绝对值最大的一个，也就是一点所有方位切面上切应力的最大者，叫做

表 3-2　主平面、主切应力平面及其面上的正应力和切应力

l	0	0	± 1	0	$\pm\dfrac{1}{\sqrt{2}}$	$\pm\dfrac{1}{\sqrt{2}}$
m	0	± 1	0	$\pm\dfrac{1}{\sqrt{2}}$	0	$\pm\dfrac{1}{\sqrt{2}}$
n	± 1	0	0	$\pm\dfrac{1}{\sqrt{2}}$	$\pm\dfrac{1}{\sqrt{2}}$	0
切应力	0	0	0	$\pm\dfrac{\sigma_2-\sigma_3}{2}$	$\pm\dfrac{\sigma_3-\sigma_1}{2}$	$\pm\dfrac{\sigma_1-\sigma_2}{2}$
正应力	σ_3	σ_2	σ_1	$\dfrac{\sigma_2+\sigma_3}{2}$	$\dfrac{\sigma_3+\sigma_1}{2}$	$\dfrac{\sigma_1+\sigma_2}{2}$

最大切应力，用 τ_{max} 表示。若 $\sigma_1 > \sigma_2 > \sigma_3$，则最大切应力为

$$\tau_{max} = \tau_{13} = \pm\frac{\sigma_1-\sigma_3}{2} \qquad (3-24)$$

一般表示为

$$\tau_{max} = \frac{1}{2}\,(\sigma_{max} - \sigma_{min}) \qquad (3-25)$$

式中　σ_{max}、σ_{min}——分别为代数值最大、最小的主应力值。

六、应力偏张量和应力球张量

一个物体受力作用后就要发生变形。变形可分为两部分：体积的改变和形状的改变。单位体积的改变为

$$\theta = \frac{1-2\nu}{E}\,(\sigma_1 + \sigma_2 + \sigma_3)$$

式中　ν——材料的泊松比；

　　　E——材料的弹性模量；

现设 σ_m 为三个正应力分量的平均值，称平均应力（或静水应力），即

$$\sigma_m = \frac{1}{3}\,(\sigma_1 + \sigma_2 + \sigma_3) = \frac{1}{3}\,(\sigma_x + \sigma_y + \sigma_z) = \frac{1}{3}J_1 \qquad (3-26)$$

由式（3-26）可知，σ_m 是不变量，与所取的坐标无关，即对于一个确定的应力状态，它为单值。说明受力物体体积的改变与平均应力有关。

于是可将三个正应力分量写成

$$\sigma_x = (\sigma_x - \sigma_m) + \sigma_m = \sigma_x' + \sigma_m$$
$$\sigma_y = (\sigma_y - \sigma_m) + \sigma_m = \sigma_y' + \sigma_m$$
$$\sigma_z = (\sigma_z - \sigma_m) + \sigma_m = \sigma_z' + \sigma_m$$

根据张量可叠加和分解的基本性质，将上式代入应力张量表达式（3-11），即可将应力张量分解成两个张量，即有

$$\sigma_{ij} = \begin{bmatrix} \sigma_x & \tau_{xy} & \tau_{xz} \\ \tau_{yx} & \sigma_y & \tau_{yz} \\ \tau_{zx} & \tau_{zy} & \sigma_z \end{bmatrix} = \begin{bmatrix} \sigma_x-\sigma_m & \tau_{xy} & \tau_{xz} \\ \tau_{yx} & \sigma_y-\sigma_m & \tau_{yz} \\ \tau_{zx} & \tau_{zy} & \sigma_z-\sigma_m \end{bmatrix} + \begin{bmatrix} \sigma_m & 0 & 0 \\ 0 & \sigma_m & 0 \\ 0 & 0 & \sigma_m \end{bmatrix}$$

$$= \sigma_{ij}' + \delta_{ij}\sigma_m \qquad (3-27)$$

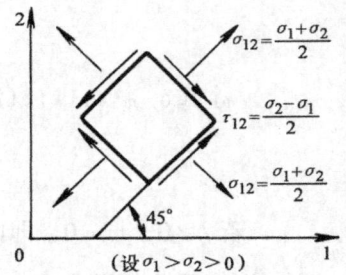

图 3-12　主切应力平面上的正应力

式中　δ_{ij}——克氏符号，也称单位张量，当 $i=j$ 时，$\delta_{ij}=1$；当 $i\neq j$ 时，$\delta_{ij}=0$，则

$$\delta_{ij}=\begin{bmatrix}1&0&0\\0&1&0\\0&0&1\end{bmatrix}$$

使用克氏符号可以将角标不同的元素去掉。

若取主轴坐标系，则式（3-27）为

$$\delta_{ij}=\begin{bmatrix}\sigma_1&0&0\\0&\sigma_2&0\\0&0&\sigma_3\end{bmatrix}=\begin{bmatrix}\sigma_1-\sigma_m&0&0\\0&\sigma_2-\sigma_m&0\\0&0&\sigma_3-\sigma_m\end{bmatrix}+\begin{bmatrix}\sigma_m&0&0\\0&\sigma_m&0\\0&0&\sigma_m\end{bmatrix}$$

$$=\sigma_{ij}{}'+\delta_{ij}\sigma_m \tag{3-27a}$$

应力张量的分解也可以用图 3-13 表示。

式（3-27）中，$\delta_{ij}\sigma_m$ 表示球应力状态，也称静水应力状态，称为应力球张量，其任何方向都是主方向，且主应力相同，均为平均应力 σ_m。球应力状态在任何斜微分面上都没有切应力，而从塑性变形机理可知，无论是滑移还是孪生或晶界滑移，都主要是与切应力有关，所以应力球张量不能使物体产生形状变化（塑性变形），只能使物体产生体积变化。

式（3-27）中 $\sigma_{ij}{}'$ 称为应力偏张量，它是由原应力张量分解出球张量后得到的，即

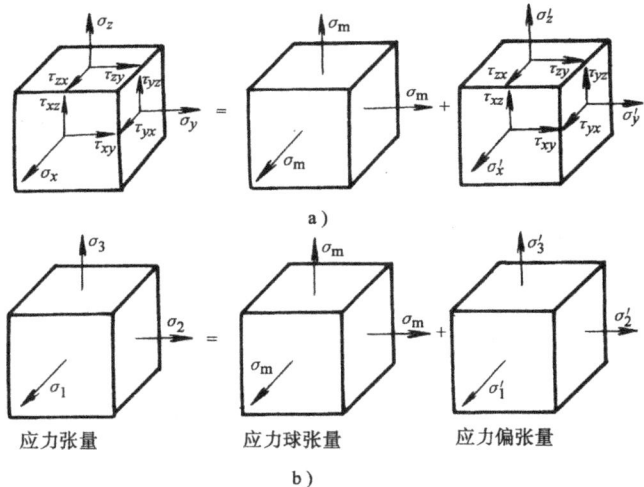

图 3-13　应力张量的分解
a) 任意坐标系　b) 主轴坐标系

$$\sigma_{ij}{}'=\sigma_{ij}-\delta_{ij}\sigma_m \tag{3-27b}$$

由于被分解出的应力球张量没有切应力，任意方向都是主方向且主应力相等，因此，应力偏张量 $\sigma_{ij}{}'$ 的切应力分量、主切应力、最大切应力以及应力主轴等都与原应力张量相同。因而应力偏张量只能使物体产生形状变化，而不能使物体产生体积变化，即材料的塑性变形是由应力偏张量引起的。

应力偏张量是二阶对称张量，因此，它同样存在三个不变量，分别用 $J_1{}'$、$J_2{}'$、$J_3{}'$ 表示。将应力偏张量的分量代入式（3-14），可得

$$
\left.
\begin{aligned}
J_1' &= \sigma_x' + \sigma_y' + \sigma_z' = (\sigma_x - \sigma_m) + (\sigma_y - \sigma_m) + (\sigma_z - \sigma_m) = 0 \\
J_2' &= - (\sigma_x'\sigma_y' + \sigma_y'\sigma_z' + \sigma_z'\sigma_x') + \tau_{xy}^2 + \tau_{yz}^2 + \tau_{zx}^2 \\
&= \frac{1}{6}\left[(\sigma_x - \sigma_y)^2 + (\sigma_y - \sigma_z)^2 + (\sigma_z - \sigma_x)^2 + 6(\tau_{xy}^2 + \tau_{yz}^2 + \tau_{zx}^2)\right] \\
J_3' &= \begin{vmatrix} \sigma_x' & \tau_{xy} & \tau_{zx} \\ \tau_{yx} & \sigma_y' & \tau_{yz} \\ \tau_{zx} & \tau_{zy} & \sigma_z' \end{vmatrix}
\end{aligned}
\right\}
\tag{3-28}
$$

对于主轴坐标系，则

$$
\left.
\begin{aligned}
J_1' &= 0 \\
J_2' &= \frac{1}{6}\left[(\sigma_1 - \sigma_2)^2 + (\sigma_2 - \sigma_3)^2 + (\sigma_3 - \sigma_1)^2 \right] \\
J_3' &= \sigma_1'\sigma_2'\sigma_3'
\end{aligned}
\right\}
\tag{3-28a}
$$

应力偏张量第一不变量 $J_1' = 0$，表明应力分量中已经没有静水应力成分。第二不变量 J_2' 与屈服准则有关（见本章第四节）。第三不变量 J_3' 决定了应变的类型，即 $J_3' > 0$ 属伸长类应变；$J_3' = 0$ 属平面应变；$J_3' < 0$ 属压缩类应变。

应力偏张量对塑性加工来说是一个十分重要的概念。图 3-14 中 a、b、c 分别表示为简单拉伸、拉拔、挤压变形区中典型部位的应力状态及其分解后的应力球张量和应力偏张量。由图可以看出，尽管主应力的数目不等（简单拉伸是单向应力，拉拔及挤压都是三向应力），且符号不一（简单拉伸只有拉应力，挤压只有压应力，拉拔则有拉有压），但它们的应力偏张量相似，所以产生类似的变形，即轴向伸长，横向收缩，同属于伸长类应变。因此，根据应力偏量可以判断变形的类型。

七、八面体应力和等效应力

1. 八面体应力

以受力物体内任意点的应力主轴为坐标轴，在无限靠近该点作等倾斜的微分面，其法线与三个主轴的夹角都相等，如图 3-15a 所示。在主轴坐标系空间八个象限中的等倾微分面构成一个正八面体，如图 3-15b 所示。正八面体的每个平面称八面体平面，八面体平面上的应力称八面体应力。

八面体平面的方向余弦为

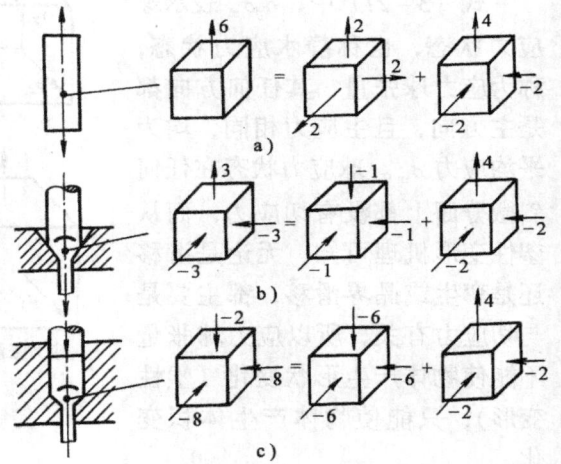

图 3-14 应力状态分析
a）简单拉伸 b）拉拔 c）挤压

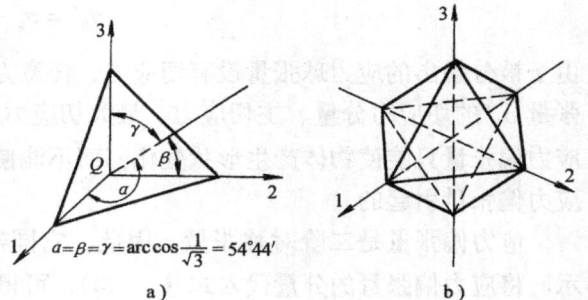

$a = \beta = \gamma = \arccos \dfrac{1}{\sqrt{3}} = 54°44'$

图 3-15 八面体平面和正八面体

$$l = m = n = \pm \frac{1}{\sqrt{3}}$$

将上列方向余弦代入式（3-19）和式（3-20），可求得八面体正应力 σ_8 和八面体切应力 τ_8：

$$\sigma_8 = \frac{1}{3} \ (\sigma_1 + \sigma_2 + \sigma_3) = \sigma_m = \frac{1}{3} J_1 \tag{3-29}$$

$$\tau_8 = \pm \frac{1}{3} \sqrt{(\sigma_1 - \sigma_2)^2 + (\sigma_2 - \sigma_3)^2 + \sigma_3 - \sigma_1)^2}$$

$$= \pm \frac{2}{3} \sqrt{\tau_{12}{}^2 + \tau_{23}{}^2 + \tau_{31}{}^2} = \pm \sqrt{\frac{2}{3} J_2'} \tag{3-30}$$

由式（3-29）可看出，σ_8 就是平均应力，即球张量，是不变量。τ_8 则是与应力球张量无关的不变量，反映了三个主应力的综合效应，与应力偏张量第二不变量 j_2' 有关。若式（3-29）中的 J_1 和式（3-30）中的 J_2' 分别用任意坐标系的应力分量代入，即可得到任意坐标系中八面体应力表达式：

$$\sigma_8 = \frac{1}{3} \ (\sigma_x + \sigma_y + \sigma_z) \tag{3-29a}$$

$$\tau_8 = \pm \frac{1}{3} \sqrt{(\sigma_x - \sigma_y)^2 + (\sigma_y - \sigma_z)^2 + (\sigma_z - \sigma_x)^2 + 6 \ (\tau_{xy}^2 + \tau_{yz}^2 + \tau_{zx}^2)} \tag{3-30a}$$

主应力平面、主切应力平面和八面体平面都是一点应力状态的特殊平面，这些平面上的应力值，对研究一点的应力状态有重要作用。

2. 等效应力

取八面体切应力绝对值的 $\frac{3}{\sqrt{2}}$ 倍所得之参量称为等效应力，也称广义应力或应力强度，用 $\bar{\sigma}$ 表示。对主轴坐标系

$$\bar{\sigma} = \frac{3}{\sqrt{2}} |\tau_8| = \frac{1}{\sqrt{2}} \sqrt{(\sigma_1 - \sigma_2)^2 + (\sigma_2 - \sigma_3)^2 + (\sigma_3 - \sigma_1)^2} = \sqrt{3 J_2'} \tag{3-31}$$

对任意坐标系

$$\bar{\sigma} = \frac{1}{\sqrt{2}} \sqrt{(\sigma_x - \sigma_y)^2 + (\sigma_y - \sigma_z)^2 + (\sigma_z - \sigma_x)^2 + 6 \ (\tau_{xy}^2 + \tau_{yz}^2 + \tau_{zx}^2)} \tag{3-31a}$$

等效应力有如下特点：

1）等效应力是一个不变量；

2）等效应力在数值上等于单向均匀拉伸（或压缩）时的拉伸（或压缩）应力 σ_1，即 $\bar{\sigma} = \sigma_1$；

3）等效应力并不代表某一实际平面上的应力，因而不能在某一特定的平面上表示出来；

4）等效应力可以理解为代表一点应力状态中应力偏张量的综合作用。

等效应力是研究塑性变形的一个重要概念，它是与材料的塑性变形有密切关系的参数。

八、应力莫尔圆

应力莫尔圆是点应力状态的几何表示法，这种方法是莫尔（Mohr）在 1914 年提出来的。若已知某点的一组应力分量或主应力，就可以利用应力莫尔圆通过图解法来确定该点任意方位平面上的正应力和切应力。

需要指出的是，在作应力莫尔圆时，切应力的正、负号应按材料力学中的规定而确定，

即顺时针作用于所研究的单元体上的切应力为正，反之为负。

1. 平面应力状态下的应力莫尔圆

若变形体内与某方向轴（如 z 轴）垂直的平面上没有应力分量，即变形体内各点的 $\sigma_z = \tau_{zx} = \tau_{zy} = 0$，$z$ 方向是一个主方向。在这种情况下，变形体内各点的应力状态由 σ_x、σ_y、τ_{xy} 三个应力分量确定，且这些应力分量与 z 轴无关，这种应力状态称为平面应力状态，其应力张量为

$$\sigma_{ij} = \begin{bmatrix} \sigma_x & \tau_{xy} & 0 \\ \tau_{yx} & \sigma_y & 0 \\ 0 & 0 & 0 \end{bmatrix}$$

若已知平面应力状态的三个应力分量 σ_x、σ_y、τ_{xy}，就可利用应力莫尔圆求任意斜微分面上的正应力和切应力。

平面应力状态可用平面应力单元体表示，如图 3－16a 所示。

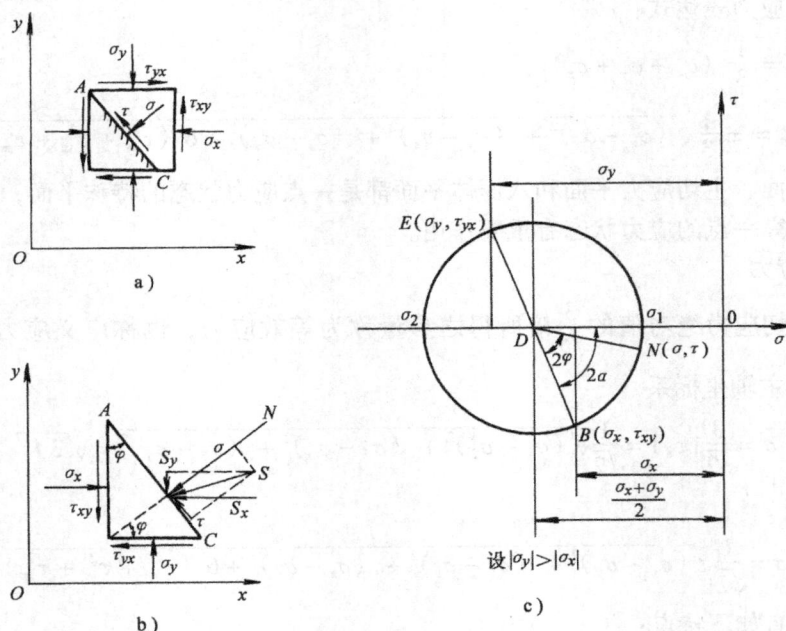

图 3－16　平面应力状态及其应力莫尔圆

a）平面应力单元体　b）任意斜微分面上的应力　c）应力莫尔圆

现求平面应力状态下的任意斜微分面 AC 上的应力，如图 3－16b 所示。AC 微分面的法线 N 的方向余弦为

$$\left. \begin{array}{l} l = \cos\varphi \\ m = \cos\left(\dfrac{\pi}{2} - \varphi\right) = \sin\varphi \\ n = 0 \end{array} \right\}$$

将上式代入三向应力状态下相应的式（3－5）～式（3－8），可得 AC 斜微分面上的应力分量

$$S_x = \sigma_x \cos\varphi + \tau_{xy} \sin\varphi$$

$$S_y = \tau_{yx} \cos\varphi + \sigma_y \sin\varphi$$

$$S^2 = S_x{}^2 + S_y{}^2 = \sigma_x{}^2 \cos^2\varphi + \sigma_y{}^2 \sin^2\varphi + （\sigma_x + \sigma_y）\tau_{xy} \sin2\varphi + \tau_{xy}{}^2$$

$$\sigma = \sigma_x \cos^2\varphi + \sigma_y \sin^2\varphi + 2\tau_{xy} \cos\varphi \sin\varphi$$

$$= \frac{1}{2}（\sigma_x + \sigma_y）+ \frac{1}{2}（\sigma_x - \sigma_y）\cos2\varphi + \tau_{xy} \sin2\varphi \tag{3-32}$$

$$\tau^2 = S^2 - \sigma^2$$

或由图 3 - 16b 直接得

$$\tau = S_x m - S_y l$$

$$= \frac{1}{2}（\sigma_x - \sigma_y）\sin2\varphi - \tau_{xy} \cos2\varphi \tag{3-33}$$

将式（3 - 32）和式（3 - 33）看成一个含有 φ 的参数方程，可消去参数 φ，整理后得

$$\left(\sigma - \frac{\sigma_x + \sigma_y}{2}\right)^2 + \tau^2 = \left(\frac{\sigma_x - \sigma_y}{2}\right)^2 + \tau_{xy}^2 \tag{3-34}$$

式（3 - 34）就是平面应力状态下的应力莫尔圆方程，其圆心和半径为

$$圆心：D\left(\frac{\sigma_x + \sigma_y}{2},\ 0\right)$$

$$半径：R = \sqrt{\left(\frac{\sigma_x - \sigma_y}{2}\right)^2 + \tau_{xy}^2}$$

则可在 $\sigma - \tau$ 坐标平面上画得应力莫尔圆，如图 3 - 16c 所示。纵坐标为切应力，横坐标为正应力。该圆可以描述任意微分面上的 σ、τ 的变化规律，圆周上每一个点表示对应于一个物理平面上的应力。

利用图 3 - 16c 所示的应力莫尔圆，可以方便地写出平面应力状态下主应力 σ_1、σ_2 与 σ_x、σ_y、τ_{xy} 之间的关系式

$$\left.\begin{array}{c}\sigma_1 \\ \sigma_2\end{array}\right\} = \frac{\sigma_x + \sigma_y}{2} \pm \sqrt{\left(\frac{\sigma_x - \sigma_y}{2}\right)^2 + \tau_{xy}^2} \left.\vphantom{\sqrt{\left(\frac{\sigma_x - \sigma_y}{2}\right)^2}}\right\}$$

$$\sigma_3 = 0 \tag{3-35}$$

若主应力 σ_1 的方向与 x 轴之间的夹角为 α，则

$$\alpha = \frac{1}{2} \arctan \frac{-\tau_{xy}}{\sigma_x - \sigma_y} \tag{3-36}$$

与 x 轴成逆时针 φ 角的斜微分面 AC，在应力莫尔圆上由 x 面（即 B 点）逆时针旋转 2φ 则得 N 点，N 点的坐标 σ、τ 即为微分面 AC 上的正应力和切应力。

从应力莫尔圆上可得主切应力 τ_{12}

$$\tau_{12} = \pm \frac{\sigma_1 - \sigma_2}{2}$$

由于 σ_2 不一定是代数值最小的主应力，所以 τ_{12} 不一定是最大切应力。

2. 三向应力莫尔圆

对于三向应力状态，也可作应力莫尔圆，圆上的任何一点的横坐标与纵坐标值代表某一斜微分面上的正应力 σ 及切应力 τ 的大小（图 3 - 18）。

设已知受力物体内某点的三个主应力 σ_1、σ_2、σ_3，且 $\sigma_1 > \sigma_2 > \sigma_3$。以应力主轴为坐标轴，作一斜微分面，其方向余弦为 l、m、n，则有如下三个方程

$$\left.\begin{array}{l} \sigma = \sigma_1 l^2 + \sigma_2 m^2 + \sigma_3 n^2 \\ \tau^2 = \sigma_1^2 l^2 + \sigma_2^2 m^2 + \sigma_3^2 n^2 - (\sigma_1 l^2 + \sigma_2 m^2 + \sigma_3 n^2)^2 \\ l^2 + m^2 + n^2 = 1 \end{array}\right\} \tag{a}$$

式中 σ、τ——所作斜微分面上的正应力、切应力。

将式（a）视为以 l^2、m^2、n^2 为未知数的方程组，联解此方程组，可得

$$\left.\begin{array}{l} l^2 = \dfrac{(\sigma - \sigma_2)(\sigma - \sigma_3) + \tau^2}{(\sigma_1 - \sigma_2)(\sigma_1 - \sigma_3)} \\[3mm] m^2 = \dfrac{(\sigma - \sigma_1)(\sigma - \sigma_3) + \tau^2}{(\sigma_2 - \sigma_1)(\sigma_2 - \sigma_3)} \\[3mm] n^2 = \dfrac{(\sigma - \sigma_1)(\sigma - \sigma_2) + \tau^2}{(\sigma_3 - \sigma_1)(\sigma_3 - \sigma_2)} \end{array}\right\} \tag{b}$$

将式（b）展开并对 σ 配方，整理后得

$$\left.\begin{array}{l} \left(\sigma - \dfrac{\sigma_2 + \sigma_3}{2}\right)^2 + \tau^2 = l^2(\sigma_1 - \sigma_2)(\sigma_1 - \sigma_3) + \left(\dfrac{\sigma_2 - \sigma_3}{2}\right)^2 \\[3mm] \left(\sigma - \dfrac{\sigma_1 + \sigma_3}{2}\right)^2 + \tau^2 = m^2(\sigma_2 - \sigma_3)(\sigma_2 - \sigma_1) + \left(\dfrac{\sigma_3 - \sigma_1}{2}\right)^2 \\[3mm] \left(\sigma - \dfrac{\sigma_1 + \sigma_2}{2}\right)^2 + \tau^2 = n^2(\sigma_3 - \sigma_1)(\sigma_3 - \sigma_2) + \left(\dfrac{\sigma_1 - \sigma_2}{2}\right)^2 \end{array}\right\} \tag{3-37}$$

在 $\sigma - \tau$ 坐标平面上，式（3-37）表示三个圆的方程，圆心都在 σ 轴上，圆心到坐标原点 o 的距离恰好分别为三个主切应力平面上的正应力，即为 $\frac{1}{2}(\sigma_2 + \sigma_3)$、$\frac{1}{2}(\sigma_1 + \sigma_3)$、$\frac{1}{2}(\sigma_1 + \sigma_2)$。三个圆的半径随斜微分面的方向余弦值而变。对于每一组方向余弦 l、m、n，都将有图 3-17 所示的三个圆。式（3-37）中的每一个式子只包含一个方向余弦值，因此，由每个式子所得的圆表示某一个方向余弦为定值时，随其他二个方向余弦变化时斜微分面上的 σ 和 τ 的变化规律。图 3-17 中三个圆的交点 P 的坐标 σ、τ 表示方向余弦为 l、m、n 这个确定的斜微分面上的正应力和切应力。

若式（3-37）中，三个方向余弦 l、m、n 分别为零，则可得到下列三个圆的方程

$$\left.\begin{array}{l} \left(\sigma - \dfrac{\sigma_2 + \sigma_3}{2}\right)^2 + \tau^2 = \left(\dfrac{\sigma_2 - \sigma_3}{2}\right)^2 = \tau_{23}^2 \\[3mm] \left(\sigma - \dfrac{\sigma_3 + \sigma_1}{2}\right)^2 + \tau^2 = \left(\dfrac{\sigma_3 - \sigma_1}{2}\right)^2 = \tau_{31}^2 \\[3mm] \left(\sigma - \dfrac{\sigma_1 + \sigma_2}{2}\right)^2 + \tau^2 = \left(\dfrac{\sigma_1 - \sigma_2}{2}\right)^2 = \tau_{12}^2 \end{array}\right\} \tag{3-38}$$

由式（3-38）画得的三个圆叫做三向应力莫尔圆，如图 3-18 所示。它们的圆心位置与式（3-37）表示的三个圆相同，半径分别等于三个主切应力。图 3-18 中 O_1 圆表示 $l = 0$，$m^2 + n^2 = 1$ 时，即外法线 N 与 σ_1 主轴垂直的微分面在 $\sigma_2 - \sigma_3$ 坐标平面上旋转时，其 σ 和 τ 的变化规律。O_2 圆、O_3 圆也可同样理解。这时，前面所述的平面应力状态下的应力莫尔圆的一些特性在此完全适用。

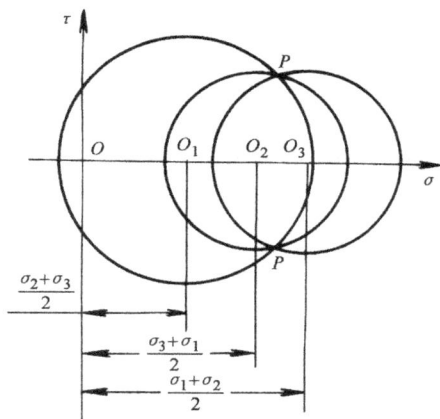

图 3-17　l、m、n 分别为定值时斜微
分面上的 σ、τ 的变化规律

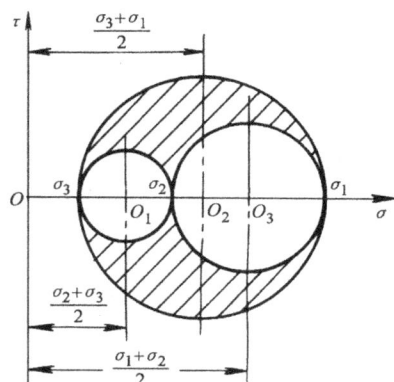

图 3-18　三向应力莫尔圆

若 $\sigma_1 \geqslant \sigma_2 \geqslant \sigma_3$ 时，比较式（3-37）和式（3-38），可得二组圆的半径之间的关系

$$\left. \begin{aligned} R_1{}' &= \sqrt{l^2\left(\sigma_1-\sigma_2\right)\left(\sigma_1-\sigma_3\right)+\left(\frac{\sigma_2-\sigma_3}{2}\right)^2} \geqslant R_1 = \tau_{23} \\ R_2{}' &= \sqrt{m^2\left(\sigma_2-\sigma_3\right)\left(\sigma_2-\sigma_1\right)+\left(\frac{\sigma_3-\sigma_1}{2}\right)^2} \leqslant R_2 = \tau_{31} \\ R_3{}' &= \sqrt{n^2\left(\sigma_3-\sigma_1\right)\left(\sigma_3-\sigma_2\right)+\left(\frac{\sigma_1-\sigma_2}{2}\right)^2} \geqslant R_3 = \tau_{12} \end{aligned} \right\} \qquad (3-39)$$

式（3-39）说明由（3-36）画得三个圆的交点 P 一定落在由式（3-38）画得的 O_1、O_3 圆以外和 O_2 圆以内的影线部分（包括圆周上）。

从三向应力莫尔圆上可看出一点的最大切应力、主切应力和主应力。同时要说明，应力莫尔圆上平面之间的夹角是实际物理平面之间夹角的两倍。

九、应力平衡微分方程

一般认为，在受有外载荷且处于平衡状态的物体中，各点的应力是连续变化的，也就是说，应力是坐标的连续函数，即 $\sigma_{ij} = f(x、y、z)$。

设受力物中有一点 Q，在直角坐标系中的坐标为 $(x、y、z)$，其应力状态为 σ_{ij}。在 Q 点无限邻近处有另一点 Q'，坐标为 $(x+\mathrm{d}x)$、$(y+\mathrm{d}y)$、$(z+\mathrm{d}z)$，则形成一个边长为 $\mathrm{d}x$、$\mathrm{d}y$、$\mathrm{d}z$ 并与三个坐标平面平行的平行六面体（图 3-19）。由于坐标的微量变化，因此，Q' 点的应力比 Q 点的应力要增

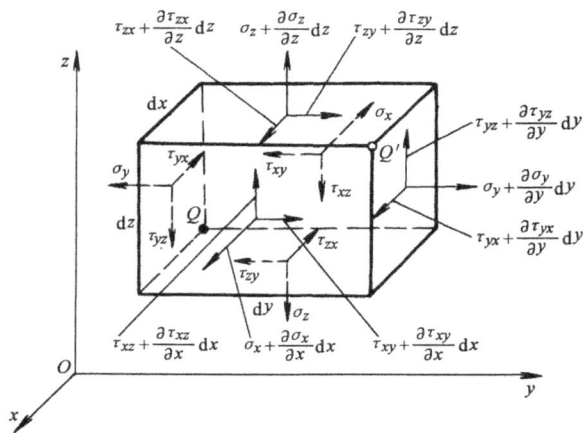

图 3-19　静力平衡状态下六面体上的应力

加一个微小的增量，即为 $\sigma_{ij} + \mathrm{d}\sigma_{ij}$。

Q 点 x 面上的正应力分量为 σ_x，则

$$\sigma_x = f(x, y, z)$$

在 Q' 点的 x 面上，由于坐标发生了 $\mathrm{d}x$ 的变化，故其正应力分量将为

$$\sigma_x + \mathrm{d}\sigma_x = f(x + \mathrm{d}x, y, z) =$$

$$f(x, y, z) + \frac{\partial f(x, y, z)}{\partial x}\mathrm{d}x + \frac{1}{2!}\frac{\partial^2 f(x, y, z)}{\partial x^2}\mathrm{d}x^2 + \cdots =$$

$$\sigma_x + \frac{\partial \sigma_x}{\partial x}\mathrm{d}x$$

依此类批，故 Q' 点的应力状态为

$$\sigma_{ij} + \mathrm{d}\sigma_{ij} = \begin{bmatrix} \sigma_x + \dfrac{\partial \sigma_x}{\partial x}\mathrm{d}x & \tau_{xy} + \dfrac{\partial \tau_{xy}}{\partial x}\mathrm{d}x & \tau_{xz} + \dfrac{\partial \tau_{xz}}{\partial x}\mathrm{d}x \\[2mm] \tau_{yx} + \dfrac{\partial \tau_{yx}}{\partial y}\mathrm{d}y & \sigma_y + \dfrac{\partial \sigma_y}{\partial y}\mathrm{d}y & \tau_{yz} + \dfrac{\partial \tau_{yz}}{\partial y}\mathrm{d}y \\[2mm] \tau_{zx} + \dfrac{\partial \tau_{zx}}{\partial z}\mathrm{d}z & \tau_{zy} + \dfrac{\partial \tau_{zy}}{\partial z}\mathrm{d}z & \sigma_z + \dfrac{\partial \sigma_z}{\partial z}\mathrm{d}z \end{bmatrix}$$

于是可得平行六面体六个面上的应力分量，如图 3-19 所示。

因为六面体处于静力平衡状态，根据静力平衡条件，如 $\sum P_x = 0$，则有

$$\left(\sigma_x + \frac{\partial \sigma_x}{\partial x}\mathrm{d}x\right)\mathrm{d}y\mathrm{d}z + \left(\tau_{yx} + \frac{\partial \tau_{yx}}{\partial y}\mathrm{d}y\right)\mathrm{d}z\mathrm{d}x + \left(\tau_{zx} + \frac{\partial \tau_{zx}}{\partial z}\mathrm{d}z\right)\mathrm{d}x\mathrm{d}y -$$

$$\sigma_x\mathrm{d}y\mathrm{d}z - \tau_{yx}\mathrm{d}z\mathrm{d}x - \tau_{zx}\mathrm{d}x\mathrm{d}y = 0$$

同理，由 $\sum P_y = 0$、$\sum P_z = 0$，还可写出与上式类似的两个等式。经化简整理后，可得直角坐标系中质点的应力平衡微分方程式为

$$\left. \begin{aligned} \frac{\partial \sigma_x}{\partial x} + \frac{\partial \tau_{yx}}{\partial y} + \frac{\partial \tau_{zx}}{\partial z} = 0 \\[2mm] \frac{\partial \tau_{xy}}{\partial x} + \frac{\partial \sigma_y}{\partial y} + \frac{\partial \tau_{zy}}{\partial z} = 0 \\[2mm] \frac{\partial \tau_{xz}}{\partial x} + \frac{\partial \tau_{yz}}{\partial y} + \frac{\partial \sigma_z}{\partial z} = 0 \end{aligned} \right\} \tag{3-40}$$

简记为

$$\frac{\partial \sigma_{ij}}{\partial x_i} = 0 \tag{3-40a}$$

例题 3-1 对于 $oxyz$ 直角坐标系，受力物体内一点的应力状态为

$$\sigma_{ij} = \begin{bmatrix} 5 & 0 & -5 \\ 0 & -5 & 0 \\ -5 & 0 & 5 \end{bmatrix} \text{(MPa)}$$

1）画出该点的应力单元体；

2）试用应力状态特征方程求出该点的主应力及主方向；

3）画出该点的应力莫尔圆，并将应力单元体的微分面（即 x、y、z 面）标注在应力莫尔圆上。

解:

1) 应力单元体如图 3 – 20 所示。

2) 将各应力分量代入应力张量不变量公式（3 – 14），可解得

$$J_1 = 5 \quad J_2 = 50 \quad J_3 = 0$$

将解得的 J_1、J_2、J_3 代入应力状态特征方程式（3 – 15），得

$$\sigma^3 - 5\sigma^2 - 50\sigma = 0$$

分解因式

$$\sigma\,(\sigma - 10)\,(\sigma + 5) = 0$$

解得

$$\sigma_1 = 10 \quad \sigma_2 = 0 \quad \sigma_3 = -5 \;(应力单位 MPa)$$

将应力分量代入式（3 – 12），并与式（3 – 13）一起写成方程组

$$\left.\begin{array}{l}(5 - \sigma)\,l + 0m - 5n = 0 \\ 0l + (-5 - \sigma)\,m + 0n = 0 \\ -5l + 0m + (5 - \sigma)\,n = 0 \\ l^2 + m^2 + n^2 = 1\end{array}\right\}$$

为求主方向，可将解得的三个主应力数值分别代入上面方程组前三式中的任意两式，并与方程组中的第四式联解，可求得三个主方向的方向余弦为

对于 σ_1: $\quad l_1 = \dfrac{1}{\sqrt{2}};\quad m_1 = 0;\; n_1 = -\dfrac{1}{\sqrt{2}}$

对于 σ_2: $\quad l_2 = \dfrac{1}{\sqrt{2}};\quad m_2 = 0;\; n_2 = \dfrac{1}{\sqrt{2}}$

对于 σ_3: $\quad l_3 = 0;\quad m_3 = 1;\; n_3 = 0$

3) 根据解得的三个主应力值可画得的应力莫尔圆及 x、y、z 面在应力莫尔圆上的位置均见图 3 – 21。

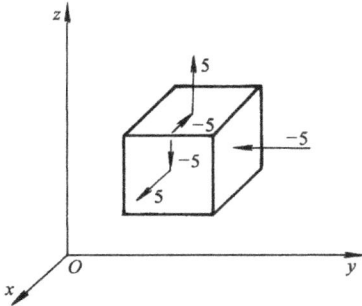

图 3 – 20　应力单元体

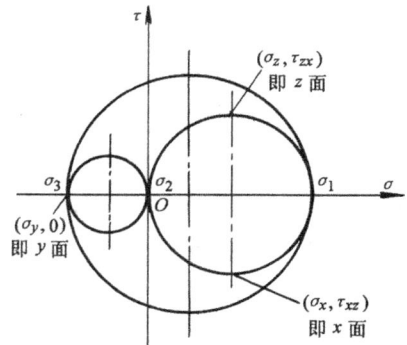

图 3 – 21　应力莫尔圆

第二节　应变分析

一个物体受作用力后，其内部质点不仅要发生相对位置的改变（产生了位移），而且要产生形状的变化，即产生了变形。应变是表示变形大小的一个物理量。物体变形时，其体内

各质点在各方向上都会有应变，与应力分析一样，同样需引入"点应变状态"的概念。点应变状态也是二阶对称张量，故与应力张量有许多相似的性质。

应变分析主要是几何学和运动学的问题，它与物体中的位移场或速度场有密切的联系，位移场一经确定，则变形体内的应变场也就确定。

研究应变问题往往从小变形（数量级不超过 $10^{-3} \sim 10^{-2}$ 的弹－塑性变形）着手。但金属塑性加工是大变形，这时除了采用应变增量或应变速率外，还对有限应变作一定的分析。

一、位移和应变

（一）位移及其分量

图 3 – 22a 表示一受力物体内部质点发生的位置移动（由 M 移至 M_1），这种移动只能靠弹性变形或塑性变形来实现的。

变形体内任一点变形前后的直线距离称位移，如图 3 – 22a 中 MM_1。位移是个矢量。在坐标系中，一点的位移矢量在三个坐标轴上的投影称为该点的位移分量，一般用 u、v、w 或角标符号 u_i 来表示，如图 3 – 22b 所示。

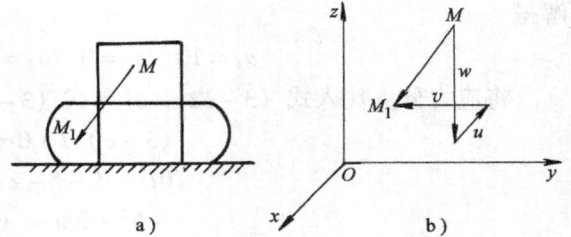

图 3 – 22 受力物体内一点的位移及其分量

变形体内不同点的位移分量也是不同的。根据连续性基本假设，位移分量应是坐标的连续函数，而且一般都有连续的二阶偏导数，即

$$\left. \begin{array}{l} u = u\ (x,\ y,\ z) \\ v = v\ (x,\ y,\ z) \\ w = w\ (x,\ y,\ z) \end{array} \right\} \tag{3 – 41}$$

或

$$u_i = u_i\ (x,\ y,\ z) \tag{3 – 41a}$$

式（3 – 41）表示变形物体内的位移场。

现在来研究变形体内无限接近两点的位移分量之间的关系。设受力物体内任一点 M，其坐标为 $(x,\ y,\ z)$，小变形后移至 M_1，其位移分量为 u_i $(x,\ y,\ z)$。与 M 点无限接近的一点 M' 点，其坐标为 $(x + \mathrm{d}x,\ y + \mathrm{d}y,\ z + \mathrm{d}z)$，小变形后移至 M_1'，其位移分量为 u_i' $(x + \mathrm{d}x,\ y + \mathrm{d}y,\ z + \mathrm{d}z)$，如图 3 – 23 所示。将函数 u_i' 按泰勒级数展开，并略去二阶以上的高阶微量，并利用求和约定，则得

$$u_i' = u_i + \frac{\partial u_i}{\partial x_j}\mathrm{d}x_j = u_i + \delta u_i \tag{3 – 42}$$

式中 $\delta u_i = \dfrac{\partial u_i}{\partial x_j}\mathrm{d}x_j$ 称为 M' 点相对于 M 点的位移增量。δu_i 可写成

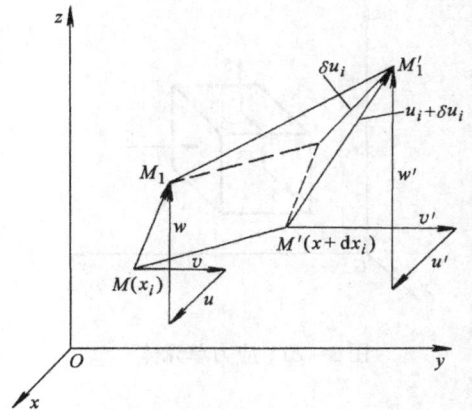

图 3 – 23 变形体内无限接近两点的
位移分量及位移增量

$$\delta u = \frac{\partial u}{\partial x}\mathrm{d}x + \frac{\partial u}{\partial y}\mathrm{d}y + \frac{\partial u}{\partial z}\mathrm{d}z$$

$$\delta v = \frac{\partial v}{\partial x}\mathrm{d}x + \frac{\partial v}{\partial y}\mathrm{d}y + \frac{\partial v}{\partial z}\mathrm{d}z \qquad (3-43)$$

$$\delta w = \frac{\partial w}{\partial x}\mathrm{d}x + \frac{\partial w}{\partial y}\mathrm{d}y + \frac{\partial w}{\partial z}\mathrm{d}z$$

若无限接近两点的连线 MM' 平行于某坐标轴，例如 $MM' /\!/ x$ 轴，则式（3-43）中，$\mathrm{d}x \neq 0$，$\mathrm{d}y = \mathrm{d}z = 0$，此时，式（3-43）变为

$$\delta u = \frac{\partial u}{\partial x}\mathrm{d}x$$

$$\delta v = \frac{\partial v}{\partial x}\mathrm{d}x \qquad (3-44)$$

$$\delta w = \frac{\partial w}{\partial x}\mathrm{d}x$$

式（3-42）说明，若已知变形物体内一点 M 的位移分量，则与其邻近一点 M' 的位移分量可以用 M 点的位移分量及其增量来表示。

（二）应变及其分量

1．名义应变及其分量

名义应变又称相对应变或工程应变，适用于小应变分析。

名义应变又可分线应变和切应变。与分析一点的应力状态一样，为了研究一点的变形情况，也需取单元体。单元体的变形可分棱边长度的变化（伸长或缩短）及每两棱边所夹直角的变化这两种情况。

图 3-24a 表示平行于 xoy 坐标平面的单元体一个面 $PABC$ 在 xoy 坐标平面内发生了很小的变形，同时也产生了很小的位移。表明变形后，不仅棱长（PA、PC）发生了变化，而且两棱边 PA 与 PC 所夹的直角发生了改变。平行于 x 轴的棱边 PA 由原来的长度 r_x 变成了 $r_1 = r_x + \delta r$。于是我们将单元体棱长的伸长或缩短称为线变形（δr），将单位长度上的线变形称为线应变，也称正应变，一般用 ε 表示，则棱边 PA 的线应变为

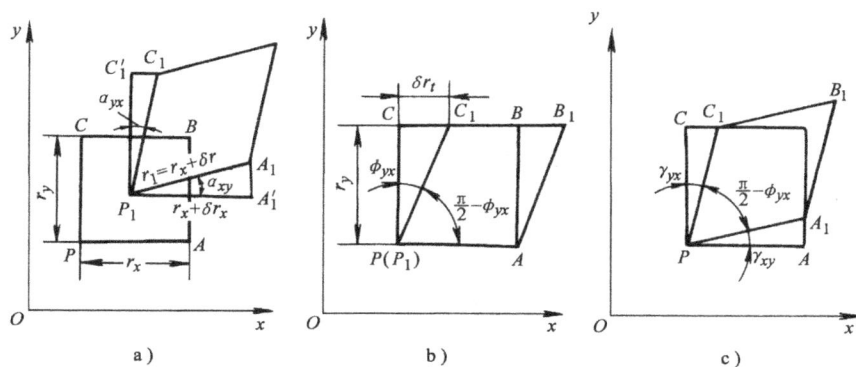

图 3-24　单元体在 xoy 坐标平面内的应变

$$\varepsilon = \frac{r_1 - r_x}{r_x} = \frac{\delta r}{r_x}$$

而棱边 PA 在 x 轴方向上的线应变为

$$\varepsilon_x = \frac{\delta r_x}{r_x} \tag{3-45}$$

同理，平行 y 轴的棱边在 y 轴方向上的线应变和平行于 z 轴的棱边在 z 轴方向上的线应变为

$$\left.\begin{array}{l} \varepsilon_y = \dfrac{\delta r_y}{r_y} \\[2mm] \varepsilon_z = \dfrac{\delta r_z}{r_z} \end{array}\right\} \tag{3-45a}$$

线元伸长时的线应变为正，缩短时为负。

若将图 3-24a 中 P 与 P_1 点重合，且两棱边 PA、PC 所偏转角度 α_{xy}、α_{yx} 合在一起考虑，如图 3-24b 所示，这相当于 C 点在垂直于 PC 方向偏移了 δr_t，说明变形后，两棱边所夹的直角 $\angle CPA$ 减小了（$\alpha_{xy} + \alpha_{yx}$）。将单位长度上的偏移量或两棱边所夹直角的变化量称为相对切应变，也称工程切应变，即

$$\frac{\delta r_t}{r_y} = \tan\phi_{yx} \approx \phi_{yx} = \alpha_{yx} + \alpha_{xy} \tag{3-46}$$

直角 $\angle CPA$ 减小时，ϕ_{yx} 取正号，增大时取负号。由于变形很小，可以近似地认为 PC 偏转时长度不变。

图 3-24b 中的 ϕ_{yx} 是发生在 xoy 坐标平面内，同理，单元体在 yoz 坐标平面内及 zox 坐标平面内同样有工程切应变 ϕ_{yz} 和 ϕ_{zx}。显然，$\phi_{yx} = \phi_{xy}$，$\phi_{yz} = \phi_{zy}$，$\phi_{zx} = \phi_{xz}$。

ϕ_{yx} 可看成由棱边 PA 和 PC 同时向内偏转相同的角度 γ_{yx} 和 γ_{xy} 而成，如图 3-24c 所示，这样所产生的塑性变形效果是一样的。定义

$$\gamma_{yx} = \gamma_{xy} = \frac{1}{2}\phi_{yx} \tag{3-47}$$

为切应变。角标的意义是：第一个角标表示线元（棱边）的方向，第二个角标表示线元偏转的方向。如 γ_{xy} 表示 x 方向的线元向 y 方向偏转的角度。这样，变形单元体有三个线应变和三组切应变，即

$$\left.\begin{array}{l} \varepsilon_x = \dfrac{\delta r_x}{r_x};\ \ \varepsilon_y = \dfrac{\delta r_y}{r_y};\ \ \varepsilon_z = \dfrac{\delta r_z}{r_z} \\[2mm] \gamma_{xy} = \gamma_{yx} = \dfrac{1}{2}\phi_{xy} = \dfrac{1}{2}\phi_{yx} = \dfrac{1}{2}\ (\alpha_{xy} + \alpha_{yx}) \\[2mm] \gamma_{yz} = \gamma_{zy} = \dfrac{1}{2}\phi_{yz} = \dfrac{1}{2}\phi_{zy} = \dfrac{1}{2}\ (\alpha_{yz} + \alpha_{zy}) \\[2mm] \gamma_{yz} = \gamma_{zy} = \dfrac{1}{2}\phi_{yz} = \dfrac{1}{2}\phi_{zy} = \dfrac{1}{2}\ (\alpha_{yz} + \alpha_{zy}) \end{array}\right\} \tag{3-48}$$

ε_x、ε_y、ε_z、γ_{xy}、γ_{yx}、γ_{yz}、γ_{zy}、γ_{zx}、γ_{xz} 统称为应变分量。

在实际变形时，线元 PA 和线元 PC 偏转的角度不一定相同，即图 3-24a 中 $\alpha_{xy} \neq \alpha_{yx}$，但偏转的结果仍能使直角 $\angle CPA$ 缩小了 ϕ_{yx}。

图 3-25a 所示情况相当于单元体的线元 PA 和 PC 同时偏转 γ_{xy} 和 γ_{yx}（图 3-25b），然后

整个单元体绕 z 轴转动一个角度 ω_z（图 3 – 25c）。由几何关系有

$$
\left.
\begin{aligned}
\alpha_{xy} &= \gamma_{xy} - \omega_z \\
\alpha_{yx} &= \gamma_{yx} + \omega_z \\
\omega_z &= \frac{1}{2}\left(\alpha_{yx} - \alpha_{xy}\right)
\end{aligned}
\right\}
\tag{3 – 49}
$$

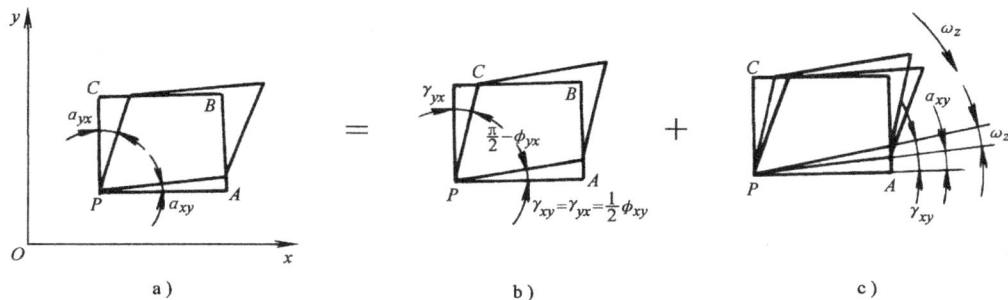

图 3 – 25　切应变和刚性转动

ω_z 称为绕 z 轴的刚体转动角。显然，α_{xy} 和 α_{yx} 中包含了刚体转动的成分，在研究应变时，应把刚体转动部分去掉，而 γ_{xy} 和 γ_{yx} 则是排除刚体转动之后的纯切应变。

这样，与一点的九个应力分量相似，过一点三个互相垂直的方向上有九个应变分量，可用角标符号 ε_{ij} 表示。由于 $\gamma_{xy} = \gamma_{yx}$、$\gamma_{yz} = \gamma_{zy}$、$\gamma_{zx} = \gamma_{xz}$，因此，过一点有六个独立的应变分量。

2. 对数应变

假设物体内两质点相距为 l_0，经变形后距离为 l_n，则相对线应变为

$$
\varepsilon = \frac{l_n - l_0}{l_0}
$$

这种相对线应变一般用于小应变情况。在大的塑性变形过程中，相对线应变不足以反映实际的变形情况。因 $\varepsilon = \dfrac{l_n - l_0}{l_0}$ 中的基长 l_0 是不变的，而在实际变形过程中，长度 l_0 系经过无穷多个中间的数值逐渐变成 l_n，如 l_0，l_1，l_2，$l_3 \cdots\cdots l_{n-1}$，l_n，其中相邻两长度相差均极微小，由 $l_0 \sim l_n$ 的总的变形程度，可以近似地看作是各个阶段相对应变之和，即

$$
\frac{l_1 - l_0}{l_0} + \frac{l_2 - l_1}{l_1} + \frac{l_3 - l_2}{l_2} + \cdots + \frac{l_n - l_{n-1}}{l_{n-1}}
$$

或用微分概念，设 $\mathrm{d}l$ 是每一变形阶段的长度增量，则物体的总的变形程度为

$$
\in = \int_{l_0}^{l_n} \frac{\mathrm{d}l}{l} = \ln \frac{l_n}{l_0}
\tag{3 – 50}
$$

$\in$ 反映了物体变形的实际情况，故称为自然应变或对数应变。式（3 – 50）是在应变主轴方向不变的情况下才能进行的。因此，对数应变可定义为：塑性变形过程中，在应变主轴方向保持不变的情况下应变增量的总和。

对数应变能真实地反映变形的积累过程，所以也称真实应变，简称为真应变。因此，在大的塑性变形问题中，只有用对数应变才能得出合理的结果，这是因为：

1）相对应变不能表示变形的实际情况，而且变形程度愈大，误差也愈大。

如将对数应变以相对应变表示，并按泰勒级数展开，则有

$$\in = \ln\frac{l_n}{l_0} = \ln(1+\varepsilon) = \varepsilon - \frac{\varepsilon^2}{2} + \frac{\varepsilon^3}{3} - \frac{\varepsilon^4}{4} + \cdots$$

$$(3-51)$$

由此可见，只有当变形程度很小时，ε 才能近似等于 $\in$。变形程度愈大，误差也愈大。图 3-26 所示，为用 ε 与 $\in$ 计算变形程度的结果。当变形程度小于 10% 时，ε 与 $\in$ 的数值比较接近，但当变形程度大于 10% 以后，误差逐渐增加。

图 3-26 ε、$\in$ 与 $\dfrac{L}{L_0}$ 的关系

2）对数应变为可叠加应变，而相对应变为不可加应变。假设某物体的原长为 l_0，经历 l_1、l_2 变为 l_3，总的相对应变为

$$\varepsilon_{03} = \frac{l_3 - l_0}{l_0}$$

各阶段的相对应变为

$$\varepsilon_{01} = \frac{l_1 - l_0}{l_0}; \quad \varepsilon_{12} = \frac{l_2 - l_1}{l_1}; \quad \varepsilon_{23} = \frac{l_3 - l_2}{l_2}$$

显然

$$\varepsilon_{03} \neq \varepsilon_{01} + \varepsilon_{12} + \varepsilon_{23}$$

而用对数应变，则无上述问题，因为各阶段的对数应变为

$$\in_{01} = \ln\frac{l_1}{l_0}; \quad \in_{12} = \ln\frac{l_2}{l_1}; \quad \in_{23} = \ln\frac{l_3}{l_2}$$

$$\in_{01} + \in_{12} + \in_{23} = \ln\frac{l_1}{l_0} + \ln\frac{l_2}{l_1} + \ln\frac{l_3}{l_2} = \ln\frac{l_1 l_2 l_3}{l_0 l_1 l_2} = \ln\frac{l_3}{l_0} = \in_{03}$$

所以对数应变又称可加应变。

3）对数应变为可比应变，相对应变为不可比应变。假设某物体由 l_0 拉长一倍后，尺寸为 $2l_0$，其相对应变为

$$\varepsilon^+ = \frac{2l_0 - l_0}{l_0} = 1 = 100\%$$

如果缩短一倍，尺寸变为 $0.5\,l_0$，则其相对应变为

$$\varepsilon^- = \frac{0.5\,l_0 - l_0}{l_0} = -0.5 = -50\%$$

当物体拉长一倍与缩短一倍时，物体的变形程度应该是一样的。然而如用相对应变表示拉、压的变形程度则数值相差悬殊，失去可以比较的性质。

而用对数应变表示拉、压两种不同性质的变形程度时，并不失去可以比较的性质。例如在上例中，物体拉长一倍的对数应变为

$$\in^+ = \ln\frac{2l_0}{l_0} = \ln 2 = 69\%$$

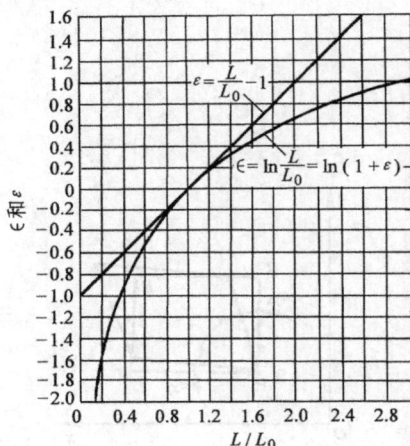

缩短一倍时的对数应变为

$$\in^- = \ln \frac{0.5\, l_0}{l_0} = \ln \frac{1}{2} = -69\%$$

二、点的应变状态和应变张量

1. 点的应变状态

在应力状态分析中，由一点三个互相垂直的微分面上九个应力分量可求得过该点任意方位斜微分面上的应力分量，则该点的应力状态即可确定。与此相似，根据质点三个互相垂直方向上的九个应变分量，也就求出过该点任意方向上的应变分量，则该点的应变状态即可确定。

现设变形体内任一点 $a\,(x,\ y,\ z)$，其应变分量为 ε_{ij}。由 a 引一任意方向线元 ab，其长度为 r，方向余弦为 l、m、n，小变形前，b 点可视为 a 点无限接近的一点，其坐标为 $(x+dx,\ y+dy,\ z+dz)$，则 ab 在三个坐标轴上的投影为 dx、dy、dz，方向余弦及 r 分别为

$$l = \frac{dx}{r},\ m = \frac{dy}{r},\ n = \frac{dz}{r} \tag{a}$$

$$r^2 = dx^2 + dy^2 + dz^2 \tag{b}$$

小变形后，线元 ab 移至 $a_1 b_1$，其长度为 $r_1 = r + \delta r$，同时偏转角度为 α_r，如图 3 – 27 所示。

现求 ab 方向上的线应变 ε_r。为求得 r_1，可将 ab 平移至 $a_1 N$，构成三角形 $a_1 N b_1$。由解析几何可知，三角形一边在三个坐标轴上的投影将分别等于另外两边在坐标轴上的投影之和。在这里，Na_1 的三个投影即为 dx、dy、dz，而 Nb_1 的投影（即为 b 点相对 a 点的位移增量）为 δu、δv、δw，因此线元 $a_1 b_1$ 的三个投影为

$(dx + \delta u)$，$(dy + \delta v)$，$(dz + \delta w)$

于是 $a_1 b_1$ 的长度 r_1 为：

$$r_1^2 = (r + \delta r)^2 = (dx + \delta u)^2 + (dy + \delta v)^2 + (dz + \delta w)^2$$

将上式展开减去 r^2 并略去 δr、δu、δv、δw 的平方项，化简得

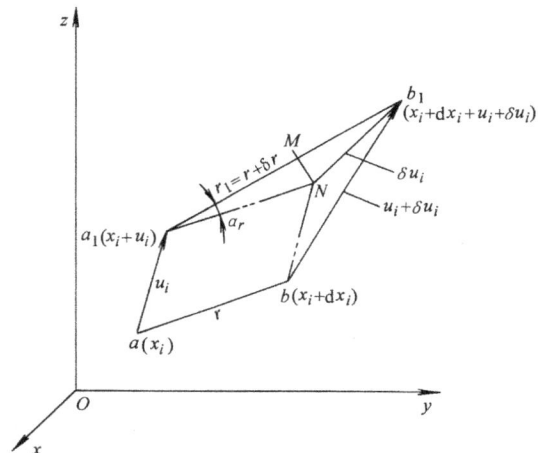

图 3 – 27　任意方向线元的应变

$$r\delta r = \delta u dx + \delta v dy + \delta w dz \tag{c}$$

将式（c）两边除以 r^2，并考虑到式（a）和 $\frac{\delta r}{r} = \varepsilon_r$，则得

$$\varepsilon_r = l\frac{\delta u}{r} + m\frac{\delta v}{r} + n\frac{\delta w}{r} \tag{d}$$

将式（3 – 43）中 du_i 的值代入式（d），整理后可得

$$\varepsilon_r = \frac{\partial u}{\partial x}l^2 + \frac{\partial v}{\partial y}m^2 + \frac{\partial w}{\partial z}n^2 + \left(\frac{\partial u}{\partial y} + \frac{\partial v}{\partial x}\right)lm + \left(\frac{\partial v}{\partial z} + \frac{\partial w}{\partial y}\right)mn + \left(\frac{\partial w}{\partial x} + \frac{\partial u}{\partial z}\right)nl$$

$$= \varepsilon_x l^2 + \varepsilon_y m^2 + \varepsilon_z n^2 + 2 \ (r_{xy} lm + r_{yz} mn + r_{zx} nl) \tag{3-52}$$

下面求线元 ab 变形后的偏转角，即图 3-27 中的 α_r。为了推导方便，可设 $r=1$。由 N 点引 $NM \perp a_1 b_1$，按直角三角形 NMb_1 有

$$NM^2 = Nb_1^2 - Mb_1^2 = \ (\delta u_i)^2 - Mb_1^2 \tag{e}$$

由于

$$a_1 M \approx a_1 N = r = 1$$

故

$$\tan \alpha_r \approx \alpha_r = \frac{NM}{a_1 M} = NM$$

$$\varepsilon_r = \frac{\delta r}{r} = \delta r$$

$$Mb_1 = a_1 b_1 - a_1 M \approx \delta r = \varepsilon_r$$

于是式（e）可写成

$$\alpha_r^2 = NM^2 = Nb_1^2 - Mb_1^2 = \ (\delta u_i)^2 - \varepsilon_r^2 \tag{f}$$

如果没有刚体转动，则求得的 α_r 就是切应变 γ_r。为了除去刚体转动的影响，即只考虑纯剪切变形，可将式（3-43）改写为

$$\delta u_i = \frac{\partial u_i}{\partial x_j} \mathrm{d} x_j = \left[\frac{\partial u_i}{\partial x_j} + \frac{1}{2} \left(\frac{\partial u_j}{\partial x_i} - \frac{\partial u_j}{\partial x_i} \right) \right] \mathrm{d} x_j$$

$$= \frac{1}{2} \left(\frac{\partial u_i}{\partial x_j} + \frac{\partial u_j}{\partial x_i} \right) \mathrm{d} x_j + \frac{1}{2} \left(\frac{\partial u_i}{\partial x_j} - \frac{\partial u_j}{\partial x_i} \right) \mathrm{d} x_j$$

显然，上式后面的第二项是由于刚性转动引起的位移增量分量，而第一项才是由纯剪切变形引起的相对位移增量分量，若以 $\delta u_i{}'$ 表示，则

$$\delta u_i{}' = \frac{1}{2} \left(\frac{\partial u_i}{\partial x_j} + \frac{\partial u_j}{\partial x_i} \right) \mathrm{d} x_j = \varepsilon_{ij} \mathrm{d} x_j \tag{g}$$

如将式（g）代入式（f），即可求得切应变的表达式为

$$\gamma_r^2 = \ (\delta u_i{}')^2 - \varepsilon_r^2 \tag{3-53}$$

式（3-52）和式（3-53）说明，若已知一点互相垂直的三个方向上的九个应变分量，则可求出过该点任意方向上的应变分量，则该点的应变状态即可确定。所以，一点的应变状态可用该点三个互相垂直方向上的九个应变分量来表示。这与一点的应力状态可用过该点三个互相垂直微分面上的九个应力分量来表示完全相似，因求 ε_r 及 γ_r 的公式（3-52）、（3-53）与求斜微分面上的应力 σ 及 τ 的表达式（3-7）、（3-8）在形式上是一样的。

这里应注意到，在导出式（3-52）、（3-53）过程中，将小变形时 δr、δu_i 等的平方项可视为高阶微量可精确地略去不计。如果变形相当大，这些平方项就不能忽略。对于大变形时的全量应变，需要用有限应变来分析。

2. 应变张量

上面已说明，一点的应变状态可以用过该点三个互相正交方向上的九个应变分量来表示。与应力状态相似，如果当坐标轴旋转后在新的坐标系中的九个应变分量与原坐标系中的九个应变分量之间的关系也符合学数上张量之定义，即符合下列线性关系

$$\varepsilon_{kr} = \varepsilon_{ij} l_{ki} l_{rj} \ (i, \ j = x, \ y, \ z; \ k, \ r = x', \ y', \ z')$$

所以一点的应变状态是张量，且为二阶张量。由于 $\gamma_{xy} = \gamma_{yx}$，$\gamma_{yz} = \gamma_{zy}$，$\gamma_{zx} = \gamma_{xz}$，所以，应变张量又是一个对称张量，记为

$$\varepsilon_{ij} = \begin{bmatrix} \varepsilon_x & \gamma_{xy} & \gamma_{xz} \\ \gamma_{yx} & \varepsilon_y & \gamma_{yz} \\ \gamma_{zx} & \gamma_{zy} & \varepsilon_z \end{bmatrix}, \quad \varepsilon_{ij} = \begin{bmatrix} \varepsilon_x & \gamma_{xy} & \gamma_{xz} \\ \cdot & \varepsilon_y & \gamma_{yz} \\ \cdot & \cdot & \varepsilon_z \end{bmatrix} \tag{3-54}$$

因此，点的应变状态需要用九个应变分量或应变张量来描述，若已知应变张量的分量，则该点的应变状态就完全被确定。

三、塑性变形时的体积不变条件

由基本假设，塑性变形时，变形物体变形前后的体积保持不变，可用数学式子表达。

设单元体初始边长为 dx、dy、dz，则变形前的体积为

$$V_0 = dx dy dz$$

考虑到小变形，切应变引起的边长变化及体积的变化都是高阶微量，可以忽略，则体积的变化只是由线应变引起，如图 3-28 所示。在 x 方向上的线应变为

$$\varepsilon_x = \frac{r_x - dx}{dx}$$

所以
同理

$$\left. \begin{aligned} r_x &= dx\,(1 + \varepsilon_x) \\ r_y &= dy\,(1 + \varepsilon_y) \\ r_z &= dz\,(1 + \varepsilon_z) \end{aligned} \right\}$$

变形后单元体的体积为

$$V_1 = r_x r_y r_z = dx dy dz\,(1 + \varepsilon_x)\,(1 + \varepsilon_y)\,(1 + \varepsilon_z)$$

将上式展开，并略去二阶以上的高阶微量，于是得单元体单位体积的变化（单位体积变化率）

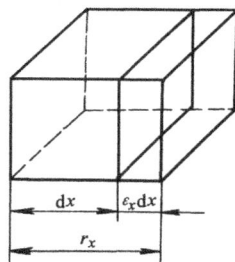

图 3-28 单元体边长的线变形

$$\theta = \frac{V_1 - V_0}{V_0} = \varepsilon_x + \varepsilon_y + \varepsilon_z$$

在塑性变形时，由于材料内部质点连续且致密，体积变化很微小。所以由体积不变假设，得

$$\theta = \varepsilon_x + \varepsilon_y + \varepsilon_z = 0 \tag{3-55}$$

式中 ε_x、ε_y、ε_z 为塑性变形时的三个线应变分量。式（3-55）称为塑性变形时的体积不变条件。

体积不变条件用对数应变表示更为准确。设变形体的原始长、宽、高分别为 l_0、b_0、h_0，变形后为 l_1、b_1、h_1，则体积不变条件可表示为

$$\in_l + \in_b + \in_h = \ln\frac{l_1}{l_0} + \ln\frac{b_1}{b_0} + \ln\frac{h_1}{h_0}$$

$$= \ln\frac{l_1 b_1 h_1}{l_0 b_0 h_0} = 0 \tag{3-55a}$$

由式（3-55）可以看出，塑性变形时，三个线应变分量不可能全部同号，绝对值最大的应变分量永远和另外两个应变分量的符号相反。

在金属塑性成形过程中，体积不变条件是一项很重要的原则，有些问题可根据几何关系直接利用体积不变条件来求解。此外，体积不变条件还用于塑性成形过程的坯料或工件半成品的形状和尺寸的计算。

例如，一块长、宽、厚为 120mm×36mm×0.5 mm 的平板，拉伸后在长度方向均匀伸长至 144mm，若宽度不变时，求平板的最终尺寸。根据变形条件可求得长、宽、厚方向上的主应变（用对数应变表示）为

$$\in_l = \ln \frac{144}{120}$$

$$\in_b = \ln \frac{36}{36} = 0$$

$$\in_h = \ln \frac{h}{h_0}$$

由体积不变条件 $\in_l + \in_b + \in_h = 0$，可得

$$\in_h = - \in_l$$

所以有

$$\ln \frac{h}{h_0} = - \ln \frac{144}{120} = \ln \frac{120}{144}$$

亦即

$$\frac{h}{h_0} = \frac{120}{144}$$

$$h = \frac{120}{144} h_0 = \frac{120}{144} \times 0.5 = 0.417 \, (\text{mm})$$

所以平板的最终尺寸为 144mm×36mm×0.417 mm。

四、点的应变状态与应力状态相比较

比较式（3-54）与式（3-11）说明，点的应变张量与应力张量不仅在形式上相似，而且其性质和特性也相似。因此，在研究应变状态理论时，一些公式不需再推导，直接由与应力张量相似性得到，只要将应变张量中的线应变分量和切应变分量分别与应力张量中的正应力分量和切应力分量相对应即可。

1. 主应变、应变张量不变量、主切应变和最大切应变、主应变简图

（1）主应变　过变形体内一点存在有三个相互垂直的应变主方向（也称应变主轴），该方向上线元没有切应变，只有线应变，称为主应变，用 ε_1、ε_2、ε_3 表示。对于各向同性材料，可以认为小应变主方向与应力主方向重合。

若取应变主轴为坐标轴，则应变张量为

$$\varepsilon_{ij} = \begin{bmatrix} \varepsilon_1 & 0 & 0 \\ 0 & \varepsilon_2 & 0 \\ 0 & 0 & \varepsilon_3 \end{bmatrix} \tag{3-56}$$

（2）应变张量不变量　若已知一点的应变张量来求过该点的三个主应变，也存在一个应变状态的特征方程

$$\varepsilon^3 - I_1 \varepsilon^2 - I_2 \varepsilon - I_3 = 0 \tag{3-57}$$

对于一个确定了的应变状态，三个主应变具有单值性，故在求主应变大小的应变状态特征方程 式（3-57）中的系数 I_1、I_2、I_3 也应具有单值性，即为应变张量不变量。其计算公式为

$$\left.\begin{array}{l} I_1 = \varepsilon_x + \varepsilon_y + \varepsilon_z = \varepsilon_1 + \varepsilon_2 + \varepsilon_3 = 常数 \\ I_2 = - \left(\varepsilon_x\varepsilon_y + \varepsilon_y\varepsilon_z + \varepsilon_z\varepsilon_x \right) + \left(\gamma_{xy}^2 + \gamma_{yz}^2 + \gamma_{zx}^2 \right) \\ \quad = - \left(\varepsilon_1\varepsilon_2 + \varepsilon_2\varepsilon_3 + \varepsilon_3\varepsilon_1 \right) = 常数 \\ I_3 = \varepsilon_x\varepsilon_y\varepsilon_z + 2\gamma_{xy}\gamma_{yz}\gamma_{zx} - \left(\varepsilon_x\gamma_{yz}^2 + \varepsilon_y\gamma_{zx}^2 + \varepsilon_z\gamma_{xy}^2 \right) \\ \quad = \varepsilon_1\varepsilon_2\varepsilon_3 = 常数 \end{array}\right\} \quad (3-58)$$

已知三个主应变，同样可画出三向应变莫尔圆。为了方便，应变莫尔圆与应力莫尔圆配合使用时，应变莫尔圆的纵轴向下为正，如图 3-29 所示。

（3）主切应变和最大切应变　在与应变主方向成 ±45°角的方向上存在三对各自相互垂直的线元，它们的切应变有极值，称为主切应变。参照式（3-23），主切应变的计算公式为

$$\left.\begin{array}{l} \gamma_{12} = \pm \dfrac{1}{2} \left(\varepsilon_1 - \varepsilon_2 \right) \\ \gamma_{23} = \pm \dfrac{1}{2} \left(\varepsilon_2 - \varepsilon_3 \right) \\ \gamma_{31} = \pm \dfrac{1}{2} \left(\varepsilon_3 - \varepsilon_1 \right) \end{array}\right\} \quad (3-59)$$

三对主切应变中，绝对值最大的主切应变称为最大切应变。若 $\varepsilon_1 \geqslant \varepsilon_2 \geqslant \varepsilon_3$，则最大切应变为

$$\gamma_{max} = \pm \frac{1}{2} \left(\varepsilon_1 - \varepsilon_3 \right) \quad (3-60)$$

（4）主应变简图　用主应变的个数和符号来表示应变状态的简图称主应变状态图，简称为主应变简图或主应变图。

三个主应变中绝对值最大的主应变，反映了该工序变形的特征，称为特征应变。如用主应变简图来表示应变状态，根据体积不变条件和特征应变，则塑性变形只能有三种变形类型，如图 3-30 所示。

1）压缩类变形。如图 3-30a 所示，特征应变为负应变（即 $\varepsilon_1 < 0$）另两个应变为正应变，$\varepsilon_2 + \varepsilon_3 = -\varepsilon_1$。

2）剪切类变形（平面变形）　如图 3-30b 所示，一个应变为零，其他两个应变大小相等，方向相反，$\varepsilon_2 = 0$，$\varepsilon_1 = -\varepsilon_3$。

3）伸长类变形。如图 3-30c 所示，特征应变为正应变，另两个应变为负应变，$\varepsilon_1 = -\varepsilon_2 - \varepsilon_3$。

因此，根据体积不变条件可知，特征应变等于其他两个应变之和，但方向相反。

主应变简图对于分析塑性变形的金属流动具有极其重要意义，它可以断定塑性变形类型。

2. 八面体应变

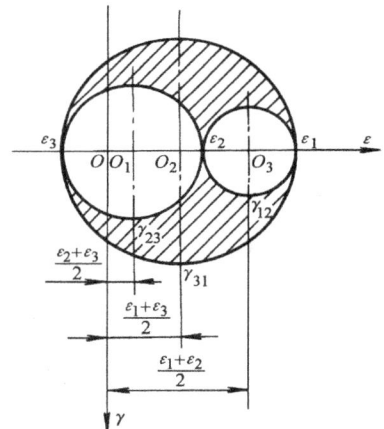

图 3-29　应变莫尔圆

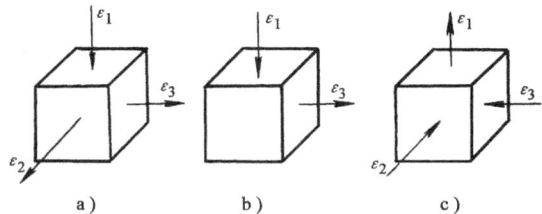

图 3-30　三种变形类型

a）压缩类变形　b）剪切（平面）类变形　c）伸长类变形

如以三个应变主轴为坐标轴的主应变空间中，同样可作出正八面体，八面体平面的法线方向线元的应变称为八面体应变。

八面体线应变为

$$\varepsilon_8 = \frac{1}{3} \ (\varepsilon_x + \varepsilon_y + \varepsilon_z) = \frac{1}{3} \ (\varepsilon_1 + \varepsilon_2 + \varepsilon_3) = \varepsilon_m = \frac{1}{3} I_1 \qquad (3-61)$$

八面体切应变为

$$\gamma_8 = \pm \frac{1}{3} \sqrt{(\varepsilon_x - \varepsilon_y)^2 + (\varepsilon_y - \varepsilon_z)^2 + (\varepsilon_z - \varepsilon_x)^2 + 6 \ (\gamma_{xy}^2 + \gamma_{yz}^2 + \gamma_{zx}^2)}$$

$$= \pm \frac{1}{3} \sqrt{(\varepsilon_1 - \varepsilon_2)^2 + (\varepsilon_2 - \varepsilon_3)^2 + (\varepsilon_3 - \varepsilon_1)^2} \qquad (3-62)$$

3. 应变偏张量和应变球张量

应变张量可以分解为两个张量，即

$$\varepsilon_{ij} = \begin{bmatrix} \varepsilon_x & \gamma_{xy} & \gamma_{xz} \\ \gamma_{yx} & \varepsilon_y & \gamma_{yz} \\ \gamma_{zx} & \gamma_{zy} & \varepsilon_z \end{bmatrix} = \begin{bmatrix} \varepsilon_x - \varepsilon_m & \gamma_{xy} & \gamma_{xz} \\ \gamma_{yx} & \varepsilon_y - \varepsilon_m & \gamma_{yz} \\ \gamma_{zx} & \gamma_{zy} & \varepsilon_z - \varepsilon_m \end{bmatrix} + \begin{bmatrix} \varepsilon_m & 0 & 0 \\ 0 & \varepsilon_m & 0 \\ 0 & 0 & \varepsilon_m \end{bmatrix}$$

$$= \varepsilon_{ij}' + \delta_{ij}\varepsilon_m \qquad (3-63)$$

式中 $\varepsilon_m = \frac{1}{3} \ (\varepsilon_x + \varepsilon_y + \varepsilon_z)$ ——平均应变；

ε_{ij}' ——应变偏张量，表示变形单元体形状的变化；

$\delta_{ij}\varepsilon_m$ ——应变球张量，表示变形单元体体积的变化。

塑性变形时，根据体积不变假设，即有 $\varepsilon_m = 0$ ，故此时应变偏张量即为应变张量。

应变偏张量也有三个不变量，即为应变偏张量第一、第二、第三不变量：

$$\left. \begin{aligned} I_1' &= \varepsilon_x' + \varepsilon_y' + \varepsilon_z' = \varepsilon_1' + \varepsilon_2' + \varepsilon_3' = 0 \\ I_2' &= - \ (\varepsilon_x'\varepsilon_y' + \varepsilon_y'\varepsilon_z' + \varepsilon_z'\varepsilon_x') + (\gamma_{xy}^2 + \gamma_{yz}^2 + \gamma_{zx}^2) \\ &= - \ (\varepsilon_1'\varepsilon_2' + \varepsilon_2'\varepsilon_3' + \varepsilon_3'\varepsilon_1') = I_2 \\ I_3' &= \varepsilon_x'\varepsilon_y'\varepsilon_z' + 2\gamma_{xy}\gamma_{yz}\gamma_{zx} - (\varepsilon_x'\gamma_{yz}^2 + \varepsilon_y'\gamma_{zx}^2 + \varepsilon_z'\gamma_{xy}^2) \\ &= \varepsilon_1'\varepsilon_2'\varepsilon_3' = \varepsilon_1\varepsilon_2\varepsilon_3 = I_3 \end{aligned} \right\} \qquad (3-64)$$

4. 等效应变

取八面体切应变绝对值的 $\sqrt{2}$ 倍所得之参量称为等效应变，也称广义应变或应变强度，记

$$\overline{\varepsilon} = \sqrt{2} |\gamma_8|$$

$$= \frac{\sqrt{2}}{3} \sqrt{(\varepsilon_x - \varepsilon_y)^2 + (\varepsilon_y - \varepsilon_z)^2 + (\varepsilon_z - \varepsilon_x)^2 + 6 \ (\gamma_{xy}^2 + \gamma_{yz}^2 + \gamma_{zx}^2)}$$

$$= \frac{\sqrt{2}}{3} \sqrt{(\varepsilon_1 - \varepsilon_2)^2 + (\varepsilon_2 - \varepsilon_3)^2 + (\varepsilon_3 - \varepsilon_1)^2} \qquad (3-65)$$

等效应变有如下特点：

1) 是一个不变量；

2) 在塑性变形时，其数值上等于单向均匀拉伸或均匀压缩方向上的线应变 ε_1 ，即 $\overline{\varepsilon} = \varepsilon_1$ 。因单向应力状态时，其主应变为 ε_1 ，$\varepsilon_2 = \varepsilon_3$ ，由体积不变条件可得 $\varepsilon_2 = \varepsilon_3 = -\frac{1}{2}\varepsilon_1$ ，代

入式（3-65），得

$$\bar{\varepsilon} = \frac{\sqrt{2}}{3}\sqrt{(\frac{3}{2}\varepsilon_1)^2 + (-\frac{3}{2}\varepsilon_1)^2} = \varepsilon_1$$

五、小应变几何方程

由于变形体内的点产生了位移，因而引起了质点的应变，因此，位移场与应变场之间一定存在某种关系。为了简明建立这种关系，可研究单元体在三个坐标平面上的投影。

设在图 3-31 中，$abcd$ 为单元体变形前在 xoy 坐标平面上的投影，而 $a_1b_1c_1d_1$ 为位移及变形后的投影。图中 b、c 点为 a 点的邻近点，并设 $ac = \mathrm{d}x$，$ac // ox$ 轴；$ab = \mathrm{d}y$，$ab // oy$ 轴；a 点的位移分量为 u、v。根据式（3-44），有

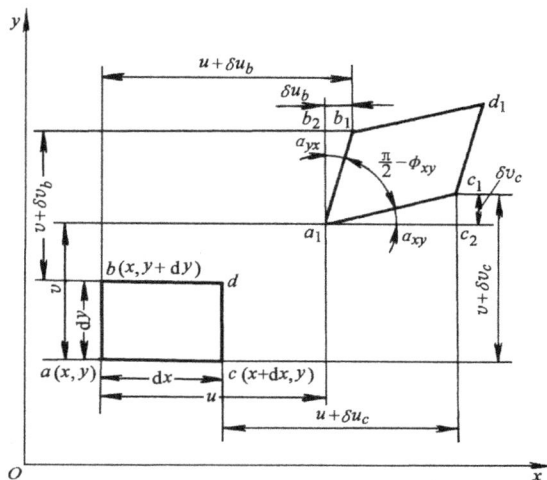

图 3-31　位移分量与应变分量的关系

$$\left.\begin{array}{l} \delta u_c = \dfrac{\partial u}{\partial x}\mathrm{d}x \\[2mm] \delta v_c = \dfrac{\partial v}{\partial x}\mathrm{d}x \\[2mm] \delta u_b = \dfrac{\partial u}{\partial y}\mathrm{d}y \\[2mm] \delta v_b = \dfrac{\partial v}{\partial y}\mathrm{d}y \end{array}\right\} \qquad (a)$$

根据图 3-31 中的几何关系，可求出棱边 ac（即 $\mathrm{d}x$）在 x 方向的线应变 ε_x，即为

$$\varepsilon_x = \frac{u + \delta u_c - u}{\mathrm{d}x} = \frac{\delta u_c}{\mathrm{d}x} = \frac{\partial u}{\partial x} \qquad (b)$$

棱边 ab（即 $\mathrm{d}y$）在 y 方向的线应变为

$$\varepsilon_y = \frac{v + \delta v_b - v}{\mathrm{d}y} = \frac{\delta v_b}{\mathrm{d}y} = \frac{\partial v}{\partial y} \qquad (c)$$

由图 3-31 的几何关系，有

$$\tan\alpha_{yx} = \frac{b_1 b_2}{a_1 b_2} = \frac{u + \delta u_b - u}{v + \delta v_b + \mathrm{d}y - v} = \frac{\dfrac{\partial u}{\partial y}\mathrm{d}y}{\mathrm{d}y\left(1 + \dfrac{\partial v}{\partial y}\right)} = \frac{\dfrac{\partial u}{\partial y}}{1 + \dfrac{\partial v}{\partial y}}$$

因为 $\dfrac{\partial v}{\partial y} = \varepsilon_y$，其值远小于 1，所以有

$$\tan\alpha_{yx} \approx \alpha_{yx} = \frac{\partial u}{\partial y}$$

同理可得

$$\tan\alpha_{xy} \approx \alpha_{xy} = \frac{\partial v}{\partial x}$$

因而工程切应变为

$$\phi_{xy} = \phi_{yx} = \alpha_{yx} + \alpha_{xy} = \frac{\partial u}{\partial y} + \frac{\partial v}{\partial x}$$

则切应变为

$$\gamma_{xy} = \gamma_{yx} = \frac{1}{2}\left(\frac{\partial u}{\partial y} + \frac{\partial v}{\partial x}\right) \tag{d}$$

按同样的方法，由单元体在 yoz 和 zox 坐标平面上投影的几何关系可得其余应变分量与位移分量之间关系的公式，综合上述可得

$$\left.\begin{array}{ll}
\varepsilon_x = \dfrac{\partial u}{\partial x} & \gamma_{xy} = \gamma_{yx} = \dfrac{1}{2}\left(\dfrac{\partial u}{\partial y} + \dfrac{\partial v}{\partial x}\right) \\[2mm]
\varepsilon_y = \dfrac{\partial v}{\partial y} & \gamma_{yz} = \gamma_{zy} = \dfrac{1}{2}\left(\dfrac{\partial v}{\partial z} + \dfrac{\partial w}{\partial y}\right) \\[2mm]
\varepsilon_z = \dfrac{\partial w}{\partial z} & \gamma_{zx} = \gamma_{xz} = \dfrac{1}{2}\left(\dfrac{\partial w}{\partial x} + \dfrac{\partial u}{\partial z}\right)
\end{array}\right\} \tag{3-66}$$

用角标符号表示为

$$\varepsilon_{ij} = \frac{1}{2}\left[\frac{\partial u_i}{\partial x_j} + \frac{\partial u_j}{\partial x_i}\right] \tag{3-66a}$$

式（3-66）表示小变形时位移分量和应变分量之间的关系，它是由变形几何关系导到，故称为小应变几何方程。如果物体中的位移场已知，则可由小应变几何方程求得应变场。

六、应变连续方程

由小应变几何方程可知，六个应变分量取决于三个位移分量，很显然，这六个应变分量不应是任意的，其间必存在一定的关系，才能保证变形物体的连续性，应变分量之间的关系称为应变连续方程或应变协调方程。应变连续方程可分为两组共六个式子。

一组为每个坐标平面内应变分量之间应满足的关系。如在 xoy 坐标平面内，将几何方程式（3-66）中的 ε_x、ε_y 分别对 y、x 求两次偏导数，可得

$$\frac{\partial^2 \varepsilon_x}{\partial y^2} = \frac{\partial^2}{\partial x \partial y}\left(\frac{\partial u}{\partial y}\right) \tag{a}$$

$$\frac{\partial^2 \varepsilon_y}{\partial x^2} = \frac{\partial^2}{\partial x \partial y}\left(\frac{\partial v}{\partial x}\right) \tag{b}$$

由式（a）+式（b），得

$$\frac{\partial^2 \varepsilon_x}{\partial y^2} + \frac{\partial^2 \varepsilon_y}{\partial x^2} = \frac{\partial^2}{\partial x \partial y}\left(\frac{\partial u}{\partial y}\right) + \frac{\partial^2}{\partial x \partial y}\left(\frac{\partial v}{\partial x}\right) = \frac{\partial^2}{\partial x \partial y}\left(\frac{\partial u}{\partial y} + \frac{\partial v}{\partial x}\right) = 2\frac{\partial^2 \gamma_{xy}}{\partial x \partial y}$$

用同样的方法可得其他两个关系式，连同上式综合可得下列三个式子：

$$\left.\begin{array}{l}
\dfrac{\partial^2 \gamma_{xy}}{\partial x \partial y} = \dfrac{1}{2}\left(\dfrac{\partial^2 \varepsilon_x}{\partial y^2} + \dfrac{\partial^2 \varepsilon_y}{\partial x^2}\right) \\[3mm]
\dfrac{\partial^2 \gamma_{yz}}{\partial y \partial z} = \dfrac{1}{2}\left(\dfrac{\partial^2 \varepsilon_y}{\partial z^2} + \dfrac{\partial^2 \varepsilon_z}{\partial y^2}\right) \\[3mm]
\dfrac{\partial^2 \gamma_{zx}}{\partial z \partial x} = \dfrac{1}{2}\left(\dfrac{\partial^2 \varepsilon_z}{\partial x^2} + \dfrac{\partial^2 \varepsilon_x}{\partial z^2}\right)
\end{array}\right\} \tag{3-67}$$

式（3-67）表明，在每个坐标平面内，两个线应变分量一经确定，则切应变分量随之被确定。

另一组为不同坐标平面内应变分量之间应满足的关系。将式（3-66）中的 ε_x 对 y、z，

ε_y 对 z、x，ε_z 对 x、y 分别求偏导，并将切应变分量 γ_{xy}、γ_{yz}、γ_{zx} 分别对 z、x、y 求偏导，得

$$\frac{\partial^2 \varepsilon_x}{\partial y \partial z} = \frac{\partial^3 u}{\partial x \partial y \partial z} \tag{a}$$

$$\frac{\partial^2 \varepsilon_y}{\partial z \partial x} = \frac{\partial^3 v}{\partial x \partial y \partial z} \tag{b}$$

$$\frac{\partial^2 \varepsilon_z}{\partial x \partial y} = \frac{\partial^3 w}{\partial x \partial y \partial z} \tag{c}$$

$$\frac{\partial \gamma_{xy}}{\partial z} = \frac{1}{2}\left(\frac{\partial^2 u}{\partial y \partial z} + \frac{\partial^2 v}{\partial x \partial z} \right) \tag{d}$$

$$\frac{\partial \gamma_{yz}}{\partial x} = \frac{1}{2}\left(\frac{\partial^2 v}{\partial z \partial x} + \frac{\partial^2 w}{\partial y \partial x} \right) \tag{e}$$

$$\frac{\partial \gamma_{zx}}{\partial y} = \frac{1}{2}\left(\frac{\partial^2 w}{\partial x \partial y} + \frac{\partial^2 u}{\partial z \partial y} \right) \tag{f}$$

将式 (d) + 式 (e) − 式 (f)，得

$$\frac{\partial \gamma_{xy}}{\partial z} + \frac{\partial \gamma_{yz}}{\partial x} - \frac{\partial \gamma_{zx}}{\partial y} = \frac{\partial^2 v}{\partial x \partial z}$$

再将上式对 y 求偏导，并考虑到式 (b)，得

同理可得

$$\left. \begin{aligned} \frac{\partial}{\partial y}\left(\frac{\partial \gamma_{xy}}{\partial z} + \frac{\partial \gamma_{yz}}{\partial x} - \frac{\partial \gamma_{zx}}{\partial y} \right) &= \frac{\partial^2 \varepsilon_y}{\partial z \partial x} \\ \frac{\partial}{\partial z}\left(\frac{\partial \gamma_{yz}}{\partial x} + \frac{\partial \gamma_{zx}}{\partial y} - \frac{\partial \gamma_{xy}}{\partial z} \right) &= \frac{\partial^2 \varepsilon_z}{\partial x \partial y} \\ \frac{\partial}{\partial x}\left(\frac{\partial \gamma_{zx}}{\partial y} + \frac{\partial \gamma_{xy}}{\partial z} - \frac{\partial \gamma_{yz}}{\partial x} \right) &= \frac{\partial^2 \varepsilon_x}{\partial y \partial z} \end{aligned} \right\} \tag{3-68}$$

式 (3-68) 表明，在三维空间内三个切应变分量一经确定，则线应变分量也就被确定。

需要指出的是，如果已知一点的位移分量，利用几何方程求得的应变分量 ε_{ij} 自然满足连续方程。但如果先用其他方法求得应变分量，则只有当它们满足应变连续方程，才能用几何方程求得正确的位移分量。

例题 3-2 设 $\varepsilon_x = a\ (x^2 - y^2)$；$\varepsilon_y = axy$；$\gamma_{xy} = 2bxy$；其中 a、b 为常数，试问上述应变场在什么情况下成立？

解：应变场成立必须满足式 (3-67) 的应变连续方程。根据给定的 ε_x、ε_y 和 γ_{xy} 可求得

$$\frac{\partial^2 \varepsilon_x}{\partial y^2} = -2a; \quad \frac{\partial^2 \varepsilon_y}{\partial x^2} = 0; \quad \frac{\partial^2 \gamma_{xy}}{\partial x \partial y} = 2b$$

代入连续方程式 (3-67) 解得

$$a = -2b$$

这说明给定应变场只有在 $a = -2b$ 时才能成立。

七、应变增量和应变速率张量

前面所讨论的是小应变，反映单元体在某一变形过程或变形过程中的某个阶段结束时的应变，称之为全量应变。而塑性成形问题一般都是大变形，且大塑性变形的整个过程是十分复杂的。因此，前面讨论小应变时的这些公式在大变形中就不能直接应用。然而，大变形是

由很多瞬间的小变形累积而成的。因此有必要分析大变形过程中某个特定瞬间的变形情况，这就提出应变增量和应变速率的概念。

1．速度分量和速度场

在塑性变形过程中，变形物体内的质点均处于运动状态，即各质点以一定的速度在运动，都存在一个速度场。将质点在单位时间内的位移称位移速度，位移速度在三个坐标轴上的投影称位移速度分量，简称速度分量，表示为

$$\left.\begin{array}{l} \dot{u} = \dfrac{u}{t} \\[2mm] \dot{v} = \dfrac{v}{t} \\[2mm] \dot{w} = \dfrac{w}{t} \end{array}\right\} \tag{3-69}$$

简记

$$\dot{u_i} = \frac{u_i}{t} \tag{3-69a}$$

位移是坐标的连续函数，而位移速度既是坐标的连续函数，又是时间的函数，故

$$\left.\begin{array}{l} \dot{u} = \dot{u}\ (x,\ y,\ z,\ t) \\ \dot{v} = \dot{v}\ (x,\ y,\ z,\ t) \\ \dot{w} = \dot{w}\ (x,\ y,\ z,\ t) \end{array}\right\} \tag{3-70}$$

$$\dot{u_i} = \dot{u_i}\ (x,\ y,\ z,\ t) \tag{3-70a}$$

式（3-70）或式（3-70a）可表示为变形物体内运动质点的速度场。如果已知变形物体内各点的速度分量，则物体中的速度场就被确定。

2．位移增量和应变增量

如果物体在变形过程中，在一个极短的时间 dt 内，其质点产生极小的位移变化量称为位移增量，记 du_i。在图 3-32 中，设物体中某一点 P，它在变形过程中经 $PP'P_1$ 的路线到达 P_1，这时的位移为 PP_1，将 PP_1 的分量代入几何方程求得的应变就是该变形过程的全量应变。若在某一瞬时，该点移动至 $PP'P_1$ 路线上的任一点，例如 P' 点，则由 PP' 求得的应变就是该瞬时的全量应变。如果该质点由 P' 再沿原路线经极短的时间 dt 移动无限小的距离到 P''，这时位移矢量 PP'' 与 PP' 之差即为此时的位移增量。此时的速度分量为

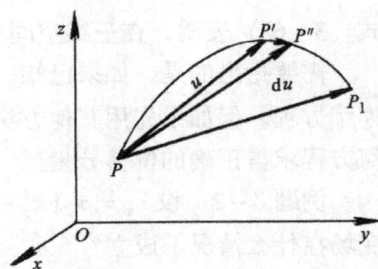

图 3-32　位移矢量和增量

$$\left.\begin{array}{l} \dot{u} = \dfrac{du}{dt} \\[2mm] \dot{v} = \dfrac{dv}{dt} \\[2mm] \dot{w} = \dfrac{dw}{dt} \end{array}\right\} \tag{3-71}$$

简记

$$\dot{u}_i = \frac{\mathrm{d}u_i}{\mathrm{d}t} \tag{3-71a}$$

即此时的位移增量分量为

$$\mathrm{d}u_i = \dot{u}_i \mathrm{d}t \tag{3-72}$$

根据前面小应变分析，产生位移增量后，变形体内各质点就有相应的无限小的应变增量，用 $\mathrm{d}\varepsilon_{ij}$ 表示。更通俗地说，以物体在变形过程中某瞬时的形状尺寸为原始状态，在此基础上发生的无限小应变就是应变增量。由于在极短的时间内所产生的位移增量（$\mathrm{d}u_i$）与相应的应变增量（$\mathrm{d}\varepsilon_{ij}$）都是十分微小的，故可看作是小应变。此时位移增量与应变增量之间的关系，也即几何方程，形式上与小应变几何方程相同，只要将 $\mathrm{d}u_i$ 代替 u_i，$\mathrm{d}\varepsilon_{ij}$ 代替 ε_{ij} 即可，则得

$$\left. \begin{array}{ll} \mathrm{d}\varepsilon_x = \dfrac{\partial\,(\mathrm{d}u)}{\partial x} & \mathrm{d}\gamma_{xy} = \mathrm{d}\gamma_{yx} = \dfrac{1}{2}\left[\dfrac{\partial\,(\mathrm{d}u)}{\partial y}+\dfrac{\partial\,(\mathrm{d}v)}{\partial x}\right] \\[3mm] \mathrm{d}\varepsilon_y = \dfrac{\partial\,(\mathrm{d}v)}{\partial y} & \mathrm{d}\gamma_{yz} = \mathrm{d}\gamma_{zy} = \dfrac{1}{2}\left[\dfrac{\partial\,(\mathrm{d}v)}{\partial z}+\dfrac{\partial\,(\mathrm{d}w)}{\partial y}\right] \\[3mm] \mathrm{d}\varepsilon_z = \dfrac{\partial\,(\mathrm{d}w)}{\partial z} & \mathrm{d}\gamma_{zx} = \mathrm{d}\gamma_{xz} = \dfrac{1}{2}\left[\dfrac{\partial\,(\mathrm{d}w)}{\partial x}+\dfrac{\partial\,(\mathrm{d}u)}{\partial z}\right] \end{array} \right\} \tag{3-73}$$

简记为

$$\mathrm{d}\varepsilon_{ij} = \frac{1}{2}\left[\frac{\partial\,(\mathrm{d}u_i)}{\partial x_j}+\frac{\partial\,(\mathrm{d}u_j)}{\partial x_i}\right] \tag{3-73a}$$

一点的应变增量也是二阶对称张量，称应变增量张量

$$\mathrm{d}\varepsilon_{ij} = \begin{bmatrix} \mathrm{d}\varepsilon_x & \mathrm{d}\gamma_{xy} & \mathrm{d}\gamma_{xz} \\ \cdot & \mathrm{d}\varepsilon_y & \mathrm{d}\gamma_{yz} \\ \cdot & \cdot & \mathrm{d}\varepsilon_z \end{bmatrix} \tag{3-74}$$

应变增量是塑性成形理论中最常用的概念之一，因为在塑性变形加载过程中，质点在每一瞬刻的应力状态一般是与该瞬刻的应变增量相对应的，所以在分析塑性加工时，主要用应变增量。但应指出，塑性变形过程中某瞬刻的应变增量 $\mathrm{d}\varepsilon_{ij}$ 是当时具体变形条件下的无限小应变，而当时的全量应变则是该瞬刻以前的变形积累的结果，该瞬刻的变形条件和以前的变形条件不一定相同，所以应变增量的主轴与当时的全量应变主轴不一定重合。

应变增量张量和小应变张量一样，具有三个应变增量主方向、三个主应变增量（$\mathrm{d}\varepsilon_1$、$\mathrm{d}\varepsilon_2$、$\mathrm{d}\varepsilon_3$）、三个不变量、三对主切应变增量、应变增量偏张量、应变增量球张量、等效应变增量，等等，它们的定义和表达式的形式都和小应变张量一样，只要用 $\mathrm{d}\varepsilon_{ij}$ 代替 ε_{ij} 就行了。

这里需要特别指出，$\mathrm{d}\varepsilon_{ij}$ 中的 d 表示增量，不是微分的符号。对一般的塑性变形过程，$\mathrm{d}\varepsilon_{ij}$ 并不表示 ε_{ij} 的微分，对 $\mathrm{d}\varepsilon_{ij}$ 的积分也毫无意义，并不等于 ε_{ij}。

3．应变速率张量

单位时间内的应变称为应变速率，俗称变形速度，用 $\dot{\varepsilon}_{ij}$ 表示，其单位为 s^{-1}。

若将式（3-72）代入式（3-73a），得

$$\mathrm{d}\varepsilon_{ij} = \frac{1}{2}\left[\frac{\partial}{\partial x_j}\,(\dot{u}_i\mathrm{d}t)+\frac{\partial}{x_i}\,(\dot{u}_j\mathrm{d}t)\right]$$

将上式两边除以时间 $\mathrm{d}t$，则得应变速率为

$$\dot{\varepsilon}_{ij} = \frac{\mathrm{d}\varepsilon_{ij}}{\mathrm{d}t} = \frac{1}{2}\left[\frac{\partial \dot{u}_i}{\partial x_j} + \frac{\partial \dot{u}_j}{\partial x_i}\right] \tag{3-75}$$

或者写成

$$\left.\begin{array}{ll}
\dot{\varepsilon}_x = \dfrac{\partial \dot{u}}{\partial x} & \dot{\gamma}_{xy} = \dot{\gamma}_{yx} = \dfrac{1}{2}\left(\dfrac{\partial \dot{u}}{\partial y} + \dfrac{\partial \dot{v}}{\partial x}\right) \\[3mm]
\dot{\varepsilon}_y = \dfrac{\partial \dot{v}}{\partial y} & \dot{\gamma}_{yz} = \dot{\gamma}_{zy} = \dfrac{1}{2}\left(\dfrac{\partial \dot{v}}{\partial z} + \dfrac{\partial \dot{w}}{\partial y}\right) \\[3mm]
\dot{\varepsilon}_z = \dfrac{\partial \dot{w}}{\partial z} & \dot{\gamma}_{zx} = \dot{\gamma}_{xz} = \dfrac{1}{2}\left(\dfrac{\partial \dot{w}}{\partial x} + \dfrac{\partial \dot{u}}{\partial z}\right)
\end{array}\right\} \tag{3-75a}$$

一点的应变速率也是一个二阶对称张量，称为应变速率张量

$$\dot{\varepsilon}_{ij} = \begin{bmatrix} \dot{\varepsilon}_x & \dot{\gamma}_{xy} & \dot{\gamma}_{xz} \\ \cdot & \dot{\varepsilon}_y & \dot{\gamma}_{yz} \\ \cdot & \cdot & \dot{\varepsilon}_z \end{bmatrix} \tag{3-76}$$

应注意，$\dot{\varepsilon}_{ij}$ 是应变增量 $\mathrm{d}\varepsilon_{ij}$ 对时间 $\mathrm{d}t$ 的微商，正如前所述，$\mathrm{d}\varepsilon_{ij}$ 通常并不是全量应变 ε_{ij} 的微分，所以 $\dot{\varepsilon}_{ij}$ 一般也不等于 ε_{ij} 对时间的导数，即

$$\dot{\varepsilon}_{ij} \neq \frac{\mathrm{d}}{\mathrm{d}t}\varepsilon_{ij}$$

应变速率张量与应变增量张量相似，它们都可描述瞬时变形状态。在塑性成形理论中，如果不考虑变形速度对材料性能及外摩擦的影响，或这种影响另行考虑，则用应变增量和应变速率进行计算所得的结果是一致的。若对于应变速率敏感的材料（如超塑性材料）则采用应变速率来进行计算。

应变速率张量也有其主方向（主轴方向）、主应变速率（$\dot{\varepsilon}_1$、$\dot{\varepsilon}_2$、$\dot{\varepsilon}_3$）、主切应变速率（$\dot{\gamma}_{12}$、$\dot{\gamma}_{23}$、$\dot{\gamma}_{31}$）、应变速率偏张量（$\dot{\varepsilon}_{ij}{}'$）、应变速率球张量（$\delta_{ij}\dot{\varepsilon}_m$）、应变速率张量不变量、等效应变速率（$\bar{\dot{\varepsilon}}$）及莫尔圆，等等，它们的含义和表达式的形式都和小应变张量一样。

应变速率表示变形程度的变化快慢，它不但取决于成形工具的运动速度，而且与变形体的形状尺寸及边界条件有关，所以不能仅仅用工具或质点的运动速度来衡量物体内质点的变形速度。例如，在试验机上均匀压缩一柱体，下垫板不动，上压板以速度 $\dot{u}_0$ 下移，取柱体下端为坐标原点，压缩方向为 x 轴，柱体某瞬时高度为 h（如图 3-33 所示），此时，柱体内各质点在 x 方向上的速度为

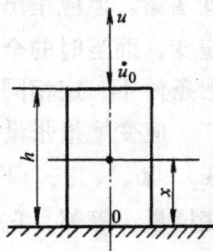

图 3-33 单向均匀压缩时位移速度

$$\dot{u}_x = \frac{\dot{u}_0}{h}x$$

于是，各质点在 x 方向的应变速率分量为

$$\dot{\varepsilon}_x = \frac{\partial \dot{u}_x}{\partial x} = \frac{\dot{u}_0}{h}$$

设 $h = 100\mathrm{mm}$，$\dot{u}_0 = -6\mathrm{mm/min}$，则 $\dot{\varepsilon}_x = -10^{-3}\mathrm{s}^{-1}$，接近准静压缩。在锤上锻造时，$\dot{u}_0 = -(5\sim9)\mathrm{m/s}$，则 $\dot{\varepsilon}_x = -(50\sim90)\mathrm{s}^{-1}$；高速锤锻造时，$\dot{u}_0 = (15\sim20)\mathrm{m/s}$，则 $\dot{\varepsilon}_x = -(150\sim200)\mathrm{s}^{-1}$。如柱体的高度 h 缩为 $10\mathrm{mm}$，则上述的变形速度都增加到原来的 10 倍。

显然，位移速度和应变速率是两个不同的概念。

八、塑性加工中常用的变形量计算方法

在实际的塑性加工中，实际变形量一般采用以下几种计算方法。

1. 绝对变形量

绝对变形量是指变形前后某主轴方向上尺寸改变的总量。

在生产中常见的绝对变形量有锻造时拔长及轧制时的压下量和宽展量

$$压下量 \quad \Delta h = H - h$$
$$宽展量 \quad \Delta B = b - B$$

式中　H 和 B——拔长及轧制前的高度和宽度；

　　h 和 b——拔长及轧制后的高度和宽度。

管材拉拔时：

$$减径量 \quad \Delta D = D_0 - D_1$$
$$减壁量 \quad \Delta t_. = t_0 - t_1$$

式中　D_0 和 t_0——拉拔前管材的外径和壁厚；

　　D_1 和 t_1——拉拔后管材的外径和壁厚。

用以上绝对变形量只能描述某一变形工序物体某一方向绝对尺寸的变化情况，不能明确体现变形的剧烈程度。对于两个原始尺寸不同的工件，虽然它们的绝对变形量相等，但是其变形程度显然是不同的，原始尺寸小的变形程度大，反之，原始尺寸大的变形程度小。

2. 相对变形量

相对变形量是指某方向尺寸的绝对变化量与该方向原始尺寸之比值。

属于这类变形量常用的有：

相对压缩率

$$\varepsilon_1 = \frac{H_0 - H}{H_0} = \frac{\Delta H}{H_0}$$

相对伸长率

$$\varepsilon_2 = \frac{L - L_0}{L_0} = \frac{\Delta L}{L_0}$$

相对宽展率

$$\varepsilon_3 = \frac{B - B_0}{B_0} = \frac{\Delta B}{B_0}$$

式中　H_0、L_0、B_0——原始的高、长、宽；

　　H、L、B——变形后的高、长、宽。

这种表示方法是用名义应变表示，在大变形程度时误差较大。

3. 用面积比或线尺寸表示的变形量

这一类表示的方法有：

自由锻时的锻造比

$$K = \frac{A_0}{A}$$

式中　A_0 和 A——坯料变形前和变形后的横截面积。

辊锻及轧制时的延伸系数

$$\lambda = \frac{A_0}{A_1}$$

式中　A_0 和 A_1——辊、轧件入口断面和出口断面的横截面积。

挤压时的挤压比 λ（或称延伸系数）或毛坯断面的缩减率 ε_f

$$\lambda = \frac{A_0}{A_1}$$

$$\varepsilon_f = \frac{A_0 - A_1}{A_{0.}}$$

式中　A_0 和 A_1——分别为毛坯和挤压工件的断面面积。

在平面应变问题中，它们分别以毛坯宽度和挤压工件宽度代替。

以上所述的压缩率、伸长率、宽展率、锻造比、挤压比等都可以明确地表示和比较物体变形程度的大小。但是应该根据实际的工艺形式选择。上述表示方法如取对数就成为对数应变。还应指出，以上表示变形程度的方法都只表示应变的平均值，并不代表各处的真实值。不过，一般它们能满足计算毛坯尺寸及选择设备能力和制定工艺规程的需要，在生产中得到了广泛的应用。若需研究变形体内部组织及质量，则尚需研究内部变形分布。

九、有限变形

前面所讨论的应变是属小应变的情况，在推导小应变几何方程过程中，位移及其导数是很小的，并略去二阶以上的高阶微量，对于小变形，这些公式是足够精确的，而且推导出的方程都是线性的。但实际塑性加工时，往往变形量较大，即为有限变形。很显然，这时如仍然用由小应变导出的关系式进行计算就存在误差，因这时候应变与位移导数间不再是线性关系了，平衡方程必须考虑变形前后坐标的差别。

连续体的有限变形有两种表述方法。一种方法的相对位移计算是以变形前物体内一点作为参考点，即以变形前的坐标作为自变量，这种方法称为拉格朗日法。另一种方法的相对位移计算是以变形后物体内一点作为参考点，亦即以变形后的坐标作为自变量，这种方法称为欧拉法。

现用拉格朗日法分析有限变形的应变。

在图 3-27 中，设变形前线段 ab，长为 r，a 点的坐标为 x_i，则 b 点的坐标为 $x_i + dx_i$。变形后 ab 变为 $a_1 b_1$，长为 $r + \delta r$，a_1 点的坐标为 $(x_i + u_i)$，b_1 点的坐标为 $(x_i + dx_i + u_i + \delta u_i)$。$a$ 和 b 之间的相对位移沿 ox、oy、oz 轴的投影 Δu、Δv、Δw 可由 b_1 点的坐标减去 a_1 点的坐标得出，由图 3-27 可知

$$\left.\begin{aligned}
\Delta u &= (x + dx + u + \delta u) - (x + u) = dx + \delta u \\
\Delta v &= dy + \delta v \\
\Delta w &= dz + \delta w
\end{aligned}\right\} \tag{a}$$

同理

根据式（3-43），式（a）可改写为

$$\left.\begin{aligned}
\Delta u &= \left(1 + \frac{\partial u}{\partial x}\right) dx + \frac{\partial u}{\partial y} dy + \frac{\partial u}{\partial z} dz \\
\Delta v &= \frac{\partial v}{\partial x} dx + \left(1 + \frac{\partial v}{\partial y}\right) dy + \frac{\partial v}{\partial z} dz \\
\Delta w &= \frac{\partial w}{\partial x} dx + \frac{\partial w}{\partial y} dy + \left(1 + \frac{\partial w}{\partial z}\right) dz
\end{aligned}\right\} \tag{b}$$

式（b）两边分别除以变形后长度 $a_1 b_1 = r + \delta r$，得

$$
\left.
\begin{array}{l}
\dfrac{\Delta u}{r + \delta r} = l_1 = \left[\left(1 + \dfrac{\partial u}{\partial x}\right)l + \dfrac{\partial u}{\partial y}m + \dfrac{\partial u}{\partial z}n \right] \quad \dfrac{r}{r + \delta r} = A \dfrac{r}{r + \delta r} \\[3mm]
\dfrac{\Delta v}{r + \delta r} = m_1 = \left[\dfrac{\partial u}{\partial x}l + \left(1 + \dfrac{\partial v}{\partial y}\right)m + \dfrac{\partial v}{\partial z}n \right] \quad \dfrac{r}{r + \delta r} = B \dfrac{r}{r + \delta r} \\[3mm]
\dfrac{\Delta w}{r + \delta r} = n_1 = \left[\dfrac{\partial w}{\partial x}l + \dfrac{\partial w}{\partial y}m + \left(1 + \dfrac{\partial w}{\partial z}\right)n \right] \quad \dfrac{r}{r + \delta r} = C \dfrac{r}{r + \delta r}
\end{array}
\right\}
\tag{c}
$$

式（c）中 l_1、m_1、n_1 为变形后 $a_1 b_1$ 的方向余弦，l、m、n 为变形前 ab 线段的方向余弦。将式（c）中各分式平方后相加，可得

$$
l_1^2 + m_1^2 + n_1^2 = 1 = \left(A^2 + B^2 + C^2\right) \left(\dfrac{r}{r + \delta r}\right)^2
$$

或

$$
\left.
\begin{array}{l}
\left(\dfrac{r + \delta r}{r}\right)^2 = A^2 + B^2 + C^2 \\[3mm]
= l^2 \left[1 + 2\dfrac{\partial u}{\partial x} + \left(\dfrac{\partial u}{\partial x}\right)^2 + \left(\dfrac{\partial v}{\partial x}\right)^2 + \left(\dfrac{\partial w}{\partial x}\right)^2 \right] \\[3mm]
+ m^2 \left[1 + 2\dfrac{\partial v}{\partial y} + \left(\dfrac{\partial u}{\partial y}\right)^2 + \left(\dfrac{\partial v}{\partial y}\right)^2 + \left(\dfrac{\partial w}{\partial y}\right)^2 \right] \\[3mm]
+ n^2 \left[1 + 2\dfrac{\partial w}{\partial z} + \left(\dfrac{\partial u}{\partial z}\right)^2 + \left(\dfrac{\partial v}{\partial z}\right)^2 + \left(\dfrac{\partial w}{\partial z}\right)^2 \right] \\[3mm]
+ 2lm \left[\dfrac{\partial v}{\partial x} + \dfrac{\partial u}{\partial y} + \dfrac{\partial u}{\partial x}\dfrac{\partial u}{\partial y} + \dfrac{\partial v}{\partial x}\dfrac{\partial v}{\partial y} + \dfrac{\partial w}{\partial x}\dfrac{\partial w}{\partial y} \right] \\[3mm]
+ 2mn \left[\dfrac{\partial w}{\partial y} + \dfrac{\partial v}{\partial z} + \dfrac{\partial u}{\partial y}\dfrac{\partial u}{\partial z} + \dfrac{\partial v}{\partial y}\dfrac{\partial v}{\partial z} + \dfrac{\partial w}{\partial y}\dfrac{\partial w}{\partial z} \right] \\[3mm]
+ 2nl \left[\dfrac{\partial u}{\partial z} + \dfrac{\partial w}{\partial x} + \dfrac{\partial u}{\partial z}\dfrac{\partial u}{\partial x} + \dfrac{\partial v}{\partial z}\dfrac{\partial v}{\partial x} + \dfrac{\partial w}{\partial z}\dfrac{\partial w}{\partial x} \right]
\end{array}
\right\}
\tag{d}
$$

考虑到 ab 线段的工程线应变为 $\dfrac{\delta r}{r} = \varepsilon_r$，则

$$
\left(\dfrac{r + \delta r}{r}\right)^2 = (1 + \varepsilon_r)^2 = \varepsilon_r^2 + 2\varepsilon_r^2 + 1
\tag{e}
$$

将式（e）代入式（d），化简得

$$
\varepsilon_r^2 + 2\varepsilon_r = 2 \left[e_x l^2 + e_y m^2 + e_z n^2 + e_{xy} lm + e_{yz} mn + e_{zx} nl \right]
\tag{3-77}
$$

式中

$$
\left.
\begin{array}{l}
e_x = \dfrac{\partial u}{\partial x} + \dfrac{1}{2}\left[\left(\dfrac{\partial u}{\partial x}\right)^2 + \left(\dfrac{\partial v}{\partial x}\right)^2 + \left(\dfrac{\partial w}{\partial x}\right)^2 \right] \\[3mm]
e_y = \dfrac{\partial v}{\partial y} + \dfrac{1}{2}\left[\left(\dfrac{\partial u}{\partial y}\right)^2 + \left(\dfrac{\partial v}{\partial y}\right)^2 + \left(\dfrac{\partial w}{\partial y}\right)^2 \right] \\[3mm]
e_z = \dfrac{\partial w}{\partial z} + \dfrac{1}{2}\left[\left(\dfrac{\partial u}{\partial z}\right)^2 + \left(\dfrac{\partial v}{\partial z}\right)^2 + \left(\dfrac{\partial w}{\partial z}\right)^2 \right] \\[3mm]
e_{xy} = \left(\dfrac{\partial v}{\partial x} + \dfrac{\partial u}{\partial y}\right) + \left[\dfrac{\partial u}{\partial x}\dfrac{\partial u}{\partial y} + \dfrac{\partial v}{\partial x}\dfrac{\partial v}{\partial y} + \dfrac{\partial w}{\partial x}\dfrac{\partial w}{\partial y} \right] \\[3mm]
e_{yz} = \left(\dfrac{\partial w}{\partial y} + \dfrac{\partial v}{\partial z}\right) + \left[\dfrac{\partial u}{\partial y}\dfrac{\partial u}{\partial z} + \dfrac{\partial v}{\partial y}\dfrac{\partial v}{\partial z} + \dfrac{\partial w}{\partial y}\dfrac{\partial w}{\partial z} \right] \\[3mm]
e_{zx} = \left(\dfrac{\partial u}{\partial z} + \dfrac{\partial w}{\partial x}\right) + \left[\dfrac{\partial u}{\partial z}\dfrac{\partial u}{\partial x} + \dfrac{\partial v}{\partial z}\dfrac{\partial v}{\partial x} + \dfrac{\partial w}{\partial z}\dfrac{\partial w}{\partial x} \right]
\end{array}
\right\}
\tag{3-78}
$$

或

$$e_{ij} = \frac{1}{2} \left[\frac{\partial u_i}{\partial x_j} + \frac{\partial u_j}{\partial x_i} + \frac{\partial u_k}{\partial x_i} \frac{\partial u_k}{\partial x_j} \right] \quad (i, \; j, \; k = x, \; y, \; z) \tag{3-78a}$$

e_{ij} 即为有限应变分量。

有限应变也是张量，称有限应变张量

$$e_{ij} = \begin{bmatrix} e_x & e_{xy} & e_{xz} \\ e_{yz} & e_y & e_{yz} \\ e_{zx} & e_{zy} & e_z \end{bmatrix} \tag{3-79}$$

若一点的各有限应变分量已知，则任意方向（l、m、n）上的工程线应变 ε_r 即求出。式（3-77）可写成

$$\varepsilon_r^2 + 2\varepsilon_r = 2f \; (l, \; m, \; n)$$

因此有

$$\varepsilon_r^2 + 2\varepsilon_r - 2f = 0$$

或

$$\varepsilon_r = -1 \pm \sqrt{1 + 2f} = \sqrt{1 + 2f} - 1 \; （不考虑负值）$$

若 $l = 1, \; m = n = 0$

则

$$\varepsilon_r = \varepsilon_x = \sqrt{1 + 2e_x} - 1$$

上式只有 $e_x \ll 1$ 时，$\varepsilon_x \approx e_x$

因此，对于微小应变，在式（3-76）中，位移 u、v、w 对坐标的导数是微小的，可略去它们的平方项和乘积项，则

$$e_x = \varepsilon_x \quad e_y = \varepsilon_y \quad e_z = \varepsilon_z$$

$$e_{xy} = \phi_{xy} = 2\gamma_{xy} \quad e_{yz} = \phi_{yz} = 2\gamma_{yz} \quad e_{zx} = \phi_{zx} = 2\gamma_{zx}$$

可见式（3-78）中的六个有限应变分量在微小应变情况下与表示微应变分量式（3-66）是一致的。

欧拉法是以变形后的坐标（x_1、y_1、z_1）作为自变量，这时有限应变分量可表达为

$$\left. \begin{aligned} e_x{}' &= \frac{\partial u}{\partial x_1} - \frac{1}{2} \left[\left(\frac{\partial u}{\partial x_1} \right)^2 + \left(\frac{\partial v}{\partial x_1} \right)^2 + \left(\frac{\partial w}{\partial x_1} \right)^2 \right] \\ e_y{}' &= \frac{\partial v}{\partial y_1} - \frac{1}{2} \left[\left(\frac{\partial u}{\partial y_1} \right)^2 + \left(\frac{\partial v}{\partial y_1} \right)^2 + \left(\frac{\partial w}{\partial y_1} \right)^2 \right] \\ e_z{}' &= \frac{\partial w}{\partial z_1} - \frac{1}{2} \left[\left(\frac{\partial u}{\partial z_1} \right)^2 + \left(\frac{\partial v}{\partial z_1} \right)^2 + \left(\frac{\partial w}{\partial z_1} \right)^2 \right] \\ e_{xy}{}' &= \left(\frac{\partial v}{\partial x_1} + \frac{\partial u}{\partial y_1} \right) - \left[\frac{\partial u}{\partial x_1} \frac{\partial u}{\partial y_1} + \frac{\partial v}{\partial x_1} \frac{\partial v}{\partial y_1} + \frac{\partial w}{\partial x_1} \frac{\partial w}{\partial y_1} \right] \\ e_{yz}{}' &= \left(\frac{\partial w}{\partial y_1} + \frac{\partial v}{\partial z_1} \right) - \left[\frac{\partial u}{\partial y_1} \frac{\partial u}{\partial z_1} + \frac{\partial v}{\partial y_1} \frac{\partial v}{\partial z_1} + \frac{\partial w}{\partial y_1} \frac{\partial w}{\partial z_1} \right] \\ e_{zx}{}' &= \left(\frac{\partial u}{\partial z_1} + \frac{\partial w}{\partial x_1} \right) - \left[\frac{\partial u}{\partial z_1} \frac{\partial u}{\partial x_1} + \frac{\partial v}{\partial z_1} \frac{\partial v}{\partial x_1} + \frac{\partial w}{\partial z_1} \frac{\partial w}{\partial x_1} \right] \end{aligned} \right\} \tag{3-80}$$

在微小应变时，也可得到式（3-66）的结果。

第三节　平面问题和轴对称问题

求解一般的三维问题是很困难的，在处理实际问题时，通常将复杂的三维问题简化为平面问题或轴对称问题。因此，研究平面问题和轴对称问题有重要的实际意义。平面问题又分平面应力问题和平面应变问题两类。

一、平面应力问题

前面已提及，若变形体内与某方向轴垂直的平面上无应力存在，并所有应力分量与该方向轴无关，则这种应力状态即为平面应力状态。如图 3–34 所示。

平面应力状态特点是：

1）变形体内各质点在与某方向轴（如 Z 轴）垂直的平面上没有应力作用，即 $\sigma_z = \tau_{zx} = \tau_{zy} = 0$，$Z$ 轴为主方向，只有 σ_x、σ_y、τ_{xy} 三个独立的应力分量。

2）σ_x、σ_y、τ_{xy} 沿 Z 轴方向均匀分布，即应力分量与 Z 轴无关，对 Z 轴的偏导数为零。

在工程实际中，薄壁管扭转、薄壁容器承受内压、板料成形中的一些工序等，由于厚度方向的应力相对很小而可以忽略，一般均作为平面应力状态来处理。

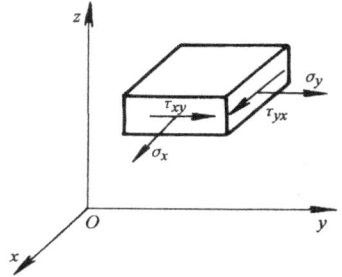

图 3–34　平面应力状态

平面应力状态的应力张量为

$$\sigma_{ij} = \begin{bmatrix} \sigma_x & \tau_{xy} & 0 \\ \tau_{yx} & \sigma_y & 0 \\ 0 & 0 & 0 \end{bmatrix} \text{或} \quad \sigma_{ij} = \begin{bmatrix} \sigma_1 & 0 & 0 \\ 0 & \sigma_2 & 0 \\ 0 & 0 & 0 \end{bmatrix} \tag{3-81}$$

在直角坐标系中，由于 $\sigma_z = \tau_{zx} = \tau_{zy} = 0$，所以由式（3–40）可得平面应力状态下的应力平衡微分方程为

$$\left. \begin{aligned} \frac{\partial \sigma_x}{\partial x} + \frac{\partial \tau_{yx}}{\partial y} = 0 \\ \frac{\partial \tau_{xy}}{\partial x} + \frac{\partial \sigma_y}{\partial y} = 0 \end{aligned} \right\} \tag{3-82}$$

平面应力状态下任意斜微分面上的正应力、切应力以及主应力可由式（3–32）、式（3–33）和式（3–35）求得。由于 $\sigma_3 = 0$，所以，平面应力状态下的主切应力为

$$\left. \begin{aligned} \tau_{12} &= \pm \frac{\sigma_1 - \sigma_2}{2} = \pm \sqrt{\left(\frac{\sigma_x - \sigma_y}{2} \right)^2 + \tau_{xy}^2} \\ \tau_{23} &= \pm \frac{\sigma_2}{2} \\ \tau_{31} &= \pm \frac{\sigma_1}{2} \end{aligned} \right\} \tag{3-83}$$

纯切应力状态属平面应力状态的特殊情况，此时，由平面应力状态下的应力莫尔圆方程式（3–34）得纯切应力状态下的应力莫尔圆方程

$$\sigma^2 + \tau^2 = \tau_{xy}^2 = \tau_1^2 \tag{3-84}$$

式中 τ_1——纯切应力。

纯切应力状态及其应力莫尔圆如图 3 – 35 所示。此时，应力圆半径 $R = \tau_1$，圆心在坐标原点。由图可以看出，纯切应力 τ_1 就是最大切应力，主轴与坐标轴成 45°，主应力特点是 $\sigma_1 = -\sigma_2 = \tau_1$。因此，若两个主应力数值上相等，但符号相反，即为纯切应力状态。

需要指出，平面应力状态中 Z 方向虽然没有应力，但有应变，只有在纯剪切时，没有应力的方向上才没有应变。

二、平面应变问题

如果物体内所有质点都只在同一个坐标平面内发生变形，而在该平面的法线方向没有变形，这种变形称为平面变形或平面应变。发生变形的平面称塑性流平面。

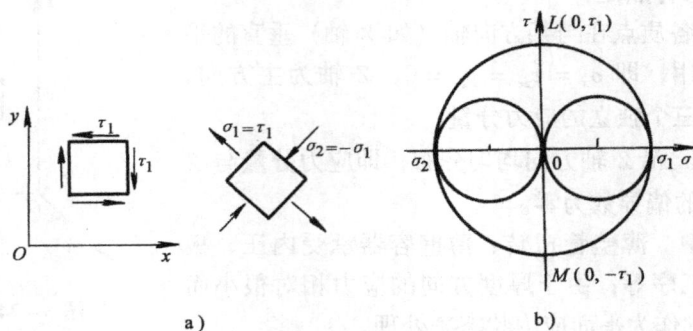

图 3 – 35 纯切应力状态及其应力莫尔圆

设没有变形的方向为坐标的 Z 向，则 Z 向必为主方向。Z 方向上的位移分量 $w = 0$，其余两个位移分量对 Z 的偏导数必为零，故有 $\varepsilon_x = \gamma_{zx} = \gamma_{yz} = 0$，所以平面应变问题中只有三个应变分量，即 ε_x、ε_y、r_{xy}。

平面应变问题状态下的几何方程为

$$\left. \begin{array}{l} \varepsilon_x = \dfrac{\partial u}{\partial x}; \ \ \varepsilon_y = \dfrac{\partial v}{\partial y} \\[3mm] \gamma_{xy} = \gamma_{yx} = \dfrac{1}{2}\left(\dfrac{\partial u}{\partial y} + \dfrac{\partial v}{\partial x} \right) \end{array} \right\} \tag{3-85}$$

在塑性变形时，根据体积不变条件有

$$\varepsilon_x = -\varepsilon_y$$

平面变形问题是塑性理论中最常见的问题之一，所以有必要进一步分析其应力状态。平面变形状态下的应力状态有如下特点：

1）由于平面变形时，物体内与 Z 轴垂直的平面始终不会倾斜扭曲，所以 Z 平面上没有切应力分量，即 $\tau_{zx} = \tau_{zy} = 0$，Z 方向必为应力主方向，$\sigma_z$ 即为主应力，且为 σ_x、σ_y 的平均值（证明见本章第五节中增量理论），即为中间应力，又是平均应力，是一个不变量

$$\sigma_z = \sigma_2 = \frac{1}{2} \ (\sigma_x + \sigma_y) \ = \sigma_m \tag{3-86}$$

此时，只有三个独立的应力分量 σ_x、σ_y、τ_{xy}。

2）若以应力主轴为坐标轴，则有

$$\sigma_{ij} = \begin{bmatrix} \sigma_1 & 0 & 0 \\ 0 & \sigma_2 & 0 \\ 0 & 0 & \dfrac{\sigma_1 + \sigma_2}{2} \end{bmatrix} = \begin{bmatrix} \dfrac{\sigma_1 - \sigma_2}{2} & 0 & 0 \\ 0 & -\dfrac{\sigma_1 - \sigma_2}{2} & 0 \\ 0 & 0 & 0 \end{bmatrix} + \begin{bmatrix} \dfrac{\sigma_1 + \sigma_2}{2} & 0 & 0 \\ 0 & \dfrac{\sigma_1 + \sigma_2}{2} & 0 \\ 0 & 0 & \dfrac{\sigma_1 + \sigma_2}{2} \end{bmatrix}$$

上式中 $\sigma_3 = \sigma_m = \sigma_z = \dfrac{\sigma_1 + \sigma_2}{2}$。由于上式中的偏应力 $\sigma_1' = \dfrac{\sigma_1 - \sigma_2}{2} = -\sigma_2'$，$\sigma_3' = 0$，即为纯切应力状态，所以，平面变形时应力状态就是纯切应力状态叠加一个应力球张量。因此，它的应力莫尔圆（图 3 – 36）除圆心坐标为 $\dfrac{\sigma_1 + \sigma_2}{2}$ 之外，与图 3 – 35b 所示的纯切应力状态下的应力莫尔圆是一样的。

3）平面变形时，由于 σ_z 是不变量，而且其它应力分量都与 Z 轴无关，所以应力平衡微分方程和平面应力状态下的应力平衡微分方程是一样的，即

$$\left. \begin{array}{l} \dfrac{\partial \sigma_x}{\partial x} + \dfrac{\partial \tau_{yx}}{\partial y} = 0 \\[2mm] \dfrac{\partial \tau_{xy}}{\partial x} + \dfrac{\partial \sigma_y}{\partial y} = 0 \end{array} \right\}$$

平面变形状态下的主切应力和最大切应力为

$$\left. \begin{array}{l} \tau_{12} = \pm \dfrac{\sigma_1 - \sigma_2}{2} = \tau_{\max} \\[2mm] \tau_{23} = \pm \dfrac{\sigma_2 - \sigma_3}{2} \end{array} \right\} \qquad (3-87)$$

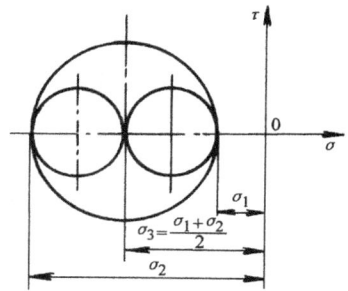

图 3 – 36 平面变形时的
应力莫尔圆

式中 $\sigma_3 = \sigma_m$ 为中间应力。

由式（3 – 87）可知，平面应变状态下的最大切应力所在的平面与塑性流平面垂直的两个主平面交成 45°角，这是建立平面应变滑移线理论的重要依据。

三、轴对称问题

当旋转体承受的外力对称于旋转轴分布时，则旋转体内质点所处的应力状态称为轴对称应力状态。处于轴对称应力状态时，旋转体的每个子午面（通过旋转体轴线的平面，即 θ 面）都始终保持平面，而且子午面之间夹角保持不变。

由于变形体是旋转体，所以采用圆柱坐标系更为方便。用圆柱坐标表示的应力单元体示于图 3 – 37，其一般的应力张量为

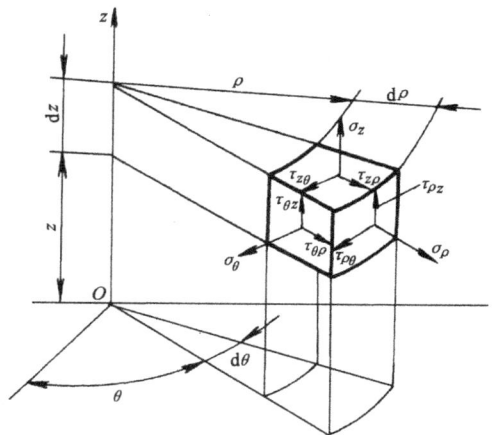

图 3 – 37　圆柱坐标中的应力单元体

$$\sigma_{ij} = \begin{bmatrix} \sigma_\rho & \tau_{\rho\theta} & \tau_{\rho z} \\ \tau_{\theta\rho} & \sigma_\theta & \tau_{\theta z} \\ \tau_{z\rho} & \tau_{z\theta} & \sigma_z \end{bmatrix} \qquad (3-88)$$

在圆柱坐标系中平衡微分方程的一般形式为

$$\left. \begin{aligned} \frac{\partial \sigma_\rho}{\partial \rho} + \frac{1}{\rho}\frac{\tau_{\theta\rho}}{\partial \theta} + \frac{\partial \tau_{z\rho}}{\partial z} + \frac{\sigma_\rho - \sigma_\theta}{\rho} &= 0 \\ \frac{\partial \tau_{\rho\theta}}{\partial \rho} + \frac{1}{\rho}\frac{\partial \sigma_\theta}{\partial \theta} + \frac{\partial \tau_{z\theta}}{\partial z} + \frac{2\tau_{\rho\theta}}{\rho} &= 0 \\ \frac{\partial \tau_{\rho z}}{\partial \rho} + \frac{1}{\rho}\frac{\partial \tau_{\theta z}}{\partial \theta} + \frac{\partial \sigma_z}{\partial z} + \frac{\tau_{\rho z}}{\rho} &= 0 \end{aligned} \right\} \qquad (3-89)$$

轴对称状态时，由于子午面在变形过程中始终不会扭曲，并由于其对称性，所以应力状态的特点是：1）在 θ 面上没有切应力，即 $\tau_{\theta\rho} = \tau_{\theta z} = 0$，故应力张量中只有四个独立的应力分量，即 σ_ρ、σ_θ、σ_z、$\tau_{\rho z}$，而且 σ_θ 是一个主应力（图 3-38）；2）各应力分量与 θ 坐标无关，对 θ 的偏导数都为零。所以，轴对称应力状态的应力张量为

$$\sigma_{ij} = \begin{bmatrix} \sigma_\rho & 0 & \tau_{\rho z} \\ 0 & \sigma_\theta & 0 \\ \tau_{z\rho} & 0 & \sigma_z \end{bmatrix} \qquad (3-90)$$

根据轴对称应力状态特点，由式（3-89）可得出其应力平衡微分方程式

$$\left. \begin{aligned} \frac{\partial \sigma_\rho}{\partial \rho} + \frac{\partial \tau_{z\rho}}{\partial z} + \frac{\sigma_\rho - \sigma_\theta}{\rho} &= 0 \\ \frac{\partial \tau_{\rho z}}{\partial \rho} + \frac{\partial \sigma_z}{\partial z} + \frac{\tau_{\rho z}}{\rho} &= 0 \end{aligned} \right\} \qquad (3-91)$$

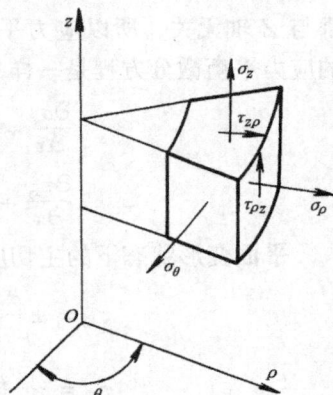

图 3-38　轴对称应力状态

有些轴对称问题，例如圆柱体的平砧间均匀镦粗、圆柱体坯料的均匀挤压和拉拔等，其径向和周向正应力相等，即 $\sigma_\rho = \sigma_\theta$，此时，只有三个独立的应力分量。

采用圆柱坐标系（ρ、θ、z）（图 3-39）时，其几何方程为

$$\left. \begin{aligned} \varepsilon_\rho &= \frac{\partial u}{\partial \rho}; & \gamma_{\rho\theta} &= \frac{1}{2}\left(\frac{\partial v}{\partial \rho} - \frac{v}{\rho} + \frac{1}{\rho}\frac{\partial u}{\partial \theta}\right) \\ \varepsilon_\theta &= \frac{1}{\rho}\left(\frac{\partial v}{\partial \theta} + u\right); & \gamma_{\theta z} &= \frac{1}{2}\left(\frac{\partial v}{\partial z} + \frac{1}{\rho}\frac{\partial w}{\partial \theta}\right) \\ \varepsilon_z &= \frac{\partial w}{\partial z}; & \gamma_{z\rho} &= \frac{1}{2}\left(\frac{\partial w}{\partial \rho} + \frac{\partial u}{\partial z}\right) \end{aligned} \right\}$$

$$(3-92)$$

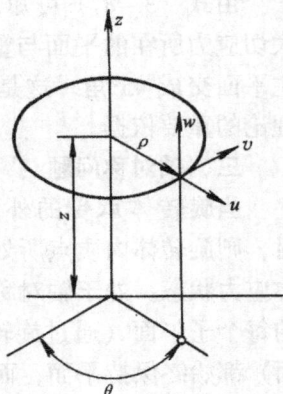

图 3-39　圆柱坐标系中的位移分量

在轴对称变形时，子午面始终保持平面，所以 θ 向位移分量 $v = 0$，且各位移分量均与 θ 坐标无关，因此，$\gamma_{\rho\theta} = \gamma_{\theta z} = 0$，则 θ 向必为应变主方向，这时只有四个应变分量，其几何方程为

$$\varepsilon_\rho = \frac{\partial u}{\partial \rho}; \qquad \varepsilon_\theta = \frac{u}{\rho}; \qquad \varepsilon_z = \frac{\partial w}{\partial z} \left.\vphantom{\frac{\partial u}{\partial \rho}}\right\}$$
$$\gamma_{z\rho} = \frac{1}{2}\left(\frac{\partial w}{\partial \rho} + \frac{\partial u}{\partial z}\right) \tag{3-93}$$

对于有些轴对称问题，例如均匀变形时的单向拉伸、锥形模挤压和拉拔及平砧间圆柱体镦粗等，其径向位移分量 u 与坐标 ρ 成线性关系，于是

$$\frac{\partial u}{\partial \rho} = \frac{u}{\rho}, \text{ 所以 } \varepsilon_\rho = \varepsilon_\theta$$

在这种情况下，径向和周向的正应力分量必相等，即 $\sigma_\rho = \sigma_\theta$（证明见本章第五节中增量理论）。

第四节　屈　服　准　则

一、屈服准则的概念

1. 屈服准则

受力物体内质点处于单向应力状态时，只要单向应力达到材料的屈服点时，则该质点开始由弹性状态进入塑性状态，即处于屈服。例如材料在单向均匀拉伸时，当拉伸应力达到该材料的拉伸屈服点（屈服应力）σ_s 时，则拉伸试样开始产生塑性变形。在多向应力状态下，显然不能用一个应力分量来判断受力物体内质点是否进入塑性状态，而必须同时考虑所有的应力分量。研究表明，在一定的变形条件（变形温度、变形速度等）下，只有当各应力分量之间符合一定关系时，质点才开始进入塑性状态，这种关系称为屈服准则，也称塑性条件，它是描述受力物体中不同应力状态下的质点进入塑性状态并使塑性变形继续进行所必须遵守的力学条件，这种力学条件一般可表示为

$$f(\sigma_{ij}) = C \tag{3-94}$$

式（3-94）称为屈服函数，式中 C 是与材料性质有关而与应力状态无关的常数，可通过实验求得。对于各向同性材料，由于坐标选择与屈服准则无关，故可用主应力来表示：

$$f(\sigma_1、\sigma_2、\sigma_3) = C \tag{3-94a}$$

由式（3-94）可以看出，当函数 $f(\sigma_{ij}) < C$ 时，质点处于弹性状态，$f(\sigma_{ij}) = C$ 时，处于塑性状态，但在任何情况下都不存在 $f(\sigma_{ij}) > C$ 的状态，也就是说，不存在"超过"屈服准则的应力状态。同时，屈服准则只是针对质点而言，如受力物体内应力均布，则该物体内所有质点可以同时进入塑性状态，即该物体开始发生塑性变形。但在塑性成形时，应力一般是不均匀分布的，于是在加载过程中，某些质点将早一些进入塑性状态，这时整个物体并不一定会发生塑性变形。只有当整个物体、或体内某些连通区域中的质点全都进入塑性状态时，该物体或该物体内某连通区域才能开始塑性变形。

屈服可分初始屈服和后继屈服。屈服准则是求解塑性成形问题必要的补充方程。

2. 有关材料性质的一些基本概念

（1）理想弹性材料　物体发生弹性变形时，应力与应变完全成线性关系（见图 3-40a、图 3-40b 和图 3-40d），并可假定它从弹性变形过渡到塑性变形是突然的。

（2）理想塑性材料（全塑性材料）　材料发生塑性变形时不产生硬化的材料，这种材料

在进入塑性状态之后，应力不再增加，也即在中性载荷时即可连续产生塑性变形，见图 3 - 40b、图 3 - 40c。

（3）**弹塑性材料** 在研究材料塑性变形时，需要考虑塑性变形之前的弹性变形的材料。这里还可分两种情况：

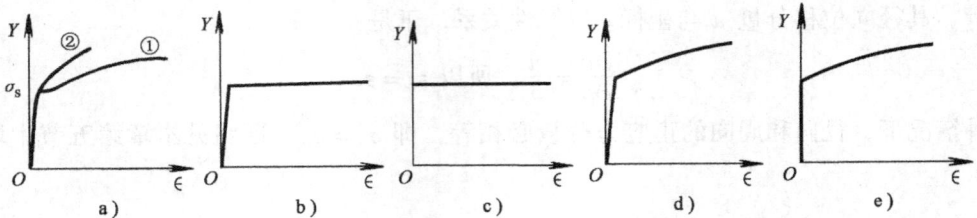

图 3 - 40 真实应力—应变曲线及某些简化形式
a）实际金属材料（①—有物理屈服点 ②—无明显物理屈服点）
b）理想弹塑性 c）理想刚塑性 d）弹塑性硬化 e）刚塑性硬化

1）理想弹塑性材料。在塑性变形时，需考虑塑性变形之前的弹性变形，而不考虑硬化的材料，也即材料进入塑性状态后，应力不再增加可连续产生塑性变形，见图 3 - 40b。

2）弹塑性硬化材料。在塑性变形时，既要考虑塑性变形之前的弹性变形，又要考虑加工硬化的材料，见图 3 - 40d。这种材料在进入塑性状态后，如应力保持不变，则不能进一步变形。只有在应力不断增加，也即在加载条件下才能连续产生塑性变形。

（4）**刚塑性材料** 在研究塑性变形时不考虑塑性变形之前的弹性变形的材料。这又可分两种情况：

1）理想刚塑性材料。在研究塑性变形时，既不考虑弹性变形，又不考虑变形过程中的加工硬化的材料，见图 3 - 40c。

2）刚塑性硬化材料。在研究塑性变形时，不考虑塑性变形之前的弹性变形，但需考虑变形过程中的加工硬化的材料。见图 3 - 40e。

实际金属材料在拉伸曲线的比例极限以下是理想弹性的，由于比例极限和弹性极限以至屈服点通常都很接近，所以一般可以认为金属材料是理想弹性材料。金属材料在慢速热变形时接近理想塑性，冷变形时则一般都要产生加工硬化。但是，部分材料在拉伸曲线上有明显的物理屈服点，这时曲线上的屈服平台部分接近于理想塑性，过了平台之后，材料才开始硬化。

本节中主要讨论两个适用于匀质、各向同性、理想刚塑性材料的屈服准则。对于硬化材料的屈服准则也作简略介绍。

二、屈雷斯加（H. Tresca）屈服准则

1864 年法国工程师屈雷斯加根据库伦在土力学中的研究结果，并从他自己所做的金属挤压试验，提出材料的屈服与最大切应力有关，即当受力物体（质点）中的最大切应力达到某一定值时，该物体就发生屈服。或者说，材料处于塑性状态时，其最大切应力是一不变的定值。该定值只取决于材料在变形条件下的性质，而与应力状态无关。所以该屈服准则又称最大切应力不变条件。该准则可以写成

$$\tau_{max} = \left| \frac{\sigma_{max} - \sigma_{min}}{2} \right| = C \qquad (3-95)$$

式中　σ_{max}、σ_{min}——代数值最大、最小的主应力；

　　　　　C——与变形条件下的材料性质有关而与应力状态无关的常数，它可通过单向均匀拉伸试验求得。

在某一变形温度和变形速度条件下，材料单向均匀拉伸时，当拉伸应力 σ_1 达到材料屈服点 σ_s 时，材料就开始进入塑性状态，此时

$$\sigma_{max} = \sigma_1 = \sigma_s, \quad \sigma_{min} = 0$$

将上式代入式（3-95），解得

$$C = \frac{\sigma_s}{2}$$

则

$$\tau_{max} = \frac{\sigma_s}{2} = K \qquad (3-96)$$

或

$$|\sigma_{max} - \sigma_{min}| = \sigma_s = 2K \qquad (3-97)$$

式（3-96）、式（3-97）即为屈雷斯加屈服准则的数学表达式，式中 K 为材料屈服时的最大切应力值，也称剪切屈服强度。

若规定主应力大小顺序为 $\sigma_1 \geqslant \sigma_2 \geqslant \sigma_3$ 时，则式（3-97）可以写成

$$|\sigma_1 - \sigma_3| = 2K \qquad (3-97a)$$

如果不知道主应力大小顺序时，则屈雷斯加屈服准则表达式为

$$\left. \begin{aligned} \sigma_1 - \sigma_2 &= \pm 2K = \pm \sigma_s \\ \sigma_2 - \sigma_3 &= \pm 2K = \pm \sigma_s \\ \sigma_3 - \sigma_1 &= \pm 2K = \pm \sigma_s \end{aligned} \right\} \qquad (3-98)$$

式（3-98）左边为主应力之差，故又称主应力差不变条件。式中三个式子中只要满足一个，该点即进入塑性状态。

很显然，在事先知道主应力大小顺序的情况下，屈雷斯加屈服准则的使用是非常方便的。但是在一般的三向应力状态下，主应力是待求的，大小顺序也不能事先知道，这时使用屈雷斯加屈服准则就不很方便。

对于平面变形以及主应力为异号的平面应力问题，因为

$$\tau_{max} = \sqrt{\left(\frac{\sigma_x - \sigma_y}{2} \right)^2 + \tau_{xy}^2}$$

所以用任意坐标系应力分量表示的屈雷斯加屈服准则可写成

$$(\sigma_x - \sigma_y)^2 + 4\tau_{xy}^2 = \sigma_s^2 = 4K^2 \qquad (3-99)$$

三、米塞斯（Von.Mises）屈服准则

1. 米塞斯屈服准则的数学表达式

德国力学家米塞斯于 1913 年提出了另一个屈服准则，并称之为米塞斯屈服准则。

因为材料屈服是物理现象，对于各向同性材料来说，屈服函数式（3-94）与坐标系的选择无关，并塑性变形与应力偏张量有关，且只与应力偏张量第二不变量 J_2' 有关。于是将

J_2' 作为屈服准则的判据。所以米塞斯屈服准则可以表述为：在一定的变形条件下，当受力物体内一点的应力偏张量的第二不变量 J_2' 达到某一定值时，该点就开始进入塑性状态，即

$$f\ (\sigma_{ij}')\ = J_2' = C$$

所以有

$$J_2' = \frac{1}{6}\ \left[\ (\sigma_x - \sigma_y)^2 + (\sigma_y - \sigma_z)^2 + (\sigma_z - \sigma_x)^2 + 6\ (\tau_{xy}^2 + \tau_{yz}^2 + \tau_{zx}^2)\right] = C$$

$$(3-100)$$

用主应力表示

$$J_2' = \frac{1}{6}\ \left[\ (\sigma_1 - \sigma_2)^2 + (\sigma_2 - \sigma_3)^2 + (\sigma_3 - \sigma_1)^2\right] = C \qquad (3-100a)$$

常数 C 与应力状态无关，可用单向应力状态求得。如材料在单向均匀拉伸时，有

$$\sigma_1 = \sigma_s,\ \ \sigma_2 = \sigma_3 = 0$$

将上式代入式（3－100a），解得

$$C = \frac{1}{3}\sigma_s^2$$

如在纯切应力状态时，即

$$\tau_{xy} = \sigma_1 = -\sigma_3 = K$$

将上式代入式（3－100a），解得

$$C = K^2$$

由于解得的两个常数相等，则

$$K = \frac{1}{\sqrt{3}}\sigma_s$$

于是有

$$(\sigma_x - \sigma_y)^2 + (\sigma_y - \sigma_z)^2 + (\sigma_z - \sigma_x)^2 + 6\ (\tau_{xy}^2 + \tau_{yz}^2 + \tau_{zx}^2)\ = 2\sigma_s^2 = 6K^2 \qquad (3-101)$$

用主应力表示为

$$(\sigma_1 - \sigma_2)^2 + (\sigma_2 - \sigma_3)^2 + (\sigma_3 - \sigma_1)^2 = 2\sigma_s^2 = 6K^2 \qquad (3-101a)$$

式中　　σ_s——材料的屈服点；

　　　　K——材料的剪切屈服强度。

将式（3－101）与等效应力 $\bar{\sigma}$ 比较，可得

$$\bar{\sigma} = \frac{1}{\sqrt{2}}\sqrt{(\sigma_x - \sigma_y)^2 + (\sigma_y - \sigma_z)^2 + (\sigma_z - \sigma_x)^2 + 6\ (\tau_{xy}^2 + \tau_{yz}^2 + \tau_{zx}^2)} = \sigma_s \qquad (3-102)$$

或用主应力表示

$$\bar{\sigma} = \frac{1}{\sqrt{2}}\sqrt{(\sigma_1 - \sigma_2)^2 + (\sigma_2 - \sigma_3)^2 + (\sigma_3 - \sigma_1)^2} = \sigma_s \qquad (3-102a)$$

所以，米塞斯屈服准则也可表述为：在一定的变形条件下，当受力物体内一点的等效应力 $\bar{\sigma}$ 达到某一定值时，该点就开始进入塑性状态。

米塞斯屈服准则和屈雷斯加屈服准则实际上是相当接近，在有两个主应力相等的应力状态下两者还是一致的。米塞斯在提出自己的屈服准则时，还认为屈雷斯加准则是正确的，而自己提出的准则是近似的。但以后的大量试验证明，对于绝大多数金属材料，米塞斯屈服准

则更接近于实验数据。

上述两个屈服准则有一些共同的特点，也有不同之点。这些特点对于各向同性理想塑性材料的屈服准则是有普遍意义的。

共同点是：

1）屈服准则的表达式都和坐标的选择无关，等式左边都是不变量的函数；

2）三个主应力可以任意置换而不影响屈服，同时，认为拉应力和压应力的作用是一样的；

3）各表达式都和应力球张量无关。

不同点是：

屈雷斯加屈服准则没有考虑中间应力的影响，三个主应力大小顺序不知时，使用不便；而米塞斯屈服准则考虑了中间应力的影响，使用方便。

2. 米塞斯屈服准则的物理意义

米塞斯当时提出的屈服准则并没有考虑其物理意义，只是从数学计算上加以简化。后来，亨盖（H. Hencky）于1924年从能量角度阐明了米塞斯屈服准则的物理意义，即可解释为：在一定的变形条件下，当材料的单位体积形状改变的弹性位能（又称弹性形变能）达到某一常数时，材料就屈服。现加以具体说明。

物体在外力作用下产生弹性变形，若物体保持平衡且无温度变化，则外力所做的功将全部转换成弹性势能（位能）。设物体单位体积内总的变形位能为 A_n，其中包括体积变化位能 A_V 和形状变化位能 A_φ（弹性形变能），即

$$A_n = A_V + A_\varphi$$
$$A_\varphi = A_n - A_V \tag{a}$$

为了计算方便，选用主轴为坐标轴，则

$$A_n = \frac{1}{2} (\sigma_1 \varepsilon_1 + \sigma_2 \varepsilon_2 + \sigma_3 \varepsilon_3)$$

在弹性变形范围内，有广义虎克定律

$$\left. \begin{aligned} \varepsilon_1 &= \frac{1}{E} \left[\sigma_1 - \nu (\sigma_2 + \sigma_3) \right] \\ \varepsilon_2 &= \frac{1}{E} \left[\sigma_2 - \nu (\sigma_1 + \sigma_3) \right] \\ \varepsilon_3 &= \frac{1}{E} \left[\sigma_3 - \nu (\sigma_1 + \sigma_2) \right] \end{aligned} \right\} \tag{b}$$

将式（b）代入式（a），整理后得

$$A_n = \frac{1}{2E} \left[(\sigma_1^2 + \sigma_2^2 + \sigma_3^2) - 2\nu (\sigma_1\sigma_2 + \sigma_2\sigma_3 + \sigma_3\sigma_1) \right] \tag{c}$$

式中　ν——泊松比；

　　　E——杨氏弹性模量。

单位体积变化位能（由应力球张量引起）

$$A_V = \frac{3}{2} \sigma_m \varepsilon_m \tag{d}$$

式中　$\sigma_m = \frac{1}{3} (\sigma_1 + \sigma_2 + \sigma_3)$，$\varepsilon_m = \frac{1}{3} (\varepsilon_1 + \varepsilon_2 + \varepsilon_3)$，$\varepsilon_1$、$\varepsilon_2$、$\varepsilon_3$ 又可用式（b）代入，将

式（d）简化为

$$A_V = \frac{1}{6E} \left[(\sigma_1 + \sigma_2 + \sigma_3)^2 - 2\nu (\sigma_1 + \sigma_2 + \sigma_3)^2 \right] =$$

$$\frac{1}{6E} \left[(\sigma_1 + \sigma_2 + \sigma_3)^2 (1 - 2\nu) \right] \tag{e}$$

将式（c）、式（e）代入式（a），整理后得

$$A_\varphi = \frac{1+\nu}{6E} \left[(\sigma_1 - \sigma_2)^2 + (\sigma_2 - \sigma_3)^2 + (\sigma_3 - \sigma_1)^2 \right] \tag{f}$$

将式（f）与米塞斯屈服准则比较，若满足屈服准则，则有

$$A_\varphi = \frac{1+\nu}{6E} 2\sigma_s^2 = \frac{1+\nu}{3E} \sigma_s^2 \tag{g}$$

式（g）说明，单位体积的弹性形变能 A_φ 达到常数 $\frac{1+\nu}{3E}\sigma_s^2$ 时，该材料（质点）就开始处于屈服状态。故将米塞斯屈服准则简称为能量准则或能量条件。

四、屈服准则的几何描述

1. 主应力空间中的屈服表面

以应力主轴为坐标轴可以构成一个主应力空间，如图 3 – 41 所示。屈服准则的数学表达式在主应力空间中的几何图形是一个封闭的空间曲面称为屈服表面。假如描述应力状态的点在屈服表面上，此点开始屈服。对各向同性的理想塑性材料，则屈服表面是连续的，屈服表面不随塑性流动而变化。

一种应力状态（σ_1、σ_2、σ_3）可用主应力空间中一点 P 来表示，且可用矢量 **OP** 来代表（图 3 – 41）。设过坐标原点 O 引等倾线 ON，其方向余弦为 $l = m = n = \frac{1}{\sqrt{3}}$。在 ON 上任一点也表示一种应力状态，且 $\sigma_1 = \sigma_2 = \sigma_3 = \sigma_m$，即为球应力状态。由 P 点引一直线 $PM \perp ON$，并把矢量 **OP** 分解成 **OM** 及 **MP**，这时 **OM** 表示应力张量中的应力球张量，而 **MP** 表示应力偏张量。等倾线 ON 有这样的特点：在垂直于 ON 的平面上，任何点的应力球张量都相同；在平行于 ON 的直线上，各点的应力偏张量都相同。

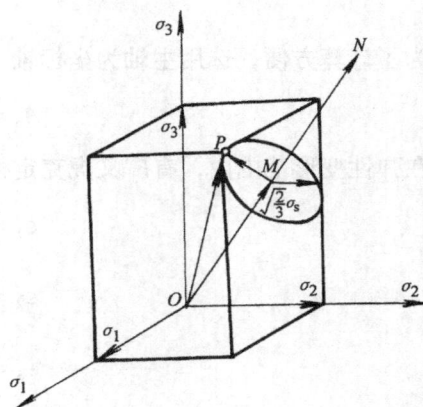

图 3 – 41 主应力空间

由于矢量 $\quad\quad\quad$ **OP = OM + MP**

所以矢量的模 $\quad\quad |MP| = \sqrt{|OP|^2 - |OM|^2}$

其中 $\quad\quad\quad\quad |OP|^2 = \sigma_1^2 + \sigma_2^2 + \sigma_3^2$

而 $|OM|$ 就是 σ_1、σ_2、σ_3 在 ON 线上的投影之和，即

$$|OM| = \sigma_1 l + \sigma_2 m + \sigma_3 n = \frac{1}{\sqrt{3}} (\sigma_1 + \sigma_2 + \sigma_3)$$

由此可得

$$|MP| = \sqrt{\sigma_1^2 + \sigma_2^2 + \sigma_3^2 - \frac{1}{3}(\sigma_1 + \sigma_2 + \sigma_3)^2}$$

$$= \sqrt{\frac{1}{3}\left[(\sigma_1 - \sigma_2)^2 + (\sigma_2 - \sigma_3)^2 + (\sigma_3 - \sigma_1)^2\right]} = \sqrt{\frac{2}{3}}\,\overline{\sigma}$$

根据米塞斯屈服准则,当 $\overline{\sigma} = \sigma_s$ 时材料就屈服,故 P 点屈服时有

$$|MP| = \sqrt{\frac{2}{3}}\,\sigma_s \tag{3-103}$$

因此,若以 M 为圆心,$\sqrt{\dfrac{2}{3}}\,\sigma_s$ 为半径,在垂直于 ON 线的平面上作圆,则该圆上各点的应

力偏张量均相等,即均为 $\sqrt{\dfrac{2}{3}}\,\sigma_s$,所以圆上各点都进入塑性状态。由于静水应力(包括

OM)不影响屈服,所以,以 ON 为轴线,以 $\sqrt{\dfrac{2}{3}}\,\sigma_s$ 为半径作一圆柱面,则此圆柱面上的点

都满足米塞斯屈服准则。这个圆柱面就是式(3-102a)在主应力空间中的几何表达,称为
主应力空间中的米塞斯屈服表面,如图 3-42 所示。

同理,屈雷斯加屈服准则的表达式(3-98),在主应力空间中的几何图形是一个内接于
米塞斯圆柱面的正六棱柱面,称为屈雷斯加屈服表面(图 3-42)。

屈服表面的几何意义是:若主应力空间中一点应力状态矢量的端点(P 点)位于屈服表
面,则该点处于塑性状态;若 P 点在屈服表面内部,则 P 点处于弹性状态。对于理想塑性
材料,P 点不能在屈服表面之外。

2. 两向应力状态下的屈服轨迹

两向应力状态下屈服准则的表达式在主应力坐标平面上的几何图形是一封闭的曲线,称
为屈服轨迹,也即屈服表面与主应力坐标平面的交线,如图 3-42 和图 3-43 所示。

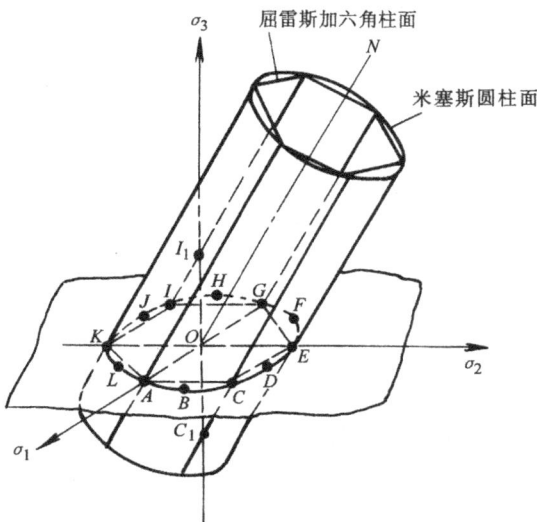

图 3-42 主应力空间中的屈服表面

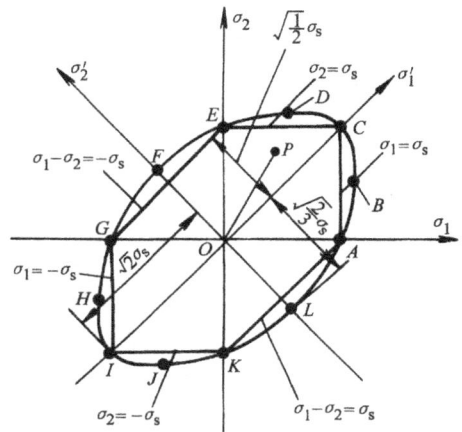

图 3-43 两向应力状态下的屈服轨迹

若以 $\sigma_3 = 0$ 代入式（3-101a），即可得到两向应力状态下的米塞斯屈服准则

$$\sigma_1^2 - \sigma_1\sigma_2 + \sigma_2^2 = \sigma_s^2 \tag{3-104}$$

上式在 $\sigma_1 — \sigma_2$ 的主应力坐标平面上是一个椭圆（图3-43）。为了清楚起见，把坐标轴旋转 $45°$，则新老坐标的关系为

$$\left.\begin{array}{l} \sigma_1 = \sigma_1{}'\cos45° - \sigma_2{}'\sin45° \\ \sigma_2 = \sigma_1{}'\sin45° + \sigma_2{}'\cos45° \end{array}\right\}$$

则

$$\left.\begin{array}{l} \sigma_1 = \dfrac{1}{\sqrt{2}}\ (\sigma_1{}' - \sigma_2{}') \\[2mm] \sigma_2 = \dfrac{1}{\sqrt{2}}\ (\sigma_1{}' + \sigma_2{}') \end{array}\right\} \tag{a}$$

将式（a）代入式（3-102a），整理后得

$$\sigma_1^{'2} + 3\sigma_2^{'2} = 2\sigma_s^2$$

即

$$\dfrac{\sigma_1^{'2}}{(\sqrt{2}\sigma_s)^2} + \dfrac{\sigma_2^{'2}}{\left(\sqrt{\dfrac{2}{3}}\sigma_s\right)^2} = 1 \tag{b}$$

式（b）是在 $\sigma_1' - \sigma_2'$ 坐标平面上的椭圆方程，中心在原点，对称轴与原坐标轴（即主轴 σ_1、σ_2）成 $45°$，长半轴为 $\sqrt{2}\sigma_s$，短半轴为 $\sqrt{\dfrac{2}{3}}\sigma_s$，与原坐标轴的截距为 $\pm\sigma_s$。这个椭圆就是平面应力状态下的米塞斯屈服轨迹，称为米塞斯椭圆。

同样，以 $\sigma_3 = 0$ 代入式（3-98），可得两向应力状态下时的屈雷斯加屈服准则

$$\left.\begin{array}{l} \sigma_1 - \sigma_2 = \pm\sigma_s \\ \sigma_2 = \pm\sigma_s \\ \sigma_1 = \pm\sigma_s \end{array}\right\} \tag{3-105}$$

式（3-105）中每一个式子表示两条互相平行且对称的直线，这些直线在 $\sigma_1 — \sigma_2$ 主应力坐标平面上构成内接于米塞斯椭圆的六边形（图3-43），这就是平面应力状态的屈雷斯加屈服轨迹，称为屈雷斯加六边形。

由于任一两向应力状态都可用 $\sigma_1 — \sigma_2$ 主应力坐标平面上的一点 P 表示，并可用矢量 $\overrightarrow{OP}$ 来代表，因此，屈服轨迹的几何意义是：若 P 点在屈服轨迹里面，则材料的质点 P 处于弹性状态；若 P 点在屈服轨迹上，则该质点 P 处于塑性状态。对于理想塑性材料，P 点不可能在屈服轨迹的外面。

由图3-43可看出，两个屈服轨迹有六个交点，说明在这六个交点上，两个屈服准则是一致的。其中与坐标轴相交点的四个点 A $(\sigma_s,\ 0)$、E $(0,\ \sigma_s)$、G $(-\sigma_s,\ 0)$、K $(0,\ -\sigma_s)$ 表示单向应力状态；与椭圆长轴相交的二个点 C $(\sigma_s,\ \sigma_s)$、I $(-\sigma_s,\ -\sigma_s)$ 为轴对称应力状态。在两个屈服轨迹不相交的部分，米塞斯椭圆上的点均在屈雷斯加六边形之外，表明按米塞斯屈服准则需要较大的应力才能使材料（质点）屈服。两个屈服准则差别最大的有六个点（B、D、F、H、J、L），它们的坐标分别由式（3-104）对 σ_1 和 σ_2 求极值得出。其中四个点 B $\left(\dfrac{2}{\sqrt{3}}\sigma_s,\ \dfrac{1}{\sqrt{3}}\sigma_s\right)$、$D$ $\left(\dfrac{1}{\sqrt{3}}\sigma_s,\ \dfrac{2}{\sqrt{3}}\sigma_s\right)$、$H$ $\left(-\dfrac{2}{\sqrt{3}}\sigma_s,\ -\dfrac{1}{\sqrt{3}}\sigma_s\right)$、$J$

$\left(-\dfrac{1}{\sqrt{3}}\sigma_s、-\dfrac{2}{\sqrt{3}}\sigma_s\right)$ 既表示平面应力状态，又表示平面应变状态，因这四个点 $\sigma_3=0$（平面应力），$\sigma_2=\dfrac{\sigma_1+\sigma_3}{2}=\dfrac{\sigma_1}{2}=\sigma_m$，或 $\sigma_1=\dfrac{\sigma_2+\sigma_3}{2}=\dfrac{\sigma_2}{2}=\sigma_m$（平面应变状态）。另二个点 F $\left(-\dfrac{1}{\sqrt{3}}\sigma_s、\dfrac{1}{\sqrt{3}}\sigma_s\right)$、$L\left(\dfrac{1}{\sqrt{3}}\sigma_s、-\dfrac{1}{\sqrt{3}}\sigma_s\right)$ 属纯切应力状态。在这六个点上，两个屈服准则相差都是15.5%

3. π平面上的屈服轨迹

在主应力空间中，通过坐标原点并垂直于等倾线 ON 的平面称为 π平面，其方程为

$$\sigma_1+\sigma_2+\sigma_3=0$$

π平面与两个屈服表面都垂直，故屈服表面在 π 平面上的投影（也即为交线）是半径为 $\sqrt{\dfrac{2}{3}}\sigma_s$ 的圆及其内接正六边形，这就是 π平面上的屈服轨迹，见图 3–44。

由于 π平面是通过坐标原点并与等倾线 ON 垂直的平面，则该面上 $\sigma_m=0$，即没有应力球张量的影响，平面上任何一个应力矢量均表示应力偏张量。因此，π平面上的屈服轨迹更清楚地表示出屈服准则的性质。例如，三根主轴在π平面上的投影互成120°角，如果标出负向

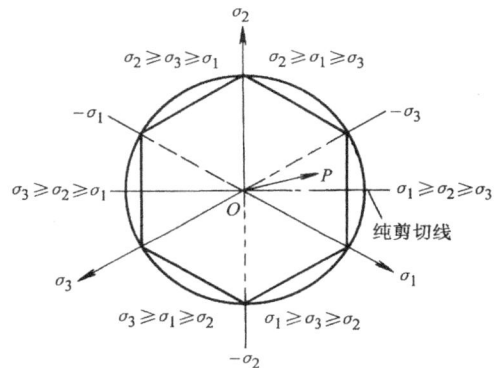

图 3–44 π平面上的屈服轨迹

的投影时，就把 π平面及其面上的屈服轨迹等分60°角的六个区间，每个区间内应力的大小次序互不相同。三根主轴线上的点都表示（减去了应力球张量）单向应力状态。与主轴成30°交角线上的点则表示纯切应力状态。由于六个区间的屈服轨迹是一样的，所以，实际上只要用一个区间（如图 3–44 中的 $\sigma_1\geqslant\sigma_2\geqslant\sigma_3$ 区间）就可以表示出整个屈服轨迹的性质。

五、屈服准则的实验验证与比较

上述两个屈服准则是否正确，还要通过实验来验证。采用薄壁管承受轴向拉力及内压力（液压）或轴向力及扭矩的试验方法是研究塑性理论常用的方法。

罗德在 1926 年用铜、铁、镍等薄壁管加轴向拉力 P 和内压力 p 进行试验。他首先分析了两个屈服准则的差别主要在于是否考虑中间主应力 σ_2 的影响，为此，他引入了参数 μ_σ。分析前提为主应力方向是固定不变的，主应力次序也给定，若 $\sigma_1>\sigma_2>\sigma_3$，则屈雷斯加屈服准则可写成

$$\dfrac{\sigma_1-\sigma_3}{\sigma_s}=1 \tag{3–106}$$

米塞斯屈服准则为

$$(\sigma_1-\sigma_2)^2+(\sigma_2-\sigma_3)^2+(\sigma_3-\sigma_1)^2=2\sigma_s^2 〔式（3–101a）〕$$

为了将米塞斯屈服准则写成类似式（3–106）的形式，罗德引入了参数 μ_σ（后称此参数为罗德应力参数）

$$\mu_\sigma = \frac{2\sigma_2 - \sigma_1 - \sigma_3}{\sigma_1 - \sigma_3} \tag{3-107}$$

则

$$\sigma_2 = \frac{\sigma_1 + \sigma_3}{2} + \mu_\sigma \frac{\sigma_1 - \sigma_3}{2}$$

$$\left.\begin{array}{l} \sigma_1 - \sigma_2 = \dfrac{1 - \mu_\sigma}{2} \ (\sigma_1 - \sigma_3) \\[2mm] \sigma_2 - \sigma_3 = \dfrac{1 + \mu_\sigma}{2} \ (\sigma_1 - \sigma_3) \end{array}\right\} \tag{3-108}$$

将式 (3-108) 代入式 (3-101a), 即得

$$\frac{\sigma_1 - \sigma_3}{\sigma_s} = \frac{2}{\sqrt{3 + \mu_\sigma^2}} \tag{3-109}$$

若取纵坐标为 $\dfrac{\sigma_1 - \sigma_3}{\sigma_s}$, 横坐标为 μ_σ, 实验中采用不同的轴向拉力 P 与内压力 p 的组合, 可得各种应力状态下的 μ_σ 及屈服点应力 $\dfrac{\sigma_1 - \sigma_3}{\sigma_s}$ 值, 按照屈雷斯加屈服准则式 (3-106) 为一水平线, 而按米塞斯屈服准则式 (3-109) 则为一曲线。当 $\mu_\sigma = \pm 1$ 时, 两者重合。在 $\mu_\sigma = 0$ 时, 相对误差最大, 为15.5%。试验结果如图 3-45 所示, 与米塞斯屈服准则比较符合。

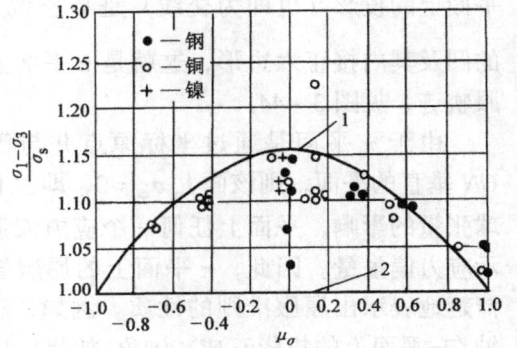

图 3-45 罗德实验资料

1—米塞斯准则 2—屈雷斯加准则

1931 年泰勒 (Taylor) 及奎乃 (Quinney) 用铜、铝、钢的薄壁管承受轴向拉力及扭矩做试验, 如图 3-46 所示。这时

$$\left.\begin{array}{l} \sigma_1 = \dfrac{\sigma_z}{2} + \sqrt{\dfrac{\sigma_z^2}{4} + \tau_{xz}^2} \\[3mm] \sigma_2 = 0 \\[2mm] \sigma_3 = \dfrac{\sigma_z}{2} - \sqrt{\dfrac{\sigma_z^2}{4} + \tau_{xz}^2} \end{array}\right\} \tag{3-110}$$

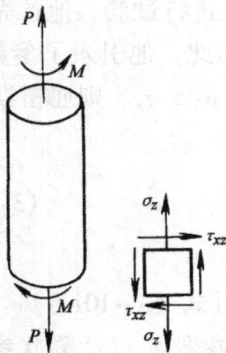

图 3-46 薄壁管受轴
向拉力和扭矩作用

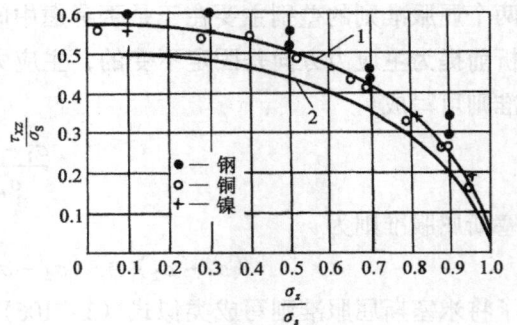

图 3-47 泰勒及奎乃实验资料

1—米塞斯准则 2—屈雷斯加准则

将式（3－110）代入式（3－106）及式（3－101a）可得到

屈雷斯加准则：
$$\left(\frac{\sigma_z}{\sigma_s}\right)^2 + 4\left(\frac{\tau_{xz}}{\sigma_s}\right)^2 = 1 \tag{3－111}$$

米塞斯准则：
$$\left(\frac{\sigma_z}{\sigma_s}\right)^2 + 3\left(\frac{\tau_{xz}}{\sigma_s}\right)^2 = 1 \tag{3－112}$$

方程（3－111）及（3－112）即为 $\frac{\sigma_z}{\sigma_s}$、$\frac{\tau_{xz}}{\sigma_s}$ 坐标平面上的屈服轨迹均为椭圆方程。

用不同的拉力与扭矩之比作试验，结果试验点仍在米塞斯准则的曲线附近，如图 3－47 所示。

现对两个屈服准则作综合比较：

1）实验说明，一般韧性材料（如铜、镍、铝、中碳钢、铝合金、铜合金等）与米塞斯屈服准则符合较好；然而，有些材料（如退火软钢），似乎与屈雷斯加准则符合较好些；但对镁合金，因金相组织不稳定等因素，适合哪个准则尚未做定论。因此，符合哪一个准则要看具体材料性质。总的来说，多数金属符合米塞斯屈服准则。

2）当主应力大小顺序预知时，屈雷斯加屈服函数为线性的，使用起来很方便，在工程计算中常常采用。若用修正系数来考虑中间应力的影响，则米塞斯屈服准则可以写成
$$\sigma_1 - \sigma_3 = \frac{2}{\sqrt{3 + \mu_\sigma^2}}\sigma_s$$

或表达为
$$\sigma_1 - \sigma_3 = \beta \sigma_s \tag{3－113}$$

式中 $\beta = \dfrac{2}{\sqrt{3 + \mu_\sigma^2}}$ ——中间主应力影响系数，或称应力修正系数。

式（3－113）称为简化的能量条件。它与屈雷斯加屈服准则 $\sigma_1 - \sigma_3 = \sigma_s$ 在形式上仅差应力修正系数 β。在应用中，当应力状态确定时，β 为一常数，这时根据应力状态所得 μ_σ 值加以修正即可。

由图 3－43 可知，在单向受拉或受压及轴对称应力状态（$\sigma_2 = \sigma_3$）时，$\beta = 1$，两个屈服准则重合；在纯切状态和平面应变状态时，$\beta = \dfrac{2}{\sqrt{3}} = 1.155$，两者差别最大。故系数 β 在 $1 \sim 1.155$ 范围内，其平均值为 1.077，因此总的讲相差不大。一般情况，受力物体内各点的应力状态不同，β 的数值只能凭经验由 $1 \sim 1.155$ 之间选取。

这样，两个屈服准则可以写成统一的数学表达式：
$$\sigma_{max} - \sigma_{min} = \beta \sigma_s \tag{3－114}$$

或
$$\sigma_{max} - \sigma_{min} = 2K \tag{3－115}$$

式中 σ_{max}、σ_{min}——代数值最大、最小的主应力。

系数 $\beta = 1 \sim 1.155$；$K = \left(\dfrac{1}{2} \sim \dfrac{1}{\sqrt{3}}\right)\sigma_s$，为剪切屈服强度。这样，当 $\beta = 1$ $\left(\text{或 } K = \dfrac{1}{2}\sigma_s\right)$ 时，即为屈雷斯加屈服准则；当 $\beta \ne 1 \left[\beta = 1 \sim \dfrac{2}{\sqrt{3}}，\text{或 } K = \left(\dfrac{1}{2} \sim \dfrac{1}{\sqrt{3}}\right)\sigma_s\right]$ 时，即

为米塞斯屈服准则。

六、应变硬化材料的屈服准则

以上所讨论的屈服准则只适用于各向同性的理想塑性材料。对于应变硬化材料，可以认为其初始屈服仍然服从前述的准则。当材料产生应变硬化后，屈服准则将发生变化，在变形过程中的某一瞬时，都有一后继的瞬时屈服表面和屈服轨迹。

后继屈服轨迹的变化是很复杂的，目前还只能提出一些假设，其中最常见的假设是"各向同性硬化"假设，即所谓"等向强化"模型，其要点是：

1）材料应变硬化后仍然保持各向同性。

2）应变硬化后屈服轨迹的中心位置和形状保持不变，也就是说在 π 平面上仍然是圆形和正六边形，只是大小随变形的进行而同心地均匀扩大，如图 3-48 所示。

屈服轨迹的形状和中心位置是由应力状态的函数 $f(\sigma_{ij})$ 所决定的，而材料的性质则决定了轨迹的大小。因此，在上述假设的条件下，对于每一种应变硬化材料其八面体

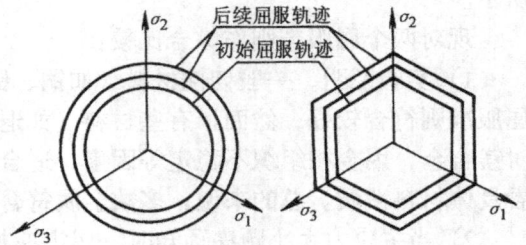

图 3-48　各向同性应变硬化材料的后继屈服轨迹

切应力 τ_8 与八面体切应变 γ_8 是完全确定的函数，即 $\tau_8 = f(\gamma_8)$，此函数与应力状态无关，仅与材料性质及变形条件有关。而等效应力 $\bar{\sigma} = \dfrac{3}{\sqrt{2}}|\tau_8|$，等效应变 $\bar{\varepsilon} = \sqrt{2}|\gamma_8|$，于是 $\bar{\sigma} = f(\bar{\varepsilon})$ 也是完全确定的函数，与应力状态无关，此函数关系可用单向应力状态来确定。单向均匀拉伸时，$\bar{\sigma} = \sigma_1 = Y$（真实应力），$\bar{\varepsilon} = \varepsilon_1$。所以，对于应变硬化材料和理想塑性材料的屈服准则都可表示为

$$f(\sigma_{ij}) = Y \tag{3-116}$$

对于理想塑性材料，式（3-116）中的 Y 就是屈服应力 σ_s，对于应变硬化材料，Y 是真实应力（见本章第六节），是随变形程度而变化的，其变化规律即为 $\bar{\sigma} = f(\bar{\varepsilon})$。因此，$Y$ 实际上就是材料应变硬化后的瞬时屈服应力，也称后继屈服应力。

对于应变硬化材料，应力状态有三种不同情况：

1）当 $\mathrm{d}f = \dfrac{\partial f}{\partial \sigma_{ij}}\mathrm{d}\sigma_{ij} > 0$ 时，为加载，表示应力状态由初始屈服表面向外移动，发生了塑性流动；

2）当 $\mathrm{d}f = \dfrac{\partial f}{\partial \sigma_{ij}}\mathrm{d}\sigma_{ij} < 0$ 时，为卸载，表示应力状态从屈服表面向内移动，产生弹性卸载；

3）当 $\mathrm{d}f = \dfrac{\partial f}{\partial \sigma_{ij}}\mathrm{d}\sigma_{ij} = 0$ 时，表示应力状态保持在屈服表面上移动，对应变硬化材料来说，既不会产生塑性流动，也不会发生弹性卸载，这个条件通常称为中性变载。

对于理想塑性材料，$f(\sigma_{ij}) = \sigma_s$，$\mathrm{d}f = 0$ 时，塑性流动继续进行，仍为加载，而不存在 $\mathrm{d}f > 0$ 的情况。当 $f(\sigma_{ij}) < \sigma_s$ 时，表示弹性应力状态

例题 3-3　一两端封闭的薄壁圆筒，半径为 r，壁厚为 t，受内压力 p 的作用（图 3-49），试求此圆筒产生屈服时的内压力 p（设材料单向拉伸时的屈服应力为 σ_s）。

解：先求应力分量。在筒壁选取一单元体，采用圆柱坐标，单元体上的应力分量如图 3 - 49所示。

根据平衡条件可求得应力分量为

$$\sigma_z = \frac{p\pi r^2}{2\pi rt} = \frac{pr}{2t} > 0$$

$$\sigma_\theta = \frac{p2r}{2t} = \frac{pr}{t} > 0$$

σ_ρ 沿壁厚为线性分布，在内表面 $\sigma_\rho = p$，在外表面 $\sigma_\rho = 0$。

圆筒的内表面首先产生屈服，

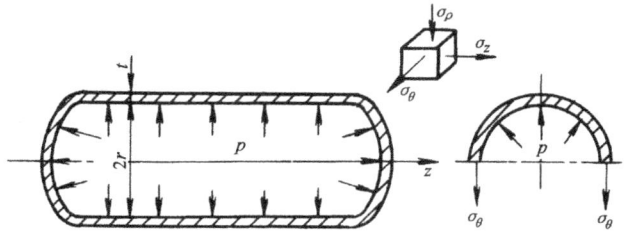

图 3 - 49 受内压的薄壁圆筒

然后向外层扩展，当外表面产生屈服时，整个圆筒就开始塑性变形，因此应研究圆筒外表面的屈服条件，显然

$$\sigma_1 = \sigma_\theta = \frac{pr}{t}, \quad \sigma_2 = \sigma_z = \frac{pr}{2t}, \quad \sigma_3 = \sigma_\rho = 0$$

1）由米塞斯屈服准则

$$(\sigma_1 - \sigma_2)^2 + (\sigma_2 - \sigma_3)^2 + (\sigma_3 - \sigma_1)^2 = 2\sigma_s^2$$

即

$$\left(\frac{pr}{t} - \frac{pr}{2t}\right)^2 + \left(\frac{pr}{2t}\right)^2 + \left(\frac{pr}{t}\right)^2 = 2\sigma_s^2$$

所以可求得

$$p = \frac{2}{\sqrt{3}}\frac{t}{r}\sigma_s$$

2）由屈雷斯加屈服准则

$$\sigma_1 - \sigma_3 = \sigma_s$$

即

$$\frac{pr}{t} - 0 = \sigma_s$$

所以可求得

$$p = \frac{t}{r}\sigma_s$$

用同样的方法也可以求出内表面开始屈服时的 p 值，此时 $\sigma_3 = \sigma_\rho = -p$。

1）按米塞斯屈服准则，

$$p = \frac{2t}{\sqrt{3r^2 + 6rt + 4t^2}}\sigma_s$$

2）按屈雷斯加屈服准则

$$p = \frac{t}{r + t}\sigma_s$$

第五节　塑性变形时应力应变关系（本构关系）

塑性变形时应力与应变之间的关系叫做本构关系，这种关系的数学表达式称为本构方程，也叫做物理方程，它和屈服准则都是求解塑性成形问题的基本方程。

一、弹性变形时应力应变关系

在单向应力状态下，弹性变形时应力与应变之间的关系，由虎克定律表达，即

$$\sigma = E\varepsilon$$

$$\tau = 2G\gamma$$

对于一般应力状态下的各向同性材料的应力与应变之间的关系，则由广义虎克定律表达，即

$$\left.\begin{array}{l} \varepsilon_x = \dfrac{1}{E} \left[\sigma_x - \nu \left(\sigma_y + \sigma_z\right)\right]; \quad \gamma_{xy} = \dfrac{1}{2G}\tau_{xy} \\[2mm] \varepsilon_y = \dfrac{1}{E} \left[\sigma_y - \nu \left(\sigma_x + \sigma_z\right)\right]; \quad \gamma_{yz} = \dfrac{1}{2G}\tau_{yz} \\[2mm] \varepsilon_z = \dfrac{1}{E} \left[\sigma_z - \nu \left(\sigma_x + \sigma_y\right)\right]; \quad \gamma_{zx} = \dfrac{1}{2G}\tau_{zx} \end{array}\right\} \tag{3-117}$$

式中　E——弹性模量；

　　　ν——泊松比；

　　　G——切变模量。

三个弹性常数 E、ν、G 之间有以下关系

$$G = \frac{E}{2\left(1+\nu\right)} \tag{3-118}$$

若将式（3-117）中的 ε_x、ε_y、ε_z 相加整理后可得

$$\varepsilon_x + \varepsilon_y + \varepsilon_z = \frac{1-2\nu}{E}\left(\sigma_x + \sigma_y + \sigma_z\right)$$

即

$$\varepsilon_m = \frac{1-2\nu}{E}\sigma_m \tag{3-119}$$

式（3-119）表明，物体弹性变形时其单位体积变化率（$\theta = 3\varepsilon_m$）与平均应力成正比，说明应力球张量使物体产生弹性的体积改变。

若将式（3-117）中的前三式分别减去式（3-119），例如

$$\varepsilon_x - \varepsilon_m = \frac{1+\nu}{E}\left(\sigma_x - \sigma_m\right) = \frac{1}{2G}\left(\sigma_x - \sigma_m\right)$$

即

$$\varepsilon_x{}' = \frac{1}{2G}\sigma_x{}'$$

可得三个式子，将这三个式子与式（3-117）中的后三式合并，可写成如下形式

$$\left.\begin{array}{l} \varepsilon_x{}' = \dfrac{1}{2G}\sigma_x{}'; \quad \gamma_{xy} = \dfrac{1}{2G}\tau_{xy} \\[2mm] \varepsilon_y{}' = \dfrac{1}{2G}\sigma_y{}'; \quad \gamma_{yz} = \dfrac{1}{2G}\tau_{yz} \\[2mm] \varepsilon_z{}' = \dfrac{1}{2G}\sigma_z{}'; \quad \gamma_{zx} = \dfrac{1}{2G}\tau_{zx} \end{array}\right\} \tag{3-120}$$

简记为

$$\varepsilon_{ij}{}' = \frac{1}{2G}\sigma_{ij}{}' \tag{3-120a}$$

式（3-120a）表示应变偏张量与应力偏张量成正比，即表明物体形状的改变只是由应力偏张量引起。

由式（3-119）和式（3-120），广义虎克定律可写成张量形式

$$\varepsilon_{ij} = \varepsilon_{ij}{}' + \delta_{ij}\varepsilon_{\mathrm{m}} = \frac{1}{2G}\sigma_{ij}{}' + \frac{1-2\nu}{E}\delta_{ij}\sigma_{\mathrm{m}} \tag{3-121}$$

广义虎克定律还可以写成比例及差比的形式

$$\frac{\varepsilon_x{}'}{\sigma_x{}'} = \frac{\varepsilon_y{}'}{\sigma_y{}'} = \frac{\varepsilon_z{}'}{\sigma_z{}'} = \frac{\gamma_{xy}}{\tau_{xy}} = \frac{\gamma_{yz}}{\tau_{yz}} = \frac{\gamma_{zx}}{\tau_{zx}} = \frac{1}{2G} \tag{3-122}$$

及 $$\frac{\varepsilon_x - \varepsilon_y}{\sigma_x - \sigma_y} = \frac{\varepsilon_y - \varepsilon_z}{\sigma_y - \sigma_z} = \frac{\varepsilon_z - \varepsilon_x}{\sigma_z - \sigma_x} = \frac{\gamma_{xy}}{\tau_{xy}} = \frac{\gamma_{yz}}{\tau_{yz}} = \frac{\gamma_{zx}}{\tau_{zx}} = \frac{1}{2G} \tag{3-122a}$$

式（3-122a）表明应变莫尔圆与应力莫尔圆几何相似，且成正比。

又可根据式（3-120）可推导出复杂应力状态下应力强度与弹性应变强度之间的关系。因等效应力为

$$\overline{\sigma} = \frac{1}{\sqrt{2}}\sqrt{(\sigma_x - \sigma_y)^2 + (\sigma_y - \sigma_z)^2 + (\sigma_z - \sigma_x)^2 + 6(\tau_{xy}^2 + \tau_{yz}^2 + \tau_{zx}^2)}$$

根据式（3-120）可得

$$\begin{rcases} (\sigma_x - \sigma_y)^2 = 4G^2(\varepsilon_x - \varepsilon_y)^2 \\ (\sigma_y - \sigma_z)^2 = 4G^2(\varepsilon_y - \varepsilon_z)^2 \\ (\sigma_z - \sigma_x)^2 = 4G^2(\varepsilon_z - \varepsilon_x)^2 \end{rcases}$$

将上式代入等效应力公式，得

$$\overline{\sigma} = \frac{2G}{\sqrt{2}}\sqrt{(\varepsilon_x - \varepsilon_y)^2 + (\varepsilon_y - \varepsilon_z)^2 + (\varepsilon_z - \varepsilon_x)^2 + 6(\gamma_{xy}^2 + \gamma_{yz}^2 + \gamma_{zx}^2)}$$

$$= \frac{1}{\sqrt{2}}\frac{E}{1+\nu}\sqrt{(\varepsilon_x - \varepsilon_y)^2 + (\varepsilon_y - \varepsilon_z)^2 + (\varepsilon_z - \varepsilon_x)^2 + 6(\gamma_{xy}^2 + \gamma_{yz}^2 + \gamma_{zx}^2)}$$

令 $$\overline{\varepsilon_i} = \frac{1}{2(1+\nu)}\sqrt{(\varepsilon_x - \varepsilon_y)^2 + (\varepsilon_y - \varepsilon_z)^2 + (\varepsilon_z - \varepsilon_x)^2 + 6(\gamma_{xy}^2 + \gamma_{yz}^2 + \gamma_{zx}^2)} \tag{3-123}$$

称 $\overline{\varepsilon_i}$ 为弹性应变强度。于是

$$\overline{\sigma} = E\overline{\varepsilon_i} \tag{3-124}$$

式（3-124）表明，在弹性变形范围内，应力强度与弹性应变强度成正比，比例系数仍为 E。

由以上分析，可得弹性变形时应力-应变关系有如下特点：

1）应力与应变完全成线性关系，即应力主轴与全量应变主轴重合。

2）弹性变形是可逆的，与应变历史（加载过程）无关，即某瞬时的物体形状、尺寸只与该瞬时的外载有关，而与该瞬时之前各瞬间的载荷情况无关。因此，应力与应变之间存在统一的单值关系。如图3-50中，在弹性变形范围内，σ_c 无论由 σ_a 加载后得到还是由 σ_d 卸载后得到，它所对应的应变总是为 ε_c。

3）弹性变形时，应力球张量使物体产生体积的变化，泊松比 $\nu < 0.5$。

二、塑性变形时应力应变关系的特点

在塑性变形时，应力与应变之间的关系有如下特点：

1）应力与应变之间的关系是非线性的，因此，全量应变主轴与应力主轴不一定重合。

2）塑性变形时可以认为体积不变，即应变球张量为零，泊松比 $\nu = 0.5$。

3）对于应变硬化材料，卸载后再重新加载时的屈服应力就是卸载时的屈服应力，比初始屈服应力要高。

4）塑性变形是不可逆的，与应变历史有关，即应力－应变关系不再保持单值关系。

如图 3-50 所示，如果是理想塑性材料，则同一屈服应力 σ_s 可以对应任何应变（图中的虚线）。如果是应变硬化材料，则由 σ_s 加载到 σ_e，对应的应变为 ε_e；如果由 σ_f 卸载到 σ_e，则应变为 ε_f'，显然 $\varepsilon_e \neq \varepsilon_f'$，说明同一应力状态可以有不同的应变状态与之对应，即不再保持单值关系。

又例如，图 3-51a 为刚塑性硬化材料的单向拉伸和纯切时的应力－应变关系曲线，而图 3-51b 表示此材料承受拉、切复合应力时，在 $\sigma-\tau$ 坐标平面上的屈服轨迹，图中 *AB* 曲线为初始屈服轨迹，*CD* 曲线为后继屈服轨迹。现将材料先单向拉伸至初始屈服点 *A*

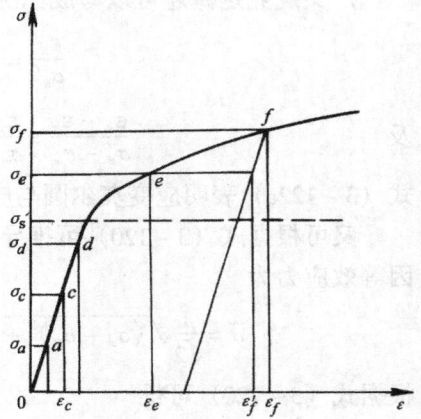

图 3-50　单向拉伸时的
应力－应变曲线

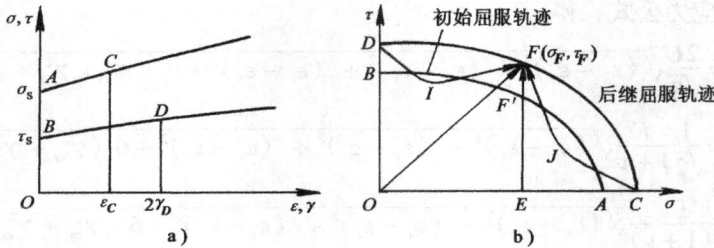

图 3-51　不同加载路线的应力与应变
a）应力—应变曲线　b）屈服轨迹

（图 3-51a），再继续拉伸达到 *C* 点，*C* 点在后继屈服轨迹 *CD* 上（图 3-51b），此时材料中的应力为 σ_C，而得到的应变为 $\varepsilon_1 = \varepsilon_C$、$\varepsilon_2 = \varepsilon_3 = -\dfrac{\varepsilon_C}{2}$，见表 3-3 中 No.1 。由于塑性变形不可逆，ε_C、$-\dfrac{\varepsilon_C}{2}$、$-\dfrac{\varepsilon_C}{2}$ 不能恢复，保留在物体中。因此，若卸载至 *E* 点（图 3-51b），此时应变仍为 ε_C、$-\dfrac{\varepsilon_C}{2}$、$-\dfrac{\varepsilon_C}{2}$，再施加切应力到后继屈服轨迹 *CD* 上 *F* 点，这时应力为 σ_F、τ_F，由于 *F* 点和 *C* 点在同一后继屈服轨迹上，等效应力相同，但并未增加，不能进一步变形，所以应变状态并无变化，即仍为 *C* 点的应变状态（表 3-3 中 No.2）。这说明 *F* 点与 *C* 点的应力状态虽不同，但可对应相同的应变状态。同理，只要通过后继屈服轨迹 *CD* 里面的任一加载路线（如 *OACJF*）到达 *F* 点，情况也是如此。表 3-3 中列举了几种情况，正是说明这个问题，即相同的应力状态可对应有不同的应变状态，如表 3-3 中序号 1、2、5；而不同的应力状态可对应有相同的应变状态，如表 3-3 中序号 1 和 2 及 3 和 4。

表 3-3　加载路线不同时的应力和应变

序号	加载路线	最终应力状态	全量应变状态	说明
1	OAC	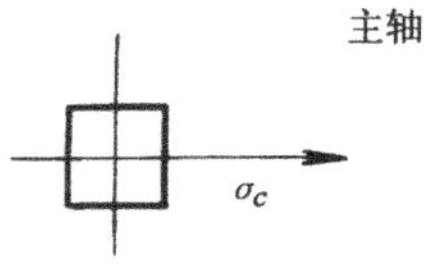 主轴　σ_c	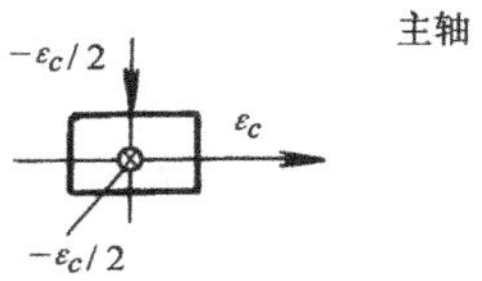 主轴　$-\varepsilon_c/2$、ε_c、$-\varepsilon_c/2$	比例加载 应力应变对应， 主轴重合
2	OAC（E、J）F	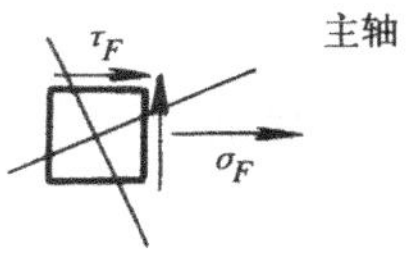 主轴　τ_F、σ_F	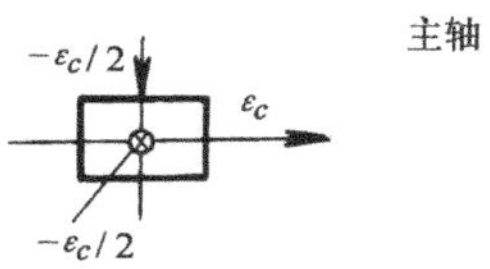 主轴　$-\varepsilon_c/2$、ε_c、$-\varepsilon_c/2$	应力改变了， 应变未改变， 主轴不重合
3	OBD	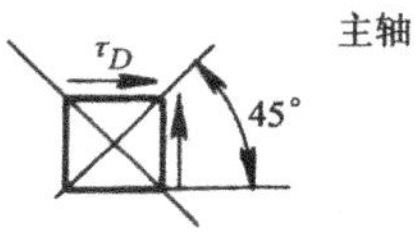 主轴　τ_D、$45°$	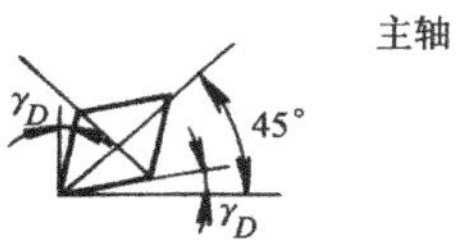 主轴　γ_D、$45°$、γ_D	比例加载 应力应变对应， 主轴重合
4	OBD（I）F	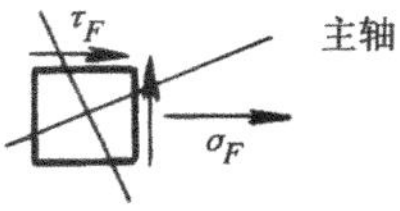 主轴　τ_F、σ_F	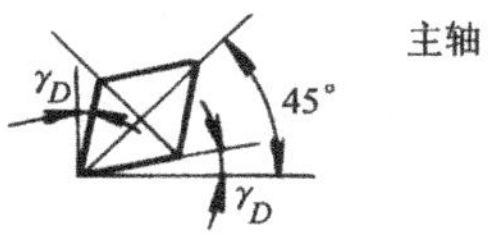 主轴　γ_D、$45°$、γ_D	应力改变了， 应变未改， 主轴不重合
5	$OF'F$	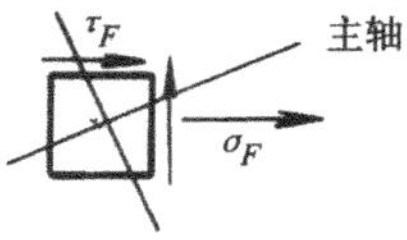 主轴　τ_F、σ_F	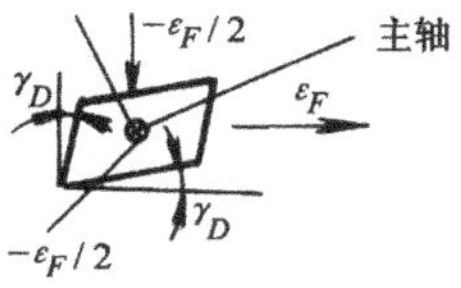 主轴　$-\varepsilon_F/2$、ε_F、γ_D、$-\varepsilon_F/2$	比例加载 应力应变对应， 主轴重合

以上例子充分说明塑性变形时应力与应变之间的关系不是单值关系，而与加载路线（加载历史）有关。因此，离开加载路线来建立应力与全量塑性应变之间的普遍关系是不可能的。

三、增量理论

增量理论又称流动理论，是描述材料处于塑性状态时，应力与应变增量或应变速率之间关系的理论，它是针对加载过程中的每一瞬间的应力状态所确定的该瞬间的应变增量，这样就撇开了加载历史的影响。

1．列维－米塞斯（Levy－Mises）理论

列维和米塞斯分别在1871年和1913年建立了理想刚塑性材料的塑性流动理论，该理论是建立在下面四个假设基础上的：

1) 材料是刚塑性材料，即弹性应变增量为零，塑性应变增量就是总的应变增量。

2) 材料符合米塞斯屈服准则，即 $\bar{\sigma} = \sigma_s$。

3) 每一加载瞬时，应力主轴与应变增量主轴重合。

4) 塑性变形时体积不变，即

$$d\varepsilon_x + d\varepsilon_y + d\varepsilon_z = d\varepsilon_1 + d\varepsilon_2 + d\varepsilon_3 = 0$$

所以，应变增量张量就是应变增量偏张量，即

$$d\varepsilon_{ij} = d\varepsilon_{ij}'$$

在上述假设基础上，可假设应变增量与应力偏量成正比，即

$$d\varepsilon_{ij} = \sigma_{ij}' d\lambda \qquad (3-125)$$

式中 $d\lambda$——正的瞬时常数，在加载的不同瞬时是变化的，在卸载时 $d\lambda = 0$。

式（3-125）称为列维-米塞斯方程。由于 $d\varepsilon_{ij} = d\varepsilon_{ij}'$，所以式（3-125）其形式与广义虎克定律式（3-120a）相似。

式（3-125）可写成比例形式和差比形式：

$$\frac{d\varepsilon_x}{\sigma_x'} = \frac{d\varepsilon_y}{\sigma_y'} = \frac{d\varepsilon_z}{\sigma_z'} = \frac{d\gamma_{xy}}{\tau_{xy}} = \frac{d\gamma_{yz}}{\tau_{yz}} = \frac{d\gamma_{zx}}{\tau_{zx}} = d\lambda \qquad (3-126)$$

$$\frac{d\varepsilon_x - d\varepsilon_y}{\sigma_x - \sigma_y} = \frac{d\varepsilon_y - d\varepsilon_z}{\sigma_y - \sigma_z} = \frac{d\varepsilon_z - d\varepsilon_x}{\sigma_z - \sigma_x} = d\lambda \qquad (3-127)$$

或

$$\frac{d\varepsilon_1 - d\varepsilon_2}{\sigma_1 - \sigma_2} = \frac{d\varepsilon_2 - d\varepsilon_3}{\sigma_2 - \sigma_3} = \frac{d\varepsilon_3 - d\varepsilon_1}{\sigma_3 - \sigma_1} = d\lambda \qquad (3-127a)$$

现确定 $d\lambda$。将式（3-127）写成三个式子，然后两边平方，得

$$\left.\begin{array}{l} (d\varepsilon_x - d\varepsilon_y)^2 = (\sigma_x - \sigma_y)^2 d\lambda^2 \\ (d\varepsilon_y - d\varepsilon_z)^2 = (\sigma_y - \sigma_z)^2 d\lambda^2 \\ (d\varepsilon_z - d\varepsilon_x)^2 = (\sigma_z - \sigma_x)^2 d\lambda^2 \end{array}\right\} \qquad (a)$$

再将式（3-125）中 $i \neq j$ 的三个式两边平方并乘以 6，可得

$$\left.\begin{array}{l} 6d\gamma_{xy}^2 = 6\tau_{xy}^2 d\lambda^2 \\ 6d\gamma_{yz}^2 = 6\tau_{yz}^2 d\lambda^2 \\ 6d\gamma_{zx}^2 = 6\tau_{zx}^2 d\lambda^2 \end{array}\right\} \qquad (b)$$

将式（a）和式（b）两边相加，整理后可得

$$\frac{9}{2}d\bar{\varepsilon}^2 = 2\bar{\sigma}^2 d\lambda^2$$

从而可得

$$d\lambda = \frac{3}{2}\frac{d\bar{\varepsilon}}{\bar{\sigma}} \qquad (3-128)$$

$$d\bar{\varepsilon} = \frac{\sqrt{2}}{3}\sqrt{(d\varepsilon_x - d\varepsilon_y)^2 + (d\varepsilon_y - d\varepsilon_z)^2 + (d\varepsilon_z - d\varepsilon_x)^2 + 6(d\gamma_{xy}^2 + d\gamma_{yz}^2 + d\gamma_{zx}^2)}$$ 称为等效应变增量或应变增量强度。

将式（3-128）代入式（3-126），并考虑到 $\sigma_m = \frac{1}{3}(\sigma_x + \sigma_y + \sigma_z)$，经整理后可得

$$
\left.
\begin{aligned}
\mathrm{d}\varepsilon_x &= \frac{\mathrm{d}\bar{\varepsilon}}{\bar{\sigma}}\left[\sigma_x - \frac{1}{2}(\sigma_y + \sigma_z)\right] \\
\mathrm{d}\varepsilon_y &= \frac{\mathrm{d}\bar{\varepsilon}}{\bar{\sigma}}\left[\sigma_y - \frac{1}{2}(\sigma_x + \sigma_z)\right] \\
\mathrm{d}\varepsilon_z &= \frac{\mathrm{d}\bar{\varepsilon}}{\bar{\sigma}}\left[\sigma_z - \frac{1}{2}(\sigma_x + \sigma_y)\right] \\
\mathrm{d}\gamma_{xy} &= \frac{3}{2}\frac{\mathrm{d}\bar{\varepsilon}}{\bar{\sigma}}\tau_{xy} \\
\mathrm{d}\gamma_{yz} &= \frac{3}{2}\frac{\mathrm{d}\bar{\varepsilon}}{\bar{\sigma}}\tau_{yz} \\
\mathrm{d}\gamma_{zx} &= \frac{3}{2}\frac{\mathrm{d}\bar{\varepsilon}}{\bar{\sigma}}\tau_{zx}
\end{aligned}
\right\}
\tag{3-129}
$$

由式（3-129）和式（3-125）可以证明本章第三节二、三中已引用的结论：

1）平面塑性变形时，如设 z 向没有变形，则有 $\mathrm{d}\varepsilon_z = 0$，根据式（3-129）有

$$
\sigma_z = \frac{1}{2}(\sigma_x + \sigma_y) \text{ 或 } \sigma_2 = \frac{1}{2}(\sigma_1 + \sigma_2)
$$

$$
\sigma_\mathrm{m} = \frac{1}{3}(\sigma_x + \sigma_y + \sigma_z) = \frac{1}{3}\left(\sigma_x + \sigma_y + \frac{\sigma_x + \sigma_y}{2}\right) = \frac{1}{2}(\sigma_x + \sigma_y)
$$

2）对于某些轴对称问题，若有某两个正应变增量相等，例如 $\mathrm{d}\varepsilon_\rho = \mathrm{d}\varepsilon_\theta$，根据式（3-125）有 $\sigma_\rho' = \sigma_\theta'$，因此有 $\sigma_\rho = \sigma_\theta$。

列维-米塞斯方程仅适用于理想刚塑性材料，它只给出了应变增量与应力偏量之间的关系。由于 $\mathrm{d}\varepsilon_\mathrm{m} = 0$，因而对应力球张量不能唯一确定。因此，如果已知应变增量，只能求得应力偏量分量或正应力之差，一般不能求出应力。另一方面，如果已知应力分量，能求得应力偏量，只能求得应变增量各分量之间的比值，而不能直接求出它们的数值，原因是对于理想刚塑性材料，应变增量分量与应力分量之间无单值关系，即 $\bar{\sigma} = \sigma_\mathrm{s}$，而 $\mathrm{d}\bar{\varepsilon}$ 是不定值。

2. 应力-应变速率方程

若将式（3-125）两边除以时间 $\mathrm{d}t$，可得

$$
\frac{\mathrm{d}\varepsilon_{ij}}{\mathrm{d}t} = \frac{\mathrm{d}\lambda}{\mathrm{d}t}\sigma_{ij}'
$$

式中，$\dfrac{\mathrm{d}\varepsilon_{ij}}{\mathrm{d}t} = \dot{\varepsilon}_{ij}$ 即为应变速率张量；$\dfrac{\mathrm{d}\lambda}{\mathrm{d}t} = \dot{\lambda} = \dfrac{3}{2}\dfrac{\dot{\bar{\varepsilon}}}{\bar{\sigma}}$，$\dot{\bar{\varepsilon}}$ 称为等效应变速率或称应变速率强度。

于是有

$$
\dot{\varepsilon}_{ij} = \dot{\lambda}\sigma_{ij}'
\tag{3-130}
$$

式（3-130）就是应力-应变速率方程，它是由圣文南（Saint-Venant）于 1870 年提出，由于与牛顿粘性流体公式相似，故又称为圣文南塑性流动方程。如果不考虑应变速率对材料性能的影响，该式与列维-米塞斯方程是一致的。

式（3-130）同样可写成

$$\dot{\varepsilon}_x = \frac{\bar{\varepsilon}}{\bar{\sigma}} \left[\sigma_x - \frac{1}{2} \left(\sigma_y + \sigma_z \right) \right]$$

$$\dot{\varepsilon}_y = \frac{\bar{\varepsilon}}{\bar{\sigma}} \left[\sigma_y - \frac{1}{2} \left(\sigma_x + \sigma_z \right) \right]$$

$$\dot{\varepsilon}_z = \frac{\bar{\varepsilon}}{\bar{\sigma}} \left[\sigma_z - \frac{1}{2} \left(\sigma_x + \sigma_y \right) \right]$$

$$\dot{\gamma}_{xy} = \frac{3}{2} \frac{\bar{\varepsilon}}{\bar{\sigma}} \tau_{xy} \qquad (3-131)$$

$$\dot{\gamma}_{yz} = \frac{3}{2} \frac{\bar{\varepsilon}}{\bar{\sigma}} \tau_{yz}$$

$$\dot{\gamma}_{zx} = \frac{3}{2} \frac{\bar{\varepsilon}}{\bar{\sigma}} \tau_{zx}$$

3．普朗特－路埃斯（Prandtl – Reuss）理论

普朗特－路埃斯理论是在列维－米塞斯理论的基础上发展起来的，该理论考虑了弹性变形部分，即总应变增量的分量由弹、塑性两部分组成，即

$$\begin{aligned}
d\varepsilon_x &= d\varepsilon_x^e + d\varepsilon_x^p; & d\gamma_{xy} &= d\gamma_{xy}^e + d\gamma_{xy}^p \\
d\varepsilon_y &= d\varepsilon_y^e + d\varepsilon_y^p; & d\gamma_{yz} &= d\gamma_{yz}^e + d\gamma_{yz}^p \\
d\varepsilon_z &= d\varepsilon_z^e + d\varepsilon_z^p; & d\gamma_{zx} &= d\gamma_{zx}^e + d\gamma_{zx}^p
\end{aligned} \right\} \qquad (3-132)$$

简记为

$$d\varepsilon_{ij} = d\varepsilon_{ij}^e + d\varepsilon_{ij}^p \qquad (3-132a)$$

式（3 – 132）中上角标 e 表示弹性部分，上角标 p 表示塑性部分。塑性应变增量可用列维－米塞斯方程计算。将式（3 – 121）微分可得弹性应变增量表达式，即

$$d\varepsilon_{ij}^e = \frac{1}{2G} d\sigma_{ij}{}' + \frac{1-2\nu}{E} \delta_{ij} d\sigma_m \qquad (3-133)$$

由此可得普朗特－路埃斯方程

$$d\varepsilon_{ij} = d\varepsilon_{ij}^e + d\varepsilon_{ij}^p$$

$$= \frac{1}{2G} d\sigma_{ij}{}' + \frac{1-2\nu}{E} \delta_{ij} d\sigma_m + \sigma_{ij}{}' d\lambda \qquad (3-134)$$

式（3 – 134）也可写成

$$\left. \begin{aligned}
d\varepsilon_{ij}{}' &= \sigma_{ij}{}' d\lambda + \frac{1}{2G} d\sigma_{ij}{}' \\
d\varepsilon_m &= \frac{1-2\nu}{E} d\sigma_m
\end{aligned} \right\} \qquad (3-135)$$

综合上述理论，可以归纳其如下特点：

1）普朗特－路埃斯理论与列维－米塞斯理论的差别就在于前者考虑了弹性变形而后者不考虑弹性变形，实质上后者是前者的特殊情况。由此看来，列维－米塞斯理论仅适用于大应变，无法求弹性回跳及残余应力场问题，前者主要用于小应变及求解弹性回跳及残余应力问题。

2）普朗特－路埃斯理论和列维－米塞斯理论都着重指出了塑性应变增量与应力偏量之

间的关系，即 $d\varepsilon_{ij}^p = \sigma_{ij}'d\lambda$。如用几何图形来表示，应力偏量的矢量为 S，恒在 π 平面内沿着米塞斯屈服轨迹的径向，由于应力（偏量）主轴与应变分量的瞬时增量主轴重合，在数量上仅差一比例常数，若用自由矢量 $d\varepsilon_{ij}^p$ 表示塑性应变增量，则 $d\varepsilon_{ij}^p$ 必平行于矢量 S 且沿屈服表面的法线方向，如图 3－52 所示。而弹性应变增量 $d\varepsilon_{ij}^e$ 则与应力偏量的矢量平行。

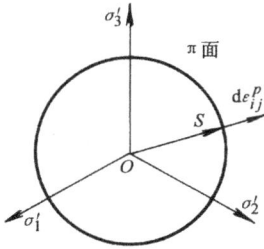

图 3－52 $d\varepsilon_{ij}^p$ 平行于 S 且沿着屈服表面的法线方向

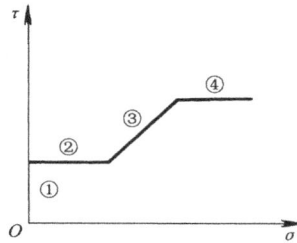

图 3－53 复杂加载途径

3）整个变形过程可由各瞬时段的变形积累而得，因此增量理论能表达加载过程的历史对变形的影响，能反映出复杂加载情况。例如图 3－53 所示加载途径由①、②、③、④段组成，要得到最终的应力或应变解，首先根据第①段加载情况，运用该段方程组求解，把此解化为第二段加载的初值继续求解，如此连续进行，得到第④段的积分解，此即所需求的解。但要注意，对于大变形问题，求全量解，应变应采用大应变表达式。

4）上述理论仅适用于加载情况（即变形功大于零的情况），并没有给出卸载规律，卸载情况下仍按虎克定律进行。

四、全量理论

由于塑性变形时全量应变主轴与应力主轴不一定重合，于是提出了增量理论。增量理论虽然比较严密，但在实际上解题颇为不便，因为在解决实际问题时往往对全量应变感兴趣。但仅知道每一瞬时的应变增量要积分到应变全量并非易事。因此，有不少学者提出了在一定条件下直接确定全量应变的理论，即为全量理论或称形变理论，它是要建立塑性变形的全量应变与应力之间的关系。例如 1924 年亨盖（Hencky）、1937 年那达依、1943 年伊留申相继提出了形变理论。现介绍伊留申提出的全量理论，这一理论较为实用。伊留申提出，在塑性变形时，只有满足比例加载（也称简单加载）的条件下，才可建立全量应变与应力之间的关系。所谓比例加载，是指在加载过程中所有的外力从一开始起就按同一比例增加。由此，比例加载必须满足如下条件：

1）塑性变形是微小的，和弹性变形属同一数量级；

2）外载荷各分量按比例增加，即单调递增，中途不能卸载，因此加载从原点出发；

3）在加载过程中，应力主轴方向和应变主轴方向固定不变，且重合。这说明应力和应变的积累和递增是沿同一方向进行，对应变增量进行积分便可得到全量应变；

4）变形体不可压缩，即泊松比 $\nu = \dfrac{1}{2}$。

在上述条件下，无论变形体所处的应力状态如何，应变偏张量各分量与应力偏张量各分量成正比，即

$$\varepsilon_{ij}' = \frac{1}{2G'}\sigma_{ij}' = \lambda\sigma_{ij}' \qquad (3-136)$$

由于塑性变形时体积不变，即 $\varepsilon_m = 0$，则式（3-136）可写成

$$\varepsilon_{ij} = \frac{1}{2G'}\sigma_{ij}' = \lambda\sigma_{ij}' \qquad (3-137)$$

式（3-137）也可写成

$$\frac{\varepsilon_x}{\sigma_x'} = \frac{\varepsilon_y}{\sigma_y'} = \frac{\varepsilon_z}{\sigma_z'} = \frac{\gamma_{xy}}{\tau_{xy}} = \frac{\gamma_{yz}}{\tau_{yz}} = \frac{\gamma_{zx}}{\tau_{zx}} = \frac{1}{2G'} = \lambda \qquad (3-137a)$$

$$\frac{\varepsilon_x - \varepsilon_y}{\sigma_x - \sigma_y} = \frac{\varepsilon_y - \varepsilon_z}{\sigma_y - \sigma_z} = \frac{\varepsilon_z - \varepsilon_x}{\sigma_z - \sigma_x} = \frac{1}{2G'} = \lambda \qquad (3-137b)$$

$$\frac{\varepsilon_1 - \varepsilon_2}{\sigma_1 - \sigma_2} = \frac{\varepsilon_2 - \varepsilon_3}{\sigma_2 - \sigma_3} = \frac{\varepsilon_3 - \varepsilon_1}{\sigma_3 - \sigma_1} = \frac{1}{2G'} = \lambda \qquad (3-137c)$$

$$G' = \frac{E'}{2(1+\nu)} = \frac{E'}{3} \qquad (3-138)$$

式中　　G'——塑性切变模量；

E'——塑性模量。

它们不仅与材料性质有关，而且与塑性变形程度有关，而与物体所处的应力状态无关。

仿照推导确定 $d\lambda$ 的方法，可得比例系数

$$\lambda = \frac{3}{2}\frac{\overline{\varepsilon}}{\overline{\sigma}} \qquad (3-139)$$

$$G' = \frac{1}{3}\frac{\overline{\sigma}}{\overline{\varepsilon}} \qquad (3-139a)$$

所以

$$E' = 3G' = \frac{\overline{\sigma}}{\overline{\varepsilon}}$$

因此有

$$\overline{\sigma} = E'\overline{\varepsilon} \qquad (3-140)$$

式中　　$\overline{\varepsilon}$——等效应变；

$\overline{\sigma}$——等效应力。

若将 $\sigma_m = \frac{1}{3}(\sigma_x + \sigma_y + \sigma_z)$ 代入式（3-137），整理后可得

$$\left.\begin{array}{l} \varepsilon_x = \frac{1}{E'}[\sigma_x - \frac{1}{2}(\sigma_y + \sigma_z)]; \quad \gamma_{xy} = \frac{1}{2G'}\tau_{xy} \\[2mm] \varepsilon_y = \frac{1}{E'}[\sigma_y - \frac{1}{2}(\sigma_x + \sigma_z)]; \quad \gamma_{yz} = \frac{1}{2G'}\tau_{yz} \\[2mm] \varepsilon_z = \frac{1}{E'}[\sigma_z - \frac{1}{2}(\sigma_x + \sigma_y)]; \quad \gamma_{zx} = \frac{1}{2G'}\tau_{zx} \end{array}\right\} \qquad (3-141)$$

式（3-141）与弹性变形时广义虎克定律式（3-117）相似，只是式中 G'、$\frac{1}{2}$、E' 与广义虎克定律中的 G、ν、E 相当。但在虎克定律中弹性模量 E 和切变模量 G 均为材料常数，而式（3-141）中塑性模量 E' 和塑性切变模量 G' 都是与材料性质和加载历史有关的变量。

式（3-140）与弹性变形时式（3-124）相似，说明塑性变形时应力—应变之间的关

系，总可归结为应力强度与应变强度之间的函数关系，即 $\bar{\sigma} = f(\bar{\varepsilon})$，这种关系只与材料性质、变形条件有关，而与应力状态无关。

通过上述对增量理论和全量理论的分析可知，在塑性成形中，由于难于普遍保证比例加载，所以一般都采用增量理论，其中主要是列维－米塞斯方程或圣文南塑性流动方程。但是，塑性成形理论中很重要的问题之一是求变形力，这时一般只需研究变形过程中某一特定瞬间的变形，如果以变形体在该瞬时的形状、尺寸及性能作原始状态，那么小变形全量理论和增量理论可以认为是一致的。此外，一些研究表明，某些塑性加工过程，虽与比例加载有一定偏离，运用全量理论也能得出较好的计算结果，所以全量理论至今仍然得到应用。

五、应力应变顺序对应规律

塑性变形时，当主应力顺序 $\sigma_1 > \sigma_2 > \sigma_3$ 不变，且应变主轴方向不变时，则主应变的顺序与主应力顺序相对应，即 $\varepsilon_1 > \varepsilon_2 > \varepsilon_3$（$\varepsilon_1 > 0$，$\varepsilon_3 < 0$），这种规律称应力应变"顺序对应关系"。当 $\sigma_2 \gtreqless \dfrac{\sigma_1 + \sigma_3}{2}$ 的关系保持不变时，相应地有 $\varepsilon_2 \gtreqless 0$，这称应力应变的"中间关系"。"顺序对应关系"和"中间关系"统称为应力应变顺序对应规律。

上述这种规律其实质是将增量理论的定量描述变为一种定性判断。它虽然不能给出各方向应变全量的定量结果，但可以说明应力在一定范围内变化时各方向上应变全量的相对大小，进而可以推断出尺寸的相对变化。现证明如下：

在应力顺序始终保持不变的情况下，例如 $\sigma_1 > \sigma_2 > \sigma_3$，则应力偏量分量的顺序也是不变的，即

$$(\sigma_1 - \sigma_m) > (\sigma_2 - \sigma_m) > (\sigma_3 - \sigma_m) \qquad (a)$$

根据列维－米塞斯应力方程式（3－125），对于主应力条件可以写成如下形式：

$$\frac{d\varepsilon_1}{\sigma_1 - \sigma_m} = \frac{d\varepsilon_2}{\sigma_2 - \sigma_m} = \frac{d\varepsilon_3}{\sigma_3 - \sigma_m} = d\lambda \qquad (b)$$

将式（a）代入式（b），则

$$d\varepsilon_1 > d\varepsilon_2 > d\varepsilon_3 \qquad (c)$$

对于初始应变为零的变形过程，可视为几个阶段所组成，在时间间隔 t_1 中，应变增量为：

$$d\varepsilon_1 \big|_{t_1} = (\sigma_1 - \sigma_m)\big|_{t_1} d\lambda_1$$

$$d\varepsilon_2 \big|_{t_1} = (\sigma_2 - \sigma_m)\big|_{t_1} d\lambda_1$$

$$d\varepsilon_3 \big|_{t_1} = (\sigma_3 - \sigma_m)\big|_{t_1} d\lambda_1$$

在时间间隔 t_2 中同理有：

$$d\varepsilon_1 \big|_{t_2} = (\sigma_1 - \sigma_m)\big|_{t_2} d\lambda_2$$

$$d\varepsilon_2 \big|_{t_2} = (\sigma_2 - \sigma_m)\big|_{t_2} d\lambda_2$$

$$d\varepsilon_3 \big|_{t_2} = (\sigma_3 - \sigma_m)\big|_{t_2} d\lambda_2$$

$$\cdots$$

在时间间隔 t_n 中也将有

$$d\varepsilon_1 \big|_{t_n} = (\sigma_1 - \sigma_m)\big|_{t_n} d\lambda_n$$

$$d\varepsilon_2 \big|_{t_n} = (\sigma_2 - \sigma_m)\big|_{t_n} d\lambda_n$$

$$d\varepsilon_3 \mid_{t_n} = (\sigma_3 - \sigma_m) \mid_{t_n} d\lambda_n$$

由于主轴方向不变，各方向的应变全量（总应变）等于各阶段应变增量之和，即

$$\varepsilon_1 = \Sigma d\varepsilon_1$$

$$\varepsilon_2 = \Sigma d\varepsilon_2$$

$$\varepsilon_3 = \Sigma d\varepsilon_3$$

$$\varepsilon_1 - \varepsilon_2 = (\sigma_1 - \sigma_2) \mid_{t_1} d\lambda_1 + (\sigma_1 - \sigma_2) \mid_{t_2} d\lambda_2$$

$$+ \cdots + (\sigma_1 - \sigma_2) \mid_{t_n} d\lambda_n \tag{d}$$

由于始终保持 $\sigma_1 > \sigma_2$，故有 $(\sigma_1 - \sigma_2) \mid_{t_1} > 0$，$(\sigma_1 - \sigma_2) \mid_{t_2} > 0$，$\cdots$，$(\sigma_1 - \sigma_2) \mid_{t_n} > 0$，且因 $d\lambda_1$，$d\lambda_1$，$\cdots$，$d\lambda_n$ 皆大于零，于是式（d）右端恒大于零，即

$$\varepsilon_1 > \varepsilon_2 \tag{e}$$

同理有

$$\varepsilon_2 > \varepsilon_3 \tag{f}$$

汇总式（e）、式（f），可得

$$\varepsilon_1 > \varepsilon_2 > \varepsilon_3$$

即"顺序对应关系"得到证明。

又根据体积不变条件

$$\varepsilon_1 + \varepsilon_2 + \varepsilon_3 = 0$$

因此有 $\varepsilon_1 > 0$，$\varepsilon_3 < 0$。

至于沿中间主应力 σ_2 方向的应变 ε_2 的符号需根据 σ_2 的相对大小来定。在前述变形过程的几个阶段中，ε_2 可按下式计算；

$$\varepsilon_2 = (\sigma_2 - \sigma_m) \mid_{t_1} d\lambda_1 + (\sigma_2 - \sigma_m) \mid_{t_2} d\lambda_2$$

$$+ \cdots + (\sigma_2 - \sigma_m) \mid_{t_n} d\lambda_n \tag{g}$$

若变形过程中保持 $\sigma_2 > \dfrac{\sigma_1 + \sigma_3}{2}$，即 $\sigma_2 > \sigma_m$，由于 $d\lambda_1 > 0$，$d\lambda_2 > 0$，$\cdots$，$d\lambda_n > 0$，则式（g）右端恒大于零，即

$$\varepsilon_2 > 0$$

同理可证，当 $\sigma_2 < \dfrac{\sigma_1 + \sigma_3}{2}$ 及 $\sigma_2 = \dfrac{\sigma_1 + \sigma_3}{2}$ 时，有

$$\varepsilon_2 < 0，\varepsilon_2 = 0$$

汇总起来，即当

$$\sigma_2 \gtreqless \dfrac{\sigma_1 + \sigma_3}{2}$$

将有

$$\varepsilon_2 \gtreqless 0$$

即为应力应变的"中间关系"。

应当强调，以上证明是根据增量理论导出的全量应变定性表达式，不应误认为是从全量理论导出的。

进一步分析可以看出应力应变中间关系是决定变形类型的依据。现在来分析中间应力 σ_2

$\underset{\approx}{=} \dfrac{\sigma_1 + \sigma_3}{2}$ 对应变类型的影响。

当 $\sigma_2 = \dfrac{\sigma_1 + \sigma_3}{2}$ 时，$\varepsilon_2 = 0$，应变状态为 $\varepsilon_1 > 0$，$\varepsilon_2 = 0$，$\varepsilon_3 < 0$，且 $\varepsilon_1 = -\varepsilon_3$，属于剪切类变形（平面应变）。

当 $\sigma_2 > \dfrac{\sigma_1 + \sigma_3}{2}$ 时，$\varepsilon_2 > 0$，应变状态为 $\varepsilon_1 > 0$，$\varepsilon_2 > 0$，$\varepsilon_3 < 0$，属于压缩类变形。

当 $\sigma_2 < \dfrac{\sigma_1 + \sigma_3}{2}$ 时，$\varepsilon_2 < 0$，应变状态为 $\varepsilon_1 > 0$，$\varepsilon_2 < 0$，$\varepsilon_3 < 0$，属于伸长类变形。

六、屈服椭圆图形上的应力分区及其与塑性成形时工件尺寸变化的关系

前面已分别论述了屈服准则及应力应变关系理论，下面将讨论这两者之间的关系能否结合具体塑性成形工序从屈服图形（屈服表面或屈服轨迹）上表示出来。这里需解决两个问题，首先，根据特定塑性成形工序的受力分析找出它在屈服图形上所处的部位，进而找出变形区中不同点在屈服图形上所对应的加载轨迹；其次，根据应力应变顺序对应规律将屈服图形上的应力状态按产生的应变（增量）类型进行分区，找出工件各部分尺寸变化的趋势。

现分析轴对称平面应力状态下屈服轨迹上的应力分区及典型平面应力工序的加载轨迹。

以薄板成形为例进行研究。设板厚方向应力为零，即 $\sigma_t = 0$。对于由 σ_ρ、σ_θ 为坐标轴所描述的应力椭圆方程（Mises 屈服准则）为：

$$\sigma_\rho^2 - \sigma_\rho \sigma_\theta + \sigma_\theta^2 = \sigma_s^2$$

其图形（屈服轨迹）如图 3 – 54 所示。

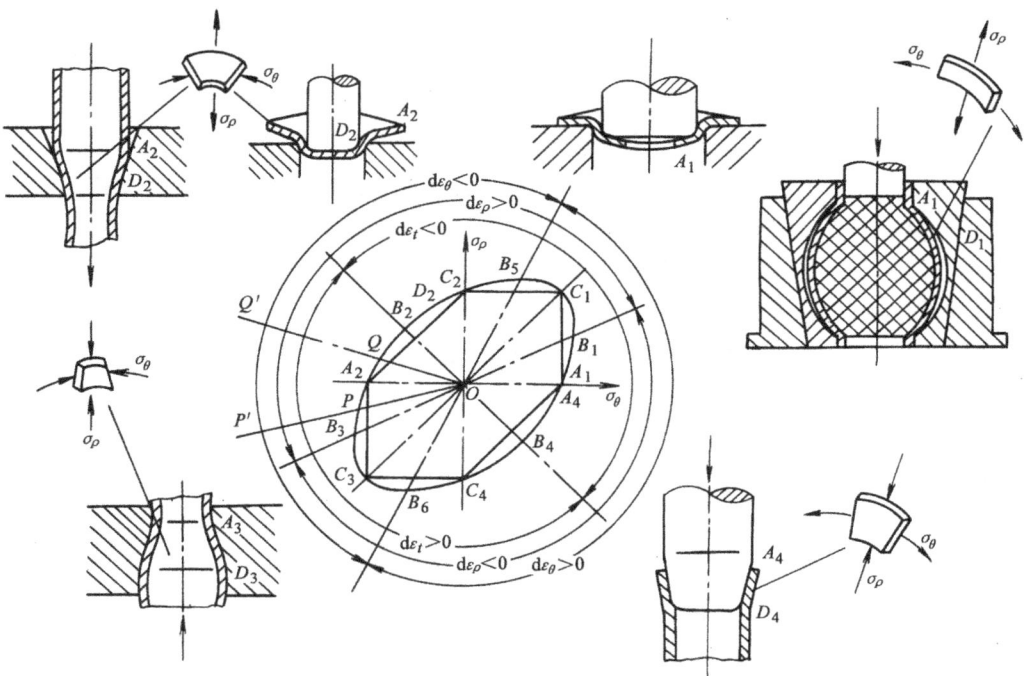

图 3 – 54 轴对称平面应力状态下屈服轨迹应力分区

由图 3 - 54 可看到，该椭圆第 Ⅰ 象限，$\sigma_\rho > 0$，$\sigma_\theta > 0$，这与胀形及翻孔工序相对应。在第 Ⅱ 象限，$\sigma_\rho > 0$，$\sigma_\theta < 0$，这与拉拔及拉深工序相对应。在第 Ⅲ 象限，$\sigma_\rho < 0$，$\sigma_\theta < 0$，这相当于缩口工序。在第 Ⅳ 象限，$\sigma_\rho < 0$，$\sigma_\theta > 0$，这相当于扩口工序。进一步分析，变形金属由开始变形至变形结束相当于沿屈服轨迹走一段距离。例如，对于拉拔工序，凹模入口处 A_2 为 $\sigma_\rho = 0$，$\sigma_\theta = -\sigma_s$，随着变形的发展由椭圆上 A_2 出发沿椭圆向 C_2 前进，凹模出口处 D_2 在椭圆上所对应点的位置取决于 σ_ρ 值的大小。若变形量小，润滑好，则 σ_ρ 较小，D_2 点可能落在 $A_2 B_2$ 区间；若变形量大，润滑效果差，则 D_2 点落在 $B_2 C_2$ 之间。图 3 - 54 中 B_2 点的应力状态按顺序为：$\sigma_1 = \sigma_\rho$，$\sigma_2 = \sigma_t = 0$，$\sigma_3 = \sigma_\theta = -\sigma_\rho$，即此时中间主应力 $\sigma_2 = \dfrac{\sigma_1 + \sigma_3}{2}$，由此可见沿该方向的应变增量为零，即 $d\varepsilon_t = 0$，也就是说厚度不变。对于 $A_2 B_2$ 区间，恒满足 $\sigma_2 = \sigma_t > \dfrac{\sigma_\rho + \sigma_\theta}{2}$，由应力应变顺序对应规律可以判断在 $A_2 B_2$ 区 $d\varepsilon_\rho > 0$，即长度增加，$d\varepsilon_t > 0$，即厚度增加，$d\varepsilon_\theta < 0$，即圆周缩小。如果轴向拉应力 σ_ρ 不大，例如薄管拉拔，变形后壁厚总增加。对于 $B_2 C_2$ 区，σ_ρ 仍为最大主应力 σ_1，σ_θ 仍为最小主应力 σ_3，沿厚度方向的主应力 $\sigma_t = \sigma_2$ 仍等于零，但此时

$$\sigma_t = \sigma_2 < \frac{\sigma_\rho + \sigma_\theta}{2}$$

由应力应变顺序对应规律可以判断在 $B_2 C_2$ 区，$d\varepsilon_\rho > 0$，$d\varepsilon_\theta < 0$，$d\varepsilon_t < 0$，说明厚度方向从 B_2 点开始减薄。但是对于管材拉拔实际变形过程总是从 A_2 点开始，在一个比值变化的应力场中加载，如果变形终点 D_2 接近 B_2，则由于总的加载历史中是 $d\varepsilon_2 > 0$，因此最终的 $\varepsilon_2 > 0$，即厚度增加。若 D_2 点接近于 C_2 点，则壁厚方向经历了在 $A_2 B_2$ 区间增加而后从 B_2 向 C_2 减小的变化过程，最终厚度变化难于估算，但是根据以上了解仍可对管子壁厚进行控制。例如，对于总变形量一定，若增加拉拔道次，改善润滑条件，则有利于降低 σ_ρ 值，因而有利于壁厚的增加；反之，若加大单道次变形量，润滑条件较差，则不利于壁厚的增加。从这个例子可以说明不必定量计算，运用屈服轨迹上的应力分区概念，可以控制壁厚，也可定性地了解各工艺因素，如变形量、摩擦系数等对壁厚变化的定性影响。

以上是用屈服轨迹上的应力分区来分析稳定变形过程引起尺寸变化的情况。对于非稳定变形过程，例如第 Ⅱ 象限的板材拉深工序，在拉深过程中外径逐渐缩小，若不计加工硬化则 σ_ρ 也减小，D_2 点则在椭圆上向 A_2 点移动，因此假如开始变形时，D_2 点位于 $B_2 C_2$ 之间，在凹模口附近的材料有变薄的趋势，随着变形过程的进行，D_2 点有可能移至 $A_2 B_2$ 之间，即至此以后厚度不再变薄。因此，不管拉深件变形量多大，至少在筒口或法兰外缘处壁厚总是增大的。

同样可以说明在椭圆上还存在另外五个平面应变点 B_1、B_3、B_4、B_5、B_6，其中 B_4 与 B_2 相对，都是 $|\sigma_\rho| = |\sigma_\theta|$，但符号相反，都对应 $d\varepsilon_t = 0$。对于椭圆上 $B_2 B_3 B_6 B_4$ 区段总存在以下关系：

$$\sigma_t = 0 > \frac{\sigma_\rho + \sigma_\theta}{2}, \quad \sigma_t - \sigma_m > 0$$

由增量理论知：

$$\frac{\mathrm{d}\varepsilon_t}{\sigma_t - \sigma_\mathrm{m}} > 0$$

所以有

$$\mathrm{d}\varepsilon_t > 0$$

可见在 $B_2 B_3 B_6 B_4$ 区间变形，则 $\varepsilon_t > 0$。对于 $B_2 B_5 B_1 B_4$ 区段与上述相反：

$$\sigma_t = 0 < \frac{\sigma_\rho + \sigma_\theta}{2}$$

于是有

$$\mathrm{d}\varepsilon_t < 0$$

如果在该区段变形，则 $\varepsilon_t < 0$。

对于缩口工序，属于双向压应力状态，B_3 点的 $\sigma_\rho = -\frac{1}{\sqrt{3}}\sigma_\mathrm{s}$，$\sigma_\theta = -\frac{2}{\sqrt{3}}\sigma_\mathrm{s}$，而 $\sigma_t = 0$。可见此时存在下列关系：

$$\sigma_\rho = \frac{\sigma_t + \sigma_\theta}{2} = -\frac{1}{\sqrt{3}}\sigma_\mathrm{s}$$

与前类似，由列维－米塞斯方程可以断定

$$\mathrm{d}\varepsilon_\rho = 0$$

对于 B_1 点，$\sigma_\rho = \frac{1}{\sqrt{3}}\sigma_\mathrm{s}$，$\sigma_\theta = \frac{2}{\sqrt{3}}\sigma_\mathrm{s}$，$\sigma_t = 0$，同样存在以下关系：

$$\sigma_\rho = \frac{\sigma_t + \sigma_\theta}{2} = \frac{1}{\sqrt{3}}\sigma_s$$

同理将有

$$\mathrm{d}\varepsilon_\rho = 0$$

在 $B_3 B_2 B_5 B_1$ 区段，存在

$$\sigma_\rho > \frac{\sigma_\theta + \sigma_t}{2}$$

于是相应地有

$$\mathrm{d}\varepsilon_\rho > 0$$

在该区段变形，有

$$\varepsilon_\rho > 0$$

在 $B_3 B_6 B_4 B_1$ 区段与上述相反，在该区段变形将有

$$\varepsilon_\rho < 0$$

用以上相同的方法可求得 $\mathrm{d}\varepsilon_\theta > 0$，$\mathrm{d}\varepsilon_\theta = 0$，$\mathrm{d}\varepsilon_\theta < 0$ 的分区，于是就得到如图 3 – 54 所示的屈服轨迹外的应变增量变化图，利用该图可以确定塑性变形时工件尺寸变化的趋势。其大体步骤如下：

1）通过实测算出变形终了瞬时的 σ_ρ 值。

2）针对具体材料及变形量选定 σ_s 值。

3）在椭圆对应于所分析的区间根据 $\frac{\sigma_\rho}{\sigma_\mathrm{s}}$ 值求出一点 P（图 3 – 54）。

4) 作射线 OPP' 与椭圆外表示应变增量的三个圆相交（图 3 – 54）。

5) 根据变形区所处的范围判断各方向尺寸变化的趋势。

例如，对于缩口工序，根据 σ_ρ 及 σ_s 若已定出 P 点，作射线 $0PP'$ 交内圆于 $d\varepsilon_t > 0$ 区段，交中圆于 $d\varepsilon_\rho > 0$ 区段，交外圆于 $d\varepsilon_\theta < 0$ 区段（见图 3 – 54）。若 P 点处于 A_2B_3 段，表明整个变形过程中各应变增 $d\varepsilon_t$、$d\varepsilon_\rho$ 及 $d\varepsilon_\theta$ 符号不变，因而应变全量 $\varepsilon_t > 0$，$\varepsilon_\rho > 0$，$\varepsilon_\theta < 0$，于是可预计其尺寸变化趋势为切向尺寸缩小，壁厚增大，长度增大。

又如，对于拉拔工序，若根据 σ_ρ 及 σ_s 所得的 Q 点位于 A_2B_2 之间（图 3 – 54），则由 A_2 至 Q 应变类型与前述相同，始终有 $d\varepsilon_t > 0$，$d\varepsilon_\rho > 0$，$d\varepsilon_\theta < 0$，即厚度增加，长度增加，切向尺寸减小。如果应力为 D_2 点，此时仍保持有 $d\varepsilon_\rho > 0$，$d\varepsilon_\theta < 0$，其相应的尺寸变化趋势与前相同，而厚度方向由 A_2B_2 区间的 $d\varepsilon_t > 0$ 变为此时的 $d\varepsilon_t < 0$，这时最终应变难于估计，但如果 D_2 点接近于 B_2 点，可以断定最终累计应变仍大于零，即厚度增加。当 Q 点接近于 C_2，则最终厚度可能是减小的。

对于三向应力状态，以上分析的方法大体上仍然是适用的，但是在三向应力状态下典型工序在屈服图形上的部位是难于表达的，加载途径也远比平面应力状态难于描述。在这里不作讨论。

七、卸载问题

考虑卸载问题是区别非线性弹性体和塑性体的标志。在卸载过程中弹性变形恢复，而塑性变形保持不变。为了说明卸载过程的计算，首先分析受单向拉伸的杆件。如图 3 – 55 所示。设将杆件开始时拉伸到 B 点，应力为 σ_B，而 $\sigma_B > \sigma_s$（屈服应力），这时杆件的应变为 ε_B。若此时将杆件卸载至 C 点，应力为 σ_C，显然 $\sigma_C < \sigma_B$。

由图 3 – 55 可看出残余应变和应力将为

$$\varepsilon_C = \varepsilon_B - \Delta\varepsilon_{BC}$$

$$\sigma_C = \sigma_B - \Delta\sigma_{BC}$$

卸载时，应力与应变的变化符合弹性规律，即

$$\Delta\sigma_{BC} = E\Delta\varepsilon_{BC}$$

即

$$(\sigma_B - \sigma_C) = E(\varepsilon_B - \varepsilon_C)'$$

式中　σ_B、ε_B——开始卸载时的应力和应变；

σ_C、ε_C——卸载终了时的应力和应变；

$\Delta\sigma_{BC} = (\sigma_B - \sigma_C)$、$\Delta\varepsilon_{BC} = (\varepsilon_B - \varepsilon_C)$——卸载过程中应力和应变的改变量。

对于复杂应力状态，实验证明，如果是简单卸载，则应力和应变同样按弹性规律变化，即

$$\Delta\sigma_m = (\sigma_m^* - \sigma_m) = 3K\Delta\varepsilon_m = 3K(\varepsilon_m^* - \varepsilon_m)$$

$$\Delta\sigma_{ij}' = \sigma_{ij}'^* - \sigma_{ij}' = 2G\Delta\varepsilon_{ij}' = 2G(\varepsilon_{ij}'^* - \varepsilon_{ij}')$$

因此有

$$\sigma_m = \sigma_m^* - 3K\Delta\varepsilon_m$$

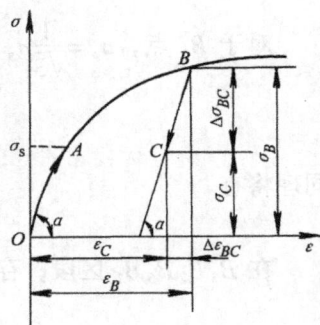

图 3 – 55　卸载时应力与应变变化的规律

$$\sigma_{ij}' = \sigma_{ij}'^* - \Delta\sigma_{ij}' = 2G'\varepsilon_{ij}'^* - 2G\Delta\varepsilon_{ij}'$$

式中　$\Delta\dot{\sigma}_m$、$\Delta\varepsilon_m$、$\Delta\sigma_{ij}'$、$\Delta\varepsilon_{ij}'$ ——卸载过程中的平均应力、平均应变、应力偏量、应变偏量的改变量；

σ_m^*、ε_m^*、$\sigma_{ij}'^*$、$\varepsilon_{ij}'^*$ 和 σ_m、ε_m、σ_{ij}'、ε_{ij}' ——各量在卸载开始时和卸载终了时的值；

K——体积改变系数，$K = \dfrac{E}{3(1-2\nu)}$；

E——弹性模量；

ν——泊松比；

G'——塑性切变模量；

G——弹性切变模量。

在简单卸载的情况下，可以先根据载荷在卸载过程中的改变量〔表面力改变量 ΔP_i 和体积力的改变量 ΔX_i（$i = 1, 2, 3$）〕，按弹性力学公式算出应力和应变的改变量 $\Delta\sigma_{ij}$ 和 $\Delta\varepsilon_{ij}$，然后再从卸载开始时的应力 σ_{ij}^* 和应变 ε_{ij}^* 减去相应的改变量，便得到卸载后的应力 σ_{ij} 和应变 ε_{ij}（即残余应力和残余应变）。不难看出，如果将载荷全部卸去，则

$$\Delta P_i = P_i^*, \quad \Delta X_i = X_i^*$$

这时物体内不仅留有残余变形，而且还有残余应力。因为卸载后的应力为 $\sigma_{ij} = \sigma_{ij}^* - \Delta\sigma_{ij}$，其中 σ_{ij}^* 是根据 P_i^*，X_i^*，按弹塑性状态的应力应变关系计算的，而 $\Delta\sigma_{ij}$ 是根据 ΔP_i、ΔX_i 按弹性规律计算的，两者并不相等。

非线性弹性体与塑性体的加载特点一样，而卸载规律却不一样，如图 3–56 所示。图 3–56a 所示的是非线性弹性体，其加载与卸载规律都沿着同一条曲线，变形是可逆的。图 3–56b 所示的是应变强化塑性体的加载与卸载规律，其应力应变曲线为指数曲线，即 $\sigma = B\varepsilon^n$，$0 \leqslant n \leqslant 1$，$n$ 为硬化指数。当 $n = 1$ 时，$\sigma = B\varepsilon$ 为线弹性应力应变曲线（图 3–56b 中 OC），卸载时，按平行于此线（OC）的路径进行。

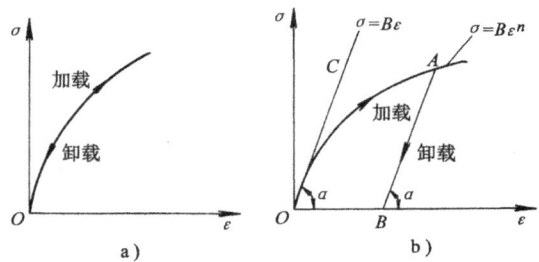

图 3–56　非线性弹性体及应变硬化塑性体加载与卸载规律
a）非线性弹性体　b）应变硬化塑性体

第六节　真实应力–应变曲线

塑性条件和本构方程是解塑性成形问题两个重要的补充方程。这二个物理方程中，都涉及到等效应力 $\bar{\sigma}$。特别是在本构关系中，总可归结为函数 $\bar{\sigma} = f(\bar{\varepsilon})$ 或 $\bar{\sigma} = f(d\bar{\varepsilon})$，这种函数关系与材料性质和变形条件有关，而与应力状态无关。可选择单向应力状态来建立这种函数关系，例如选择单向均匀拉伸、压缩及纯剪等。这样，建立的应力与应变之间的函数关系是具有普遍意义的。

因此，单向均匀拉伸或压缩实验是反映材料力学行为的基本实验。材料开始塑性变形时

的应力即为屈服应力，通常用 σ_s 来表示。一般材料在进入塑性状态之后，继续变形时会产生强化，则屈服应力不断变化，即为后继屈服应力。流动应力是泛指屈服应力，用 Y 表示，它既包括初始屈服应力 σ_s，也包括后继屈服应力。流动应力又称真实应力，其数值等于试样瞬时横断面上的实际应力，它是金属塑性加工变形抗力的指标。

各种变形条件下的流动应力变化规律通常表达为真实应力与应变的关系，即真实应力 – 应变的关系曲线。真实应力 – 应变关系曲线一般由实验确定。因此，其实质上可以看成是塑性变形时应力与应变之间的实验关系。

一、基于拉伸实验确定真实应力 – 应变曲线

1. 标称应力 – 应变曲线

室温下的静力拉伸实验是在万能材料试验机上以小于 $10^{-3}/s$ 的应变速率下进行的。图 3 – 57a 是由退火状态低碳钢拉伸实验确定的标称应力 – 应变曲线。标称应力（也称名义应力或条件应力）σ 及相对线应变 ε 为

$$\sigma = \frac{P}{A_0}, \quad \varepsilon = \frac{\Delta l}{l_0}$$

式中 P——拉伸载荷；

A_0——试样原始横断面积；

l_0——试样标距的原始长度；

Δl——试样标距的伸长量。

在标称应力 – 应变曲线上有三个特征点，将整个拉伸变形过程分为三个阶段：弹性变形、均匀塑性变形和局部塑性变形。

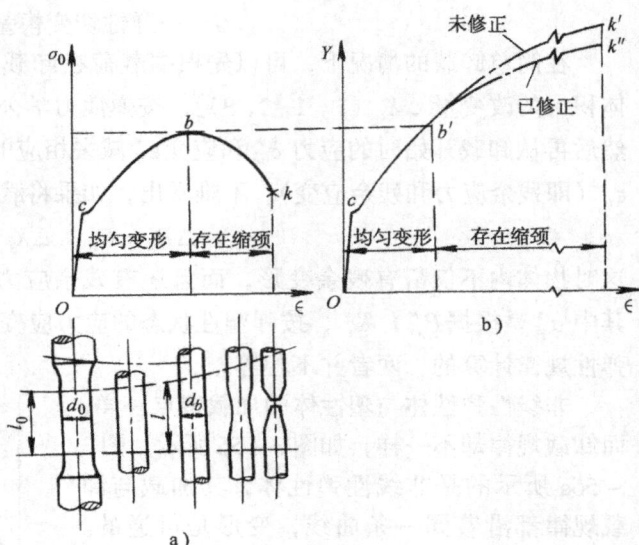

图 3 – 57 拉伸实验曲线

a) 标称应力 – 应变曲线 b) 真实应力 – 应变曲线

第一个特征点是屈服点 C，它是弹性变形与均匀塑性变形的分界点。对于具有明显屈服点的金属，在曲线上呈现屈服平台，此时的应力称为屈服点（即屈服应力 σ_s）。对于没有明显屈服点的材料，在拉伸实验曲线上无屈服平台，这时规定试件产生残余应变 $\varepsilon = 0.2\%$ 的应力作为材料的屈服应力，称为屈服强度，一般用 $\sigma_{0.2}$ 表示。

第二个特征点是曲线上最高点 b。这时载荷达到最大值 P_{max}，其对应的标称应力称为抗拉强度，以 σ_b 表示，则 $\sigma_b = \dfrac{P_{max}}{A_0}$。在 b 点之前试样均匀伸长，到达 b 点时，试样开始出现缩颈，载荷开始下降，变形集中发生在试样的某一局部，这种现象叫做单向拉伸时的塑性失稳，b 点称为塑性失稳点。此后，试样承载能力急剧下降。因此，抗拉强度是均匀塑性变形和局部塑性变形两个阶段的分界点。

第三个特征点是破坏点 k，试样发生断裂，是单向拉伸塑性变形的终止点。

标称应力 – 应变曲线（$\sigma - \varepsilon$ 曲线）在塑性失稳点 b 之前随着拉伸变形过程的进行，继续变形的应力要增加，即后继屈服应力随变形程度增加而增加，这反映了材料的强化处于主

导地位。但在 b 点之后，曲线反而下降，这是由于此后产生缩颈，虽然载荷下降，但横截面面积急剧下降，所以标称应力 σ 并不反映单向拉伸时试样横截面上的实际应力。同样，相对应变也并不反映单向拉伸变形瞬时的真实应变，因试样标距长度在拉伸变形过程中是不断变化的。所以，标称应力 – 应变曲线不能真实地反映材料在塑性变形阶段的力学特征。

2．真实应力 – 应变曲线

在解决实际塑性成形问题时，标称应力 – 应变曲线是不够用的，且是不精确的，因变形是大变形。需要反映真实应力与应变的关系曲线，即为真实应力 – 应变曲线。

（1）真实应力 – 应变曲线分类　真实应力，简称真应力，也就是瞬时的流动应力 Y，用单向均匀拉伸（或压缩）时各加载瞬间的载荷 P 与该瞬间试样的横截面积 A 之比来表示，则

$$Y = \frac{P}{A} \tag{3 – 142}$$

工程上应变可用相对伸长 ε、相对断面收缩率 ψ 和对数应变（真应变）$\in$ 来表示。因此，真实应力 – 应变曲线可分三类：（1）$Y – \varepsilon$；（2）$Y – \psi$；（3）$Y – \in$。由于对数应变具有可加性和可比性等一系列特点，能真实地反映塑性变形过程。因此，在实际应用中，常用第三类真实应力 – 应变曲线，即真实应力 – 对数应变之间的关系曲线（$Y – \in$）。

（2）第三类真实应力 – 应变曲线的确定　由于影响真实应力 – 应变曲线的因素有材料本身的特性、变形温度、变形速度等，因此，实验是一定的材料在一定的变形条件下进行的。一般如不加说明，则是在室温、静载变形速度下进行。

1）方法步骤：

a．求出屈服点 σ_s（一般略去弹性变形）

$$\sigma_s = \frac{P_s}{A_0}$$

式中　P_s——材料开始屈服时的载荷，由试验机载荷刻度盘上读出；

　　　　A_0——试样原始横截面面积。

b．找出均匀塑性变形阶段各瞬间的真实应力 Y 和对数应变 $\in$

$$Y = \frac{P}{A}$$

式中　P——各加载瞬间的载荷，由试验机载荷刻度盘上读出；

　　　　A——各加载瞬间的横截面面积，由体积不变条件求出；

$$A = \frac{A_0 l_0}{l} = \frac{A_0 l_0}{l_0 + \Delta l}$$

式中　Δl——试样标距长度的瞬间伸长量，可由试验机上的标尺上读出。

$$\in = \ln \frac{l}{l_0} = \ln \frac{l_0 + \Delta l}{l_0}$$

或

$$\in = \ln \frac{A_0}{A}$$

从屈服点开始到塑性失稳点 b'，即在均匀塑性变形阶段，可找出几个对应点。塑性失稳点 b' 的应力和应变仍可用上述公式求出，但此时的载荷为最大载荷 P_{max}。

缩颈开始后为集中塑性变形阶段，由于此阶段 A 不能由体积不变条件求出，所以，此阶段要求出各瞬间的应力及其对应的对数应变是很困难的。因此，只能找出断裂时的真实应

力及其对应的对数应变。

c. 找出断裂时的真实应力 Y_k 及其对应的对数应变 $\in_k$

$$Y_k = \frac{P_k}{A_k}$$

式中　P_k——试样断裂时载荷；

　　　A_k——试样断裂处的横截面面积。

$$\in_k = \ln \frac{l_k}{l_0} \quad 或 \quad \in_k = \ln \frac{A_0}{A_k}$$

式中　l_k——试样断裂时的标距总长度。

这样，可在 Y–$\in$ 坐标平面上确定出 Y–$\in$ 曲线，如图 3–57b 所示（未修正）。

2）讨论：

a. 在均匀塑性变形阶段（图 3–57b 中 cb'），应力与应变沿整个试件均匀分布，由于

$$\in = \ln \frac{A_0}{A}, \quad \frac{A_0}{A} = e^\in > 1$$

$$Y = \frac{P}{A} = \frac{P}{A_0} \frac{A_0}{A} = \sigma e^\in$$

因此有

$$Y > \sigma$$

在缩颈点有

$$Y_{b'} > \sigma_b$$

说明在这阶段中，真实应力 Y 大于条件应力 σ。

b. 在集中塑性变形阶段（图 3–57b 中 $b'k'$），由于塑性变形发生在某一局部，形成缩颈。这时，条件应力–应变曲线与真实应力–应变曲线有明显的区别。

在条件应力–应变曲线中（图 3–57a），$\sigma = \dfrac{P}{A_0}$，A_0 为定值，由 P 下降而使 σ 下降，因此，σ 在 b 点出现最大值。而在真实应力–应变曲线中〔图 3–57b（未修正）〕，$Y = \dfrac{P}{A}$，缩颈出现后，P 下降，A 也下降，且 A 下降的速率要比 P 下降快得多，因而 Y 总是随变形程度增加而增加的，这正是硬化的作用，所以在曲线中无极值点。因此，真实应力–应变曲线也称硬化曲线。

但这样得到的真实应力–应变曲线并不是完善的，因为在缩颈开始后，截面发生局部收缩，试样形状也发生了明显变化，缩颈部位应力状态已变为三向应力状态，试样横截面上已不再是均匀的单向拉应力了，见图 3–58。对于圆柱形试件，$\sigma_\rho = \sigma_\theta$，$\sigma_\rho$、$\sigma_\theta$ 在自由表面处为零，向内逐渐增加，到了中心处达到最大值，因而使轴向应力 σ_z 也愈近试件中心愈大。因为在三向应力状态下，塑性变形必须满足塑性条件

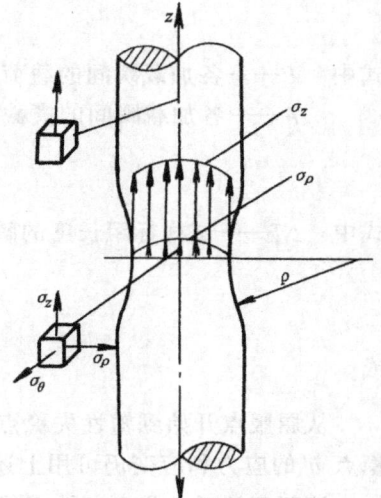

图 3–58　缩颈处断面上的应力分布

$$\sigma_z - \sigma_\rho = \beta \bar{\sigma} = \bar{\sigma} \quad (\beta = 1)$$

所以

$$\sigma_z = \bar{\sigma} + \sigma_\rho$$

在试件缩颈处的自由表面，$\sigma_\rho = \sigma_\theta = 0$，则 $\sigma_z = \bar{\sigma}$，而在试件内部，$\sigma_\rho = \sigma_\theta \neq 0$，且 σ_ρ 愈近中心愈大，因而使拉伸应力 σ_z 增大，这种由于缩颈，即形状变化而产生应力升高的现象称形状硬化。而确定真实应力 – 应变曲线（未修正）时，图 3 – 57b 中 $b'k'$ 段 $Y = \dfrac{P}{A}$ 只是一个平均值，是反映材料冷作硬化和形状硬化总的效应，它必然大于单向均匀拉伸时的拉伸应力 $\bar{\sigma} = Y$，于是得到的曲线 $b'k'$ 有偏高的趋势。

因此，要获得反映材料实际的变形抗力 $\bar{\sigma}$ 与变形程度 $\overline{\in}$ 之间的关系曲线，必须去除"形状硬化"效应的影响。为此，齐别尔（Siebel）等人提出用下式对曲线 $b'k'$ 段进行修正，即

$$Y_{k'} = \frac{Y_k}{1 + \dfrac{d}{8\rho}} \tag{3 – 143}$$

式中　$Y_{k'}$——去除形状硬化后的真实应力；

　　　Y_k——包含形状硬化在内的应力；

　　　d——试件缩颈处直径；

　　　ρ——试件缩颈处外形的曲率半径。

$b'k'$ 段进行修正后成为 $b'k''$，于是图 3 – 57b 中 $Ocb'k''$ 即为所求的真实应力 – 应变曲线。

二、基于压缩实验和轧制实验确定真实应力 – 应变曲线

1. 基于圆柱压缩实验确定真实应力 – 应变曲线

基于拉伸实验确定的真实应力 – 应变曲线，最大应变量受到塑性失稳的限制，一般 $\in \approx 1.0$ 左右，而曲线的精确段在 $\in < 0.3$ 范围内，而实际塑性成形时的应变往往比 1.0 大得多。因此，用拉伸实验确定的真实应力 – 应变曲线便不够用了。而用压缩实验得到的真实应力 – 应变曲线的应变量可达 $\in = 2.0$，有人在压缩铜试样时曾获得 $\in = 3.9$ 的变形程度。因此，要获得大变形程度下的真实应力 – 应变曲线就需要用压缩实验。

压缩实验的主要问题是试件与工具之间的接触面上不可避免地存在着摩擦，这就改变了试件的单向均匀压缩状态，并使圆柱试样出现鼓形，因而求得的应力也就不是真实应力。所以，消除接触表面间的摩擦是求得精确压缩真实应力 – 应变曲线的关键。

图 3 – 59a 是圆柱压缩实验简图。上、下垫板须经淬火、回火、磨削和抛光。试件尺寸

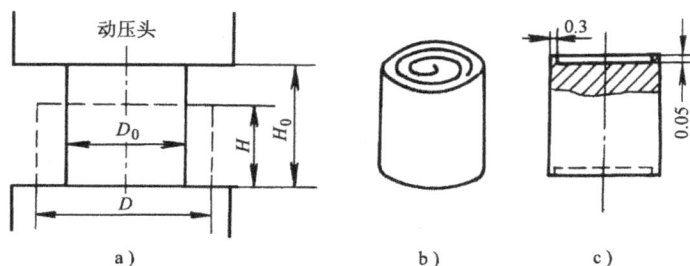

图 3 – 59　圆柱压缩实验及其试件

a）压缩实验简图　b）、c）压缩实验试件

一般取 $D_0 = 20 \sim 30\text{mm}$，$\dfrac{D_0}{H_0} = 1$。为减小试件与垫板之间接触面上的摩擦，可在试件的端面上车出沟槽（图 3 – 59b）以便保存润滑剂；或将试件端面车出浅坑（图 3 – 59c），浅坑中存放润滑剂，如石蜡或猪油，保持润滑作用。

实验时，每压缩 10% 的高度，记录一次压力和实际高度，然后将试件和垫板擦净，重新加润滑剂，再重复上述过程。但如果试件上出现鼓形，则需将鼓形车去，并使试件尺寸仍保持 $\dfrac{D}{H} = 1$，再重复以上压缩过程，直压至所需的变形量（一般达到 $\in = 1.2$ 即可）或试件侧面出现微裂纹为止。根据记录下的各次压缩量和压力，利用下面公式计算出压缩时的真实应力和对数应变，便可作出真实应力—应变曲线。

压缩时的对数应变为（参看图 3 – 59a）

$$\in = \ln \frac{H_0}{H}$$

式中　H_0、H——试件压缩前、后的高度。

压缩时真实应力为

$$Y = \frac{P}{A} = \frac{P}{A_0 \, e^{\in}}$$

式中　A_0、A——试件压缩前、后的横截面面积；

　　　　P——轴向载荷。

2. 基于轧制实验确定真实应力 – 应变曲线

对于板料，可采用轧制压缩（即平面应变压缩）实验的方法来求得真实应力 – 应变曲线。实验装置的主要工作部分示于图 3 – 60。

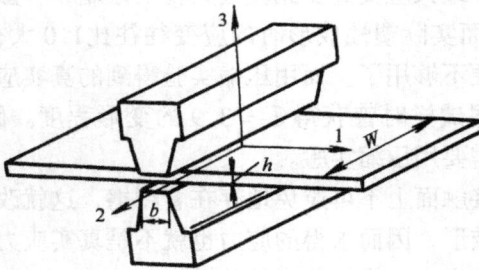

图 3 – 60　平面应变压缩实验

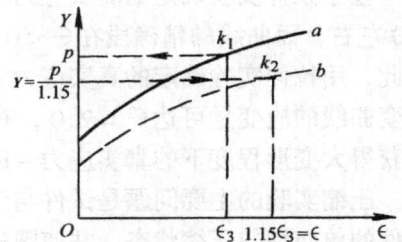

图 3 – 61　平面应变压缩曲线转换成单向压缩曲线

a—平面应变压缩曲线　b—转换成的单向压缩曲线

所用工具是一对狭长的窄锤头。板料的宽度为 W，而锤头宽度为 b，使 $\dfrac{W}{b} = 6 \sim 10$，板料厚度 h 取为 $\left(\dfrac{1}{4} \sim \dfrac{1}{2}\right) b$。压缩时在 2 轴方向的展宽很小，可忽略不计，即可认为板料受压部分处于平面应变状态。板料试样不必精细加工。

实验步骤是：（1）润滑板料表面和锤头表面；（2）将板料水平放在上、下锤头之间，并使板料的轴线方向 1 和锤头轴线方向 2 保持垂直；（3）进行压缩，每压缩高度的 2% 或 5% 记录一次压力 P 并测量出实际板厚，每压缩一次都要重新润滑，压缩到 $\in \approx 1$ 为止。

　　根据各次压缩记录下的数据，就可算出每次的压应力 p $\left(p=\dfrac{P}{Wb}\right)$ 和对数应变 $\in_3$ $\left(\in_3=\ln\dfrac{h}{h_i},\ h_i\ \text{为每次压缩后高度}\right)$，于是就可作出此平面应变压缩时的压应力 p 与对数应变 $\in_3$ 的关系曲线，如图 3 - 61 中曲线 a 所示。但这并不是所求的真实应力—应变曲线。可根据曲线 a 并利用下面的方法作出单向应力状态下的真实应力—应变曲线（图 3 - 61 中曲线 b）。

　　因为锤头很窄，又有良好的润滑，可认为 1 轴方向的主应力 $\sigma_1=0$，并设锤头向下压的应力 $\sigma_3=p$。因为是平面应变，所以 $\in_2=0$，$\sigma_2=\dfrac{\sigma_1+\sigma_3}{2}=\dfrac{p}{2}$。又根据体积不变条件，$\in_1=-\in_3$。这样可求得等效应力 $\overline{\sigma}$ 和等效应变 $\overline{\in}$，即

$$\overline{\sigma}=\frac{1}{\sqrt{2}}\sqrt{(\sigma_1-\sigma_2)^2+(\sigma_2-\sigma_3)^2+(\sigma_3-\sigma_1)}$$

$$=\frac{1}{\sqrt{2}}\sqrt{\left(0-\frac{p}{2}\right)^2+\left(\frac{p}{2}-p\right)^2+(p-0)^2}=\frac{\sqrt{3}}{2}p$$

$$\overline{\in}=\frac{\sqrt{3}}{2}\sqrt{(\in_1-\in_2)^2+(\in_2-\in_3)^2+(\in_3-\in_1)^2}$$

$$=\frac{\sqrt{3}}{2}\sqrt{(-\in_3-0)^2+(0-\in_3)^2+[\in_3-(-\in_3)]^2}=\frac{2}{\sqrt{3}}\in_3$$

在单向应力状态下，有

$$\overline{\sigma}=Y$$
$$\overline{\in}=\in$$

即

$$Y=\frac{\sqrt{3}}{2}p=0.866\,p \tag{3 - 144}$$

$$\in=\frac{2}{\sqrt{3}}\in_3=1.155\in_3 \tag{3 - 145}$$

这样，可将平面应变压缩状态下的压应力 p 和应变 $\in_3$ 分别换算成单向压缩状态下的真实应力 Y 和真应变 $\in$，如图 3 - 61 中曲线 a 上的 k_1 点换算成单向压缩状态时的 k_2 点。于是就可求得单向压缩状态下的真实应力 - 应变曲线，如图 3 - 61 中的曲线 b。

三、真实应力 - 应变曲线的简化形式及其近似数学表达式

　　实验所得的真实应力 - 应变曲线一般都不是简单的函数关系。在解决实际塑性成形问题时，将实验所得的真实应力 - 应变曲线表达成某一函数形式，以便于计算。根据对真实应力 - 应变曲线的研究，可简化成四种类型，如图 3 - 62 所示。

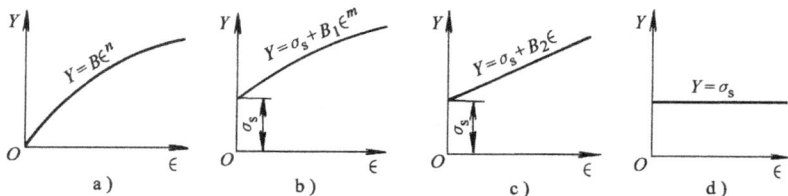

图 3 - 62　真实应力 - 应变曲线的简化类型
a) 幂指数硬化曲线　b) 刚塑性硬化曲线　c) 刚塑性硬化直线　d) 理想刚塑性水平直线

1. 幂指数硬化曲线（图 3 – 62a）

大多数工程金属在室温下都有加工硬化，其真实应力 – 应变曲线近似于抛物线形状，可精确地用指数方程表达

$$Y = B \in^n \qquad (\bar{\sigma} = B \bar{\in}^n) \tag{3 – 146}$$

式中　B——强度系数；

　　　n——硬化指数；

B 与 n 不仅与材料的化学成分有关，而且与其热处理状态有关。表 3 – 4 列出了某些材料的 B 和 n 值。

表 3 – 4　一些金属材料 20℃时的 B、n 值

金属名称牌号	应变速率/s^{-1}	B/MPa	n	金属名称、牌号	应变速率/s^{-1}	B/MPa	n
工业纯铁		608.0	0.25	15Cr	慢	793.7	0.18
15 号钢	1.6	784.0	0.10	40Cr	慢	861.9	0.15
20 号钢	慢	745.0	0.20	Cu – 1		452.0	0.328
35 号钢	慢	901.0	0.17	Al – 1		154.0	0.204
45 号钢	1.5	950.0	0.14	1Cr18Ni9Ti	慢	1451.0	0.60
50 号钢		970.0	0.16	5CrNiMo	慢	1172.7	0.128
60 号钢	1.5	1087.2	0.12				

2. 有初始屈服应力的刚塑性硬化曲线（图 3 – 62b）

当有初始屈服应力 σ_s 时，可表达为

$$Y = \sigma_s + B_1 \in^m \qquad (\bar{\sigma} = \sigma_s + B_1 \bar{\in}^m) \tag{3 – 147}$$

式中　B_1、m——与材料性能有关的参数，需根据实验曲线求出。

由于与塑性变形相比，弹性变形很小，可以忽略。所以，该形式为刚塑性硬化曲线。

3. 有初始屈服应力的刚塑性硬化直线（图 3 – 62c）

有时为了简化起见，可用直线代替硬化曲线，则是线性硬化形式，或称硬化直线，其表达式为

$$Y = \sigma_s + B_2 \in \qquad (\bar{\sigma} = \sigma_s + B_2 \bar{\in}) \tag{3 – 148}$$

式中　B_2——硬化系数，可参考图 3 – 57b，近似取 $B_2 = \dfrac{Y_{b'} - \sigma_s}{\in_{b'}}$。

4. 无加工硬化的水平直线（图 3 – 62d）

对于几乎不产生加工硬化的材料，此时硬化指数 $n = 0$，可以认为真实应力 – 应变曲线是一水平直线，这时的表达式为

$$Y = \sigma_s \qquad (\bar{\sigma} = \sigma_s) \tag{3 – 149}$$

这就是理想刚塑性材料的模型。大多数金属在高温低速下的大变形及一些低熔点金属（如铅）在室温下的大变形可采用无加工硬化假设。

四、变形温度和变形速度对真实应力 – 应变曲线的影响

1. 变形温度对真实应力 – 应变曲线的影响

金属材料在不同温度下进行实验，则真实应力 – 应变曲线有很大差别。

钢、铜、铝等不同材料在冷塑性变形过程中都存在不同程度的应变硬化现象。这些材料在加热变形条件下，随变形温度的提高，使流动应力（真实应力 Y）下降。其原因：

1）随着温度升高，发生回复和再结晶，即所谓软化作用，可消除和部分消除应变硬化现象；

2）随着温度升高，原子的热运动加剧，动能增大，原子间结合力减弱，使临界切应力降低；

3）随着温度的升高，材料的显微组织发生变化，可能由多相组织变为单相组织。

但有些金属，在某些温度区域，由于金属的脆性，出现了一些例外情况。如图 3-63 所示中，碳钢在 200~350℃ 的蓝脆区和 800~950℃ 的热脆区，则流动应力反而有所升高，但总的趋势仍是流动应力随变形温度升高而下降。从真实应力 - 应变曲线来看，金属的硬化强度减小（即曲线的斜率减小），并从某一温度开始，真实应力 - 应变曲线接近水平线，这表明金属在变形中的硬化效应完全被软化作用所消除。图 3-64~图 3-66 是几种材料在不同温度下静载（$\dot{\varepsilon} < 10^{-3}\mathrm{s}^{-1}$）压缩时的真实应力 - 应变曲线，从中可以看出温度对软化的作用。

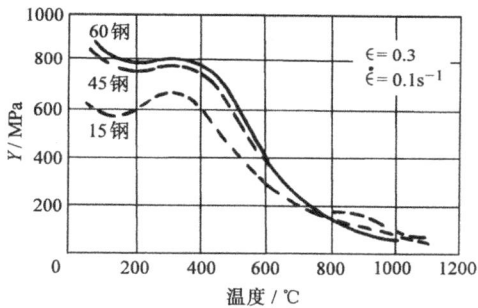

图 3-63　碳钢在不同温度下的流动应力

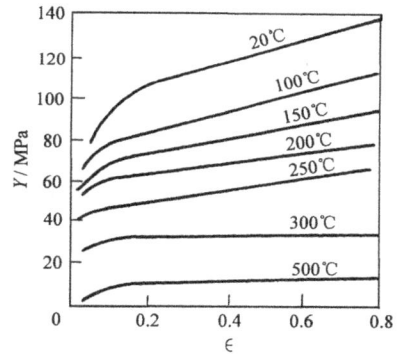

图 3-64　铝在不同温度下的静载压缩
时的真实应力 - 应变曲线

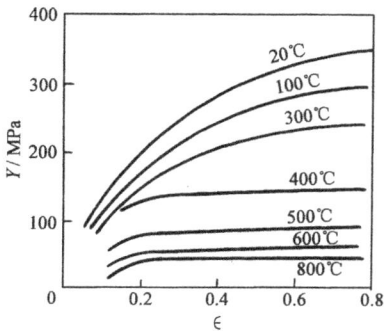

图 3-65　铜在不同温度下的静载压缩
时的真实应力 - 应变曲线

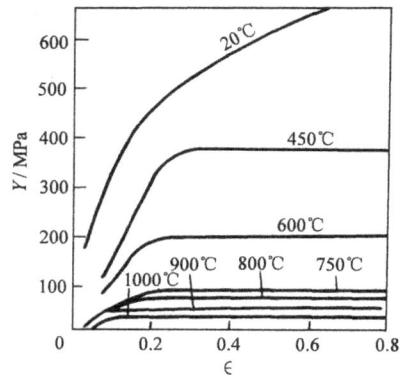

图 3-66　低碳钢在不同温度下的静载
压缩时的真实应力 - 应变曲线

2. 变形速度对真实应力－应变曲线的影响

变形速度的增加，这就意味着位错运动速度的加快，必然需要更大的切应力，则流动应力必然要提高。此外，由于变形速度增加，没有足够的时间发展软化过程，这也促使流动应力提高。但另一方面，由于变形速度增加，导致温度效应的增加，反而使流动应力降低。由此可见，变形速度最终对流动应力的影响相当复杂。具体影响程度主要取决于金属材料在具体变形条件下变形时硬化与软化的相对强度而定。

在冷变形时，由于温度效应显著，强化被软化所抵消，最终表现出的是：变形速度的影响不明显，动态时的真实应力－应变曲线比静态时略高一点，差别不大（见图 3－67a）。但在高温变形时情况则不同。高温变形时温度效应小，变形速度的强化作用显著，动态热变形时的真实应力－应变曲线比静态时高出很多，如图 3－67c 所示。温变形时的动态真实应力－应变曲线比静态时的曲线增高的程度小于热变形时的情况（见图 3－67b）。

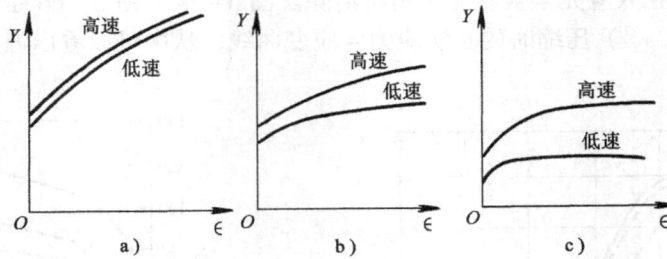

图 3－67　不同温度下变形速度对真实应力—应变曲线的影响
a）冷变形　b）温变形　c）热变形

从图 3－68 中的实验曲线可以从数量上看出不同温度下变形速度对流动应力的影响。图中横坐标是变形时的相对温度 T_H ［变形时的绝对温度 T 与熔化绝对温度 T_M 的比值，$T = (t + 273)℃$］，纵坐标是同一温度下动态和静态流动应力的比值 $\dfrac{Y}{\sigma_s}$。该曲线清楚地表明，随变形温度的升高，即 T_H 的增加，$\dfrac{Y}{\sigma_s}$ 值也增大。在 $T_H > 0.6$ 的热变形时特别明显。在不同的变形温度下，变形速度的影响可归纳为：

1）在相对温度 $T_H < 0.5$，即低于再结晶温度的冷变形时，变形速度的影响不大，$\dfrac{Y}{\sigma_s}$ 的比值的变化在 $1 \sim 2$ 之间。

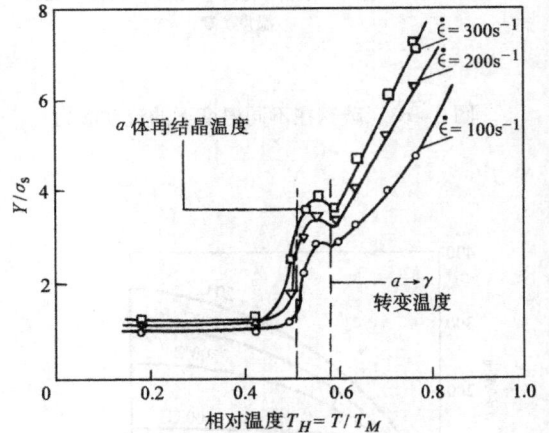

图 3－68　0.55％碳钢在不同相对温度下，变形速度与动静态流动应力比值 Y/σ_s 间的关系（$\varepsilon = 0.15$）

2）在再结晶温度以上的热变形时，即 $T_H > 0.6$，变形速度的影响特别明显。例如 $T_H =$

0.8，$\dot\epsilon = 300s^{-1}$时，$\dfrac{Y}{\sigma_s} \approx 8$。这说明$0.55\%$碳钢在$T_H > 0.6$高速变形时，流动应力比室温下慢速变形要大得多。

3）在温变形区间，即$0.4 < T_H < 0.6$时，要发生相的转变，$\dfrac{Y}{\sigma_s}$值增大，$\dfrac{Y}{\sigma_s} \approx 3$。当然，在$\dot\epsilon < 100s^{-1}$时，$\dfrac{Y}{\sigma_s}$值则相应减小。

图3－68所示的变化关系在二元合金中具有典型性。曲线的第一个斜率转折点相当于主要合金成分α铁素体的再结晶温度，第二个转折点为体心的α体转变为面心的γ体的相变温度。对其他类似的材料有一定的参考价值。

高温、等应变速率下的真实应力－应变曲线必须使用专门的设备才能作出。图3－69、图3－70是二种钢在高温、不同变形速度压缩下的真实应力－应变曲线。

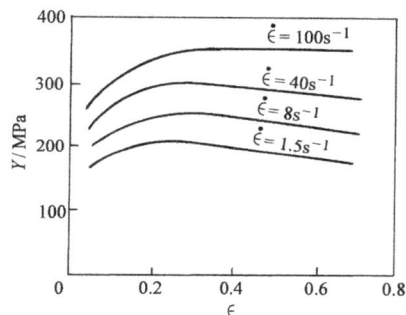

图3－69　4Cr9Si2钢在1000℃时不同变形速度压缩下的真实应力－应变曲线

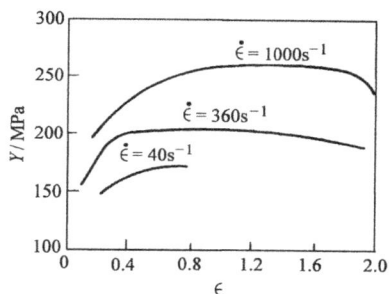

图3－70　低碳钢在1100℃时不同变形速度压缩下的真实应力－应变曲线

实际应用中，为了方便地求得不同温度下的动载流动应力，根据学者古布金对于这个问题的处理方法，可将材料静载下的流动应力（Y）乘一个速度系数ω。ωY即为所求的动载荷下的应力。表3－5即为古布金所推荐的速度系数ω值。

表3－5　速度系数值

变形速度增加倍数（以准静速度0.1/s为基准）	ω			
	$\dfrac{T}{T_熔} < 0.3$	0.3~0.5	0.5~0.7	>0.7
10倍	1.05~1.10	1.10~1.15	1.15~1.30	1.30~1.50
100倍	1.10~1.22	1.22~1.32	1.32~1.70	1.70~2.25
1000倍	1.16~1.34	1.34~1.52	1.52~2.20	2.20~3.40
从准静速度提高到动载	1.10~1.25	1.25~1.75	1.75~2.50	2.50~3.50

注：速度系数下限值用于该温度范围内较低的温度。

思 考 与 练 习

1．如何完整地表示受力物体内任一点的应力状态？原因何在（用文字叙述）？
2．叙述下列术语的定义或含义：

张量；应力张量；应力张量不变量；主应力；主切应力；最大切应力；主应力简图；八面体应力；等效应力；平面应力状态；平面应变状态；轴对称应力状态。

3. 张量有哪些基本性质？

4. 试说明应力偏张量和应力球张量的物理意义。

5. 等效应力有何特点？写出其数学表达式。

6. 平面应力状态、平面应变状态、轴对称应力状态及纯切应力状态各有何特点？

7. 已知受力物体内一点的应力张量为 $\sigma_{ij} = \begin{bmatrix} 50 & 50 & 80 \\ 50 & 0 & -75 \\ 80 & -75 & -30 \end{bmatrix}$（MPa），试求外法线方向余弦为 $l = m = \frac{1}{2}$，$n = \frac{1}{\sqrt{2}}$ 的斜切面上的全应力、正应力和切应力。

8. 对于 $Oxyz$ 直角坐标系，已知受力物体内一点的应力张量分别为

$$\sigma_{ij} = \begin{bmatrix} 10 & 0 & -10 \\ 0 & -10 & 0 \\ -10 & 0 & 10 \end{bmatrix}; \quad \sigma_{ij} = \begin{bmatrix} 0 & 172 & 0 \\ 172 & 0 & 0 \\ 0 & 0 & 100 \end{bmatrix}; \quad \sigma_{ij} = \begin{bmatrix} -7 & -4 & 0 \\ -4 & -1 & 0 \\ 0 & 0 & -4 \end{bmatrix}$$

（应力单位为 MPa）

1）画出该点的应力单元体；

2）求出该点的应力张量不变量、主应力及主方向、主切应力、最大切应力、八面体应力、等效应力、应力偏张量及应力球张量；

3）画出该点的应力莫尔圆，并将应力单元体的微分面（即 x、y、z 面）分别标注在应力莫尔圆上。

9. 某受力物体内应力场为：$\sigma_x = -6xy^2 + c_1 x^3$，$\sigma_y = -\frac{3}{2} c_2 xy^2$，$\tau_{xy} = -c_2 y^3 - c_3 x^2 y$，$\sigma_z = \tau_{yz} = \tau_{zx} = 0$，试求系数 c_1、c_2、c_3。（提示：应力应满足平衡微分方程）

10. 平板在 x 方向均匀拉伸（图 3-71），在板上每一点的应力都有 $\sigma_x =$ 常数，试问 σ_y 为多大时，等效应力为最小？并求其最小值。

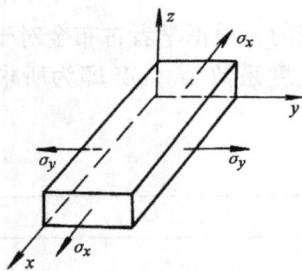

图　3-71

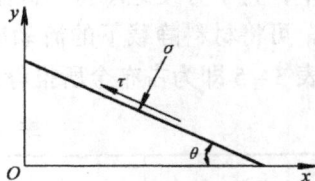

图　3-72

11. 在平面塑性变形条件下，塑性区一点在与 x 轴交成 θ 角的一个平面上，其正应力为 σ（$\sigma < 0$），切应力为 τ，且为最大切应力 K，如图 3-72 所示。试画出该点的应力莫尔圆，并求出在 y 方向上的正应力 σ_y 及切应力 τ_{xy}，且将 σ_y、τ_{yx} 及 σ_x、τ_{xy} 所在之平面标注在应力莫尔圆上。

12. 叙述下列术语的定义或含义：

位移；位移分量；相对线应变；工程切应变；切应变；对数应变；主应变；主切应变；最大切应变；应变张量不变量；主应变简图；八面体应变；等效应变；应变增量；应变速率；位移速度。

13. 如何完整地表示受力物体内一点的应变状态？原因何在？（用文字叙述）。

14. 试说明应变偏张量和应变球张量的物理意义。

15. 塑性变形时应变张量和应变偏张量有何关系？其原因何在？

16. 用主应变简图来表示塑性变形的类型有哪些？

17. 对数应变有何特点？它与相对线应变有何关系？

18. 设一物体在变形过程中某一极短时间内的位移场为

$$u = (10 + 0.1xy + 0.05z) \times 10^{-3}$$
$$v = (5 - 0.05x + 0.1yz) \times 10^{-3}$$
$$w = (10 - 0.1xyz) \times 10^{-3}$$

试求：点 A（1，1，1）的应变分量、应变球张量、应变偏张量、主应变、八面体应变、等效应变。

19. 试判断下列应变场能否存在：

（1）$\varepsilon_x = xy^2$，$\varepsilon_y = x^2 y$，$\varepsilon_z = xy$，$\gamma_{xy} = 0$，$\gamma_{yz} = \frac{1}{2}(z^2 + y)$，$\gamma_{zx} = \frac{1}{2}(x^2 + y^2)$；

（2）$\varepsilon_x = x^2 + y^2$，$\varepsilon_y = y^2$，$\varepsilon_z = 0$，$\gamma_{xy} = 2xy$，$\gamma_{yz} = \gamma_{zx} = 0$。

20. 塑性加工中常用的变形量计算方法有哪些？

21. 叙述下列术语的定义或含义：

屈服准则；屈服表面；屈服轨迹。

22. 常用的屈服准则有哪两个？如何表述？分别写出其数学表达式。

23. 两个屈服准则有何差别？在什么状态下两个屈服准则相同？什么状态下差别最大？

24. 对各向同性的硬化材料的屈服准则是如何考虑的？

25. 某理想塑性材料在平面应力状态下的各应力分量为 $\sigma_x = 75$，$\sigma_y = 15$，$\sigma_z = 0$，$\tau_{xy} = 15$（应力单位为 MPa），若该应力状态足以产生屈服，试问该材料的屈服应力是多少？

26. 试判断下列应力状态使材料处于弹性状态还是处于塑性状态？

$$\sigma_{ij} = \begin{bmatrix} -5\sigma_s & 0 & 0 \\ 0 & -5\sigma_s & 0 \\ 0 & 0 & -4\sigma_s \end{bmatrix} ; \quad \sigma_{ij} = \begin{bmatrix} -0.8\sigma_s & 0 & 0 \\ 0 & -0.8\sigma_s & 0 \\ 0 & 0 & -0.2\sigma_s \end{bmatrix} ; \quad \sigma_{ij} = \begin{bmatrix} -\sigma_s & 0 & 0 \\ 0 & -0.5\sigma_s & 0 \\ 0 & 0 & -1.5\sigma_s \end{bmatrix}$$

27. 图 3-73 所示的薄壁圆管受拉力 P 和扭矩 M 的作用而屈服，试写出此情况下的米塞斯屈服准则和屈雷斯加屈服准则的表达式。

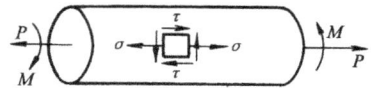

图 3-73

28. 叙述下列术语的定义或含义：

增量理论；全量理论；比例加载；标称应力；真实应力；拉伸塑性失稳；硬化材料；理想弹塑性材料；理想刚塑性材料；弹塑性硬化材料；刚塑性硬化材料。

29. 塑性变形时应力应变关系有何特点？为什么说塑性变形时应力和应变之间关系与加载历史有关？

30. 全量理论使用在什么场合？为什么？

31. 在一般情况下对应变增量积分是否等于全量应变？为什么？在什么情况下这种积分才能成立？

32. 边长为 250mm 的立方块金属，在 z 方向作用有 $\sigma_z = 150$MPa 的压应力（图 3-74）。为了阻止立方体的膨胀不大于 0.05 mm，则在 x、y 方向应加多大力？（设 $E = 207 \times 10^3$ MPa，$\nu = 0.3$）。

33. 已知下列三种应力状态的三个主应力为：（a）$\sigma_1 = 2\sigma$，$\sigma_2 = \sigma$，$\sigma_3 = 0$；（b）$\sigma_1 = 0$，$\sigma_2 = -\sigma$，$\sigma_3 = -\sigma$；（c）$\sigma_1 = \sigma$，$\sigma_2 = \sigma$，$\sigma_3 = 0$。分别求其塑性应变增量 $d\varepsilon_1^p$、$d\varepsilon_2^p$、$d\varepsilon_3^p$ 与等效应变增量 $d\bar{\varepsilon}^p$ 的关系表达式。

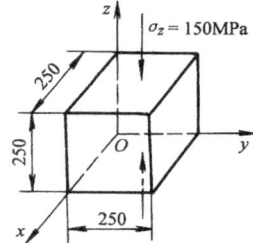

图 3-74

34. 已知二端封闭的长薄壁管容器，半径为 r，壁厚为 t，由内压力 p（单位流动压力）引起塑性变形，若轴向、切向、径向塑性应变增量分别为 $d\varepsilon_z^p$、$d\varepsilon_\theta^p$、$d\varepsilon_r^p$，如果忽略弹性应变，试求各塑性应变增量之间的比值（即 $d\varepsilon_z^p$：

$d\varepsilon_{\theta}'' : d\varepsilon_r'')$。（提示：先求出应力偏量）。

35. 如何用单向拉伸、单向压缩及轧制实验来确定第三类真实应力－应变曲线？在单向拉伸实验中，出现缩颈后为什么要对曲线进行修正？

36. 真实应力－应变曲线的简化类型有哪些？分别写出其数学表达式。

37. 变形温度和变形速度对真实应力－应变曲线有什么影响？

第四章 金属塑性成形中的摩擦

无论是在机械传动中，还是在金属塑性成形中，都存在有相对运动或有运动趋势的两接触表面之间的摩擦。前一种摩擦称为动摩擦，后一种摩擦称为静摩擦。在机械传动中主要是动摩擦。

金属塑性成形中的摩擦又有内、外摩擦之分。所谓内摩擦是指变形金属内晶界面上或晶内滑移面上产生的摩擦。外摩擦是指变形金属与工具之间接触面上产生的摩擦。这里研究的是指外摩擦。外摩擦力简称为摩擦力。单位接触面上的摩擦力称为摩擦切应力，其方向与质点运动方向相反，它阻碍金属质点的流动。

第一节 金属塑性成形中摩擦的特点和影响

一、金属塑性成形中摩擦的特点

与机械传动中的摩擦相比，塑性成形中的摩擦有如下特点：

（1）伴随有变形金属的塑性流动 塑性成形中总有一个摩擦物表面处于塑性流动状态（变形金属），而且变形金属沿接触面上的各点的塑性流动情况各不相同，因而在接触面上各点的摩擦也不一样。而机械传动中的摩擦则是发生在二个摩擦物表面均处于弹性变形状态情况下的。

（2）接触面上压强高 在塑性成形过程中，接触面上的压强（单位压力）很高。在热塑性变形时可达 500MPa 左右，在冷挤压和冷轧过程中可高达 2500 ~ 3000MPa。而一般机械传动过程中，接触面上的压强仅 20 ~ 40MPa。由于塑性成形过程中接触面上压强高，接触面间的润滑剂容易被挤出，降低了润滑效果。

（3）实际接触面积大 在一般机械传动过程中，由于接触面凹凸不平，因而实际接触面积比名义接触面积小得多。而在塑性成形过程中，由于发生塑性变形，接触面上凸起部分被压平，因而实际接触面积接近名义接触面积，这使得摩擦力增大。

（4）不断有新的摩擦面产生 在塑性成形过程中，原来非接触面在变形过程中会成为新的接触表面。例如，镦粗时，由于不断形成新的接触表面，工具与变形金属的接触表面随着变形程度的增加而增加。由于在新的接触表面上无氧化皮等，表明工具与变形金属直接接触，从而产生附着力（也称粘合力），使摩擦力增大。因此，要不断给新的接触表面添加润滑剂，这给润滑带来困难。

（5）常在高温下产生摩擦 在塑性成形过程中，为了减小变形抗力，提高材料的塑性，常进行热压力加工。例如，钢材的锻造温度可达到 800 ~ 1200℃。在这种情况下，会产生氧化皮、模具材料软化、润滑剂分解而使润滑剂性能变坏等一系列问题。

从以上所述可以看出，塑性成形过程中的摩擦与润滑问题比一般机械传动中的摩擦要复杂得多。

二、摩擦对塑性成形过程的影响

摩擦对塑性成形在某些情况下会起有益的作用，可以利用摩擦阻力来控制金属流动方向。例如，开式模锻时可利用飞边桥部的摩擦力来保证金属充填模膛；辊锻和轧制是凭借足够的摩擦力使坯料被咬入轧辊等。但摩擦对塑性成形大多数情况下是十分有害的，主要表现在以下几方面：

1）改变变形体内应力状态，增大变形抗力　例如单向压缩时，若工具与变形金属接触面上无摩擦存在，则变形金属内应力状态为单向压应力状态。设单向压应力为 σ_3，此时单位流动压力为 $p = \bar{\sigma} = |\sigma_3| = \sigma_s$（对于理想塑性材料 σ_s 为屈服应力，对于硬化材料 σ_s 为真实应力 Y）。若接触面上有摩擦存在时，则变形金属内应力状态为三向应力状态，此时，根据塑性条件，$|\sigma_1 - \sigma_3| = \beta\sigma_s$，所以有 $p = |\sigma_3| = |\sigma_1| + \beta\sigma_s$，因而摩擦使变形抗力增大，从而增大能量的消耗。同时，摩擦也引起接触面上应力分布状况的改变，无摩擦均匀压缩时，接触面上的正应力均匀分布；存在摩擦时，接触面上正应力呈中间高两边低的不均匀分布。

2）引起不均匀变形，产生附加应力和残余应力　例如圆柱体坯料镦粗时，由于接触面上摩擦的影响，使变形体内应力不均匀分布，从而使变形也呈不均匀分布，形成变形程度不同的几个区域，如图 4 – 1b 中，Ⅰ区为难变形区，Ⅱ区为易变形区，Ⅲ区为小变形区。在挤压杆件时，由于外层金属的流动受到摩擦阻力的影响，出现了流动速度中间快边层慢的现象，严重时会在挤压件尾部形成缩孔。由于变形不均匀，不仅最后使工件得到不均匀的组织和性能，而且会引起附加应力和残余应力。

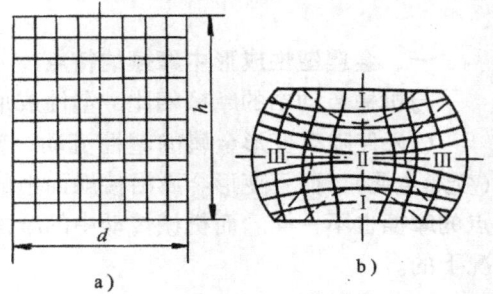

图 4 – 1　圆柱体坯料镦粗时不均匀变形
a）变形前　b）变形后

由于变形体内各部位的不均匀变形受到变形体整体性的限制，各部位不能独立地改变自己的尺寸而不对相邻部分发生影响，因而引起其间相互平衡的内力及相应的应力，这种应力称为附加应力。例如用凸肚轧辊轧制等厚矩形坯料时（图 4 – 2），矩形坯料边缘部分 a 的变形程度小，而中间部分 b 的变形程度大。若 a、b 部分不是同一个整体时，则中间部分 b 比边缘部分 a 发生更大的纵向伸长，如图 4 – 2 中虚线所示。但此矩形坯料实际上是一个整体，虽然各部分的变形量不同，但纵向伸长应趋于相等，故中间部分将给边缘部分施以拉力使其增加伸长，而边缘部分将给中间部分施以压力使其减小伸长，因此就产生相互平衡的内力。在中间部分受附加压应力，而在边缘部分受附加拉应力。因此，附加应力是由变形不均匀所引起的相互平衡的内力，它是成对出现

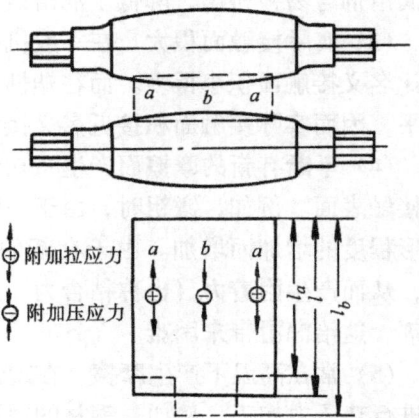

图 4 – 2　用凸肚轧辊轧制等厚矩形坯料

的。对于变形发展受阻的部位，沿受阻的方向受到压应力，对于变形发展被迫加剧的部位沿加剧的方向受到拉应力。

由于摩擦的影响，金属物体的塑性变形总是不均匀的，因此变形物体内总有附加应力存

在，它对塑性成形造成许多不良后果，如引起变形体的应力状态发生变化，使应力分布更不均匀；使变形体塑性降低，甚至可能造成破坏，即当附加拉应力的数值超过材料的强度极限时，可能会造成破裂；造成变形物体形状的歪扭、形成残余应力等。

当卸载后，塑性变形不消失，应变梯度不消失，仍相互牵制，因此引起应力的外因去除后在变形物体内仍保留下来的应力称为残余应力，其中包括保留下来的附加应力。此外，由于温度不均匀（加热或冷却不均匀）引起的热应力以及由相变过程所引起的组织应力等都会形成残余应力。

残余应力也会对塑性成形带来许多不良后果，如使制品的尺寸和形状发生变化；缩短制品的寿命；增大变形抗力；降低金属的塑性、冲击韧度及抗疲劳强度等。

由于附加应力是由变形不均匀引起，并对塑性成形带来许多不良后果，因此避免附加应力产生的根本途径是要创造均匀变形的条件，例如降低模具的粗糙度和采用适当的润滑措施，以减小接触面的摩擦力等。

3）降低模具寿命　这是由于摩擦使模具接触面直接磨损、摩擦产生的热使模具材料软化及由于变形抗力增大而引起的应力增大所造成的。

为了减小摩擦对塑性成形带来的种种有害影响，常采用润滑，即在工具和变形金属的接触面上涂敷润滑剂。这样，使金属塑性成形技术更复杂化。

第二节　塑性成形中摩擦的分类及机理

一、塑性成形中摩擦的分类

金属在塑性成形时，根据坯料与工具的接触表面之间的润滑状态的不同，可以把摩擦分为三种类型，即干摩擦、边界摩擦和流体摩擦，由此还可以派生出混合型摩擦。

1. 干摩擦

当变形金属与工具之间的接触表面上不存在任何外来的介质，即直接接触时所产生的摩擦称为干摩擦，见图 4-3a。这种绝对理想的干摩擦在实际生产中是不存在的，这是由于金属在塑性成形过程中，其表面总会产生氧化膜或吸附一些气体、灰尘等其他介质。通常所说的干摩擦是指不加任何润滑剂的摩擦。

2. 边界摩擦

当坯料与工具之间的接触表面上加润滑剂时，随着接触压力的增加，坯料表面凸起部分被压平，润滑剂被挤入凹坑中，被封存在里面（图 4-3b），这时在压平部分与模具之间存在一层极薄的润滑膜，其厚度约为 10^{-6} mm 左右。这种润滑膜一般是一种流体的单分子膜，接触表面就处在被这种单分子膜隔开的状态，这种单分子膜润滑的状态称为边界润滑，这种状态下产生的摩擦称为边界摩擦，如图 4-8b 所示。若这层单分子膜完全被挤掉，则工具与变形金属直接接触，此时会出现粘膜现

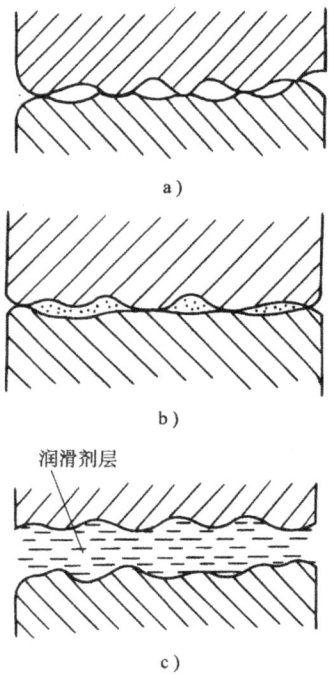

a)

b)

润滑剂层

c)

图 4-3　摩擦分类示意图
a）干摩擦　b）边界摩擦
c）流体摩擦

象。大多数塑性成形中的摩擦属于边界摩擦。

3．流体摩擦

当变形金属与工具表面之间的润滑剂层较厚，两表面完全被润滑剂隔开，此时的润滑状态称为流体润滑，这种状态下的摩擦称为流体摩擦，如图 4-3c 所示。流体摩擦与干摩擦和边界摩擦有着本质上的区别，其摩擦特征与所加润滑剂的性质（粘度）和相对速度梯度有关，而与接触表面的状态无关。

在实际生产中，上述三种摩擦不是截然分开的，虽然在塑性加工中多半属于边界摩擦，但有时会出现所谓的混合摩擦，即半干摩擦与半流体摩擦。半干摩擦是边界摩擦与干摩擦的混合状态；半流体摩擦是边界摩擦与流体摩擦的混合状态。

二、摩擦机理

塑性成形过程中摩擦的性质是复杂的，目前关于摩擦产生的原因（即摩擦机理）有三种学说。

1．表面凹凸学说

此学说认为摩擦是由于接触面上的凹凸形状引起的。因为所有经过机械加工的表面并非绝对平坦光滑的，都有不同程度的微观凸牙和凹坑。当凸凹不平的两个表面相互接触时，并在压力的作用下，一个表面的"凸牙"可能会插入另一个表面的"凹坑"，产生机械咬合（见图 4-4）。这样的接触表面在外力作用下产生相对运动时，相互咬合的凸牙部分或被切断，或使其产生剪切变形。此时摩擦力表现为这些凸牙被切断或产生剪切变形时的阻力。根据这一观点，相互接触的表面越粗糙，微"凸牙"和"凹坑"就越大，相对运动时的摩擦力就越大。降低接触表面的粗糙度，或者涂抹润滑剂以填补表面凹坑，都可起到减小摩擦的作用，对于普通粗糙程度的表面来说，这种观点已得到实践的验证。

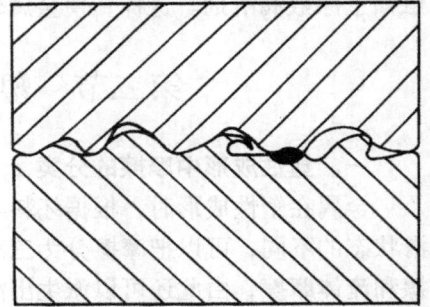

图 4-4　接触表面凹凸不平
形成机械咬合

两个接触表面上微"凸牙"的强度不仅取决于金属材料本身的性质（强度），而且还取决于微"凸牙"本身的大小，因此可以认为两个表面上的微"凸牙"都可能被切断或变形，这就是工具会磨损的原因。

2．分子吸附学说

当两个接触表面非常光滑时，摩擦力不但不降低，反而会提高，这一现象无法用凹凸学说来解释。这就产生了分子吸附学说，认为摩擦产生的原因是由于接触表面上分子之间相互吸引的结果。物体表面越光滑，实际接触面积就越大，分子吸引力就越强，则摩擦力也就越大。

3．粘着理论

这一理论认为，当两个表面接触时，接触面上某些接触点处压力很大，以致发生粘接或焊合，当两表面产生相对运动时，粘接点被切断而产生相对滑动。

现代摩擦理论认为，摩擦力不仅包含有剪切接触面机械咬合所产生的阻力，而且包含有真实接触表面分子吸附作用所产生的粘合力及切断粘接点所产生的阻力。对于流体摩擦来说，摩擦力主要表现为润滑剂层之间的流动阻力。

第三节　描述接触表面上摩擦力的数学表达式

用适当的数学表达式定量表示摩擦力即为摩擦条件。在计算金属塑性成形中的摩擦力时，常用以下两种摩擦条件。

一、库伦摩擦条件

不考虑接触面上的粘合现象，认为摩擦符合库伦定律，即摩擦力与接触面上的正压力成正比，其数学表达式为

$$T = \mu P_n \ \text{或} \ \tau = \mu \sigma_n \tag{4-1}$$

式中　T——摩擦力；

　　　τ——摩擦切应力；

　　　σ_n——接触面上的正压应力；

　　　μ——外摩擦系数（简称摩擦系数）。

摩擦系数 μ 应根据实验来确定。从式（4-1）可以看出，应用库伦摩擦条件时，除了要知道摩擦系数之外，还要知道正压应力在接触面上的分布情况。

式（4-1）在使用中应注意，摩擦切应力 τ 不能随 σ_n 的增大而无限制地增大。因当 $\tau = \tau_{max} = K$（被加工金属的剪切屈服强度）时，被加工金属的接触表面将要产生塑性流动，此时 σ_n 的极限值为被加工金属的拉伸屈服强度 Y（真实应力）。K 与 Y 之间应满足一定关系，根据屈服准则，$K = (\frac{1}{2} \sim \frac{1}{\sqrt{3}}) Y$，由此并根据式（4-1）可确定摩擦系数 μ 的极限值为

$$\mu = 0.5 \sim 0.577 \tag{4-2}$$

式（4-1）适用于正压力不太大、变形量较小的冷成形工序。

二、常摩擦力条件

这一条件认为，接触面上的摩擦切应力 τ 与被加工金属的剪切屈服强度 K 成正比，即

$$\tau = mK \tag{4-3}$$

式中　m——摩擦因子，取值范围为 $0 \leqslant m \leqslant 1$。

若 $m = 1$，即 $\tau = \tau_{max} = K$，这称为最大摩擦力条件。

在热塑性成形时，常采用最大摩擦力条件。在用上限法或有限元法分析塑性成形过程时，一般采用常摩擦力条件，因为采用这一条件，事先不需知道接触面上的正压应力分布情况，因而比较方便。

第四节　影响摩擦系数的主要因素

塑性成形中的摩擦系数通常是指接触面上的平均摩擦系数。影响摩擦系数的因素很多，其主要因素分述如下。

一、金属的种类和化学成分

金属的种类和化学成分对摩擦系数影响很大。由于金属表面的硬度、强度、吸附性、原子扩散能力、导热性、氧化速度、氧化膜的性质以及与工具金属分子之间相互结合力等都与

化学成分有关，因此不同种类的金属及不同化学成分的同一类金属，摩擦系数是不同的。粘附性较强的金属通常具有较大的摩擦系数，如铅、铝、锌等。一般来说，材料的硬度、强度越高，摩擦系数就越小，因而凡是能提高材料的硬度、强度的化学成分都可使摩擦系数减小。对于黑色金属，随着碳的质量分数的增加，摩擦系数有所降低，如图4-5所示。

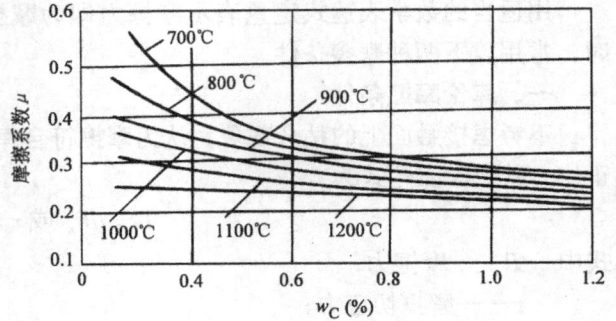

图4-5　钢的含碳量对摩擦系数的影响

二、工具的表面状态

一般来说，工具表面越光滑，即表面凸凹不平程度越轻，这时机械咬合效应就越弱，因而摩擦系数越小。若接触表面都非常光滑，分子吸附作用增强，反而会引起摩擦系数增加，但这种情况在塑性成形中并不常见。

工具表面粗糙度在各个方向不同时，则各方向的摩擦系数亦不相同。实验证明，沿着加工方向的摩擦系数比垂直加工方向的摩擦系数约小20%。

三、接触面上的单位压力

单位压力较小时，表面分子吸附作用不明显，摩擦系数保持不变，和正压力无关。当单位压力增大到一定数值后，接触表面的氧化膜被破坏，润滑剂被挤掉，这不但增加了真实接触面积，而且使坯料和工具接触面间分子吸附作用增强，从而使摩擦系数随单位压力的增大而上升，当上升到一定程度后又趋于稳定，如图4-6所示。

四、变形温度

变形温度对摩擦系数的影响很复杂。因为变形温度变化时，材料的强度、硬度及接触面上氧化膜的性能等都会发生变化。一般认为，变形温度较低时，摩擦系数随变形温度升高而增大，到某一温度，摩擦系数达到最大值，此后，随变形温度继续升高而降低，如图4-7所示。这是因为变形温度较低时，金属坯料的强度、硬度较大，氧化膜较薄，所以摩擦系数较小。随着变形温度的升高，金属坯料的强度、硬度降低，氧化膜增厚，而且接触表面间分子吸附能力也增强；同时，高温使润滑剂性能变坏，因而摩擦系数增大。到某一温度摩擦系数达到最大值后，随变形温度继续升高时，氧化皮会变软或者脱离金属基体表面，在金属坯料与工具之间形成一个隔离层，起到润滑作用，所以摩擦系数反而下降。

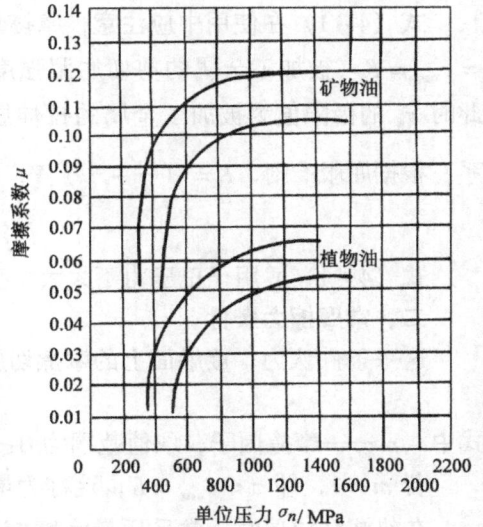

图4-6　正压力对摩擦系数的影响

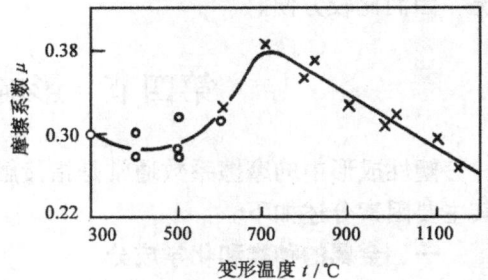

图4-7　热轧时温度对碳钢摩擦系数的影响

五、变形速度

许多实验结果表明，摩擦系数随变形速度增加而有所下降。例如，锤上镦粗时的摩擦系数要比同样条件下压力机上镦粗时小 20% ~ 25% 左右。摩擦系数降低的原因与摩擦状态有关。在干摩擦时，由于变形速度的增大，接触表面凸凹不平的部分来不及相互咬合，同时由于摩擦面上产生的热效应，使真实接触面上形成"热点"，该处金属变软。上述两个原因均使摩擦系数降低。在边界润滑条件下，由于变形速度增加，可使润滑油膜的厚度增加，并较好地保持在接触面上，从而减少了金属坯料与工具的实际接触面积，使摩擦系数下降。图 4 – 8 表示冷轧铝试样时轧制速度对摩擦系数的影

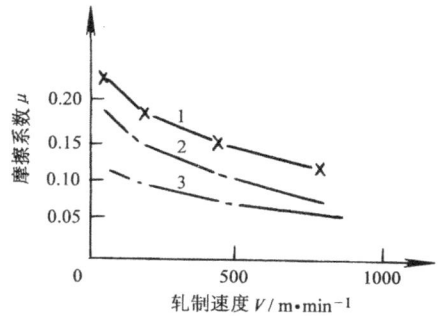

图 4 – 8　纯铝轧制时轧制速度对
摩擦系数的影响
1—压下率 60%，润滑油中无添加剂
2—压下率 60%，润滑油中加入酒精
3—压下率 25%，润滑油中加入酒精

响。从图中可知，当变形速度增大时，不论何种润滑条件，摩擦系数都下降；不同的润滑剂（曲线 1 与 2），摩擦系数不同；不同的压缩率 ε，虽然润滑剂相同（曲线 2 与 3），摩擦系数也不同，压缩率小时摩擦系数也小。

第五节　测定外摩擦系数的方法

由于影响摩擦系数的因素很多，而这些因素又很难定量地来确定对摩擦系数的影响。同时，在塑性成形过程中，各种影响因素又在不断地变化。因此，摩擦系数在整个塑性成形过程中也是变化的。所以，不管用什么方法测得的摩擦系数也只是近似的平均值。

这里只介绍用圆环镦粗法测定摩擦系数。这种方法是将一定尺寸的圆环试样（如外径：内径：高为 $\phi40:20:10$ 或 $\phi20:10:7$）放在平砧间进行压缩。由于接触面上的摩擦系数不同，圆环的内外径在压缩过程中将有不同的变化，如图 4 – 9 所示。当接触面上摩擦系数很小或无摩擦时，则圆环上每一质点均沿径向作辐射状向外流动，变形后内外径均扩大（图 4 – 9b）。若接触面上的摩擦系数增大，金属质点的这种流动受到阻碍。当摩擦系数增大到某一临界值后，靠近内径处的金属质点向外流动阻力大于向内流动阻力，从而改变了流动方向。这时在圆环中出现一个半径为 R_n 的分流面（中性层），该面以内的金属质点向中心方向流动，该面以外的金属质点向外流动，变形后使圆环内径缩小，外径扩大（图 4 – 9c）。而且，分流面半径 R_n 随摩擦系数的增大而增大。

在圆环镦粗试验之前，必须根据圆环原始尺寸和变形后可能达到的尺寸，利用圆环镦粗变形理论公式（求中性层位置），绘制出镦粗后圆环高度 h 和内径 d_i 与接触面摩擦因子 m 的关系曲线，即为理论校准曲线，如图 4 – 10 所示。欲测摩擦系数时，将试样做成图 4 – 10 所示的尺寸，然后测出圆环试件镦粗后的高度 h 和内径 d_i 的尺寸，就可根据理论校正曲线查出摩擦系数之值。

这种方法比较简单，可用于测定各种温度、速度条件下的摩擦系数。但由于圆环试样在镦粗时环孔常出现椭圆形等，引起测量上的误差，会影响结果的精确性。此时，内径尺寸应取圆周相隔 120° 的三个测量数据的平均值，提高结果的精确性。

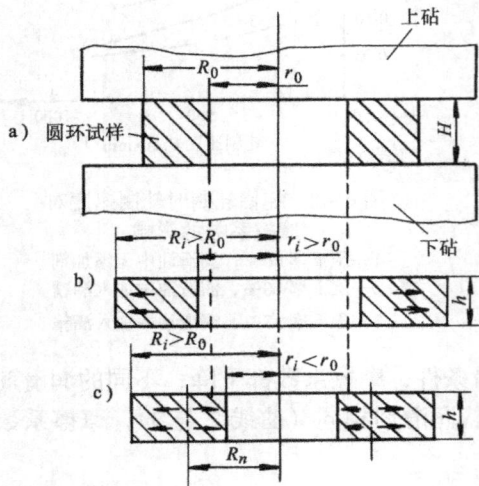

图 4-9　摩擦对圆环镦粗时
金属流动的影响

a) 变形前　b) 摩擦系数很小或为零

c) 摩擦系数大于某临界值

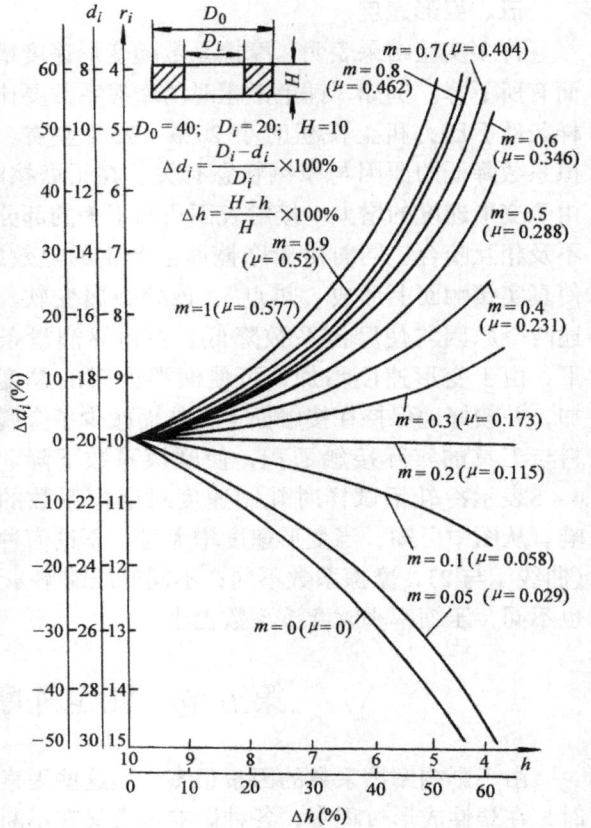

图 4-10　ϕ40mm × 20mm × 10mm 圆环的理论校准曲线

第六节　塑性成形中的润滑

润滑是减小摩擦对塑性成形过程不良影响的最有效措施。润滑的目的是降低接触面间的摩擦力；提高模具寿命（减少磨损、冷却模具）；提高产品质量（提高内部组织均匀性）；降低变形抗力；提高金属充满模膛的能力等。为了实现上述目的，必须选用合适的润滑剂。

一、塑性成形中对润滑剂的要求

塑性成形中使用的润滑剂一般应符合下述要求：

1）应有良好的耐压性能。由于塑性成形在高压下进行，因此要求润滑剂在高压作用下，润滑膜仍能吸附在接触表面上，保持良好的润滑状态。

2）应有良好的耐热性。热加工用的润滑剂在使用时应不分解、不失效。

3）应有冷却模具的作用。为了降低模具的温度，避免模具过热，提高模具寿命，要求润滑剂有冷却作用。

4）应无腐蚀作用。润滑剂不应对金属坯料和模具有腐蚀作用。

5）应无毒。润滑剂应对人体无毒、无害，不污染环境。

6）应使用、清理方便，并考虑其来源丰富，价格便宜等因素。

二、塑性成形中常用的润滑剂

用于塑性成形的润滑剂分液体润滑剂和固体润滑剂两大类。

1. 液体润滑剂

这类润滑剂主要包括各种矿物油、植物油、动物油、乳液和有机化合物液体等。由于动植物油（猪油、牛油、鲸油、蓖麻油、棕榈油等）中含有脂肪酸，与金属能起化学作用，附着力强，润滑性能好，但由于其化学性能不稳定，因而长期贮存易变质。常用的矿物油是机油，它的化学稳定性好，价格便宜，来源充足。但形成稳定润滑膜的张力较差，着火点低。机油常与其他固体润滑剂配合使用，主要用于冷成形。乳液是由矿物油、乳化剂、石蜡、肥皂和水组成的水包油或者油包水的乳状稳定混合物，它除了具有润滑作用外，还对模具有较强的冷却作用。有机化合物液体如乙醇、十八醇等，具有游离的极性分子，与金属的结合力强，使用效果良好。它们还经常作为一种活性剂，与其他润滑剂配合使用，以提高润滑效果。

2. 固体润滑剂

这类润滑剂在常温下呈固态。根据它在高温时存在的形式，又可分为干性固体润滑剂和软（熔）化固体润滑剂。

(1) 干性固体润滑剂　这类润滑剂在变形过程中不改变自身的聚集状态，如石墨、二硫化钼、云母等。

1) 石墨。石墨具有六方晶系的层状结构，由于同一层的原子间距比层与层的原子间距要小得多，所以同层原子间的结合力比层与层间的结合力大，因而层与层之间容易滑移。当石墨作为润滑剂处于工具与金属坯料之间时，金属坯料与工具接触面间所表现的摩擦实质上是石墨层与层之间的内摩擦，这种内摩擦力比金属坯料与工具直接接触时的摩擦力要小得多，从而起到润滑作用。石墨还具有良好的导热性和热稳定性，它在540℃以上才开始氧化，因而常用作热锻、温挤的润滑剂。石黑的摩擦系数随单位压力的增大而有所增大。此外，石墨吸附气体以后，其摩擦系数会减小。一般，其 μ 值在0.05~0.19之间。

2) 二硫化钼。二硫化钼与石墨一样，具有六方晶系层状结构，其润滑原理与石墨相同，所以摩擦系数也较小，一般在0.12~0.15范围内。二硫化钼开始氧化温度为400℃左右，比石墨低，因而在较高温度下使用时，润滑效果不如石墨。

石墨和二硫化钼是目前塑性成形中最常用的固体润滑剂，使用时可制成水剂或油剂，其比例大致是1:1。为了防止石墨、二硫化钼氧化，提高其高温下的润滑性能，常加入三氧化二硼，常用着火点较高的变压器油或炮油作为油剂。

(2) 软（熔）化型固体润滑剂　此类润滑剂在工作温度超过其软（熔）化点时会变软或熔化，但不燃烧，不会逸出有害气体。属于这一类的润滑剂有玻璃、珐琅、天然矿物及各种无机盐等。

1) 玻璃。在高温塑性成形时，常用玻璃作润滑剂，它具有以下特点：

a. 玻璃在加热过程中没有明显的熔点，随着温度升高，它逐渐软化，直至成为液态。液态玻璃包在坯料表面上，使坯料不与模具直接接触，从而起到润滑作用。同时，由于玻璃的导热性差，因而坯料的降温减少，模具也可避免过热，这都有利于塑性成形。

b. 玻璃熔化后的粘度随温度的升高而降低，不同成分的玻璃有不同的粘度–温度特性。因此可根据塑性成形的温度和所需的粘度，选择合适的玻璃成分。

c. 玻璃的使用温度范围很广，在450~2200℃范围内都可采用玻璃作润滑剂。

d．玻璃不与金属起化学作用，而且化学稳定性很好，使用时可以粉状、薄片状或网状单独使用，也可与其他润滑剂混合使用，有着良好的润滑效果。

玻璃润滑剂的摩擦系数很小，一般在0.04～0.06之间。

2）珐琅。珐琅是涂在金属表面上作为防腐蚀及装饰用的普通搪瓷，它以粉末、含水悬浊液及酒精悬浊液的形式使用。工件变形后，可用酸洗、碱洗或其他一些专门方法除掉制品表面上的珐琅。

3）无机盐类。无机盐类是天然的或者合成的结晶物质。在塑性成形中常用的无机盐润滑剂有盐酸盐、磷酸盐、硝酸盐等。

此外，皂类、蜡类等有机盐和硬酯酸钠、硬酯酸锌及一般肥皂也常用来作润滑剂。固体润滑剂的使用状态可以是粉末，但多数是制成糊剂或悬浮液。

三、润滑剂中的添加剂

为了提高润滑剂的润滑、耐磨、防腐等性能，需要在润滑剂中加入少量的活性物质，这种活性物质总称为添加剂。

润滑剂中的添加剂，一般应易溶于机油，热稳定性要好，且应具有良好的物理和化学性能。常用的添加剂有油性剂、极压剂、抗磨剂和防锈剂等。

油性剂是指天然脂、醇、脂肪酸等物质。这些物质都含有羧（COOH）类的活性基，由于它和金属表面的物理吸附作用，在金属表面形成润滑膜，起润滑和减磨作用。润滑剂中加入油性剂以后，可使摩擦系数减小。但油性剂形成的润滑膜只能在温度不高、压力较低的条件下起润滑作用，当温度较高或压力增大时，油膜容易被破坏。这时，在润滑剂中须加入极压剂。

极压剂是一种含硫、磷、氯的有机化合物，如氯化石蜡、硫化烯烃等。在高温、高压下，极压剂发生分解，分解后的产物与金属表面起化学反应，生成熔点低、吸附性强、具有片状结构的氯化铁和硫化铁等薄膜，在较高压力和较高温度下仍然起润滑作用。

抗磨剂常用的有硫化棉子油、硫化鲸鱼油等。这些物质可以分解出自由基与金属表面起化学反应生成抗腐蚀、减磨损的润滑油膜。

防锈剂常用的有石油磺酸钡，当它加入润滑剂后，在金属表面形成吸附膜，起隔水、防锈作用。

润滑剂中加入适当的添加剂后，可使摩擦系数降低，变形程度提高，金属粘模现象减少，使产品表面质量得到改善，因此目前广泛采用有添加剂的润滑剂。

塑性成形用润滑剂中常用的添加剂及其添加量可参考表4－1。

表4－1　润滑剂中常用的添加剂及其添加量

种　　类	作　　用	化合物名称	添加量
1.油性剂	形成油膜，减小摩擦	长链脂肪酸、油酸	0.1%～1%
2.极压剂	防止接触表面粘合	有机硫化物、氯化物	5%～10%
3.抗磨剂	形成保护膜，防止磨损	磷酸酯	5%～10%
4.防锈剂	防止润滑剂生锈	羧酸、酒精	0.1%～1%
5.乳化剂	使油乳化，稳定乳液	硫酸、磷酸酯	～3%
6.流动点下降剂	防止低温时油中石蜡固化	氯化石蜡	0.1%～1%
7.粘度剂	提高润滑油粘度	聚甲基丙烯酸等聚合物	2%～10%

四、塑性成形时的润滑方法

在金属塑性成形中,人们正逐渐采用压缩空气喷溅方法施加润滑剂。此法涂层均匀,便于机械化、自动化,劳动条件和润滑效果都较好。此外,还可结合加工具体情况,采用以下方法:

1．特种流体润滑法

这种方法常用于线材拉拔,如图 4 – 11 所示,在模具入口处加一个套管,套管与坯料之间的间隙很小,并充满润滑液体。当坯料从套管中高速通过时,如模具的锥角合适且表面光洁,坯料就可把润滑剂带入模具内,金属坯料与模具之间就可得到流体润滑膜。

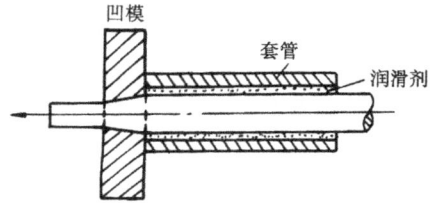

图 4 – 11　拉拔时流体强制润滑

2．表面磷化 – 皂化处理

冷挤压钢制零件时,接触面上的压力往往高达 2000 ~ 2500MPa,在这样高的压力下,即使润滑剂中加入添加剂,润滑剂还是会遭到破坏或者被挤掉,而失去润滑作用。因此,须将坯料表面进行磷化处理,即在坯料表面上用化学方法制成一层磷酸盐或草酸盐薄膜,这种磷化膜是由细小片状的无机盐结晶组成的,呈多孔状态,对润滑剂有吸附作用。磷化膜的厚度约在 10 ~ 20μm 之间,它与金属表面结合很牢,而且有一定的塑性,在挤压时能与钢一起变形。

磷化处理后的坯料须进行润滑处理,常用的有硬脂酸钠、肥皂等,故称为皂化。

磷化 – 皂化处理方法出现之后,大大推动了钢的冷挤压工艺的发展。但磷化 – 皂化工序繁杂,因此人们正在研究新的润滑方法。

3．表面镀软金属

当加工变形抗力高的金属时,变形力大,一般的润滑剂很易从接触表面挤出,使摩擦系数增大,变形困难,甚至不能进行。在这种情况下,可在坯料表面电镀 – 薄层软金属,如铜或锌,这层镀层与坯料金属结合好,并镀层软金属变形抗力很低,延伸性好,在变形过程中,可将坯料金属与工具隔开,起润滑剂的作用。这种方法的缺点是成本高。

第七节　不同塑性成形条件下的摩擦系数

以下介绍在不同塑性成形条件下摩擦系数的一些数据,可供使用时参考。

一、热锻时的摩擦系数

详见表 4 – 2。

二、磷化处理后冷锻时的摩擦系数

详见表 4 – 3。

三、冷拉延时的摩擦系数

详见表 4 – 4。

四、热挤压时的摩擦系数

钢热挤压(用玻璃作润滑剂)时,$\mu = 0.025 ~ 0.050$。有色金属热挤压时的摩擦系数见表 4 – 5。

五、热轧时的摩擦系数

表 4-2　热锻时的摩擦系数

材　料	坯料温度/℃	不同润滑剂的 μ 值		
		无 润 滑	炭　末	机油石墨
45 钢	1000	0.37	0.18	0.29
	1200	0.43	0.25	0.31
锻铝	400	无润滑	气缸油+10%石墨	胶体石墨	精制石蜡+10%石墨	精制石蜡
		0.48	0.09	0.10	0.09	0.16

表 4-3　磷化处理后冷锻时的摩擦系数

压力/MPa	μ　值			
	无磷化膜	磷酸锌	磷酸锰	磷酸镉
7	0.108	0.013	0.085	0.034
35	0.068	0.032	0.070	0.069
70	0.057	0.043	0.057	0.055
140	0.07	0.043	0.066	0.055

表 4-4　冷拉延时的摩擦系数

材　料	μ　值		
	无润滑	矿物油	油+石墨
08 钢	0.20~0.25	0.15	0.08~0.10
12Cr18Ni9Ti	0.30~0.35	0.25	0.15
铝	0.25	0.15	0.10
杜拉铝	0.22	0.16	0.08~0.10

表 4-5　热挤压时的摩擦系数

润　滑	μ　值					
	铜	黄　铜	青　铜	铝	铝合金	镁合金
无 润 滑	0.25	0.18~0.27	0.27~0.29	0.28	0.35	0.28
石墨+油	比上面相应数值降低 0.030~0.035					

咬合时 $\mu = 0.3 \sim 0.6$；轧制过程中 $\mu = 0.2 \sim 0.4$。

六、拉拔时的摩擦系数

拉拔低碳钢 $\mu = 0.05 \sim 0.07$；拉拔铜及铜合金 $\mu = 0.05 \sim 0.08$；拉拔铝及铝合金 $\mu = 0.07 \sim 0.11$；拉拔黄铜丝 $\mu = 0.04 \sim 0.11$。

思 考 与 练 习

1. 塑性成形过程中的摩擦有哪些特点？
2. 简述摩擦对塑性成形的不利影响。
3. 塑性成形中的摩擦分哪几类？
4. 产生摩擦的机理是什么？
5. 在计算金属塑性成形中的摩擦力时，常用的摩擦条件有哪几种？
6. 简述影响摩擦系数的主要因素。
7. 简述用圆环镦粗法测定摩擦系数的原理和方法。
8. 塑性成形中对润滑剂有何要求？常用的润滑剂有哪些？

第五章 塑性成形件质量的定性分析

第一节 概　　述

经塑性成形后的坯料或零件，其质量（包括外形质量和内部质量）对零件的使用寿命有极大影响。例如，国内外航空发动机的涡轮盘、涡轮叶片、压气机叶片的炸裂和折断事故，汽车发动机和高速柴油机连杆在运行中的折断事故等，都与其锻件的内部质量有极为密切的关系。又如，锻件质量优良的 Cr12 钢冷冲模可冲压 300 万次以上，而质量低劣的同样模具寿命却不足 5 万次。因此，提高塑性成件的质量对许多重要工业部门的发展有着重大的意义。

塑性成形件的外形质量比较直观，而内部质量（组织、性能、微裂纹、空洞等）问题必须借助于一些专门的试验方法才能分析清楚。

塑性成形件的质量除与塑性成形工艺和热处理工艺规范有关外，还与原材料的质量有密切关系。因此，要确保塑性成形件的质量，首先要确保原材料的质量。

对于塑性成形件，除了必须保证所要求的形状和尺寸外，还必须满足零件在使用过程中所提出的各种性能要求，如强度指标、塑性指标、冲击韧性、疲劳强度、断裂韧性和抗应力腐蚀性能等，对在高温下工作的零件，还要求有高温瞬时拉伸性能、持久性能、抗蠕变性能和热疲劳性能等。而塑性成形件的性能又取决于组织。不同材料或同一种材料的不同状态，其组织都是不同的，故性能也是不同的。金属的组织与材料的化学成分、冶炼方法、塑性成形工艺及热处理工艺规范等因素有关。其中，塑性成形工艺规范对塑性成形件的组织有重要的影响，尤其对那些在加热和冷却过程中没有同素异构转变的材料，如奥氏体和铁素体耐热不锈钢、高温合金、铝合金和镁合金等，主要依靠在塑性成形过程中，正确控制热力学工艺参数来改善塑性成形件的组织和提高其性能。

一、原材料及塑性成形过程中常见的缺陷类型

原材料质量不良和塑性成形工序不按正确规定进行，这不仅影响塑性成形件的成形，而且往往引起塑性成形件的各种质量问题。

原材料中常见的缺陷主要有：毛细裂纹、结疤、折叠、非金属夹杂、碳化物偏析、异金属夹杂物、白点、缩孔残余等。

在塑性成形过程中，由于加热不当产生的缺陷主要有：过热、过烧、加热裂纹、铜脆、脱碳、增碳等；由于成形工艺不当产生的缺陷主要有：大晶粒、晶粒不均匀、裂纹（十字裂纹、表面龟裂、飞边裂纹、分模面裂纹、孔边龟裂等）、锻造折叠、穿流、带状组织等；由于锻后冷却不当产生的缺陷主要有：冷却裂纹、网状碳化物等。

由于锻后热处理工艺不当产生的缺陷主要有：硬度过高或过低、硬度不均等。

本章只对塑性成形过程中引起成形件质量的几个主要问题（裂纹、粗晶、折叠、失稳）进行分析。

二、塑性成形件质量分析的一般过程及分析方法

1．塑性成形件质量分析的一般过程

塑性成形件的质量问题可能发生在塑性成形生产过程中，但在热处理、机械加工过程中或使用过程中才反应出来。它可能是由于某一生产环节的疏忽或工艺不当而引起，也可能是由于设计和选材不当而造成。对于由塑性成形件制成的零件在使用过程中所产生的缺陷和损坏，除需要查明是否由塑性成形件本身质量问题引起以外，还需要弄清楚零件的使用受力条件、工作部位与环境以及使用维护是否得当等情况，只有在排除了零件设计、选材、热处理、机加工及使用等方面的因素之后，才能集中力量从塑性成形件本身质量上寻找缺陷和损坏的产生原因。

塑性成形件中缺陷的形成原因也是多方面的，依据缺陷的宏观与微观特征来判断是纯属塑性成形工艺因素引起还是与原材料质量有关，是制定的工艺规程不合理还是执行工艺不当所致，确切的结论只有在经过细致的试验分析后才能作出。

关于塑性成形件的缺陷，有的表现在成形件外观方面，如外部裂纹、折叠、折皱、未充满或缺肉、压坑等；有的表现在塑性成形件内部，如各种低倍组织缺陷（裂纹、发纹、疏松、粗晶、表层脱碳、非金属夹杂和异晶夹杂、白点、偏析、树枝状结晶、缩孔残余、流线紊乱、有色金属的穿流、粗晶环、氧化膜等）；有的反映在微观组织方面，如第二相的析出等；有的质量问题反映在成形件的性能方面，如室温强度或塑性、韧性、疲劳性能等不合格，瞬时强度、持久强度和持久塑性、蠕变强度等高温性能不符合使用要求。无论是表现在塑性成形件外部的，或是表现在内部和性能方面的质量问题，它们之间在大多数情况下是互为影响的，往往是互相联系、伴随产生并恶性循环。例如，过热或过烧通常会造成晶粒粗大、锻造裂纹、表层脱碳以及塑性、韧性等力学性能降低等质量问题；材质内部有夹杂则可能引起内部裂纹，内裂纹的进一步扩大与发展就可能暴露为成形件表面裂纹。所以，在对塑性成形件质量分析时，必须认真地观察和分析缺陷的形态和特征，查明质量问题的真实原因。

对塑性成形件进行质量分析的一般过程是：

（1）调查原始情况　调查原始情况应包括原材料、塑性成形工艺及热处理工艺情况。在原材料方面，要弄清楚塑性成形件材料牌号、化学成分、材料规格和原材料质量保证单上所载明的各项试验结果，必要时还要弄清原材料的冶炼、加工工艺情况；在塑性成形工艺和热处理工艺方面，要调查工艺规程的制定是否合理、加热设备及加热工艺是否正常、塑性成形操作是否得当等。

（2）弄清质量问题　在这一阶段中，主要是查明塑性成形件缺陷部位、缺陷处的宏观特征，并初步确定是原材料质量问题引起的缺陷还是塑性成形工艺或热处理工艺本身造成的缺陷。

（3）试验研究分析　这是确定塑性成形件缺陷原因的主要试验阶段，即对有缺陷的成形件进行取样分析，确定其宏观与微观组织特征，必要时还需作工艺参数的对比试验，研究和分析产生缺陷的原因。

（4）提出解决措施　在明确成形件中产生缺陷原因的基础上，结合生产实际提出预防措施及解决办法，并且通过生产实践加以验证，不断总结经验，不断修改措施，以达到防止产生缺陷和提高塑性成形件质量之目的。

2．塑性成形件质量分析的方法

塑性成形件质量分析方法，视缺陷的类型不同而有所侧重。塑性成形件表面的质量问题一般都与加热和变形有关，如表面缺陷——裂纹、折叠等，都有氧化皮存在，而其内部的缺陷及性能不合格，皆与塑性成形过程中的热力学因素有关。这就决定了其分析方法上主要有低倍组织试验、金相试验及金属变形流动分析试验。将待分析的缺陷成形件进行解剖，从缺陷处取样分析，故又称破坏性试验。

低倍组织试验可以暴露成形件的宏观缺陷，这类试验包括硫印试验、热蚀和冷蚀酸浸试验、断口试验等。

高倍组织对于研究和分析缺陷的微观特征、形成机理有重要意义。

金属变形流动分析试验对分析裂纹、折叠和粗晶的形成、流线的分布和穿流等有特殊意义。

在对塑性成形件质量分析时，往往是将低倍组织试验、金相试验及金属变形流动分析试验结合起来同时进行，这样才有可能对缺陷的性质与形成原因有一个比较完整的认识。这里必须指出，无论是哪种试验，都必须依照规定的试验方法进行。

深入一步研究缺陷性质和形成机理的方法，可以借助透射型或扫描型电子显微镜以及电子探针。双动显微镜配有微型计算机、电视屏和自动扫描计量装置，除一般显微观察外，还可确定试样中夹杂物的分布、尺寸和成分。在化学成分析方面，可借助新近出现的电子计算机控制的直接读数的放射摄谱仪，配有计算机、自动打字机和电视显示的 X 射线荧光光谱仪以及其他新的检测方法和仪器设备。这些先进检测仪器和设备的出现，体现了质量分析方法向快速、精确和高效率发展的特点。

对于某些重要的大型锻件和军工用大型锻件，破坏性试验和常规的检验分析技术已不能适应技术发展的需要，必须采用特殊的非破坏性试验方法，即采用先进的无损探伤检验技术。运用无损探伤方法可以对同批锻件进行全部检测，以便发现锻件中产生缺陷的规律，避免破坏性试验中容易造成的片面性。常用的无损探伤方法主要有超声波探伤、渗透探伤和磁力探伤。超声波探伤应用最广泛，它用于检验锻件内部缺陷，磁力探伤和渗透探伤（着色和荧光）用于检查锻件表面缺陷。

综上所述，塑性成形件质量分析方法的特点是广泛采用各种先进的试验技术与试验方法。要准确地分析成形件质量问题，有赖于正确的试验方法和检测技术，同时要善于对试验结果进行科学的分析与判断。破坏性试验是成形件质量分析的主要方法，但是无损探伤这种非破坏性试验技术已日益显示出它的优越性，并将在塑性成形件质量检验与分析中占据应有的地位。

第二节　塑性成形件中的空洞和裂纹

一、塑性成形件中的空洞

在金属材料中，一般都存在各种各样的缺陷，如疏松、缩孔残余、偏析、第二相和夹杂物质点、杂质等，这些缺陷，特别是夹杂物或杂质质点一般都处于晶界处。带有这些缺陷的材料，在塑性成形中，当施加的外载荷达到一定程度时，在应力应变场中，有夹杂物或第二相质点等缺陷的晶界处，由于位错塞积或缺陷本身的分裂而形成微观空洞（图5-1a）。这

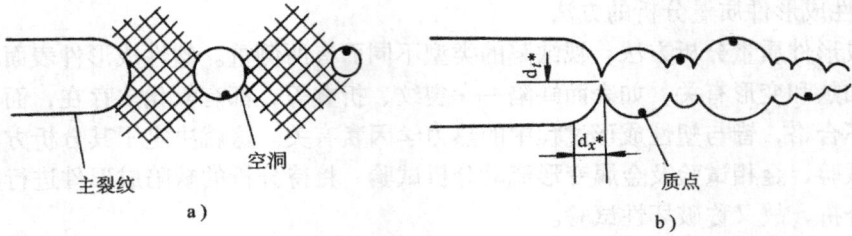

图 5-1 空洞的形成、长大、聚集示意图

些空洞随外载荷的增加而长大、聚集，最后形成裂纹或与主裂纹连接，从而导致成形件破坏。

夹杂物和第二相质点等缺陷处界面的分离或者本身碎裂，要看这些质点的性质和界面强度而定。钢中 MnS 夹杂物界面强度往往很低，很容易在界面处分离而形成空洞。比较脆的夹杂物，如硅酸盐类夹杂物，其本身在外载荷作用下破裂而形成空洞。第二相质点与基体的膨胀系数不同时，在冷却过程中，由于冷缩的差异，有可能在其界面处形成残余应力，这样将更促进界面处空洞的形成。

因此，空洞是塑性成形过程中普遍存在的组织变化。塑性成形过程中，在一定的外界条件下，就会出现空洞的形核、长大，继而发生空洞的聚合或连接，形成裂纹。

当一定程度的空洞并呈细小而分散状独立存在时，对晶界滑动是有利的，因为当晶界滑动到三角晶界处难于继续进行滑动时，可借助空洞来松弛并增高塑性。但如果材料内部的空洞很多，或尺寸较大，就会存在大量的或较强的应力集中区。由于这些应力集中得不到及时的松弛，就必然导致应力松弛的能力降低，从而大大限制了材料变形的能力。另一方面，如果成形后的材料内部存在大量空洞，特别是较大的 V 形空洞，就会严重地降低材料的强度和塑性，特别是断裂韧性，这就会给成形零件特别是那些受力构件的使用可靠性带来巨大的威胁。

按空洞的形状，空洞大致可分为两类：一类为产生于三晶粒交界处的楔形空洞，或称 V 形空洞（图 5-2），这类空洞是由应力集中产生的；另一类为沿晶界，特别是相界产生的圆形空洞或称 O 形空洞，它们的形状多半接近圆或椭圆。出现 O 形空洞的晶界或相界多半与拉应力垂直。在带坎的晶界上也会出现 O 形空洞（图 5-3）。O 形空洞可以看作是过饱和空位向晶界（或相界）汇流、聚集（沉淀）而形成的。

一般说来，在高应力下易出现 V 形空洞，低应力下易出现 O 形空洞。从能量的观点看，这是因为在相同的体积下 V 形空洞的表面积比 O 形的大，因而形成能量（与表面积成正比）也大，故需要较大的应力。V 形空洞一旦形成后，由于其能量比 O 形（在相同体积下）高，因而它力图释放一部分能量而转变为 O 形，这一转变是在高温下通过扩散过程来完成的。

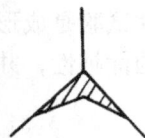

图 5-2 三晶粒交界处的 V 形空洞

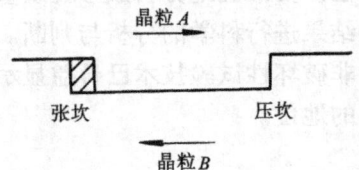

图 5-3 带坎晶界上的 O 形空洞

试验表明，压应力和拉应力同样可以产生空洞，切应力比拉应力更起作用，如图 5-4 所示。一般来说，在压应力作用下产生空洞比在拉应力作用时要困难，特别是在高的球张量

压应力下变形材料内部不易出现空洞。相反，在高的球张量压应力下，使原有的空洞有可能被压合。

二、塑性成形件中的裂纹

前面已述，在塑性成形过程中，变形体内的空洞形核、长大、聚集就会发展成裂纹。裂纹是塑性成形件中常见的缺陷之一。不仅在塑性成形过程中能产生裂纹，而且在塑性成形前（如下料、加热）及塑性成形后（如冷却、切边、校正）都有可能产生裂纹。在不同的工序中所产生裂纹的具体原因及相应的裂纹形态也是不同的。但总是先形成微观裂纹，然后扩大成宏观裂纹。

在塑性成形中产生裂纹基本上有两个方面，一是由于原材料中的缺陷，如各种冶金缺陷、夹杂物等；二是属于塑性成形本身的原因，如加热不当、变形不当或冷却不当等。有些情况下裂纹的产生可能同时与上述两方面的因素有关。上述两方面原因又可归结为力学因素和组织因素，因此，裂纹产生的原因可从这两个因素进行分析。

图 5-4 在切应力作用下
三晶粒交界处产生
V 形空洞示意图

（一）塑性成形件中产生裂纹的原因分析

1. 形成裂纹的力学分析

经研究认为，对于一定的材料，宏观破坏（产生裂纹而断裂）的条件一般由下式给定：

$$\left.\begin{array}{l} \sigma_{cr} = F\ (\sigma_{ij},\ \int d\varepsilon_{ij},\dot{\varepsilon},\ T) \\ \tau_{cr} = \phi\ (\sigma_{ij},\ \int d\varepsilon_{ij},\ \dot{\varepsilon},\ T) \end{array}\right\} \tag{5-1}$$

式中　　σ_{ij}——应力状态；

　　$\int d\varepsilon_{ij}$——应变的积累；

　　$\dot{\varepsilon}$——变形速度；

　　T——温度；

　　σ_{cr}——拉断极限应力；

　　τ_{cr}——切断极限应力。

式（5-1）表明，能否产生裂纹，与应力状态、变形积累、应变速度及温度等很多因素有关。其中应力状态主要反映力学的条件。

物体在外力作用下，其内部各点处于一定的应力状态，在不同的方位将作用有不同的正应力及切应力。材料断裂（产生裂纹）形式一般有两种：一是切断，断裂面是平行于最大切应力或最大切应变方向；另一种是正断，断裂面垂直于最大正应力或正应变方向。

至于材料产生何种破坏形式，主要取决于应力状态，即正应力 σ 与切应力 τ 之比值，也与材料所能承受的极限变形程度 ε_{max} 及 γ_{max} 有关。例如，对于塑性材料的扭转，由于最大正应力与切应力之比 $\frac{\sigma}{\tau}=1$，是切断破坏；对于低塑性材料，由于不能承受大的拉应变，扭转时产生 45°方向开裂。由于断面形状突然变化或试件上有尖锐缺口，将引起应力集中，应力的比值 $\frac{\sigma}{\tau}$ 有很大变化，例如带缺口试件拉伸 $\sigma/\tau = 4$，这时多发生正断。

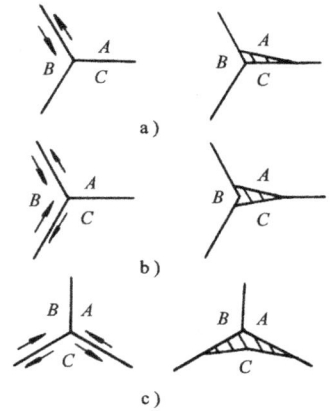

塑性成形过程中，材料内部的应力除了由外力引起外，还有由于变形不均匀而引起的附加应力。由于温度不均而引起的温度应力和因组织转变不同时进行而产生的组织应力。这些应力超过极限值时都会使材料发生破坏（产生裂纹）。

（1）由外力直接引起的裂纹　在塑性成形中，下列一些情况，由外力作用可能引起裂纹：弯曲和校直、脆性材料镦粗、冲头扩孔、扭转、拉拔、拉伸、胀形和内翻边等。下面结合具体工序加以说明。

弯曲件在校正工序中（图5-5），由于一侧受拉应力常易引起开裂。例如某厂锻高速钢（W18Cr4V）拉刀坯料时，坯料的断面是边长相差较大的矩形（图5-5a），沿窄边压缩时易产生弯曲，当弯曲比较严重，随后校正时在凹的一侧受拉应力（图5-5b）而引起纵向开裂（图5-5c）。

镦粗时轴向虽受压应力，但与轴线成45°方向有最大切应力。故低塑性材料镦粗时常易产生近45°方向的斜裂（图5-6a）。塑性好的材料镦粗时则产生纵裂（图5-6b），这主要是附加拉应力引起的。

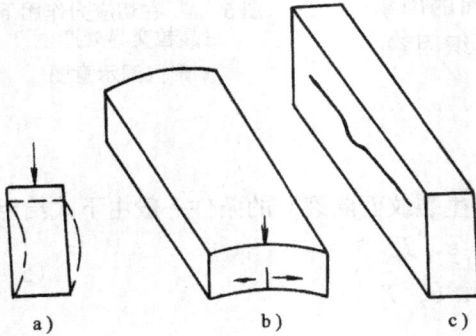

图5-5　拔长时表面纵向裂纹形成过程

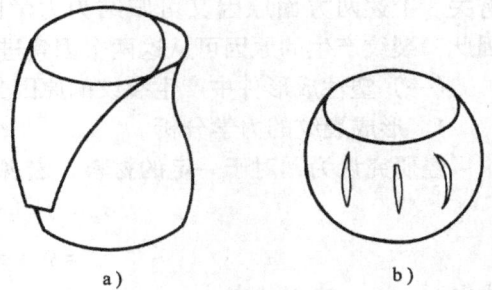

图5-6　镦粗时斜裂a）和纵裂b）示意图

圆坯料在平砧上用小压缩量滚圆时，会在垂直打击的方向形成拉应力，而且心部最大。这是因为在砧面附近形成了难变形区（由于摩擦存在），它通过锥面给相邻部分金属的压力引起对心部金属的拉应力（图5-7），用滑移线理论计算也可得出如此结果（见第七章图7-33）。这种拉应力易引起心部金属开裂（图5-8）。对于高的圆柱体，压缩时虽然同样也有难变形区存在，但紧接着该区即有因变形而形成的双鼓（图5-9），中部并不受拉应力，这说明工件形状和尺寸的不同引起了变形分布的不同，造成有时易形成裂纹，有时又不易形成裂纹。

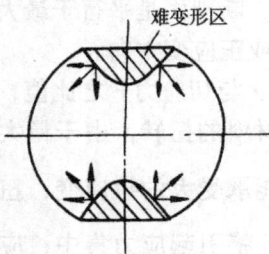

图5-7　滚圆时坯料受力情况

图5-8　中心裂纹

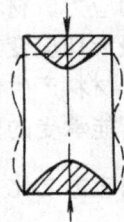

图5-9　高坯料镦粗时形成的双鼓形

在平砧上拔长矩形断面坯料时，如送进量过大，并在同一处反复重击，则在截面对角线处产生剧烈的切应变，即在对角线上产生很大的交变切应力，因而易形成十字形裂纹，如图 5-10 所示。

（2）由附加应力及残余应力引起的裂纹　当附加应力超过该部分材料强度极限时便引起裂纹。

矩形断面坯料拔长时能产生横向裂纹（图 5-11a）。这种裂纹多发生在送进量 l 相对于坯料高度 h 较小的情况下（$l < 0.5h$）。这时变形区成双鼓形，中间部分锻不透，被上、下两部分金属强制延伸而受拉应力（图 5-11b），易引起锻件内部横向裂纹。

图 5-10　矩形断面拔长时形成的十字裂纹

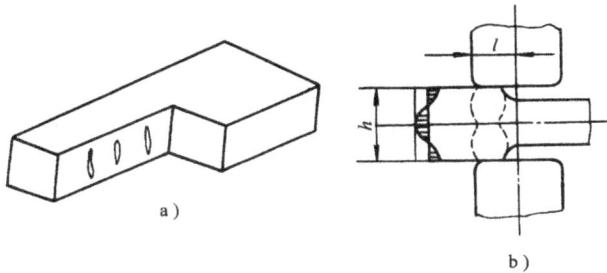

图 5-11　矩形断面坯料拔长时的横向裂纹和应力、应变情况

挤压棒材时，由于受模口摩擦阻力影响，表层金属流得慢，中部金属流得快，外表层受拉，中部金属受压，在表层易引起横裂（图 5-12）。

当外力消除后，附加应力仍以残余应力的形式留在工件内部，这是产生延时开裂的主要原因。

（3）由温度应力（热应力）及组织应力引起的裂纹　当加热或冷却时由于坯料内温度不均匀造成热胀或冷缩不均匀而引起的内应力称为温度应力，也称为热应力。总的规律是在降温较快（或加热较慢）处受拉应力，在降温较慢或升温较快处受压应力。图 5-13 为奥氏体冷却时有马氏体转变的材料，冷却初期工件表层温度较心部降低快，表层的收缩趋势受到心部的阻碍，在表层产生拉应力，在心部产生与其平衡的压应力，随着冷却过程的进行，这种趋势进一步发展。到了冷却后期，表层温度已接近常温，基本不再收缩，而心部温度尚高，仍继续收缩，导致了热应力的反向，即心部由压应力转为拉应力，而表层则由拉应力转为压应力。这种应力状态保持下来构成材料内的残余应力。

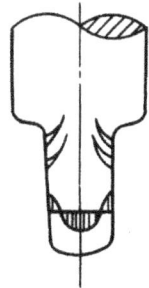

图 5-12　棒料挤压时的附加应力分布情况和横向裂纹

当组织转变不同时发生时所产生的内应力称为组织应力。总的规律是每一瞬间进行增加比容的转变区受压应力，进行减少比容的转变区受拉应力。如图 5-13 所示，当工件表层冷却至马氏体转变温度时产生体积膨胀，但由于心部仍然处于奥氏体状态，对表层的体积膨胀起牵制作用，因此表层这时受压应力，心部受拉应力。随着冷却过程的进行，这种趋势进一

步发展。但随着心部发生马氏体转变，由于该处的体积膨胀而引起应力的松弛。当工件继续冷却，由于心部形成的马氏体含量愈来愈多，体积膨胀也越来越大，而表层体积已不再变化，这时心部的伸长趋势受到表层的阻止作用，结果导致组织应力的反向，即心部转为压应力，表层则为拉应力。这种应力状态一直保持下来构成残余应力。

加热时温度分布及其变化情况与冷却时正相反，升温过程中表层温度超过心部温度，并且导热性越差、断面越大，则温差也越大。对于热应力，这时表层受压内层受拉，在受拉应力区由于温度低、塑性差，有可能形成开裂。在加热初期金属尚处于弹性状态的时候，在加热速度不变的条件下，根据计算，在圆柱体坯料轴心区沿轴向的拉应力是沿径向和切向拉应力的两倍，因此，加热时坯料一般是横向开裂。

加热过程中由于相变不同时进行也有组织应力发生，但这时由于温度较高，材料塑性较好，其危险程度远较冷锭快速加热时为小。

图 5 – 13　冷却过程中温度应力和组织应力分布情况

2．形成裂纹的组织分析

对裂纹的形成原因，从组织方面进行分析，这有助于了解形成裂纹的内在原因，也是进行裂纹鉴别的客观依据。

塑性成形中的裂纹一般发生在组织不均匀或带某些缺陷的材料中，同时，金属的晶界往往是缺陷比较集中的地方，因此，塑性成形件中的裂纹一般产生于晶界或相界处。下面从三个方面分析塑性成形件中产生裂纹的组织因素。

（1）材料中由冶金和组织缺陷处应力集中而产生裂纹　在原材料的冶金和组织缺陷处，如缩孔残余或二次缩孔、疏松、夹杂物等的尖角处，在第二相和基体相的交界处，特别是第二相的尖角处容易产生应力集中。在应力集中处较早达到金属的屈服强度，引起塑性变形，当变形量超过材料的极限变形程度和应力超过材料的极限强度时便产生微观裂纹，进而发展成宏观裂纹。

（2）第二相及夹杂物本身的强度低和塑性低而产生裂纹　若材料中存在第二相及夹杂物，则第二相及夹杂物本身强度低，塑性差，受外力或微量变形时即产生开裂。具体的有下列一些情况：

1）晶界为低熔点物质。塑性成形过程中常见的铜脆、热脆和锡脆等皆是由于在晶界的剪切和迁移中微观裂纹首先于晶界处的低熔点物质本身中发生、发展而形成的。

2）晶界存在脆性的第二相或非金属夹杂物。脆性物质包括：碳化物、氧化物、氮化物、硅酸盐、硼化物及金属间化合物等。当晶界剪切和迁移时，上述脆性物质有不同程度的破碎，当晶界脆性物质的破碎得不到及时修复时，微观裂纹便在此处发生和发展。

3）第二相为强度低于基体的韧性相。亚共析钢、奥氏体不锈钢、马氏体不锈钢中的铁素体属于此种情况。由于铁素体的 σ_s 小，塑性变形时，首先是铁素体局部变形，因而由于

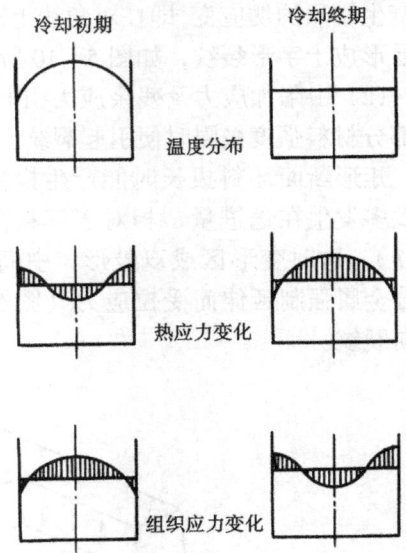

变形不均匀和由此产生的附加应力，或铁素体变形超过极限变形时，便在两相交界处开裂。当铁素体呈网状分布于晶界时危害更大。

（3）第二相及非金属夹杂与基体之间在力学性能和理化性能上有差异而产生裂纹　在这种情况下，微观裂纹往往产生在它们交界处，这是它们之间结合力较弱的缘故。例如，奥氏体不锈钢中存在铁素体相时，两相具有不同的变形抗力，由于热锻时两者的变形程度不同而产生了附加应力，故常易在奥氏体与铁素体的交界处产生裂纹。

（二）塑性成形件中裂纹的鉴别与防止产生裂纹的原则措施

1. 塑性成形件中裂纹的鉴别

鉴别裂纹形成的原因，应首先了解工艺过程，以便找出裂纹形成的客观条件；其次应当观察裂纹本身的状态；然后再进行必要的有针对性的显微组织分析、微区成分分析。举例如下：

对于产生龟裂的锻件，粗略地分析可能是：1）由于过烧；2）由于易熔金属渗入基体金属（如铜渗入钢中）；3）应力腐蚀裂纹；4）锻件表面严重脱碳。这可以从工艺过程调查和组织分析中进一步判别。例如在加热铜以后加热钢料或两者混合加热或钢中含铜量过高时，则有可能是铜脆。从显微组织上，铜脆开裂在晶界，且能找到亮的铜网。而在单纯过烧引起的晶界裂纹，在晶界处只能找到氧化物。应力腐蚀开裂是在酸洗后出现，裂纹扩展呈树枝状形态。

裂纹与折叠的鉴别，不仅可以从受力及变形的条件考察，亦可从低倍和高倍组织来区分。一般裂纹与流线成一定交角，而折叠附近的流线与折叠方向平行。折叠的尾部一般呈圆角，而裂纹通常是尖的。

由缩孔残余引起的裂纹通常是粗大而不规则的。

2. 防止产生裂纹的原则措施

由前面分析可知，裂纹的产生与材料的塑性和受力情况有关。塑性是材料的一种状态，它不仅取决于变形材料的组织结构，而且还取决于变形的外部条件（包括应力状态、变形温度和变形速度）。应力状态的影响一般用静水压力（即平均应力 σ_m）来衡量。因此，为防止裂纹的产生，总的原则从提高变形体的塑性入手。关于提高金属塑性的基本途径，在第二章中已有论述。因此，防止产生裂纹的原则措施从下列因素来考虑：

1）增加静水压力。

2）选择和控制合适的变形温度和变形速度。

3）采用中间退火，以便消除变形过程中产生的硬化、变形不均匀、残余应力等。

4）提高原材料的质量。

三、塑性成形件中裂纹分析实例

由某钢厂供应的 GH36 合金饼坯，加热后模锻成涡轮盘锻件。经机械加工和腐蚀后，发现表面有许多细小裂纹（图 5－14a），一般长 2～3.5mm，最长达 25mm。

质量分析：经放大 70 倍检查（图 5－14b），裂纹短粗曲折。高倍观察，发现裂纹有大量呈块状或条状分布的夹杂物（图 5－14c、d），其中有的呈灰白色。因此可判断这种裂纹属夹杂裂纹。这种非金属夹杂物是合金冶炼时带来的，它经变形拉长，模锻时在拉应力作用下沿夹杂与金属结合面形成裂纹，热处理后进一步扩大。

改进措施：加强对原材料检查；对饼坯进行超声波探伤检查；提高冶金质量。

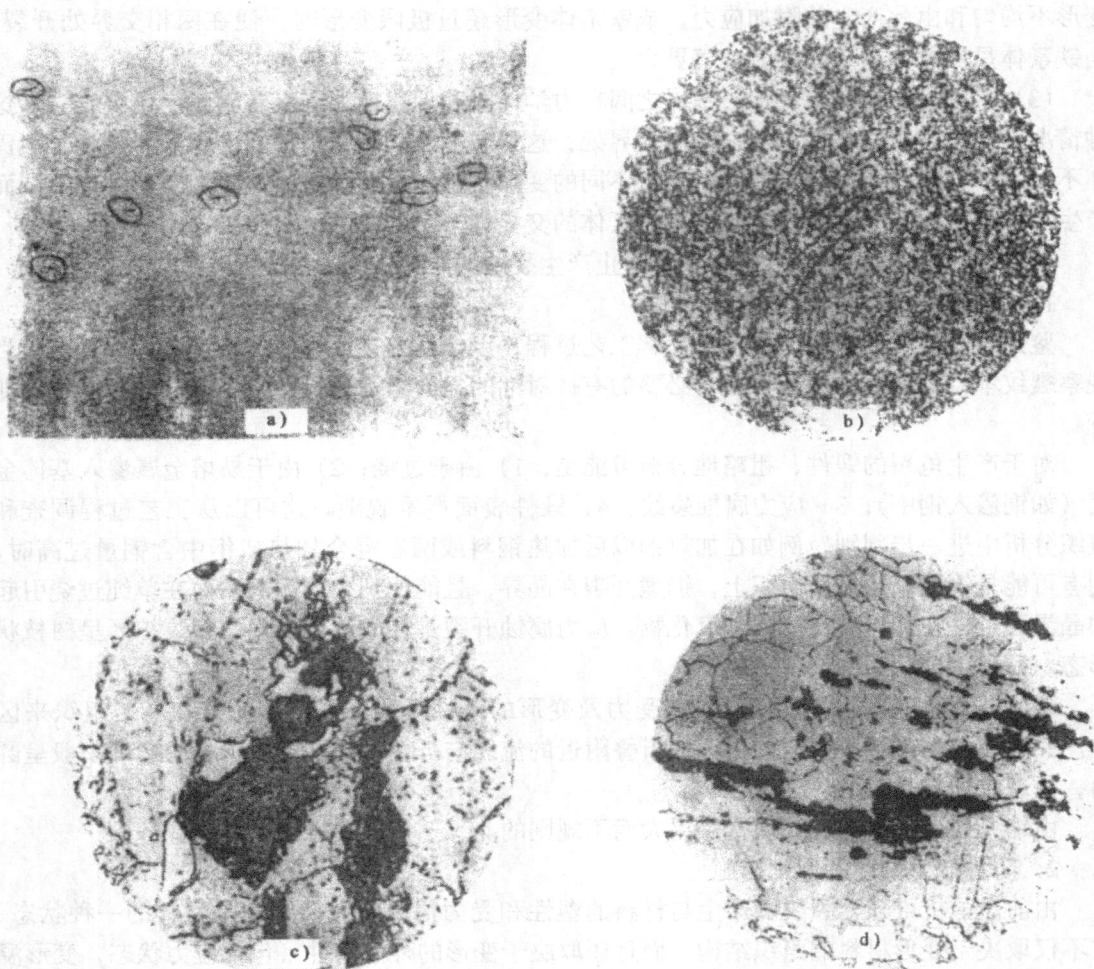

图 5 – 14　GH36 合金涡轮盘的夹杂裂纹

a) 低倍组织（其上分布有细小夹杂裂纹　b) 细小裂纹处的显微组织 70 ×
c) 块状夹杂物 800 ×　d) 条状夹杂物 200 ×

第三节　塑性成形件中的晶粒度

一、晶粒度的概念

晶粒度是表示金属材料晶粒大小的程度，它是由单位面积内所包含晶粒个数来衡量，也可用晶粒平均直径大小（以 mm 或 μm 为单位）来表示。晶粒度级别越高，说明单位面积内包含晶粒个数越多，亦即晶粒越细。

为了比较晶粒的大小，对各种材料都制定了晶粒度标准。例如对结构钢而言，冶金部规定了八级晶粒度标准（YB27 – 64），一般认为 1 ~ 4 级为粗晶粒，5 ~ 8 级为细晶粒。有时遇到晶粒过大或过细而超出八级规定范围时，则可适当往两端延伸，如粗晶 0 级、– 1 级、……，细晶 9 级、10 级、11 级等。

钢的晶粒度有两种概念，即钢的奥氏体本质晶粒度和钢的奥氏体实际晶粒度。钢的奥氏体本质晶粒度是将钢加热到930℃，保温适当时间（一般3~8h），冷却后在室温下放大100倍观察到的晶粒大小。钢的奥氏体实际晶粒度是指钢加热到某一温度下获得的奥氏体晶粒大小。必须注意的是，这种奥氏体实际晶粒的大小，常被相变后的组织所掩盖，只有通过特殊腐蚀后才可以显示出来。钢的奥氏体本质晶粒度一般是反映钢的冶金质量，它表征钢的工艺特性。而奥氏体实际晶粒度则影响零件的使用性能，所以在某种意义上讲，测定或控制钢的奥氏体实际晶粒度比测定或控制钢的奥氏体本质晶粒度更有意义。

二、晶粒大小对力学性能的影响

金属材料或零件的晶粒大小和形状与它所经受的工艺过程不同而不同的。晶粒大小对金属材料或零件的力学性能及理化性能带来很大影响，所以在生产实践中往往制定合理的工艺规程来控制晶粒的大小。

一般情况下，晶粒细化可以提高金属材料的屈服强度（σ_s）、疲劳强度（σ_{-1}）、塑性（δ、Ψ）和冲击韧度（a_K）降低钢的脆性转变温度。因为晶粒越细，不同取向的晶粒越多，变形能较均匀地分散到各个晶粒，即可提高变形的均匀性，同时，晶界总长度越长，位错移动时阻力越大，所以能提高强度、塑性和韧性。因此，一般要求强度和硬度高、韧性和塑性好的结构钢、工模具钢及有色金属，总希望获得细晶粒。

表5-1表示工业纯铁（铁素体）晶粒大小对强度和塑性的影响。从表中可以看出，随着铁素体晶粒细化，强度和塑性不断提高。

表5-1　铁素体晶粒大小对强度、塑性的影响

晶粒断面平均直径 ×100/mm	抗拉强度 σ_b/MPa	伸长率 （%）
9.7	163	28.8
7.0	184	30.6
2.5	215	39.5

钢的室温强度与晶粒平均直径平方根的倒数成线关系（图5-15），其数学表达式为

$$\sigma = \sigma_0 + Kd^{-\frac{1}{2}}$$

式中　σ——钢的强度（MPa）；

σ_0——常数，相当于钢单晶时的强度；

K——系数；

d——晶粒的平均直径（mm）。

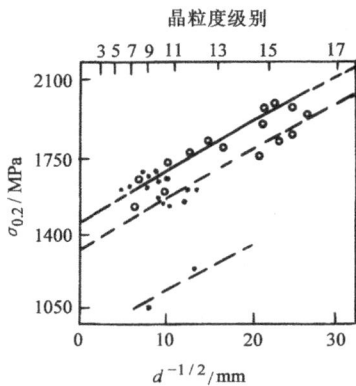

图5-15　晶粒大小对钢的强度影响

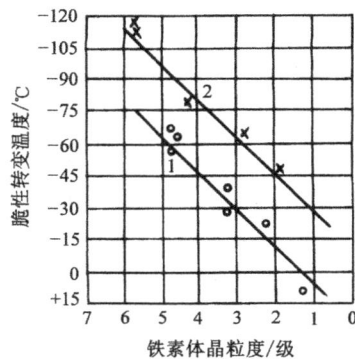

图5-16　晶粒大小对钢的脆性转变温度的影响
1—$w_C = 0.02\%$　$w_{Ni} = 0.03\%$　2—$w_C = 0.02\%$　$w_{Ni} = 3.64\%$

合金结构钢的奥氏体晶粒度从 9 级细化到 15 级后，钢的屈服强度（调质状态）从 1150MPa 提高到 1420MPa，并使脆性转变温度从 – 50℃降到 – 150℃。图 5 – 16 为晶粒大小对低碳钢和低碳镍钢冷脆转变温度的影响。

对于高温合金不希望晶粒太细，而希望获得均匀的中等晶粒。从要求高的持久强度出发，希望晶粒略为粗大一些，因为晶粒变粗说明晶界总长度减少，对以沿晶界粘性滑动而产生变形或破坏形式的持久或蠕变性能来说，晶粒粗化意味着这一类性能提高。但考虑到疲劳性能，又希望晶粒细一点，所以对这类耐热材料，一般取适中晶粒为宜。

三、影响晶粒大小的主要因素

金属经热变形并经热处理后的晶粒度，取决于加工再结晶、聚集再结晶和相变重结晶等过程。在加工再结晶过程中，影响晶粒大小的主要因素是再结晶温度、再结晶核心的形成和再结晶速度；而在聚集再结晶过程中，主要因素是聚集再结晶速度和晶间物质的组成，晶间物质对聚集再结晶的进行起机械阻碍作用。对于热加工过程来说，变形温度、变形程度和机械阻碍物是影响形核速度和长大速度的三个基本参数。下面就讨论这三个基本参数对晶粒大小的影响。

1. 加热温度

加热温度包括塑性变形前的加热温度和固溶处理时的加热温度。

晶粒为什么会长大呢？从热力学条件来看，在一定体积的金属中，晶粒愈粗，则其总的晶界表面积就愈小，总的表面能也就愈低。由于晶粒粗化可以减少表面能，使金属处于自由能较低的稳定状态，因此，晶粒长大是一种自发的变化趋势，即细晶粒有自发变为粗晶粒的趋向。晶粒长大主要通过晶界迁移的方式进行的，即大晶粒并吞小晶粒。要实现这种变化过程，需要原子有强大的扩散能力，以完成晶粒长大时晶界的迁移运动。温度对原子的扩散能力有重要的影响。随着加热温度升高，原子（特别是晶界的原子）的移动、扩散能力不断增加，晶粒之间并吞速度加剧，晶粒的这种长大可以在很短的时间内完成。所以，晶粒随着温度升高而长大是一种必然现象。

2. 变形程度

金属材料经塑性变形后，其内部的晶粒受到不同程度的变形和破碎，随着变形程度的增加，晶粒的变形和破碎程度也越严重，最后完全见不到完整的晶粒而成为纤维状组织。若将经过不同程度冷变形的金属，加热到再结晶温度以上，让其产生再结晶，那么再结晶后所得到的晶粒大小与变形程度之间存在有如图 5 – 17 所示的曲线关系。在一定温度下，热变形的晶粒大小与变形程度之间的关系，实际上与图 5 – 17 相似。

由图 5 – 17 可以看出，随着变形程度从小到大，晶粒大小有两个峰值，即出现两个大晶粒区。第一个大晶粒区，叫做临界变形区。在没有同素异构转变和有同素异构转变的合金中，一般都存在临界变形区。在此临界变形范围内，合金容易出现粗晶。不同材料，出现临界变形区的值大小也不同。从图中还可以看出，临界变形区是属于一种小变形量范围。因为其变形量小，金属内部只是局部地区受到变形。再结晶时，

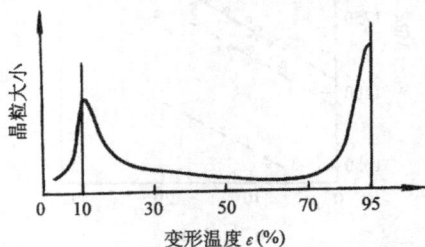

图 5 – 17　再结晶后的晶粒大小与变形程度之间的关系

这些受到变形的局部地区会产生再结晶核心，由于产生的核心数目不多，这些为数不多的核心将不断长大直到它们互相接触，结果获得了粗大晶粒。

当变形量大于临界变形程度时，金属内部均产生了较大的塑性变形，由于具有了较高的畸变能，因而再结晶时能同时形成较多的再结晶核心，这些核心稍一长大就相互接触了，所以再结晶后获得了细晶粒。

当变形量足够大时，出现第二个大晶粒区。该区的粗大晶粒与临界变形时所产生的大晶粒不同。一般认为，该区是在变形时先形成变形织构，经再结晶后形成了织构大晶粒所致。

关于第二峰值出现大晶粒的原因还可能是：

1）由于变形程度大（大于 90% 以上），内部产生很大热效应，引起锻件实际变形温度大幅度升高；

2）由于变形程度大，使那些沿晶界分布的杂质破碎并分散，造成变形的晶粒与晶粒之间局部地区直接接触（与织构的区别在于这时互相接触的晶粒位向差可以是比较大的），从而促使形成大晶粒。

3．机械阻碍物

一般来说，金属的晶粒随着温度的升高而不断长大。但有时加热到较高温度时，晶粒仍很细小，可以说没有长大。而当温度再升高一些时，晶粒突然长大。有些材料随加热温度升高，晶粒分阶段突然长大，而不是随温度升高成直线关系长大。这是由于金属材料中存在机械阻碍物，对晶界有钉扎作用，阻止晶界迁移的缘故。

机械阻碍物在钢中可以是氧化物（如 Al_2O_3 等）、氮化物（如 AlN、TiN 等）、碳化物（如 VC、TiC 等）；在铝合金中可以是 Mn、Ti、Fe 等元素及其化合物。

机械阻碍物的存在形式分两类：一类是钢在冶炼凝固时从液相中直接析出的，颗粒比较大，成偏析或统计分布；另一类是钢凝固后，在继续冷却过程中从奥氏体晶粒内析出的，颗粒十分细小，分布在晶界上。这二类物质都起机械阻碍作用，但后一类要比前一类的阻碍作用大得多。

机械阻碍物一旦溶入晶内时，晶界上就不存在机械阻碍作用了，晶粒便可立即长大到与其所处温度对应的尺寸大小。由于这些机械阻碍物质溶入奥氏体晶粒内时的温度有高有低，存在钢内的数量有多有少，种类可能是这一种或是那一种或是几种同时存在，这样使晶粒突然长大的温度与程度就有所不同。

应该指出，通常所说的机械阻碍物总是指一些极小的微粒化合物。但是第二相固溶体也可以起机械阻碍作用，阻止晶粒长大。例如，一些铁素体型不锈钢，特别是高铬（$w_{Cr} > 21\%$）类型的不锈钢，加入少量镍（$w_{Ni} \approx 2\%$）或锰（$w_{Mn} \approx 4\%$），由于能形成少量奥氏体（固溶体），能使作为基体的铁素体晶粒不易长大，从而提高了材料的韧性。

对晶粒度的影响，除以上三个基本因素外，还有变形速度、原始晶粒度和化学成分等。

四、细化晶粒的主要途径

由于粗大的晶粒对力学性能带来不利影响，因此，人们总希望获得细晶粒组织。使塑性成形件获得细晶粒的主要途径有：

（1）在原材料冶炼时加入一些合金元素（如钽、铌、锆、钼、钨、钒、钛等）及最终采用铝、钛等作脱氧剂　它们的细化作用主要在于：当液态金属凝固时，那些高熔点化合物起弥散的结晶核心作用，从而保证获得极细晶粒。此外，这些化合物同时又都起到机械阻碍作用，使已形成的细晶粒不易长大。

（2）采用适当的变形程度和变形温度　例如在设计模具和选择坯料形状、尺寸时，既要使变形量大于临界变形程度，又要避免出现因变形程度过大而引起的激烈变形区，并且模锻时应采用良好的润滑剂，以改善金属的流动条件，获得均匀变形。锻件的晶粒度主要取决于终锻温度下的变形程度。

塑性变形时应恰当控制最高热变形温度（既要考虑加热温度，也要考虑到热效应引起的升温），以免发生聚集再结晶。如果变形量较小时，应适当降低热变形温度。

终锻温度一般不宜太高，以免晶粒长大。但是对于高温合金等无同素异构转变的材料，终锻温度又不能太低，即不应低于出现混合变形组织的温度。

另外，有些材料变形后晶粒尚未来得及长大时马上就快冷，也可以得到细晶粒。这是因为锻后快冷能把合金在高温锻造过程中形成的晶体缺陷固定到室温，而这些弥散的晶体缺陷在随后的热处理过程中成了结晶核心的形核场所，从而细化了晶粒，同时又可提高组织的均匀性。

（3）采用锻后正火（或退火）等相变重结晶的方法　必要时利用奥氏体再结晶规律进行高温正火来细化晶粒。

五、锻件粗晶分析实例

坯料为 4Cr14Ni14W2Moϕ60mm 热轧棒材，经锻成 42mm 方料后，下料为 42mm × 42mm × 75mm 坯料，在自由锻锤上锻成如图 5 – 18b 所示的排气阀锻件。锻造工艺为：第一火，将 42mm × 42mm × 75mm 坯料倒棱、摔头部、摔杆（图 5 – 18a）；第二火，胎模压盘成形头部（图 5 – 18b）。

经质量检验，发现脖部出现低倍粗晶，经高倍检查，晶粒度为 1 级（图 5 – 19），而阀盘部位为 7 级细晶粒（图 5 – 20）。

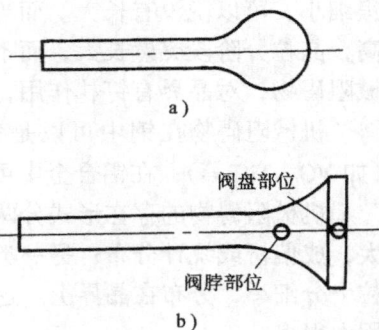

a)

阀盘部位

阀脖部位

b)

图 5 – 18　排气阀成形工步简图

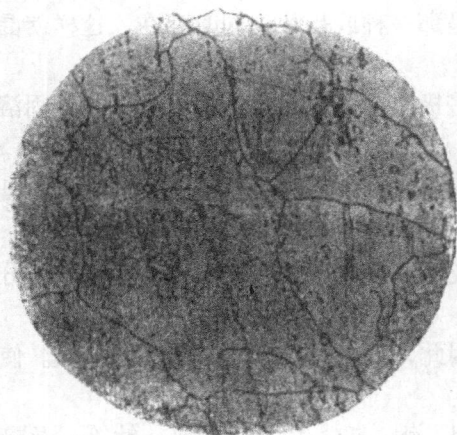

图 5 – 19　4Cr14Ni14W2Mo 排
气阀脖部的 1 级粗晶 100×

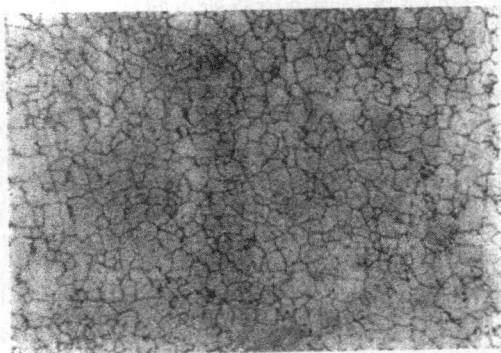

图 5 – 20　排气阀盘部的 7 级细晶 100×

质量分析：在第二火加热时，虽然采用局部加热，杆部放在反射炉门外，但由于阀脖部仍被加热到锻造温度范围内，在压盘成形时，阀脖部位变形较小，处于临界变形程度范围内，因此造成脖部粗晶。

改进措施：将两火加热改为一火加热，即将摔头部、压盘成形、摔杆于一火内完成（图 5-21）。

将改进后的排气阀锻件，经低倍检查，脖部已无粗晶，高倍检查，晶粒度为 6 级，个别为 5 级。在阀脖部位作力学性能试验，符合要求。

因此，为了解决脖部粗晶问题，需改进工艺在一火内成形，则应提高操作水平。

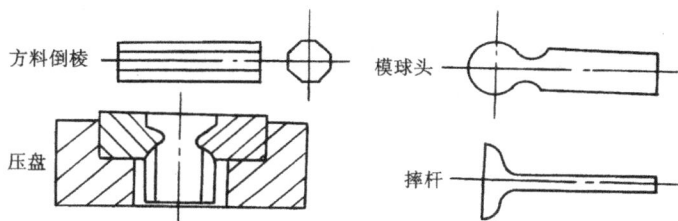

图 5-21　改进后的工艺简图

第四节　塑性成形件中的折叠

折叠是在金属变形流动过程中已氧化过的表面金属汇合在一起而形成的。

在零件上，折叠是一种内患。它不仅减小了零件的承载面积，而且工作时此处产生应力集中，常常成为疲劳源。因此，技术条件中规定锻件上一般不允许有折叠。

锻件经酸洗后，一般用肉眼就可以观察到折叠。若用肉眼不易查出的折叠，可以用磁粉检查或渗透检查。

一、折叠特征

锻件中的折叠一般具有下列特征：

1）折叠与其周围金属流线方向一致　如图 5-22 所示。

2）折叠尾端一般呈小圆角或枝叉形（鸡爪形）　如图 5-23、图 5-24 所示。

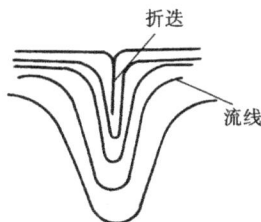

图 5-22　折叠与流线
方向一致示意

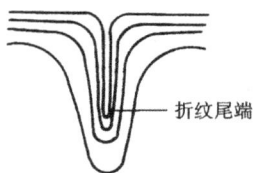

图 5-23　折叠尾端
呈小圆角示意

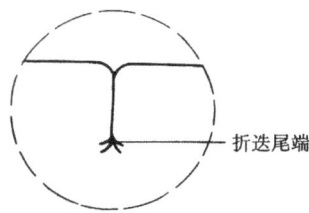

图 5-24　折叠尾端
呈枝叉形示意

3）折叠两侧有较重的脱碳、氧化现象。

按照上述特征可以大致区分裂纹和折叠。但是，锻件上的折叠经进一步变形和热处理等工序后，形态将发生某些变化，需要具体分析。例如，有折叠的零件在进行调质处理时，折叠末端常常要扩展，扩展部分就是裂纹，其尾端呈尖形，表面一般无氧化、脱碳现象。

二、折叠的类型及其形成原因

各种锻件，尤其是各种形状模锻件的折叠形式和位置一般是有规律的。

1. 由两股（或多股）金属对流汇合而形成的折叠

这种类型的折叠其形成原因有以下几方面：

1）模锻过程中由于某处金属充填较慢，而在相邻部分均已基本充满时，此处仍缺少大量金属，形成空腔，于是相邻部分的金属便往此处汇流而形成折叠　模锻时坯料尺寸不合适，操作时坯料安放不当，打击（加压）速度过快，模具圆角、斜度不合适，或某处金属充填阻力过大等都常常会出现这种形式的折叠。

2）弯轴和带枝叉的锻件，模锻时常易由两股流动金属汇合形成折叠　如图 5－25、图 5－26 所示。

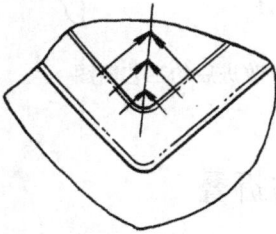

图 5－25　弯轴件折叠形成示意　　　　图 5－26　带枝叉的锻件折叠形成示意

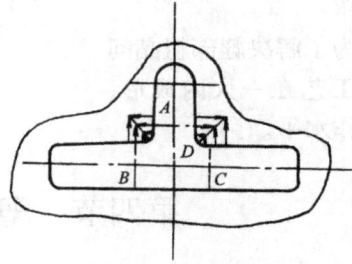

以图 5－26 的情况为例，模锻时 A 和 B（或 A 和 C）两部分的金属往外流动，已氧化过的表层金属对流汇合而形成折叠。这种折叠有时深入到锻件内部，有时只分布在飞边区。

折叠的起始位置与模锻前坯料在此处的圆角半径、金属量有关。若圆角半径较大，此时折叠就可能全部在飞边内；若圆角半径过小，此时形成的折叠就可能进入锻件内部。但折叠起始点位置还取决于坯料 D 处（图 5－26 中虚线范围）金属量的多少。如果 D 部分金属量较多，模锻时有多余金属往外排出，折叠起始点向飞边方向移动。因此，为防止这种折叠的产生，应采取如下措施：

a. 模锻前坯料拐角处应有较大的圆角。如采用预锻模膛，预锻模膛此处应做成较大的圆角；

b. 保证在 D 部分（图 5－26）有足够的金属量，使模锻时折叠的起始点被挤进飞边部分。因此，应保证坯料尺寸合适，操作时将坯料放正，初击时轻一些等。

3）由于变形不均匀，两股（或多股）金属对流汇合而成折叠　例如拔长坯料端部时，如果送进量很小，表层金属变形大，形成端部内凹（图 5－27），严重时则可能发展成折叠。又如挤压时，当压余高度 h 较小，尤其当挤压比较大时，与凸模端面中间处接触的部分金属便被拉着离开凸模端面，并往孔口部分流动，于是在制件中产生图 5－28 所示的缩孔，最后形成折叠。

模锻带筋的腹板类锻件时，情况与上述挤压相似。当腹板较薄时常产生折叠（图 5－29a），腹板较厚时则不产生（图 5－29b）。因此，这类锻件应使腹板适当的厚一些。对腹板较薄的锻件，为防止产生折叠，可预先压出一个"突起"（图 5－29c），然后进行终锻（图 5－29d）。

2. 由一股金属的急速大量流动将邻近部分的表层金属带着流动，两者汇合而形成的折叠

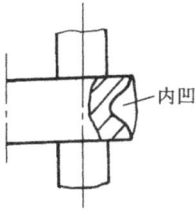

图 5 - 27　拔长时内凹形成示意

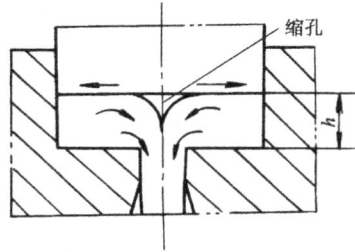

图 5 - 28　挤压时缩孔形成示意

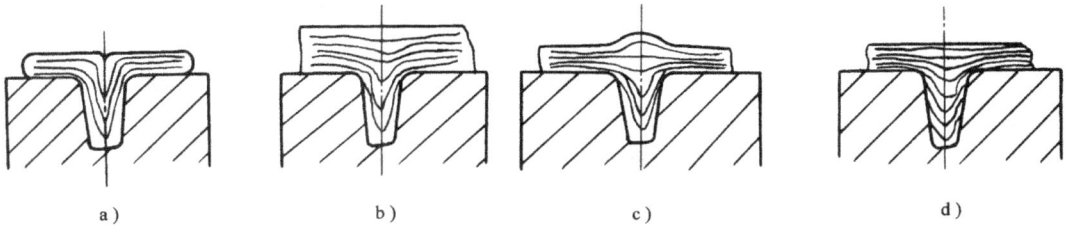

图 5 - 29　带筋的腹板类锻件模锻时折叠产生和防止办法示意

这种类型的折叠常产生于工字形断面的锻件、某些环形锻件和齿轮锻件（图 5 - 30）。

工字形锻件这种折叠形成的原因（图 5 - 31）是由于靠近接触面 *ab* 附近的金属沿着水平方向较大量地外流，同时带着 *ac* 和 *bd* 附近的金属一起外流，使已氧化过的表层金属汇合一起而形成的。由此可以看出，只要靠近接触面 *ab* 附近的金属有沿水平方向外流，且中间部分排出的金属量较大，同时，当 $\frac{l}{t}$ 较大，筋与腹板之间的圆角半径过小，润滑剂过多和变形太快时，则易产生这种折叠。

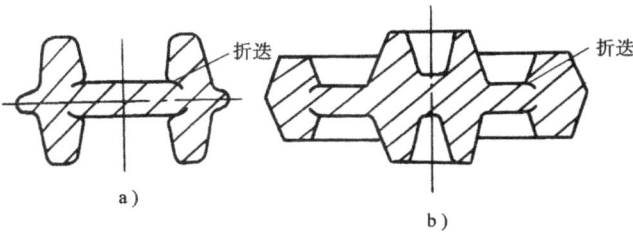

图 5 - 30　工字形断面锻件和齿轮锻件常产生的折叠部位示意

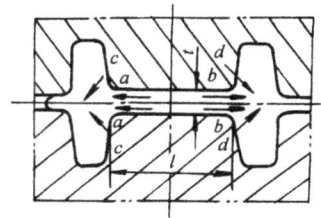

图 5 - 31　工字形断面锻件折叠形成过程示意

靠近接触面 *ab* 附近的金属能否流动，与锻件尺寸直接有关，故一般是不易改变的，但是可以控制其流量和方向。因此，为防止产生折叠，可采取如下措施：

1）使中间部分金属在终锻时的变形量小一些，即使由中间部分排出的金属量尽量少一些；

2）创造条件，使终锻时由中间部分排出的金属量尽可能向上、下模腔中流动，继续充填模腔。

环形锻件和齿轮锻件折叠形成的原因和防止措施与工字形锻件类似。

单面带筋的锻件也常产生这类折叠（图 5-32a），但如果将分模的位置改变一下（图 5-32b），由压入成形改为反挤成形，一般就可以避免了。

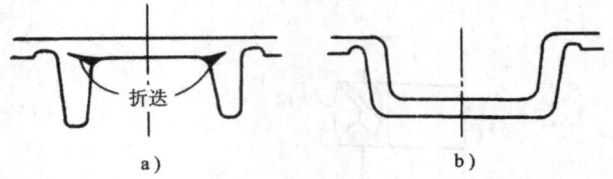

3. 由于变形金属发生弯曲、回流而形成的折叠

这类折叠又可分两种情况：

（1）细长（或扁薄）锻件，先被压弯然后发展成的折叠　例如细长（或变薄）坯料的镦粗（图 5-33、图 5-34）和 $\frac{l_B}{d} > 3$ 的顶镦（图 5-35）。

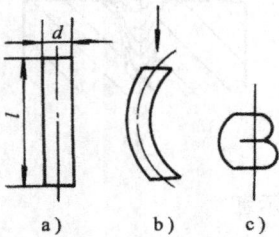

图 5-32　单面带筋的锻件折叠产生和防止办法示意

图 5-33　镦粗时折叠形成过程示意

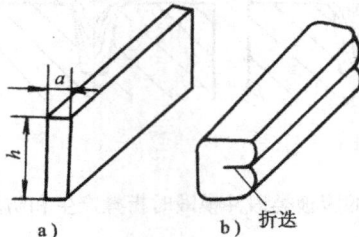

图 5-34　压扁时折叠形成过程示意

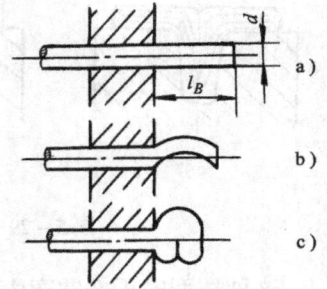

图 5-35　顶镦时折叠形成过程示意

对于这类锻件，正确的锻造原则应当是：

$$\frac{l}{d} \leqslant 2.5 \sim 3 \qquad \frac{h}{a} \leqslant 2 \sim 2.5 \qquad \frac{l_B}{d} \leqslant 2.5 \sim 2$$

当 $\frac{l_B}{d} > 3$ 时，需要在模具内顶镦。顶镦时开始产生一些弯曲，但与模壁接触之后便不再发展，所以不致形成折叠。在模具内顶镦，关键是控制 $\frac{l_B}{d}$ 值，如一次顶镦能产生折叠，则可采用多次顶镦，例如，气阀 $\frac{l_B}{d} \geqslant 13$，顶镦时一般需 5~6 个工步。

（2）由于金属回流形成弯曲，继续模锻时发展成的折叠　以齿轮锻件为例，折叠形成的过程如图 5-36 所示。这种折叠的位置与图 5-30b 所示的不同，一般都在腹板以上（或以下）的轮缘上。

模锻时是否产生回流，与坯料直径、圆角 R 大小和第一、二锤的打击力等有关。为防止这种折叠的产生，应当使镦粗后的坯料直径 $D_{坯}$ 超过轮缘宽度的一半，最好接近于轮缘宽度的 2/3，即 $D_{坯} \approx D_1 + \frac{4}{3} b$（图 5-37），圆角 R 应适当大些，模锻时第一、二锤应轻些。

4. 部分金属局部变形，被压入另一部分金属内而形成的折叠

图 5-36　齿轮锻件折叠形成过程示意

这类形式的折叠在实际生产中是很常见的。例如拔长时，当送进量很小，压下量很大时，上、下两端金属局部变形并形成折叠（图5-38）。避免产生这种折叠的措施是增大送进量，使每次送进量与单边压缩量之比大于 $1 \sim 1.5$，即 $\dfrac{2l}{\Delta h} > 1 \sim 1.5$。

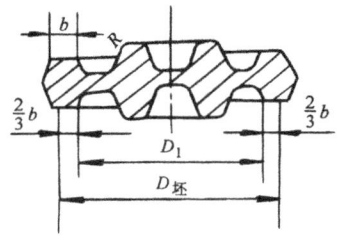

图 5 - 37　齿轮锻件

又如模锻时，若预锻模圆角过大，而终锻模相应处圆角过小，因而在终锻时在圆角处啃下一块金属并压入锻件内形

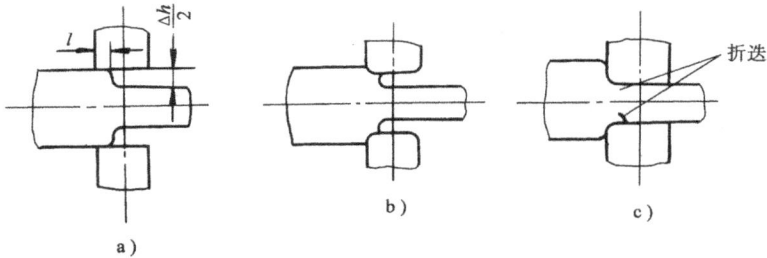

图 5 - 38　拔长时折叠形成过程示意

成折叠（图 5 - 39）。故一般取 $R_{预} = 1.2 R_{终} + 3$。模锻铝合金锻件时，如果因为圆角 R 的缘故，一次预锻不行时，则可采用两次预锻。

实际生产中折叠的形式是多种多样的，但其类型及其形成原因大致有以上几种。掌握和正确运用这些规律，便可以在实践中避免产生折叠。

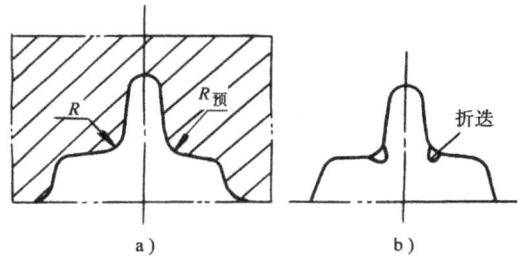

图 5 - 39　预锻模圆角过大终锻时形成折叠示意
a）模具　b）锻件

第五节　塑性加工中的失稳

关于塑性失稳的概念曾在第三章第六节中提及，即在塑性加工中，当材料所受载荷达到某一临界值后，即使载荷下降，塑性变形还会继续，这种现象称为塑性失稳，它使得塑性加工过程不稳定。因此，塑性失稳问题对塑性成形具有重要影响。

失稳有压缩失稳和拉伸失稳。压缩失稳的主要影响因素是刚度参数，它在塑性成形中主要表现为坯料的弯曲和起皱，在弹性或塑性变形范围内都可能产生。而拉伸失稳的主要影响因素是强度参数，它主要表现为明显的非均匀伸长变形，在坯料上产生局部变薄或变细现象，其进一步发展是坯料的拉断或破裂，它只产生于塑性变形范围内。因此，压缩失稳和拉伸失稳是具有不同本质的两种现象。

一、拉伸失稳

1．单向拉伸时的塑性失稳

单向拉伸时，出现缩颈后，外载下降，塑性变形还继续进行，显然，极限强度（抗拉强度）σ_b 所对应的点就是塑性失稳点。现通过单向拉伸时的真实应力—应变曲线（图 5-40）来研究塑性失稳时的特点。

在均匀塑性变形阶段，有

$$P = \overline{\sigma} A \qquad (5-2)$$

任何金属材料，其内部的力学性质、化学成分、组织结构都不可能是均匀的。另外，试样尺寸的波动、试样加工公差等因素的综合效应，将使试样在某一部位存在最弱断面，在该断面上塑性变形将优先得到发展。

对式（5-2）微分，可得

$$\frac{\mathrm{d}P}{P} = \frac{\mathrm{d}\overline{\sigma}}{\overline{\sigma}} + \frac{\mathrm{d}A}{A} \qquad (5-3)$$

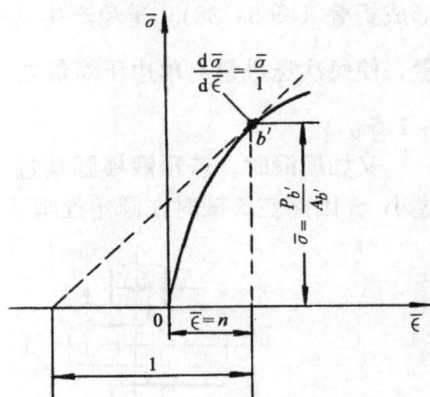

图 5-40　单向拉伸时的塑性失稳点

式中　$\dfrac{\mathrm{d}P}{P}$——试样承载能力变化率；

$\dfrac{\mathrm{d}\overline{\sigma}}{\overline{\sigma}}$——因加工硬化引起的流动应力的增加率；

$\dfrac{\mathrm{d}A}{A}$——断面减缩率。

在拉伸过程中，一方面因加工硬化引起变形抗力增加，另一方面因试样伸长使承载断面面积 A 减小，这两种作用贯穿于单向拉伸过程始终。对于多数金属材料，变形初期的变形抗力增加率远大于断面减缩率，即 $\dfrac{\mathrm{d}\overline{\sigma}}{\overline{\sigma}} \gg \dfrac{\mathrm{d}A}{A}$。所以，尽管变形在最弱断面优先得到发展，但因很小的塑性变形引起应变硬化使该断面附近材料的变形抗力增加，致使外力上升时，在该断面以外的变形区域相应地产生塑性变形。因此，在均匀塑性变形阶段，通常不易发现拉伸试样变形区内各部分之间的应变差别。

随着拉伸过程的发展，应变强化效应逐渐减弱，即 $\dfrac{\mathrm{d}\overline{\sigma}}{\overline{\sigma}}$ 下降，而横断面积 A 却不断减小，即 $\dfrac{\mathrm{d}A}{A} < 0 \left(\left| \dfrac{\mathrm{d}A}{A} \right| \text{增大} \right)$。当变形继续发展到某一时刻，必然会使变形抗力的增加率等于断面减缩率，即

$$\left| \frac{\mathrm{d}\overline{\sigma}}{\overline{\sigma}} \right| = \left| \frac{\mathrm{d}A}{A} \right| \qquad (5-4)$$

此时，试样在某一部位开始出现缩颈，载荷达到极值（临界值），亦即 $P = P_{max}$，于是便有

$$\mathrm{d}P = 0 \qquad (5-5)$$

根据式（5-3），可得

$$\frac{\mathrm{d}\overline{\sigma}}{\overline{\sigma}} = -\frac{\mathrm{d}A}{A} = \mathrm{d}\overline{\epsilon}$$

因此有

$$\frac{\mathrm{d}\overline{\sigma}}{\mathrm{d}\overline{\epsilon}} = \overline{\sigma} \qquad (5-6)$$

所以，在塑性失稳点有

$$\left(\frac{\mathrm{d}\overline{\sigma}}{\mathrm{d}\overline{\in}}\right)_{b'} = \overline{\sigma}_{b'} \tag{5-7}$$

式（5-7）是斯韦夫特给出的拉伸塑性失稳条件，它表示在 $\overline{\sigma}—\overline{\in}$ 曲线上过塑性失稳点所作切线的斜率为 $\overline{\sigma}_{b'}$，即该切线与横坐标的交点到塑性失稳点横坐标间的距离为 $\overline{\in}=1$（图 5-5）。

根据式（3-146）和式（5-6），可得

$$\frac{\mathrm{d}\overline{\sigma}}{\mathrm{d}\overline{\in}} = nB\overline{\in}^{\,n-1} = \overline{\sigma} = B\overline{\in}^{\,n} \tag{5-8}$$

从而可得

$$\overline{\in}_{b'} = n$$

式（5-8）表明，加工硬化指数 n 就等于塑性失稳点的真应变 $\overline{\in}_{b'}$，它是表明材料加工硬化特性的一个重要参数，n 值越大，说明材料的应变强化能力愈强，均匀变形阶段愈长。对于金属材料，n 的范围是 $0<n<1$。

根据定义，最大载荷

$$P_{\max} = \sigma_b A_0 = \overline{\sigma}_{b'} A_{b'} = （Bn^n）A_{b'}$$

即

$$\sigma_b = （Bn^n）\frac{A_{b'}}{A_0} \tag{5-9}$$

由于

$$\in = \ln\frac{A_0}{A}$$

所以有

$$\frac{A_{b'}}{A_0} = \mathrm{e}^{-\overline{\in}_{b'}} = \mathrm{e}^{-n} \tag{5-10}$$

将式（5-10）代入式（5-9），得

$$\sigma_b = B\left(\frac{n}{\mathrm{e}}\right)^n \tag{5-11}$$

若已知强度系数 B 和加工硬化指数 n，就可根据式（5-11）求出塑性失稳时的抗拉强度。

当 $\overline{\in}<n$ 时，而且标距内的试样横截面积相等，变形将是均匀的。当 $\overline{\in}>n$ 时，出现缩颈，由于缩颈处的加工硬化不能补偿其横截面积的减小，使变形集中在缩颈处，而其他截面的变形几乎不再增长。因此，$\overline{\in}=n$ 处就是单向拉伸时的失稳点（图 5-40）。

2．双向等拉时的塑性失稳

薄板双向等拉的情况如图 5-41 所示。图中 $P_1=P_2$，垂直于板面方向的载荷 $P_3=0$，发生塑性失稳时，$\mathrm{d}P=0$。

对于所讨论的情况，有

$$P_1 = \sigma_1 A_1 \tag{5-12}$$

式中　　A_1——P_1 作用面的面积；

σ_1——A_1 面上的正应力。

对式（5-12）两边进行微分

$$dP_1 = \sigma_1 dA_1 + A_1 d\sigma_1 = 0$$

从而可得

$$\frac{d\sigma_1}{\sigma_1} = -\frac{dA_1}{A_1} = d\in_1 \qquad (5-13)$$

对于 $\sigma_1 = \sigma_2$ 和 $\sigma_3 = 0$ 的应力状态，等效应力

$$\bar{\sigma} = \sigma_1 = \sigma_2 \qquad (5-14)$$

根据 $\in_1 = \in_2$ 和体积不变条件可得

$$-\in_3 = \in_1 + \in_2 = 2\in_1 = 2\in_2 \qquad (5-15)$$

根据等效应变计算公式，可得

$$\bar{\in} = 2\in_1 = 2\in_2 = -\in_3 \qquad (5-16)$$

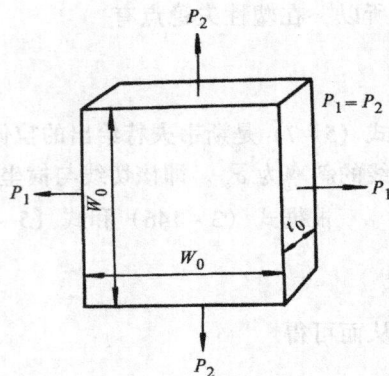

图 5-41 薄板双向等拉

将式（5-14）和式（5-16）代入式（5-13），可得

$$\frac{d\bar{\sigma}}{d\bar{\in}} = \frac{\bar{\sigma}}{2} \qquad (5-17)$$

对式（3-146）求导并考虑到式（5-17），可得

$$\frac{d\bar{\sigma}}{d\bar{\in}} = nB\bar{\in}^{n-1} = \frac{\bar{\sigma}}{2} = 0.5 B\bar{\in}^n$$

从而可得

$$\bar{\in} = 2n \qquad (5-18)$$

式（5-18）表明双向等拉时，失稳时的应变为单向拉伸时的两倍。

二、压缩失稳

1. 压杆（板条）失稳

压缩失稳在弹性和塑性变形范围内都可发生。在弹性状态时，当压力 P 达到某临界力 P_K 时，压杆（板料）就产生失稳而弯曲（图 5-42），使压杆以曲线形状保持平衡。这时杆内产生一内力矩与外力矩平衡，即内力矩＝外力矩。平衡状态下的微分方程为：

$$EI\frac{d^2 y}{dx^2} = -py \qquad (5-19)$$

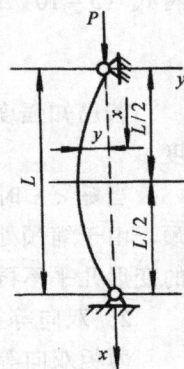

式中　E——材料的弹性模量；

I——压杆的惯性矩，对于宽为 b 厚为 t 的平板，$I = \frac{bt^3}{12}$。

将式（5-19）积分并整理后得到如下的欧拉压杆失稳准则：

$$P_K = \frac{\pi^2 EI}{L^2} \qquad (5-20)$$

当坯料内部的压应力超过屈服强度时，材料进入塑性状态，式（5-20）就不再适用了。这时需要进一步讨论在塑性范围内的压缩失稳问题。假如所研究材料的应力-应变关系如图 5-43a 所示，而且临界压力下在

图 5-42　压杆的
受力和变形

材料内引起的压应力 σ_K 位于曲线的 a 点。因为弯曲后受压的内侧压应力继续增加即沿 ad 线加载至 b 点，而受拉的外侧，由于弯曲引起的拉应力使外侧材料沿 ae 线卸载至 C 点（见图 5-43a）。此时材料截面内的应力分布如图5-43b所示。材料受拉外侧的边沿应力增量为

$\Delta\sigma_1$，受压的内侧边沿上的应力增量为 $\Delta\sigma_2$，可分别表示为

$$\Delta\sigma_1 = E\frac{t_1}{\rho} \qquad (5-21)$$

$$\Delta\sigma_2 = F\frac{t_2}{\rho} \qquad (5-22)$$

式中符号参见图 5-43，其中 F 称为硬化模量。

根据塑性失稳条件，轴向压力的增量 $dP = 0$（即在临界力 P_K 作用下压杆以曲线形状保持平衡），可以得到内力矩

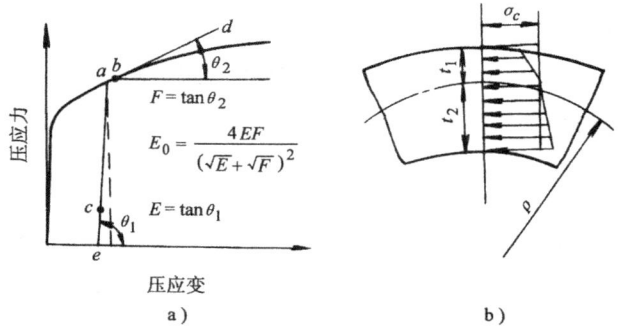

图 5-43 临界压力下坯料截面内的应力分布情况

$$M = \frac{I}{\rho}\frac{4EF}{(\sqrt{E}+\sqrt{F})^2} \qquad (5-23)$$

将 $\quad E_0 = \dfrac{4EF}{(\sqrt{E}+\sqrt{F})^2}$，$\dfrac{1}{\rho} = \dfrac{d^2 y}{dx^2}$ 代入式（5-23），得

$$M = E_0 I\frac{d^2 y}{dx^2} \qquad (5-24)$$

根据内力矩与外力矩相等的平衡条件，可得临界状态下的微分方程式：

$$E_0 I\frac{d^2 y}{dx^2} = -P_K y \qquad (5-25)$$

积分式（5-25）并整理后得：

$$P_K = \frac{\pi^2 E_0 I}{L^2} \qquad (5-26)$$

可以看出式（5-26）与式（5-20）形式完全相同，只是塑性失稳的临界压力公式中用 E_0 代替了弹性失稳临界压力公式中的 E 值。E_0 为折减弹性模量，也称相当弹性模量，它反应了弹性模量 E 和硬化模量 F 的综合效果。研究表明，塑性失稳时实际的临界压力比式（5-26）得到的还要低，失稳在压力达到 P_K 前就发生了。为了安全和简便，多采用下式求临界力

$$P_K = \frac{\pi^2 FI}{L^2} \qquad (5-27)$$

在研究压缩失稳时硬化模量 F 又称切线模量。

对于直径为 d 的圆截面杆，$I = \dfrac{\pi d^4}{32}$，代入式（5-27），得：

临界压力 $\qquad\qquad P_K = \dfrac{\pi d^2}{4}\dfrac{\pi^2 F}{8}\left(\dfrac{d}{L}\right)^2 \qquad (5-28)$

临界压应力 $\qquad\qquad \sigma_K = \dfrac{\pi^2 F}{8}\left(\dfrac{d}{L}\right)^2 \qquad (5-29)$

对于宽为 b，厚为 t 的矩形板条，$I = \dfrac{bt^3}{12}$，代入式（5-27）得：

临界压力 $\qquad\qquad P_K = bt\dfrac{\pi^2 F}{12}\left(\dfrac{t}{L}\right)^2 \qquad (5-30)$

临界压应力 $$\sigma_K = \frac{\pi^2 F}{12}\left(\frac{t}{L}\right)^2 \tag{5-31}$$

由得到的塑性压缩失稳的临界压力和临界压应力的公式（5-26）~ 式（5-31）可以看出材料的抗压缩失稳的能力除与材料的刚度性能参数 E_0、F 有关外，还与受载的压杆（或板条）的几何参数 $\left(\frac{d}{L}、\frac{t}{L}\right)$ 有着更密切的关系。当相对高度 $\frac{L}{d}$ 越大，相对厚度 $\frac{t}{L}$ 越小，即杆件越细、板料越薄时越发生失稳，杆件的压缩失稳往往表现为失稳弯曲，而板料的压缩失稳往往表现为失稳起皱。

实际生产中，细长杆件在受压缩时，其失稳弯曲影响坯料的极限尺寸比例和成形极限（极限变形程度）。因此为避免失稳弯曲，圆柱体坯料压缩时其相对高度 $\frac{L}{d}$ 一般应小于2.5 ~ 3，扁方坯料压缩时其高度与宽度比 $\left(\frac{h}{b}\right)$ 一般应小于3.5 ~ 4。

2. 板料失稳起皱

对于板料成形，失稳起皱除影响成形件的质量和成形极限外，也还直接影响一些成形工序能否顺利进行。因此，压缩失稳对板料的成形影响尤为突出。

冲压成形时，为使金属产生塑性变形，模具对板料施加外力，在板内产生复杂的应力状态。由于板厚尺寸与其他两个方向尺寸相比很小，因此厚度方向是不稳定的。当外力在板料平面内引起的压应力使板厚方向达到失稳极限时便产生失稳起皱，皱纹的走向与压应力垂直。

引起压应力的外力如图5-44所示，大致可分为压缩力、剪切力、不均匀拉伸力及板平面内弯曲力四种。因此，失稳起皱也相应地有四种。

（1）压缩力引起的失稳起皱 圆筒形零件拉深时法兰变形区的起皱、曲面零件成形时悬空部分的起皱，都属于这种类型。成形过程中变形区坯料在径向拉应力 σ_1 和切向压应力 σ_3 的平面应力状态下变形，当切向压应力 σ_3 达到失稳临界值时，坯料将产生失稳起皱。塑性失稳的临界应力可以用力平衡法或能量法求得。为了简化计算，多用能量法。

不用压边圈的拉深，如图5-45所示，拉深过程中法兰变形区失稳起皱时能量的变化主

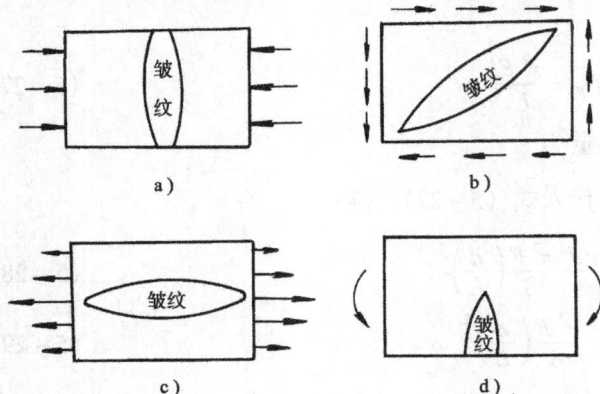

图5-44 平板失稳起皱的分类

a）压缩力　b）剪切力　c）拉力不均　d）板内弯曲力

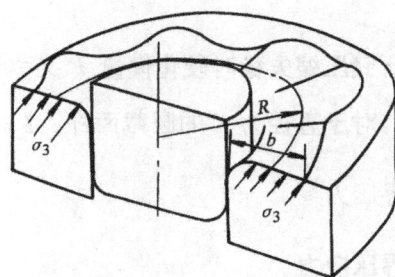

图5-45 法兰变形区起皱

要有三部分。

1）皱纹弯曲所需的弯曲功。皱纹形成时，假定皱纹形状为正弦曲线，半波（一个皱纹）弯曲所需的弯曲功为

$$u_w = \frac{\pi E_0 I \delta^2 N^3}{4R^3} \qquad (5-32)$$

2）虚拟压边力所消耗的功。法兰内边缘在凸模和凹模圆角间夹持得很紧，相当于内周边固持的环形板，起着阻止失稳起皱的作用，与有压边力的作用相似，可称为虚拟压边力。失稳起皱时形成一个皱纹，虚拟压边力所消耗的功为

$$u_x = \frac{\pi R b K \delta^2}{4N} \qquad (5-33)$$

3）变形区失稳起皱后，周长缩短，切向压应力 σ_3 由于周长缩短而放出的能量。形成一个皱纹，切向压应力 σ_3 放出的能量为

$$u_f = \frac{\pi \delta^2 N}{4R} \sigma_3 bt \qquad (5-34)$$

式中　　N——皱纹数；

　　　　R——法兰变形区平均半径；

　　　　b——法兰变形区宽度；

　　　　δ——起皱后的皱纹高度；

　　　　K——常数。

法兰变形区失稳起皱的临界状态应该是切向压应力所释放的能量等于起皱所需的能量，即

$$u_f = u_w + u_x \qquad (5-35)$$

将前边各能量值代入式（5-35），整理后得

$$\sigma_3 bt = \frac{E_0 I N^2}{R^2} + bK \frac{R^2}{N^2} \qquad (5-36)$$

对皱纹数 N 进行微分，并令 $\dfrac{\partial \sigma_3}{\partial N} = 0$，便得到临界状态下的皱纹数

$$N = 1.65 \frac{R}{b} \sqrt{\frac{E}{E_0}} \qquad (5-37)$$

将 N 值代入式（5-36）得起皱时临界压应力 σ_{3K}

$$\sigma_{3K} = 0.46 E_0 \left(\frac{t}{b} \right)^2 \qquad (5-38)$$

因此可得到不需压边的极限条件

$$\sigma_3 \leqslant 0.46 E_0 \left(\frac{t}{b} \right)^2 \qquad (5-39)$$

由式（5-39）可以看出，切向压应力的临界值与材料的折减弹性模量 E_0、相对厚度 $\dfrac{t}{b}$ 有关。材料的弹性模量 E、硬化模量 F 越大，相对厚度越大，切向压应力越小，不用压边的可能性就越大。

在拉深的生产实践中，为了防止起皱，常采用压边圈，通过压边圈的压力的作用，使毛

坯不易拱起（起皱）而达到防皱的目的。

（2）剪切力引起的失稳起皱 切应力引起的失稳起皱，其实质仍然是压应力的作用。例如板坯在纯切状态下，在与切应力成45°的两个剖面上分别作用着与切应力等值的拉应力和压应力。只要有压应力存在就有导致失稳的可能。失稳时切应力的临界值可写成如下形式

$$\tau_K = K_s E \left(\frac{t}{b} \right)^2 \tag{5-40}$$

对于不同的边界条件的矩形板，四边约束不同时，K_s 值也不同（见图5-46）。

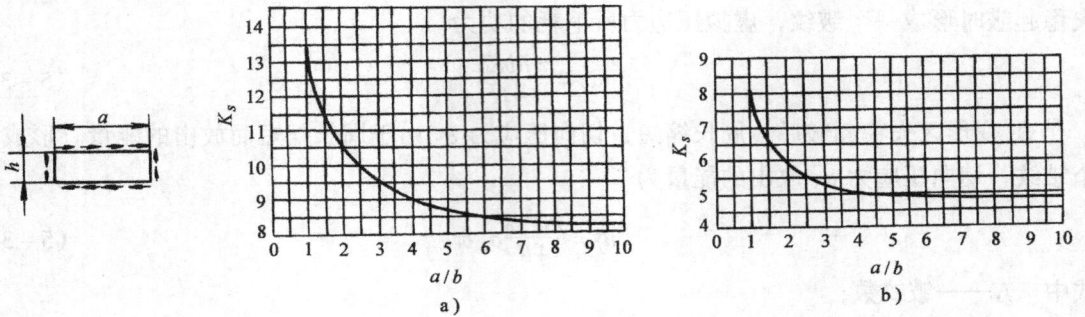

图 5-46 K_s 值随边界条件变化的曲线

a）四边固持　b）四边简支

（3）不均匀拉伸力引起的失稳起皱 当平板受不均匀拉应力作用时，在板坯内产生不均匀变形，并可能在与拉应力垂直的方向上产生附加压应力。该压应力是产生皱纹的力学原因。拉应力的不均匀程度越大，越易产生失稳起皱。皱纹产生在拉力最大的部位，其走向与拉伸方向相同。平板沿宽度方向上的不均匀拉应力 σ_1 的分布如图5-47a所示，由此引起的 σ_x 和 σ_y 在板平面内的分布，分别如图5-47b、c所示。由图5-47c可知，在平板中间部位 σ_y 为压应力，由它引起平板的失稳起皱。

在冲压成形时，凸模纵断面或横断面的形状比较复杂时，坯料的局部会承受不均匀拉力的作用。如图5-48a所示的棱锥台的拐角处的侧壁，由于材料流入的同时产生收缩，再加上不均匀拉

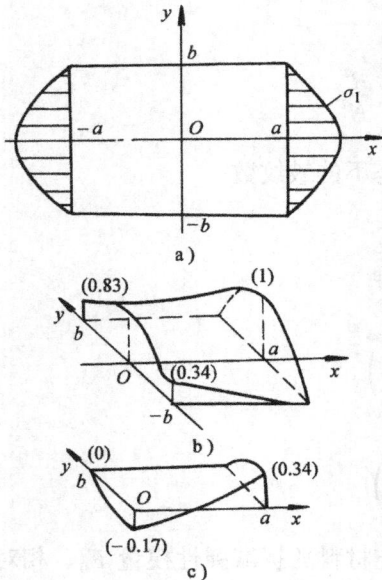

图 5-47 平板在不均匀拉力
作用下的应力分布

a）σ_1 的分布　b）σ_x/σ_1 的分布　c）σ_y/σ_1 的分布

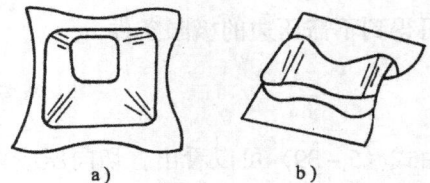

图 5-48 拉力不均匀形成的皱纹

a）棱柱台　b）鞍形件

力引起的压应力的作用，就更加容易产生失稳起皱。图 5 – 48b 所示的鞍形拉深件，底部产生的皱纹也是由于不均匀拉力引起的。

关于板料内弯曲应力引起的失稳起皱，在冲压成形中较少产生，这类皱纹不太常见，故不作介绍。

思 考 与 练 习

1．对塑性成形件进行质量分析有何重要意义？

2．试述对塑性成形件进行质量分析的一般过程及分析方法。

3．试分别从力学和组织方面分析塑性成形件中产生裂纹的原因。

4．防止产生裂纹的原则措施是什么？

5．什么是钢的奥氏体本质晶粒度和钢的奥氏体实际晶粒度？

6．晶粒大小对材料的力学性能有何影响？

7．影响晶粒大小的主要因素有哪些？这些因素是如何影响晶粒大小的？

8．细化晶粒的主要途径有哪些？

9．折叠有哪些特征？

10．试述折叠的类型及其形成原因。

11．什么是塑性失稳？拉伸失稳与压缩失稳有什么本质区别？

12．单向拉伸时，塑性失稳有何特点？

13．杆件的塑性压缩失稳与板料的塑性压缩失稳其表现形式有何不同？

14．塑性压缩失稳的临界压应力与哪些因素有关？

15．在板料拉深中，引起法兰变形区起皱的原因是什么？在生产实践中，如何防止法兰变形区的起皱？

第六章 主应力法及其应用

第一节 概　　述

　　研究不同形状和性能的坯料，在不同形状的工模具和不同外力作用下发生塑性变形时的应力、应变和流动状态，是塑性成形理论的根本任务之一。

　　知道了坯料塑性变形时的应力状态，即可计算出其变形力和功能消耗，为合理选择成形设备、寻求节能的工艺方案提供依据；从坯料内部的静水压力分布，可分析金属的流动趋向和对材料塑性的影响；根据变形体的应力状态，可分析变形过程中材料内部空洞性缺陷的焊合和防止开裂的工艺条件，为提高产品质量提供基本途径；从应力状态还可了解模腔内的压力分布，为合理设计模具和提高模具寿命提供科学基础。

　　知道了坯料塑性变形时的应变和流动状态，就可预测变形体的形状尺寸变化和模腔内金属的充填情况，进一步分析是否形成折叠、是否过早形成飞边、流线分布是否合理等，从而为合理确定原毛坯或预成形坯形状、工模具形状和优化工艺过程提供科学依据；从坯料内部的应变状态，还可分析制件内的硬度分布、纤维组织的形成、碳化物的破碎和晶粒度的变化等，为提高产品的力学性能提供方向。

　　求解塑性变形时的应力、应变和流动状态的基本方程有平衡微分方程、屈服准则、几何方程和本构方程。这些基本方程包含 15 个未知数（σ_{ij}、ε_{ij}、$\dot{u}_i$），且为高阶偏微分方程，加之变形体的几何形状和边界条件很复杂，因此，要求得一般解析解是非常困难、甚至是不可能的。目前只有某些特殊情况或将实际问题进行一些简化假设后才能求解。根据简化假设的不同，求解方法主要有主应力法、滑移线法、上限法和有限元法等。本章介绍主应力法，其余方法在以后各章中介绍。

第二节　主应力法的基本原理

　　主应力法的实质是将应力平衡微分方程和屈服方程联立求解。但为使问题简化，采用下列基本假设：

　　1）把问题简化成平面问题或轴对称问题。对于形状复杂的变形体，则根据金属流动的情况，将其划分成若干部分，每一部分分别按平面问题或轴对称问题求解，然后"拼合"在一起，即得到整个问题的解。例如，根据连杆模锻时的金属流动模型（图 6-1），可将锻件的左、右半圆视为轴对称变形部分，而中间部分视为平面变形部分。

　　2）根据金属的流动趋向和所选取的坐标系，对变形体截取包括接触面在内的基元体或基元板块，切面上的正应力假定为主应力，且均匀分布（即与一坐标轴无关）。由于已将实际问题归结为平面问题或轴对称问题，所以各正应力分量就仅随单一坐标变化，对该基元体所建立的平衡微分方程，简化为常微分方程。

3）由于以任意应力分量表示的屈服方程是非线性的，即使对于平面问题或轴对称问题，也难将其与平衡微分方程联解。因此，在对该基元体或基元板块列屈服方程时，假定其各坐标平面上作用的正应力即为主应力，而不考虑面上切应力（包括摩擦切应力）对材料屈服方程的影响。这样，就可将屈服方程简化为线性方程。例如，平面应变问题的屈服方程原为 $(\sigma_x - \sigma_y)^2 + 4\tau_{xy}^2 = (2K)^2$，现因忽略 τ_{xy} 的影响，而简化为

$$\sigma_x - \sigma_y = 2K \ （当 \ \sigma_x > \sigma_y）$$

将上述简化的平衡微分方程和屈服方程联立求解，并利用应力边界条件确定积分常数，以求得接触面上的应力分布，进而求得变形力等，这就是主应力法。由于经过简化的平衡方程和屈服方程实质上都是以主应力表示的，故此得名。又因这种解法是从切取基元体或基元板块着手的，故也形象地称为"切块法"。

主应力法的数学运算比较简单，从所得的数学表达式中，可以分析各有关参数（如摩擦系数、变形体几何尺寸、变形程度、模孔角等）对变形力的影响，因此至今仍然是计算变形力的一种重要方法。但用这种方法无法分析变形体内的应力分布，因为所作的假设已使变形体内的应力分布在一个坐标方向上平均化了。

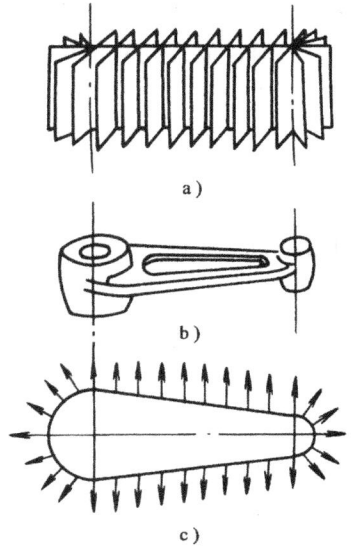

图 6-1　连杆模锻时的金属
流动平面和流动方向
a）流动平面
b）连杆模锻件　c）流动方向

第三节　几种金属流动类型变形力公式的推导

塑性成形中具有普遍意义的金属流动类型有：平面应变镦粗型；平面应变挤压型；轴对称变形镦粗型；轴对称变形挤压型。其中，镦粗型的金属流动，基本上沿着垂直于工模具运动的方向；而挤压型的金属流动则是沿着平行于工模具运动的方向。对于任何形状工件的成形都可以分成若干部分，并以上述金属流动类型的单一形式或组合形式表示之。下面用主应力法推导各种金属流动类型的变形力。

一、平面应变镦粗型的变形力

图 6-2 表示平行砧板间的平面应变镦粗，设 $\tau = mK$（m 为摩擦因子，$K = Y/\sqrt{3}$）。

对图中基元板块（设长为 l）列平衡方程式：

$$\sum P_x = \sigma_x lh - (\sigma_x + d\sigma_x) lh - 2\tau l dx = 0$$

$$d\sigma_x = -\frac{2mK}{h}dx \qquad (6-1)$$

因为式中的应力代表其绝对值，若简化的屈服方程仍按代

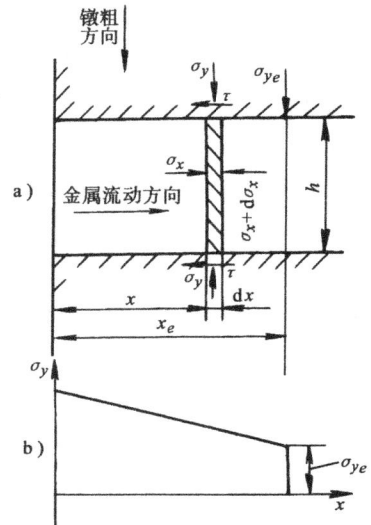

图 6-2　平行砧板间平面应变镦粗
及垂直应力 σ_y 的分布图形

数值列出，则不能进行联解。现既然为镦粗变形，凭直观即可判断出 σ_y 的绝对值必大于 σ_x 的绝对值，故按绝对值列出的简化屈服方程应为

$$\sigma_y - \sigma_x = 2K; \quad d\sigma_y = d\sigma_x \tag{6-2}$$

将式（6-1）、式（6-2）联立求解，得

$$\sigma_y = -\frac{2mK}{h}x + C$$

利用应力边界条件求积分常数 C：当 $x = x_e$ $\quad$ $\sigma_y = \sigma_{ye}$，故有

$$C = \sigma_{ye} + \frac{2mK}{h}x_e$$

最后得

$$\sigma_y = \frac{2mK}{h}(x_e - x) + \sigma_{ye} \tag{6-3}$$

σ_y 的分布图形如图 6-2b 所示。

单位面积的平均变形力（简称单位变形力亦称单位流动压力或变形抗力）为

$$p = \frac{P}{F} = \frac{1}{x_e}\int_0^{x_e} \sigma_y dx = \frac{mKx_e}{h} + \sigma_{ye} \tag{6-4}$$

式中的 σ_{ye} 表示工件外端（$x = x_e$）处的垂直压应力（绝对值），若该处为自由表面 $\sigma_{xe} = 0$，则由式（6-2）得 $\sigma_{ye} = 2K$；否则由相邻变形区所提供的边界条件确定。由式（6-3）和式（6-4），可方便求出宽度为 b、高度为 h 的工件平面应变自由镦粗时接触面上的压应力 σ_y 和单位变形力 p（均为绝对值）：

$$\sigma_y = 2K\left[1 + \frac{m}{h}\left(\frac{b}{2} - x\right)\right] \tag{6-5}$$

$$p = 2K\left(1 + \frac{m}{4}\frac{b}{h}\right) \tag{6-6}$$

在塑性成形中还经常会遇到各种上下砧板倾斜的情况（见图 6-3）。此时只要遵循图中所标示的符号，其垂直压应力 σ_y 和单位变形力 p 的计算公式都是一样的。

下面以收敛式流动（图 6-3a）为代表，推导 σ_y 和 p 的计算公式。

列基元板块的平衡方程式（参见图 6-4）

$$\sigma_x h - (\sigma_x + d\sigma_x)\left[h + (\tan\alpha + \tan\beta)dx\right] - 2\tau dx + \sigma_u \tan\alpha dx + \sigma_l \tan\beta dx = 0$$

又由静力平衡关系可得

$$\sigma_u = \sigma_y - \tau\tan\alpha; \quad \sigma_l = \sigma_y - \tau\tan\beta$$

根据几何关系可写出

$$h = h_b + (\tan\alpha + \tan\beta)x$$

将这些关系式代入前式并略去二阶微量，整理后得

$$-\sigma_x(\tan\alpha + \tan\beta)dx - \left[h_b + (\tan\alpha + \tan\beta)x\right]d\sigma_x - 2\tau dx$$
$$+ \sigma_y(\tan\alpha + \tan\beta)dx - \tau(\tan^2\alpha + \tan^2\beta)dx = 0 \tag{6-7}$$

已知按绝对值列出的近似屈服方程为 $\sigma_y - \sigma_x = \frac{2}{\sqrt{3}}Y$，$d\sigma_y = d\sigma_x$；与式（6-7）联解，并令

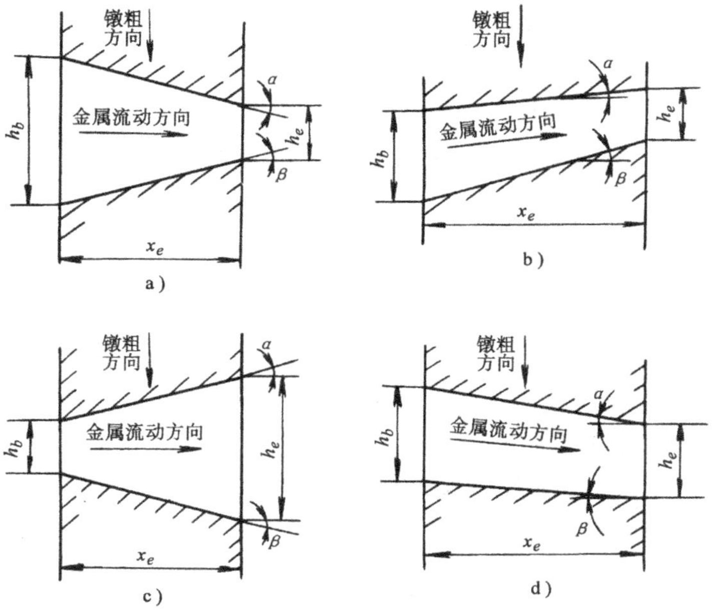

图 6-3　倾斜砧板间的平面应变镦粗

a）收敛式流动（α<0，β<0）　b）爬升式流动（α>0，β<0）

c）散射式流动（α>0，β>0）　d）下滑式流动（α<0，β>0）

$$K_1 = \tan\alpha + \tan\beta$$

$$K_2 = -\frac{2}{\sqrt{3}}YK_1 + \tau\ (2 + \tan^2\alpha + \tan^2\beta)$$

则得

$$d\sigma_y = -\frac{K_2}{(h_b + xK_1)}dx$$

$$\sigma_y = -\frac{K_2}{K_1}\ln\ (h_b + xK_1)\ + C$$

当 $x = x_e$ 时，$\sigma_y = \sigma_{ye}$，得 $C = \sigma_{ye} + \frac{K_2}{K_1}\ln h_e$

最后得垂直压应力

$$\sigma_y = \frac{K_2}{K_1}\ln\left(\frac{h_e}{h_b + xK_1}\right) + \sigma_{ye} \quad (6-8)$$

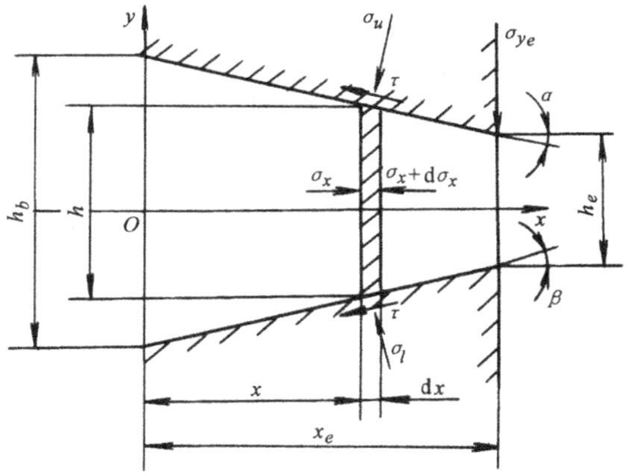

图 6-4　倾斜砧板间平面应变镦粗时基元板块受力分析（$\alpha<0$，$\beta<0$）

单位变形力

$$p = \frac{P}{F} = \frac{1}{x_e}\int_0^{x_e}\sigma_y dx = \frac{1}{x_e}\int_0^{x_e}\left[\frac{K_2}{K_1}\ln\left(\frac{h_e}{h_b + xK_1}\right) + \sigma_{ye}\right]dx$$

$$= -\frac{K_2}{K_1^2}\frac{1}{x_e}[h_e(\ln h_e - 1) - h_b(\ln h_b - 1)] + \frac{K_2}{K_1}\ln h_e + \sigma_{ye} \quad (6-9)$$

式（6-8）和式（6-9）适用于图 6-3 中所示的每一种金属流动情况，只要式中的 α 和 β 按图中规定的正负号代入即可。

式（6-8）可改写成

$$\sigma_y = \frac{K_2}{K_1}\ln\left(\frac{h_b + x_e K_1}{h_b + x K_1}\right) + \sigma_{ye}$$

$$= \frac{K_2}{K_1}\left[\ln\left(1 + \frac{x_e K_1}{h_b}\right) - \ln\left(1 + \frac{x K_1}{h_b}\right)\right] + \sigma_{ye}$$

当 α 和 β 趋于零时，K_1 亦趋于零，K_2 趋于 2τ。若将上式按泰勒级数展开，可只取展开后的第一项，即得

$$\sigma_y = \frac{K_2}{K_1}\left(\frac{x_e K_1}{h_b} - \frac{x K_1}{h_b}\right) + \sigma_{ye}$$

$$= \frac{2\tau}{h_b}(x_e - x) + \sigma_{ye} = \frac{2mK}{h}(x_e - x) + \sigma_{ye} \tag{6-10}$$

此式和前面推导的平行砧板间平面应变镦粗时 σ_y 的计算式〔见式（6-3）〕是一致的。

二、平面应变挤压型的变形力

宽板从平面锥形凹模挤出或锻件充填模腔形成长筋等均属于这种类型。由图6-5a可以看出，这时金属的流动情况与图6-4相似，只是坐标方向改变而已，也即此时的 y 方向相当于图6-4时的 x 方向；而 x 方向相当于图6-4时的 y 方向。因此，只要将相应的符号改变，不必重新推导，即可仿照式（6-8）直接写出 σ_x 的计算式：

$$\sigma_x = \frac{K_2}{K_1}\ln\left(\frac{w_e}{w_b + y K_1}\right) + \sigma_{xe} \tag{6-11}$$

又挤压变形时 x 方向为压应变，y 方向为拉应变，故 σ_x 的绝对值必定大于 σ_y 的绝对值，参照前面关于式（6-2）的说明可知，此时简化的屈服方程应改写为

$$\sigma_x - \sigma_y = \frac{2}{\sqrt{3}}Y$$

故得

$$\sigma_y = \frac{K_2}{K_1}\ln\left(\frac{w_e}{w_b + y K_1}\right) + \sigma_{xe} - \frac{2}{\sqrt{3}}Y \tag{6-12}$$

如果 $y = y_e$ 处为自由表面，则

$$\sigma_{ye} = 0, \quad \sigma_{xe} = \frac{2}{\sqrt{3}}Y, \quad \text{于是}$$

图6-5 平面应变挤压型金属流动方向和应力分布图形

$$\sigma_y = \frac{K_2}{K_1}\ln\left(\frac{w_e}{w_b + y K_1}\right) \tag{6-13}$$

σ_x、σ_y 的分布曲线如图6-5b所示。显然，$y = 0$ 处的 σ_y，即为金属挤入深度为 y_e 时所需的单位变形力，故有

$$p = \frac{K_2}{K_1}\ln\frac{w_e}{w_b} \tag{6-14}$$

需要指出，上式是由式（6-8）移植过来的，因此，式中的角度 γ 和 δ（参见图6-5a）

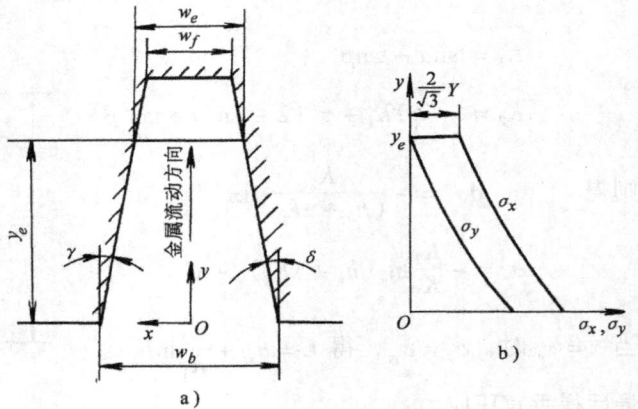

相当于图 6 – 4 中的 α 和 β，仍然应取负值，也即 K_1 为负。

三、轴对称镦粗型的变形力

图 6 – 6 表示平行砧板间的轴对称镦粗。和以前一样，仍设 $\tau = mK$。对图中基元板块列平衡方程式得

$$\Sigma P_r = \sigma_r h r \mathrm{d}\theta + 2\sigma_\theta h \mathrm{d}r \sin\frac{\mathrm{d}\theta}{2} - 2\tau r \mathrm{d}\theta \mathrm{d}r$$

$$- (\sigma_r + \mathrm{d}\sigma_r)(r + \mathrm{d}r) h \mathrm{d}\theta = 0$$

因为 $\sin\dfrac{\mathrm{d}\theta}{2} \approx \dfrac{\mathrm{d}\theta}{2}$，并略去二阶微量，则上式化简成

$$\sigma_\theta h \mathrm{d}r - 2\tau r \mathrm{d}r - \sigma_r h \mathrm{d}r - r h \mathrm{d}\sigma_r = 0$$

假定为均匀镦粗变形，故

$$\mathrm{d}\varepsilon_r = \mathrm{d}\varepsilon_\theta; \quad \sigma_r = \sigma_\theta$$

最后得

$$\mathrm{d}\sigma_r = -\frac{2\tau}{h}\mathrm{d}r \qquad (6-15)$$

如前所述，此处仍按绝对值列简化屈服方程，因假定 $\sigma_r = \sigma_\theta$，故有

$$\sigma_z - \sigma_r = Y; \quad \mathrm{d}\sigma_z = \mathrm{d}\sigma_r$$

联解后得

$$\mathrm{d}\sigma_z = -\frac{2\tau}{h}\mathrm{d}r \qquad (6-16)$$

$$\sigma_z = -\frac{2\tau}{h}r + C$$

当 $r = r_e$ 时，$\sigma_z = \sigma_{ze}$，故有

$$C = \sigma_{ze} + \frac{2\tau}{h}r_e$$

图 6 – 6　平行砧板间轴对称镦粗
变形及基元板块的受力分析

最后得

$$\sigma_z = \frac{2\tau}{h}(r_e - r) + \sigma_{ze} \qquad (6-17)$$

$$p = \frac{P}{F} = \frac{1}{\pi r_e^2}\int_0^{r_e}\sigma_z \mathrm{d}F = \frac{1}{\pi r_e^2}\int_0^{r_e}\left[\frac{2\tau}{h}(r_e - r) + \sigma_{ze}\right]2\pi r \mathrm{d}r$$

$$= \frac{2}{3}\frac{\tau r_e}{h} + \sigma_{ze} \qquad (6-18)$$

式（6 – 17）和式（6 – 18）中的 σ_{ze} 为工件外端（$r = r_e$）处的垂直压应力。若该处为自由表面，$\sigma_{re} = 0$，则 $\sigma_{ze} = Y$；否则由相邻变形区提供的边界条件确定。

由式（6 – 17）和式（6 – 18），又 $\tau = mK$（$K = Y/2$），则可以方便地求出高度为 h、直径为 d 的圆柱体自由镦粗时接触面上的压应力 σ_y 和单位变形力 p：

$$\sigma_z = Y\left[1 + \frac{m}{h}\left(\frac{d}{2} - r\right)\right] \qquad (6-19)$$

$$p = Y\left(1 + \frac{m}{6}\frac{d}{h}\right) \qquad (6-20)$$

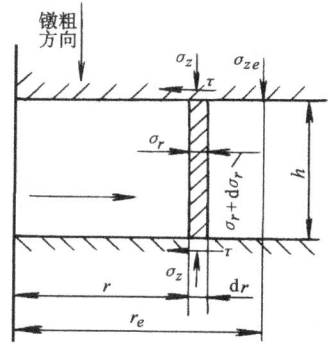

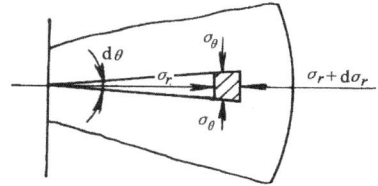

倾斜砧板间的轴对称镦粗变形与图 6-3 所示相类似，但应理解为是工件子午面上的变形情况。对于其中的每一种流动形式，只要遵循图中所规定的符号，则其垂直压应力 σ_z 和单位变形力 p 的计算式完全一样。

下面以散射式流动为代表，推导 σ_z 和 p 的计算式。

略去高阶微量，经整理后得基元板块的平衡方程式为（参见图 6-7）

$$\sigma_\theta h dr + \sigma_u r \tan\alpha dr + \sigma_l r \tan\beta dr - \sigma_r r (\tan\alpha + \tan\beta) dr$$
$$- \sigma_r h dr - rh d\sigma_r - 2\tau r dr = 0$$

假设 $\sigma_r = \sigma_\theta$；又 $\sigma_u = \sigma_z - \tau\tan\alpha$，$\sigma_l = \sigma_z - \tau\tan\beta$

故得

$$\sigma_z (\tan\alpha + \tan\beta) dr - \tau (2 + \tan^2\alpha + \tan^2\beta) dr$$
$$- \sigma_r (\tan\alpha + \tan\beta) dr - h d\sigma_r = 0 \qquad (6-21)$$

按绝对值列简化屈服方程：

$$\sigma_z - \sigma_r = Y；\quad d\sigma_z = d\sigma_r$$

与式（6-21）联解，并令

$$K_1 = \tan\alpha + \tan\beta$$
$$K_2 = -YK_1 + \tau (2 + \tan^2\alpha + \tan^2\beta)$$

则得

图 6-7 倾斜砧板间轴对称镦粗变形时基元板块受力分析（$\alpha>0$，$\beta>0$）

$$d\sigma_z = -\frac{K_2 dr}{(h_b + rK_1)}；\quad \sigma_z = -\frac{K_2}{K_1}\ln(h_b + rK_1) + C$$

当 $r = r_e$ 时，$\sigma_z = \sigma_{ze}$，故 $C = \sigma_{ze} + \dfrac{K_2}{K_1}\ln h_e$

最后得

$$\sigma_z = \frac{K_2}{K_1}\ln\left(\frac{h_e}{h_b + rK_1}\right) + \sigma_{ze} \qquad (6-22)$$

单位变形力

$$p = \frac{P}{F} = \frac{1}{\pi r_e^2}\int_0^{r_e} \sigma_z 2\pi r dr$$

$$= -\frac{2K_2}{K_1^3 r_e^2}\left[\frac{h_e^2}{2}(\ln h_e - \frac{1}{2}) - \frac{h_b^2}{2}(\ln h_b - \frac{1}{2}) - h_b h_e(\ln h_e - 1) + h_b^2(\ln h_b - 1)\right] +$$

$$\left(\sigma_{ze} + \frac{K_2}{K_1}\ln h_e\right) \qquad (6-23)$$

四、轴对称挤压型的变形力

圆柱体从锥形凹模挤出或锻件充填圆锥形模孔（腔）形成凸台均属于这种类型。

列基元板块的平衡方程式（参见图 6-8），略去高阶微量得

$$2\sigma_z r\tan\alpha dz - r^2 d\sigma_z - 2\tau r dz - 2r\sigma_u \tan\alpha dz = 0 \qquad (6-24)$$

又由静力平衡关系可写出

$$\sigma_u = \sigma_r + \tau\tan\alpha$$

挤压变形时，r 方向为压应变，z 方向为拉应变；σ_r 和 σ_z 虽同为压应力，前者的绝对值

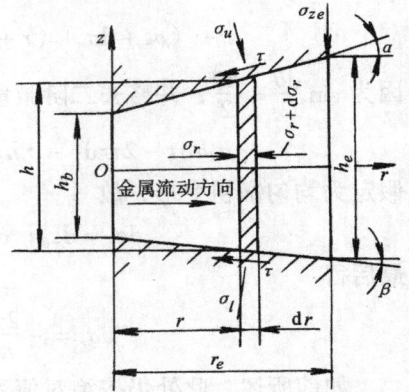

必大于后者，故按绝对值列出的简化屈服方程
应为

$$\sigma_r - \sigma_z = Y$$

联解得

$$d\sigma_z = -\frac{2\left[\tau\left(1+\tan^2\alpha\right)+Y\tan\alpha\right]}{r}dz$$

又由几何关系得

$$r = r_b - z\tan\alpha$$

代入上式，积分后得

$$\sigma_z = K_1\ln\left(r_b - z\tan\alpha\right) + C$$

式中　　$K_1 = \dfrac{2\left[\tau\left(1+\tan^2\alpha\right)+Y\tan\alpha\right]}{\tan\alpha}$

$$(6-25)$$

当 $z = z_e$ 时，$\sigma_z = 0$，故 $C = -K_1\ln\left(r_b - z_e\tan\alpha\right)$

最后得

$$\sigma_z = K_1\ln\frac{\left(r_b - z\tan\alpha\right)}{\left(r_b - z_e\tan\alpha\right)} \qquad (6-26)$$

$z = 0$ 处的 σ_z，即为挤入深度为 z_e 时所需的单位变形力

$$p = K_1\ln\frac{r_b}{r_b - z_e\tan\alpha} = K_1\ln\frac{r_b}{r_e} \quad (6-27)$$

上述的有关推导，还可方便地移植到轴对称拉拔变形中（参见图 6-9）。

此时，σ_z 为拉应力，故式（6-24）改写为

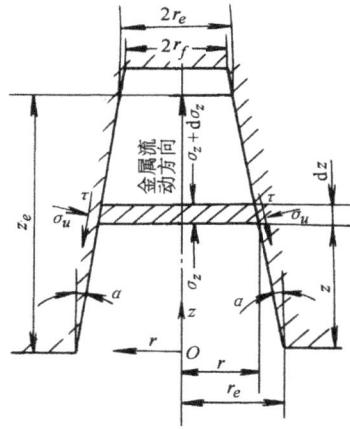

图 6-8　轴对称挤压型金属流动方向及基元板块受力分析

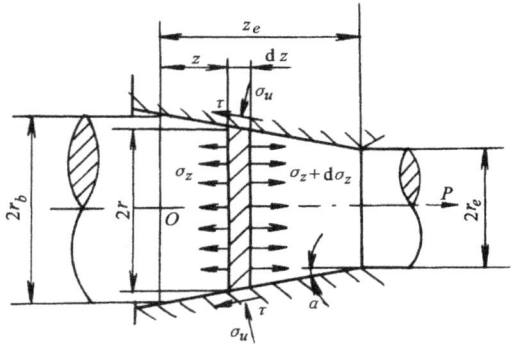

图 6-9　轴对称拉拔变形

$$2\sigma_z r\tan\alpha\,dz - r^2 d\sigma_z + 2\tau r\,dz + 2r\sigma_u\tan\alpha\,dz = 0$$

在拉拔变形时，由于模壁的约束作用，σ_r 必为负，也即 σ_z 和 σ_r 互为异号。现按绝对值列简化的屈服方程应为

$$\sigma_z + \sigma_r = Y$$

联解后得

$$\sigma_z = K_1\ln\left(r_b - z\tan\alpha\right) + C$$

当 $z = 0$ 时，$\sigma_z = 0$，故 $C = K_1\ln r_b$

最后得

$$\sigma_z = K_1\ln\frac{r_b}{\left(r_b - z\tan\alpha\right)} \qquad (6-28)$$

当 $z = z_e$，即得单位变形力：

$$\sigma_{ze} = p = K_1\ln\frac{r_b}{\left(r_b - z_e\tan\alpha\right)} = K_1\ln\frac{r_b}{r_e} \qquad (6-29)$$

式中 K_1 见式（6-25）。

虽然式（6-29）和式（6-27）相同，但其拉拔变形力却比金属在同样的锥形凹模挤出所需的变形力小，因为前者按出口端的面积计算，而后者按入口端的面积计算，即

$$P_{拉拔} = \pi r_e^2 p = \pi r_e^2 K_1 \ln \frac{r_b}{r_e} \qquad (6-30)$$

$$P_{挤出} = \pi r_b^2 p = \pi r_b^2 K_1 \ln \frac{r_b}{r_e} \qquad (6-31)$$

还要指出，对于圆棒料的挤压，其工艺变形力（即总挤压力）除了包括上述 $P_{挤出}$ 外，还应计及挤压筒内和整径段内由于外摩擦引起的变形力的增加。而且，进一步分析还可知道，挤压时锥形（变形）段模壁上的正压力，要比拉拔时的大得多，因而该段内的 τ 值必然也要大于拉拔时的。综上所述，在同样变形程度和凹模锥角 α 的情况下，挤压的工艺变形力总是远比拉拔的工艺变形力大。

第四节 主应力法在塑性成形中的应用

一、在体积成形中的应用

前面推导的几种金属流动类型的变形力计算公式，可以直接用于求解简单的镦粗，挤压和拉拔等工序变形力。对于复杂的成形问题，通过"分解"和"拼合"，亦能得到整个问题的解；而且由于前述的基元板块划分和公式推导的规范化，避免了传统的手工作业式的解题模式，因而全部计算工作适于编制程序由计算机来完成。

1. 复杂形状断面平面应变镦粗（模锻）变形力分析

下面以叶片模锻为例，用主应力法分析其成形力及有关的力学参量。考虑到叶身长度一般远比横向尺寸大，故可作为平面应变问题处理。因叶片横断面形状复杂，将其划分成若干个基元板块（如图6-10所示），每个基元板块分别根据金属流动形式确定其 α、β 的正负值（参见图6-3），然后利用式（6-5）、式（6-6）、式（6-8）和式（6-9）等计算 σ_y、p，以及作用于上下模面的水平分力 p_x（由 σ_x 积分求得）。再经叠加后即可求得总变形力和上下模水平错移力，此外还可求得合力中心。若对水平错移力进行优化，则可进一步求得使错移力为最小的最佳平衡角。

在计算时，开始并不知道分流层的位置，为此可分别假设金属全部由左向右流动和由右向左流动，求得相应的 σ_y 分布曲线。（图6-10中的曲线1和2），此两曲线的交点，表明以它为界，右边的金属向右流动和左边的金属向左流动时在该点处的 σ_y 正好相等，故即为分流点。关于 σ_{ye} 的确定已如前述，左右边缘含有自由表面的基元板块的 $\sigma_{ye} = \dfrac{2}{\sqrt{3}} Y$，其在与相邻板块交界处的 σ_y 即为相邻板块的 σ_{ye}，以此类推，即可确定各基元板块的 σ_{ye}。

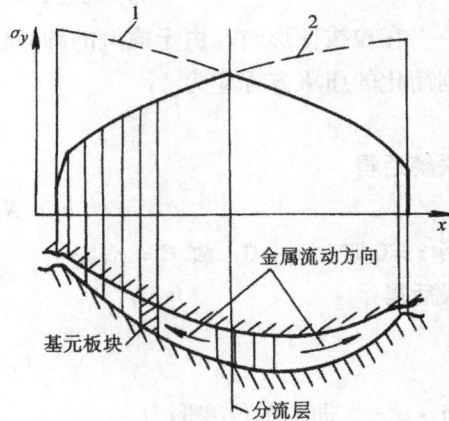

图6-10 叶片横断面上基元板块的划分和 σ_y 的分布曲线

如果叶片的横断面尺寸沿叶身长度是变化的，且互扭一角度，则可将叶片横切若干基元板条，每个基元板条再按上述划分成若干基元板块，最后将计算结果进行叠加，即可得到整个问题的解。全部计算工作可编制程序由计算机来完成，所得的各力学参量可为工艺分析和模具设计提供科学依据。

2．中部挤出凸台的平面应变镦粗变形力分析

设中部挤出凸台的平面应变镦粗变形如图 6－11a 所示，该变形瞬间的分流层位置 $x_k = \overline{O2}$，则变形体可分成三个区域：区域①的金属流动为挤压型，该区的均布 p 值直接由式（6－14）确定；区域②和③按平行砧板间平面应变镦粗处理，其 σ_y 和 p 分别由式（6－3）和式（6－4）确定，区域②的 σ_{ye} 即为区域①的 p 值，区域③的 $\sigma_{ye} = \dfrac{2}{\sqrt{3}} Y$；整个变形体的 σ_y 分布图形，如图 6－11b 所示。至于分流层的具体大小，可根据分流层两侧相邻变形区在其上的 σ_y 相等的原则确定。

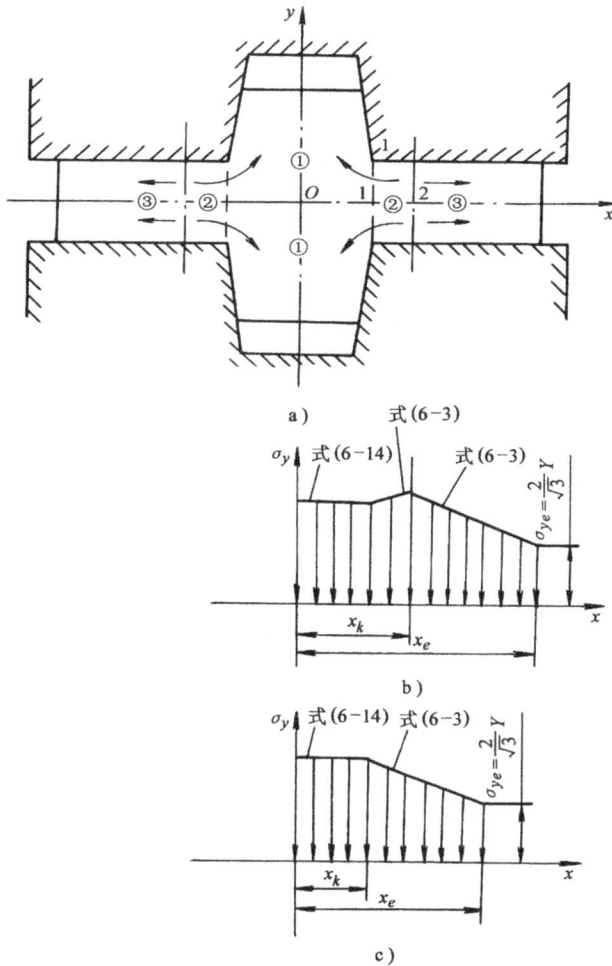

图 6－11　中部挤出凸台的平面应变镦粗变形

a）流动模式　b）$x_k = \overline{O2}$ 时 σ_y 的分布图形

c）$x_k = \overline{O1}$ 时 σ_y 的分布图形

实际上，这种类型的锻件由于几何参数和工艺条件的不同，还可能出现多种流动模式，相应的 σ_y 分布必然亦不同。例如，当锻件外围部分的宽度较小或厚度较大时，由于横向流动的阻力相对减小，其分流层的尺寸 x_k 将缩小。当 $x_k = \overline{O1}$ 时，区域②消失，此时整个变形体的 σ_y 分布图形如图 6 – 11c 所示。

作为极端的情况，当纵向流动阻力大于横向流动阻力时（这种情况通常发生于挤出的凸台与模腔底部相接触时），则只能发生镦粗变形，也即相当于 $x_k = 0$。此时，金属流动的简化模型如图 6 – 12a 所示。变形区①的摩擦条件为 $\tau = K = \dfrac{1}{\sqrt{3}}Y$，变形区②为 $\tau = mK$，$\sigma_{ye} = \dfrac{2}{\sqrt{3}}Y$。它们的 σ_y 均由式（6 – 3）确定，其分布图形如图 6 – 12b 所示。

从力学模型来看，必然还存在 $0 < x_k < \overline{O1}$ 的情形，表明此时变形区①内既有纵向流动又有横向流动。针对此种复杂变形情况，可采用如下的简化模型：

在 $0 \leqslant x \leqslant x_k$ 区域，按挤压型处理，由式（6 – 14）根据凸台的几何参数计算 p 值；而

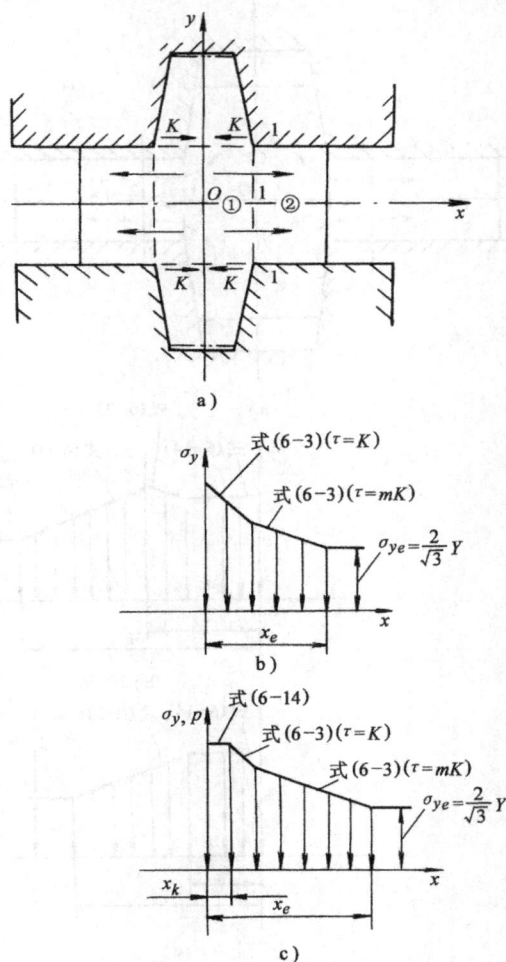

图 6 – 12 中部具有凸台的平面应变镦粗特例
a）$x_k = 0$ 时的流动模式 b）$x_k = 0$ 时 σ_y 的分布图形
c）$0 < x_k < \overline{O1}$ 时 σ_y、p 的分布图形

在 $x_k \leqslant x \leqslant \overline{O1}$ 区域，按镦粗型处理，$\tau = K$，由式（6-3）计算其 σ_y。整个变形体的 σ_y 分布图形，如图 6-12c 所示。

上面讨论了各种可能的流动模式，对于给定的变形条件，其流动模式究竟属于哪一种，可先由各相关公式确定 x_k 的位置，然后判定之。

3. 模锻变形力分析

图 6-13a 表示圆盘类锻件模锻过程的闭合（打靠）瞬间。此时的变形力为最大，它包括两部分：飞边的变形力 P_b 和锻件本体的变形力 P_d。

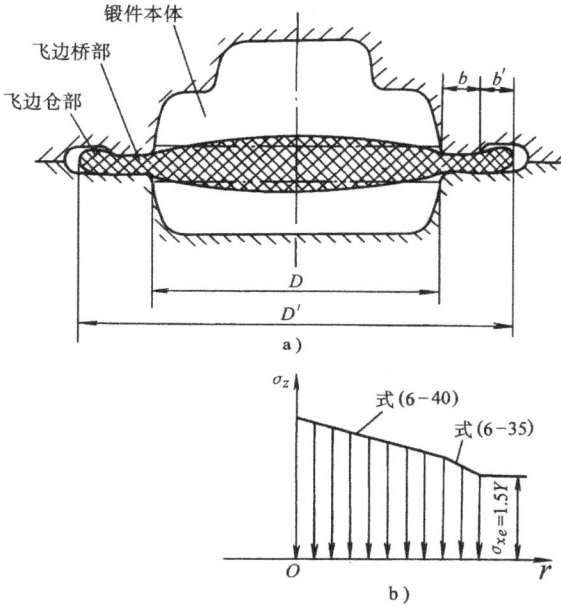

图 6-13　圆盘类锻件模锻过程的闭合
瞬间和正应力 σ_z 的分布图形

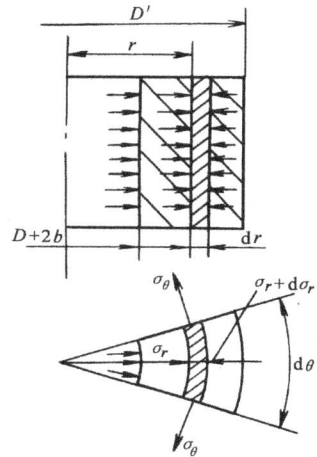

图 6-14　飞边仓部金属的简
化模型及基元板块的受力分析

（1）飞边变形力 P_b　飞边的变形属平行砧板间轴对称镦粗型。参照式（6-17），设 $\tau = K$，并改用图 6-13 所示符号，可得

$$\sigma_z = \frac{Y}{h}\left(\frac{D}{2} + b - r\right) + \sigma_{ze} \tag{6-32}$$

式中　σ_{ze} 确定如下：

飞边桥部金属外流时受到飞边仓部金属的阻碍而产生一侧向压力，与此同时仓部金属受到桥部金属的推挤作用而向外扩张，仓部金属与上、下模不接触，故可近似地看成一受均匀内压的厚壁筒。应用主应力法可求得此厚壁筒塑性变形所需的内压力（见图 6-14），此内压力也即桥部金属外端所受的侧向压力。

列基元板块的平衡方程式

$$\Sigma P_r = \sigma_r r \mathrm{d}\theta h - (\sigma_r + \mathrm{d}\sigma_r)(r + \mathrm{d}r) h \mathrm{d}\theta - 2\sigma_\theta h \mathrm{d}r \sin\frac{\mathrm{d}\theta}{2} = 0$$

略去二阶微量，并令 $\sin\dfrac{\mathrm{d}\theta}{2} \approx \dfrac{\mathrm{d}\theta}{2}$，得

$$\frac{\mathrm{d}\sigma_r}{\mathrm{d}r} = -\frac{(\sigma_r + \sigma_\theta)}{r} \tag{6-33}$$

σ_r 和 σ_θ 互为异号。按绝对值列屈服方程，得

$$\sigma_r + \sigma_\theta = \beta Y \cong 1.1\,Y \qquad （因系平面应力状态，\beta 近似取 1.1）$$

联解得

$$\sigma_r = -1.1\,Y\ln r + c$$

当 $r = \dfrac{D'}{2}$，$\sigma_r = 0$，故 $C = 1.1\,Y\ln\dfrac{D'}{2}$

最后得

$$\sigma_r = 1.1\,Y\ln\frac{D'}{2r} \tag{6-34}$$

在飞边仓部与桥部交界处（$r = \dfrac{D}{2} + b$）

$$\sigma_r = 1.1\,Y\ln\frac{D'}{D+2b}$$

根据模锻的一般情况，$\dfrac{D'}{D+2b} \leqslant 1.6$

故得

$$\sigma_r = 1.1\,Y\ln 1.6 \cong 0.5\,Y$$

此 σ_r 即为飞边桥部外端所受的侧向压力。于是根据屈服方程，可得

$$\sigma_{ze} = Y + \sigma_r = 1.5\,Y$$

将 σ_{ze} 代入式（6-32），最后得飞边桥部的正应力：

$$\sigma_z = \frac{Y}{h}\left(\frac{D}{2} + b - r\right) + 1.5\,Y = Y\left[1.5 + \frac{1}{h}\left(\frac{D}{2} + b - r\right)\right] \tag{6-35}$$

其分布图形如图 6-13b 所示。

求飞边桥部变形力 P_b 和单位流动压力 p_b：

$$P_b = \int_{\frac{D}{2}}^{\frac{D}{2}+b} \sigma_z 2\pi r\mathrm{d}r = \int_{\frac{D}{2}}^{\frac{D}{2}+b} Y\left[1.5 + \frac{1}{h}\left(\frac{D}{2} + b - r\right)\right] 2\pi r\mathrm{d}r$$

积分并化简得

$$P_b = \pi Y b\,(b+D)\left[1.5 + \frac{b}{2h}\frac{D + \frac{2}{3}b}{D+b}\right] \tag{6-36}$$

对于大多数模锻件来说，$D \gg b$，故上式又可进一步简化为

$$P_b \approx \pi Y b\,(b+D)\left(1.5 + \frac{b}{2h}\right) \tag{6-37}$$

将 P_b 除以飞边桥部投影面积 $F_b = \pi b\,(D+b)$，即得单位流动压力：

$$p_b \approx Y\left(1.5 + \frac{b}{2h}\right) \tag{6-38}$$

（2）锻件本体变形力 P_d　实验表明，在模锻的闭合阶段（打靠阶段），锻件本体的变形仅局限在分模面附近的区域内，变形区的形状类似于一凸透镜（见图 6-13a），其余部分不发生塑性变形。因此，求锻件本体的变形力，就归结为求此凸透体的镦粗变形力。

实际上，凸透镜变形区的界限并非如图中所示的那样分明，其几何尺寸也无法严格确

定。有关实验资料表明，凸透镜的最厚部分 h_0 与飞边桥部的高度 h 之比 h_0/h 随 D/h 的增加而增加，其变化范围大约在 $2 \sim 5$ 之间。为了方便计算，可对凸透镜变形区的形状进行简化，简化的模式不同，所得结果会互有出入。比较简便的一种是将其简化成直径为 D、高度为 $h_0 = 2h$ 的圆盘（参见图 6 – 13a 中的假想线）。

于是，参照式（6 – 17），取 $\tau = K$，并采用图 6 – 13a 所示的符号，得

$$\sigma_z = \frac{Y}{h_0}\left(\frac{D}{2} - r\right) + \sigma_{ze} \tag{6 – 39}$$

式中 $h_0 = 2h$，σ_{ze} 由式（6 – 35）、并令 $r = \dfrac{D}{2}$ 得：

$$\sigma_{ze} = Y\left(1.5 + \frac{b}{h}\right)$$

最后求得锻件本体的压应力：

$$\begin{aligned}
\sigma_z &= \frac{Y}{2h}\left(\frac{D}{2} - r\right) + Y\left(1.5 + \frac{b}{h}\right) \\
&= Y\left[1.5 + \frac{b}{h} + \frac{1}{2h}\left(\frac{D}{2} - r\right)\right]
\end{aligned} \tag{6 – 40}$$

其分布图形如图 6 – 13b 所示。

锻件本体的单位流动压力可参照式（6 – 18），并采用图 6 – 13a 所示符号求得：

$$p_d = \frac{1}{3} \cdot \frac{Y}{2h} \cdot \frac{D}{2} + Y\left(1.5 + \frac{b}{h}\right) = Y\left(1.5 + \frac{b}{h} + \frac{1}{12}\frac{D}{h}\right) \tag{6 – 41}$$

锻件本体的变形力：

$$P_d = \frac{\pi}{4}D^2 p_d = \frac{\pi}{4}D^2 Y\left(1.5 + \frac{b}{h} + \frac{1}{12}\frac{D}{h}\right) \tag{6 – 42}$$

模锻总变形力：

$$\begin{aligned}
P_{总} &= p_b F_b + p_d F_d \\
&= \pi Y\left[b\,(b + D)\left(1.5 + \frac{b}{2h}\right) + \frac{D^2}{4}\left(1.5 + \frac{b}{h} + \frac{1}{12}\frac{D}{h}\right)\right]
\end{aligned} \tag{6 – 43}$$

式中　Y——材料真实应力；

　　　D——锻件直径；

　　　b——飞边桥部宽度；

　　　h——飞边桥部高度。

二、在板料成形中的应用

1．板料成形的特点

有关主应力法的基本要点已在前面介绍过，这些基本要点在求解板料成形问题时仍然适用。但由于板料成形具有一些不同于体积成形的特点，因此在具体处理方法上会稍有差别。

板料成形的特点可以概括如下：

1）在板料成形时，坯料大多只有一个板面与模具接触，而另一个板面为自由表面。垂直于自由表面的法向应力（包括面上的切应力）显然为零，因此板厚方向上的平均应力不可能很大，与沿板面的其余两个主应力相比，往往可以忽略不计，也即板料成形大多可作为平面应力问题处理。

2）板料成形大多在室温下进行，因此必须考虑材料的加工硬化。而由于变形区各处的

等效应变和加工硬化程度不同，因此在主应力法的推导过程中，有关材料的真实应力往往需用某种真实应力－应变关系式来表达，或者用反映变形区平均硬化程度的平均真实应力来近似取代。

3）板料成形过程中，变形区的板料厚度是变化的。但为简化计算，在求解应力时可以忽略板厚的变化。

4）在必要时，还需考虑板料的各向异性的影响。

2. 薄壁管缩口变形的力学分析

薄壁管缩口时，其变形区集中在管子的锥面段内。现用两个相交的径向平面（子午面）和两个垂直于锥面的平行平面在变形区内切取一基元体，其上作用的内、外力如图 6-15 所示。图中 q 为锥形凹模作用于管子锥面段的单位压力；μ 为库仑摩擦系数；f_1、f_2、f_3、f_4 分别为基元体各个界面的面积，它们可由几何关系求得，其中

$$f_1 = (R + dR) t d\varphi$$

$$f_2 = t \frac{dR}{\sin\alpha}$$

$$f_3 = R t d\varphi$$

$$f_4 = R d\varphi \frac{dR}{\sin\alpha}$$

又　$R d\varphi = \dfrac{R}{\sin\alpha} d\theta, \quad d\theta = d\varphi \sin\alpha$

$$R d\varphi = \frac{R}{\cos\alpha} \cdot d\beta, \quad d\beta = d\varphi \cos\alpha$$

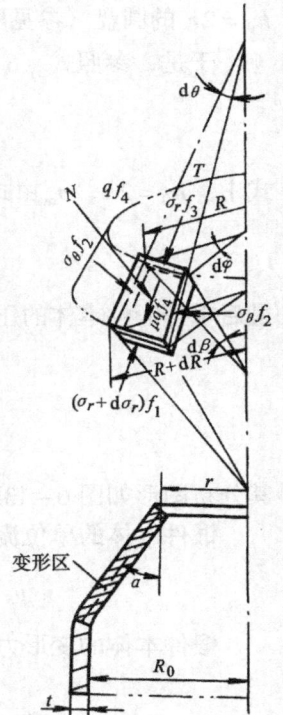

图 6-15　缩口变形区及其基元体上作用的内、外力

列基元体的平衡方程式：

沿基元体法向 N 的平衡方程式为

$$\sum P_N = q f_4 - 2\sigma_\theta f_2 \sin\frac{d\beta}{2}$$

将上述有关关系式代入上式，经整理后得

$$q = \frac{\sigma_\theta t \cos\alpha}{R} \tag{6-44}$$

沿基元体切向 T 的平衡方程式为

$$\sum P_T = (\sigma_r + d\sigma_r) f_1 - \sigma_r f_3 - 2\sigma_\theta f_2 \sin\frac{d\theta}{2} - \mu q f_4 = 0$$

略去高阶微量，化简后得

$$R \frac{d\sigma_r}{dR} + \sigma_r - \sigma_\theta (1 + \mu \cot\alpha) = 0 \tag{6-45}$$

在缩口变形时，变形区的管径总是缩小；而沿 T 向一般表现为伸长。此时，σ_θ 和 σ_r 虽同为压应力，但前者的绝对值必大于后者。故此，按绝对值列米塞斯屈服方程应为

$$\sigma_\theta = \beta Y \tag{6-46}$$

对于平面应力问题，近似取 $\beta \approx 1.1$。

　　由于变形区内各点的变形程度不同，所以真实应力 Y 不是常数。现以线性硬化形式表示（参见图 3-62c），其表达式为

$$Y = \sigma_s + B_2 \in \qquad (6-47)$$

式中，$B_2 \approx \dfrac{Y_b - \sigma_s}{\in_b}$，$Y_b$ 和 $\in_b$ 分别为缩颈点 b 处的真实应力和相应的对数应变。再者，由于真实应力-应变曲线具有普遍意义，式（6-47）中的 $\in$ 等效于复杂应力状态下的等效应变 $\overline{\in}$。

　　根据等效应变的定义，结合本例题的实际情况可知，$\overline{\in} \approx \in_\theta$，其误差不超过 15.5%。又为了简化计算，设 $\in_\theta \approx \varepsilon_\theta = \dfrac{R - R_0}{R_0}$。取其绝对值代入式（6-47）和式（6-46），得

$$Y = \sigma_S + B_2 \left(1 - \frac{R}{R_0}\right)$$

$$\sigma_\theta = 1.1 \left[\sigma_S + B_2 \left(1 - \frac{R}{R_0}\right) \right] \qquad (6-48)$$

再将上式代入式（6-45），得

$$R \frac{\mathrm{d}\sigma_r}{\mathrm{d}R} + \sigma_r - 1.1 \left[\sigma_S + B_2 \left(1 - \frac{R}{R_0}\right) \right] (1 + \mu \cot\alpha) = 0$$

积分上式，得

$$\sigma_r R = 1.1 (1 + \mu \cot\alpha) \left[\sigma_S R + B_2 R - \frac{B_2}{R_0} \frac{R^2}{2} \right] + C$$

当 $R = r$ 时，$\sigma_r = 0$，故

$$C = -1.1 (1 + \mu \cot\alpha) \left[\sigma_S r + B_2 r - \frac{B_2}{R_0} \frac{r^2}{2} \right]$$

最后得

$$\sigma_r = \frac{1}{R} \left\{ 1.1 (1 + \mu \cot\alpha) \left[(\sigma_S + B_2)(R - r) - \left(\frac{B_2 R^2}{2 R_0} - \frac{B_2 r^2}{2 R_0} \right) \right] \right\}$$

$$= 1.1 (1 + \mu \cot\alpha) \left(1 - \frac{r}{R}\right) \left[\sigma_S + B_2 \left(1 - \frac{R + r}{2 R_0}\right) \right] \qquad (6-49)$$

又将式（6-48）代入式（6-44），得

$$q = \frac{1.1 \left[\sigma_S + B_2 \left(1 - \frac{R}{R_0}\right) \right] t \cos\alpha}{R} \qquad (6-50)$$

式（6-48）～式（6-50）给出工件变形区内主应力 σ_θ 和 σ_r 以及接触面上压力 q 的分布规律。

　　下面推导缩口变形力：

　　锥形凹模接触面上微分段的面积为

$$\mathrm{d}F = \frac{2\pi R \mathrm{d}R}{\sin\alpha}$$

与该微分段相应的变形力为

$$\mathrm{d}P = q \mathrm{d}F \sin\alpha + \mu q \mathrm{d}F \cos\alpha$$

$$= 2\pi (1 + \mu \cot\alpha) q R \mathrm{d}R$$

总变形力为

$$P = \int \mathrm{d}P = 2\pi \ (1 + \mu\cot\alpha) \int_r^{R_0} qR\mathrm{d}R$$

$$= 1.1 \times 2\pi \ (1 + \mu\cot\alpha) \ t\cos\alpha \left[(\sigma_S + B_2) \ (R_0 - r) \ - \frac{B_2}{R_0} \frac{(R_0^2 - r^2)}{2} \right]$$

$$(6-51)$$

缩口时变形区的壁厚将发生变化，且各处增厚的情况不同，为此分析变形区的应变状态。近似认为缩口过程满足简单加载条件，故由全量理论可得

$$\frac{\in_r'}{\sigma_r'} = \frac{\in_\theta'}{\sigma_\theta'} = \frac{\in_t'}{\sigma_t'}$$

利用等比定律写成

$$\frac{\in_r' - \in_\theta'}{\sigma_r' - \sigma_\theta'} = \frac{\in_\theta' - \in_t'}{\sigma_\theta' - \sigma_t'}$$

因垂直于板面方向的主应力 $\sigma_t = 0$，故上式变为

$$\frac{\in_r - \in_\theta}{\sigma_r - \sigma_\theta} = \frac{\in_\theta - \in_t}{\sigma_\theta}$$

又 $\in_r + \in_\theta + \in_t = 0$，并设 $\dfrac{R}{R_0} \approx \dfrac{R + r}{2R_0}$，将式（6-48）和（6-49）代入上式，经整理后得

$$\in_t = -\frac{\sigma_\theta + \sigma_r}{2\sigma_\theta - \sigma_r}\in_\theta \approx -\frac{1 + \ (1 + \mu\cot\alpha) \ \left(1 - \dfrac{r}{R}\right)}{2 - \ (1 + \mu\cot\alpha) \ \left(1 - \dfrac{r}{R}\right)}\in_\theta \qquad (6-52)$$

$$\in_r = - \ (\in_\theta + \in_t) \approx -\frac{1 - 2 \ (1 + \mu\cot\alpha) \ \left(1 - \dfrac{r}{R}\right)}{2 - \ (1 + \mu\cot\alpha) \ \left(1 - \dfrac{r}{R}\right)}\in_\theta \qquad (6-53)$$

式中切向主应变 $\in_\theta = \ln\dfrac{R}{R_0}$，恒为负。

为了更清晰地看出缩口变形区内各主应变的变化规律，现结合一种常见的缩口情况进行分析讨论。设 $\mu = 0.1$，$\alpha = 15°$，代入式（6-52）和式（6-53），得

$$\in_t = -\frac{2.37 - 1.37 \dfrac{r}{R}}{0.63 + 1.37 \dfrac{r}{R}}\in_\theta \qquad (6-54)$$

$$\in_r = \frac{1.74 - 2.74 \dfrac{r}{R}}{0.63 + 1.37 \dfrac{r}{R}}\in_\theta \qquad (6-55)$$

由于 $0 < \dfrac{r}{R} \leqslant 1$，所以 $\in_t$ 恒为正，也即变形区管壁处处增厚。又由于缩口时受到管壁传力失稳的限制，无支承的极限缩口系数（即 $\dfrac{r}{R_0}$）约为 0.65。在此条件下，由式（6-55）可见，$\in_r$ 也处处为正，这说明管子缩口后，锥形段斜边的长度是伸长的，其总伸长量可以用数值积分或分段叠加的方法求得。在生产实际中，锥形段斜边的长度作为产品的尺寸是给定的，

此时应用同样原理，不难反算出原始管坯相应段的长度。至于缩口后壁厚的具体数值，可由式（6-54）方便算出。例如，在 $R = r$ 处，由式（6-54）可得

$$\in_t = \ln \frac{t'}{t} = -\frac{2.37 - 1.37}{0.63 + 1.37 \ln \frac{R}{R_0}}$$

故有

$$\frac{t'}{t} = \left(\frac{R_0}{r}\right)^{\frac{1}{2}} = \left(\frac{1}{0.65}\right)^{\frac{1}{2}} = 1.24$$

$$t' = 1.24 \, t$$

式中　t——管子的原始壁厚；

　　　t'——缩口后在 $R = r$ 处的壁厚，若 R 以不同数值代入，则可求得缩口后各处的壁厚。

第五节　关于接触表面上的摩擦切应力及其对压应力分布的影响

前面关于体积成形正压力的求解中，接触表面上的摩擦切应力都是按常摩擦条件 $\tau = mK$ 确定的。事实上，接触表面上摩擦切应力的分布相当复杂，不可能是一个恒值。例如，在接触面上正压力较小的区域，τ 的分布更符合库仑摩擦定律，即 $\tau = \mu\sigma_z$（或 $\tau = \mu\sigma_y$）；当正压力较大以致 τ 达到极值时，则 τ 将不再随正压力的增大而增大，此相应的区域应遵循最大摩擦力不变条件，即 $\tau = K$；而在分流点（线）附近的区域，根据金属沿接触表面流动的特点，该区域内的 τ 将由某一数值递减至零，过分流点后沿反向再由零递增至某一数值。

摩擦切应力 τ 的不同，必然会影响到正压力的分布规律，这由式（6-16）可以看出。因此，如果根据求解问题的实际情况，将接触表面划分不同区域，各个区域分别采用不同的摩擦条件，则求得的接触面上正压力分布必然与全部按常摩擦条件导出的结果不同，而更符合实际和能更好地说明接触表面的物理现象。在这方面，翁克索夫作了系统的理论与实验研究，提出一种工程计算法。为了使读者对这种计算法有所了解，下面以圆柱体镦粗为例，作简要说明。

设圆柱体的 d/h 和（或）接触表面摩擦系数 μ 较大，根据上述分析，将接触表面按 τ 的不同分布规律分成三个区域，如图 6-16 所示。图中，与 ab 段相对应的区域称为滑动区，$\tau = \mu\sigma_z$；与 bc 段相对应的称为制动区，$\tau = K$；而与 oc 段相对应的称为停滞区，$\tau = \frac{K}{r_c} r$。

引用前面已推导的式（6-16）

$$d\sigma_z = -\frac{2\tau}{h} dr$$

对于滑动区，$\tau = \mu\sigma_z$

联解得

$$\frac{d\sigma_z}{\sigma_z} = -\frac{2\mu}{h} dr$$

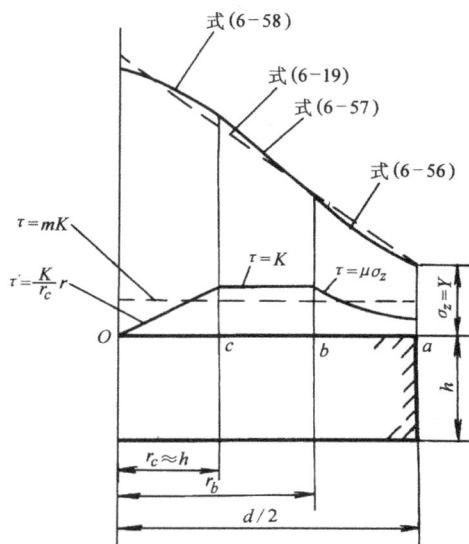

图 6-16　圆柱体镦粗时接触面上摩擦切应力 τ 和正压力 σ_z 的分布曲线

$$\ln\sigma_z = -\frac{2\mu}{h}r + c$$

当 $r = \frac{d}{2}$ 时，$\sigma_z = Y$，故 $c = \ln Y + \frac{2\mu}{h}\frac{d}{2}$

最后得

$$\ln\frac{\sigma_z}{Y} = \frac{2\mu}{h}\left(\frac{d}{2} - r\right)$$

$$\sigma_z = Y e^{\frac{2\mu}{h}\left(\frac{d}{2} - r\right)}, \quad \left(r_b \leqslant r \leqslant \frac{d}{2}\right) \tag{6-56}$$

对于制动区，$\tau = K = \frac{Y}{2}$，与式（6-16）联解得

$$\sigma_z = -\frac{Y}{h}r + C$$

当 $r = r_b$ 时，$\mu\sigma_z = K = \frac{Y}{2}$，故 $C = \frac{Y}{2\mu} + \frac{Y}{h}r_b$

最后得

$$\sigma_z = \frac{Y}{2\mu}\left[1 + \frac{2\mu}{h}(r_b - r)\right], \quad (r_c < r \leqslant r_b) \tag{6-57}$$

对于停滞区，$\tau = \frac{Y}{2}\frac{r}{r_c}$，与式（6-16）联解得

$$\sigma_z = -\frac{Y}{hr_c}\frac{r^2}{2} + C$$

当 $r = r_c$ 时，由式（6-57）得

$$\sigma_z = \frac{Y}{2\mu}\left[1 + \frac{2\mu}{h}(r_b - r_c)\right]$$

又根据翁克索夫实验研究，$r_c \approx h$，故

$$C = \frac{Y}{2\mu}\left[1 + \frac{2\mu}{h}(r_b - h)\right] + \frac{Y}{2}$$

最后得

$$\sigma_z = \frac{Y}{2\mu}\left[1 + \frac{2\mu}{h}(r_b - h)\right] + \frac{Y}{2h^2}(h^2 - r^2), \quad (0 \leqslant r \leqslant r_c \approx h) \tag{6-58}$$

式中 r_b 可根据 d/h 和 μ 由有关公式确定。

σ_z 的分布规律见图 6-16，图中的虚线表示前面按 $\tau = mK$ 导出的 σ_z 分布、即式（6-19），从中可看出两种计算结果的差别。随着 d/h 和 μ 的不同，接触表面的分区情况以及相应的 σ_z 分布规律亦将不同。

工程计算法的实质仍然是近似平衡方程和近似塑性条件的联解，但理论上比较严密，处理问题比较细致，所得的正压力分布图形与实验结果比较吻合，不足之处是推导过程和数学运算比较麻烦；而按常摩擦条件处理，则简便得多。而且，如果合理选用摩擦因子 m，尽管导出的 σ_z 分布曲线与工程计算法的有细微差别，但求积的结果，即总变形力却没有什么不同，完全可用于工程实际。

思 考 与 练 习

1. 主应力法的基本原理和求解要点是什么？

2. 实测和理论推导都证明，圆柱体镦粗时接触表面中心处压应力 σ_z 最大，而边缘处最小，而且 m 或 d/h 越大，则中心处的 σ_z 也越大，试从物理概念出发解释此现象。

3. 一 20 号钢圆柱毛坯，原始尺寸为 $\phi 50\text{mm} \times 50\text{mm}$，在室温下压缩至高度 $h = 25\text{mm}$，设接触表面摩擦切应力 $\tau = 0.2Y$。已知 $Y = 746\varepsilon^{0.20}\,\text{MPa}$，试求所需的变形力 P 和单位流动压力 p？

4. 在平砧上镦粗长矩形截面的钢坯，其宽度为 a、高度为 h，长度 $l \gg a$，若接触面上的摩擦条件符合库仑摩擦定律，试用主应力法推导单位流动压力 p 的表达式。

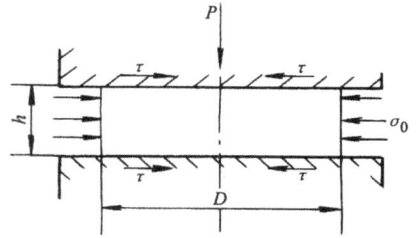

图　6 - 17

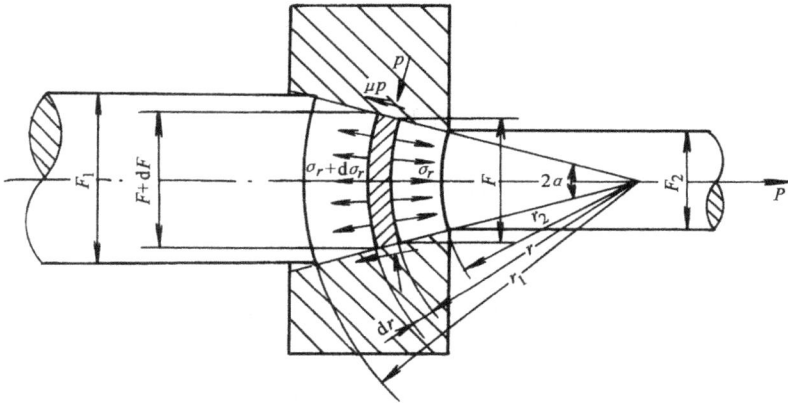

图　6 - 18

5. 一圆柱体，侧面作用有均布压应力 σ_0，试用主应力法求镦粗力 P 和单位流动压力 p（见图6 - 17），设 $\tau = \dfrac{mY}{2}$。

6. 试求圆锥凹模拉拔圆棒时的单位拉拔力（采用球形坐标，见图6 - 18）。已知按绝对值列出的近似屈服方程为 $\sigma_r + p = Y$。

7. 板料拉深某瞬间如图 6 - 19 所示，试用主应力法求解其凸缘变形区的应力分布？（注：为简化计算，可不考虑变形区的加工硬化，且 β 近似取1.1）

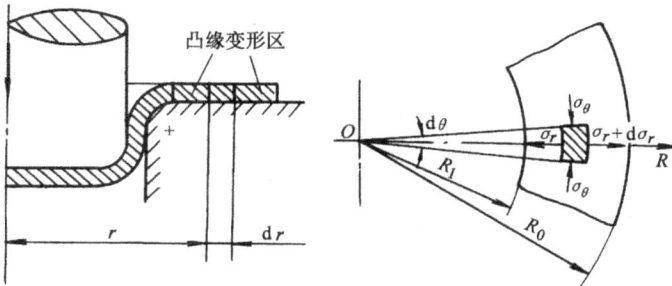

图　6 - 19

第七章　滑移线场理论简介

滑移线场理论包括应力场理论和速度场理论。它是针对具体的塑性加工过程，建立滑移线场，然后利用滑移线的某些特性来进行求解。与塑性加工力学中的其他方法相比，它是数学上比较严谨、理论上比较完整、计算精度较高的一种方法。它不仅可以计算变形力，而且还可以确定塑性变形区内的应力分布、速度分布及接触面上的应力分布等。

严格地说，这种方法仅适用于处理理想刚塑性体的平面应变问题。但在一定的条件下，也可推广到平面应力和轴对称问题以及硬化材料。近 20 多年来，滑移线理论与电子计算技术相结合，取得了重大进展，其中之一就是矩阵算子法。

第一节　塑性平面应变状态下的应力莫尔圆与物理平面

处于塑性平面应变状态下，设 z 轴方向应变为零，则塑性变形体内任一点 P 的应力状态（图 7-1a）可以用塑性流动平面 xoy 内平面应力单元体来表示，如图 7-1b 所示。其应力莫尔圆如图 7-1c 所示。应力莫尔圆中大圆的圆心为 $(\sigma_m, 0)$，其半径为 $R =$
$$\sqrt{\left(\frac{\sigma_x - \sigma_y}{2}\right)^2 + \tau_{xy}^2} = K。$$

由应力莫尔圆可知

$$\left.\begin{array}{ll}
\sigma_1 = \sigma_m + K & \sigma_x = \sigma_m - K\sin2\omega \\
\sigma_2 = \sigma_m & \sigma_y = \sigma_m + K\sin2\omega \\
\sigma_3 = \sigma_m - K & \tau_{xy} = K\cos2\omega
\end{array}\right\} \tag{7-1}$$

式中　　K——剪切屈服强度；

ω——滑移线的方向角；

σ_m——平均应力。

由式（7-1）可得

$$\tan2\omega = -\frac{\sigma_x - \sigma_y}{2\tau_{xy}} \tag{7-2}$$

过点 P 并标注其应力分量的微分面称为物理平面，如图 7-1d 所示。显然，应力莫尔圆上一点对应一个物理平面，应力莫尔圆上两点之间的夹角为相应物理平面间夹角的两倍。

将一点的代数值最大的主应力的指向称为第一主方向（即图 7-1b、d 中 σ_1 的作用线）。

由第一主方向顺时针转 $\frac{\pi}{4}$ 所确定的最大切应力，符号为正，其指向称为第一剪切方向。另一最大切应力方向的指向称为第二剪切方向。第一、第二两剪切方向相互正交。由坐标轴 $0x$ 正向转向第一剪切方向的角度 ω（图 7-1d）称为第一剪切方向的方向角（也就是以后提到的滑移线的方向角），由 $0x$ 轴正向逆时针转得 ω 为正。由此可知，式（7-1）表示塑性流

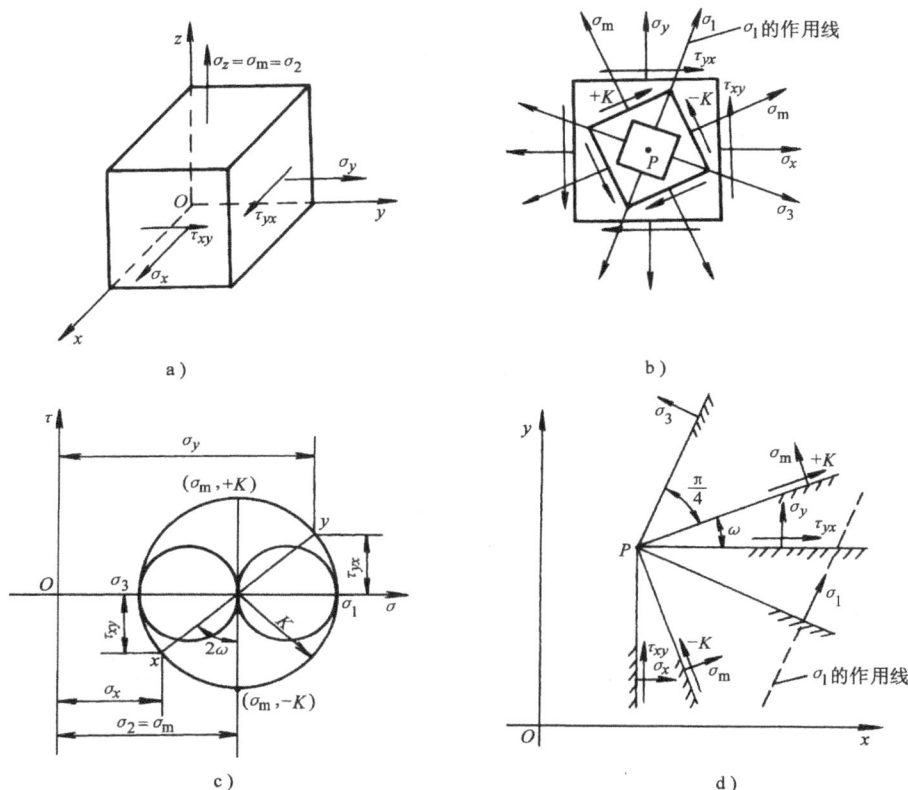

图 7-1　塑性平面应变状态下一点的应力状态、应力莫尔圆及物理平面

动平面内一点的应力分量与该点第一剪切方向的方向角 ω 的函数关系式，也是满足屈服准则的应力分量表达式。

第二节　滑移线与滑移线场的基本概念

　　变形体处于塑性平面应变状态时，在塑性流动平面上（塑性区）各点的应力状态均满足屈服准则，而且过任一点 P 都存在两个相互正交的第一、第二剪切方向。一般来说，这两个方向将随 P 点的位置而变化。当 P 点的位置沿最大切应力方向连续变化时，则得两条相互正交的最大切应力方向的轨迹线，即称为滑移线（图 7-2）。滑移线上任一点的切线方向即为该点的最大切应力方向。将 P 点沿第一剪切方向所得的滑移线称为 α 线，沿第二剪切方向所得的滑移线称为 β 线。由于过塑性区内任一点均可引出两条相互正交的滑移线，从而可构成滑移线网络，它们布满于塑性区，形成滑移线场，如

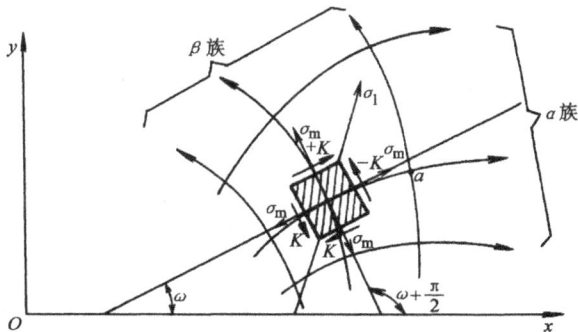

图 7-2　滑移线与滑移线场

图 7-2 所示。

同一方向的滑移线组成滑移线族。由 α 线组成的滑移线族称为 α 族，由 β 线组成的滑移线族称为 β 族（图 7-2）。两族滑移线的交点称为滑移线的节点，如图 7-2 中的 a 点。

为区别两族滑移线，通常采用下述规则：若 α 与 β 线形成一右手坐标系的轴，则代数值最大的主应力 σ_1 的作用线（即第一主方向）位于第一与第三象限（图 7-2）。显然，此时 α 线两旁的最大切应力组成顺时针转向，而 β 线两旁的最大切应力组成逆时针转向，亦即由第一主方向顺时针转 $\frac{\pi}{4}$ 所得滑移线即为 α 线，如图 7-3 所示。

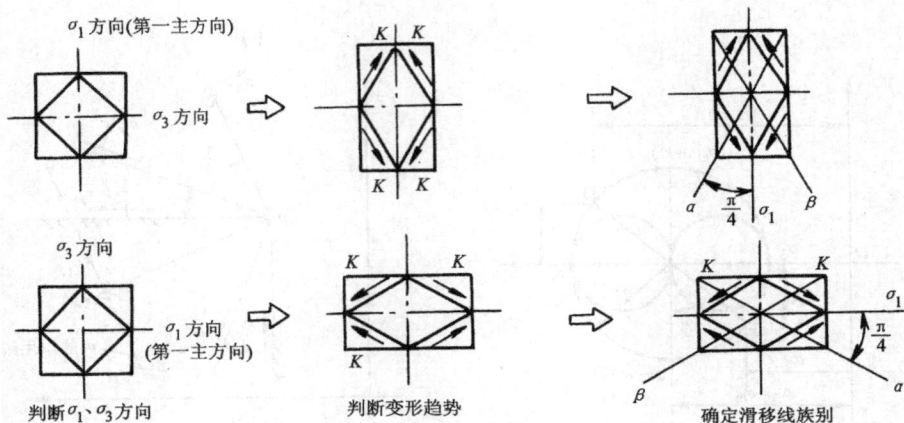

图 7-3　按最大切应力 K 的时针转向或按第一主方向确定滑移线族别

由图 7-2 可得到两族滑移线的微分方程为

$$\left.\begin{aligned}\frac{\mathrm{d}y}{\mathrm{d}x} &= \tan\omega \qquad （对于 \alpha 线）\\[2mm]\frac{\mathrm{d}y}{\mathrm{d}x} &= -\cot\omega \qquad （对于 \beta 线）\end{aligned}\right\} \tag{7-3}$$

第三节　滑移线场的应力场理论

一、滑移线的主要特性

1. 亨盖（H. Hencky）应力方程（沿线特性）

对于理想刚塑性材料处于塑性平面应变状态下，塑性区内各点的应力状态不同其实质只是平均应力 σ_{m} 不同，而各点处的最大切应力 K 为材料常数。

沿滑移线上各点的平均应力的变化规律由著名的亨盖应力方程来描述，即

$$\left.\begin{aligned}\sigma_{\mathrm{m}} - 2K\omega &= \xi（\beta） \qquad （沿 \alpha 线）\\[2mm]\sigma_{\mathrm{m}} + 2K\omega &= \eta（\alpha） \qquad （沿 \beta 线）\end{aligned}\right\} \tag{7-4}$$

亨盖应力方程是滑移线场理论中很重要的公式，滑移线场的若干特性可直接或间接地由它导出。

可用坐标变换等方法推证亨盖应力方程[1][2]。

当沿 α 族（或 β 族）中的同一条滑移线移动时，ξ（或 η）为常数，只有当一条滑移线转到同族的另一条滑移线时，ξ（或 η）值才改变。

在任一族中的任意一条滑移线上任取两点 a、b（图 7 - 4），则可导得

$$\sigma_{ma} - \sigma_{mb} = \pm 2K\omega_{ab} \tag{7-5}$$

式中　　σ_{ma}、σ_{mb}——分别为滑移线上 a、b 两点的平均应力；

$\omega_{ab} = \omega_a - \omega_b$——$a$、$b$ 两点间的转角，亦即 a、b 两点的滑移线方向角的变化量；

ω_a、ω_b——分别为 a、b 两点的滑移线的方向角；

$\pm$——正号用于 α 线，负号用于 β 线。

亨盖应力方程的重要意义在于，它揭示了滑移线上平均应力的变化规律。

由式（7 - 5）可得出以下几点结论：

1）若滑移线场已经确定，且已知一条滑移线上任一点的平均应力，则可确定该滑移线场中各点的应力状态。

2）若滑移线为直线，则此直线上各点的应力状态相同。

3）如果在滑移线场的某一区域内，两族滑移线皆为直线，则此区域内各点的应力状态相同，称为均匀应力场。

2. 亨盖第一定理（跨线特性）及其推论

亨盖第一定理可叙述为：同一族的一条滑移线转到另一条滑移线时，则沿另一族的任一条滑移线方向角的变化 $\Delta\omega$ 及平均应力的变化 $\Delta\sigma_m$ 均为常数。例如图 7 - 5 中，由 α 族的 α_1 转到 α_2 时，则沿 β 族的 β_1、β_2，有

$$\left.\begin{array}{l} \Delta\omega = \omega_{1,1} - \omega_{2,1} = \omega_{1,2} - \omega_{2,2} = \cdots = 常数 \\ \Delta\sigma_m = \sigma_{m1,1} - \sigma_{m2,1} = \sigma_{m1,2} - \sigma_{m2,2} = \cdots = 常数 \end{array}\right\} \tag{7-6}$$

式（7 - 6）可直接由亨盖应力方程式（7 - 4）得以证明。

由式（7 - 6）可知，若单元网络三个节点上的 σ_m、ω 值为已知，则第四个节点上的 σ_m、ω 值即可求出。

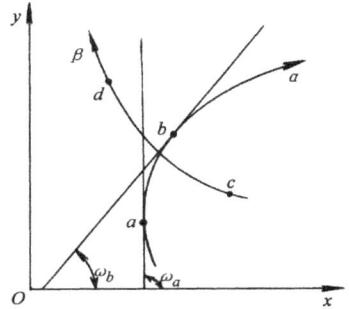

图 7 - 4　沿滑移线方向角的变化

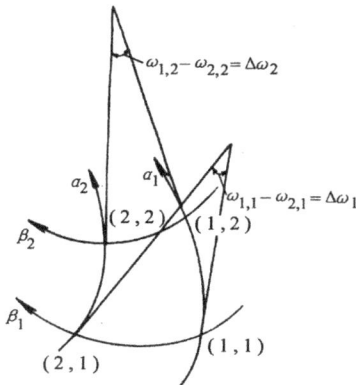

图 7 - 5　滑移线节点切线间的夹角

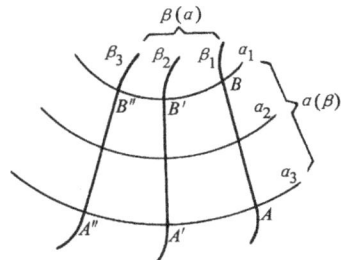

图 7 - 6　推论示意

从亨盖第一定理可得出如下推论：若一族的一条滑移线的某一区段为直线段，则被另一族滑移线所截得的该族滑移线的所有相应线段皆为直线。

二、滑移线场的建立

建立滑移线场，概括起来有两种方法：分析推理法（也称简化图解法）和数值解析法。在解实际问题时，整个塑性变形区内的滑移线场往往是由各种类型的滑移线场组合而成的。分析推理法是根据塑性区内金属流动情况、边界条件、应力状态及滑移线的特性逐一分区确定滑移线场，然后将各区内的滑移线场拼联起来构成整个塑性区内综合的滑移线场。如能在前人资料的基础上，熟知某些典型的应力边界条件和各种应力状态下的移线场，将有助于建立类似的滑移线场。

1．塑性区的应力边界条件

应力边界条件就是当滑移线延伸至塑性区边界时应满足的受力条件。常见的应力边界条件有以下四种类型。

（1）不受力的自由表面　分析自由表面上一点的应力状态时，可存在两种情况：

1）$\sigma_1 = 2K$，$\sigma_3 = 0$（图7-7a）

2）$\sigma_1 = 0$，$\sigma_3 = -2K$（图7-7b）

由于自由表面上 $\tau_{xy} = 0$，所以

$$\cos 2\omega = 0, \quad \omega = \pm \frac{\pi}{4}$$

这说明两族滑移线与自由表面相交成 $\pm \frac{\pi}{4}$，如图7-7所示。

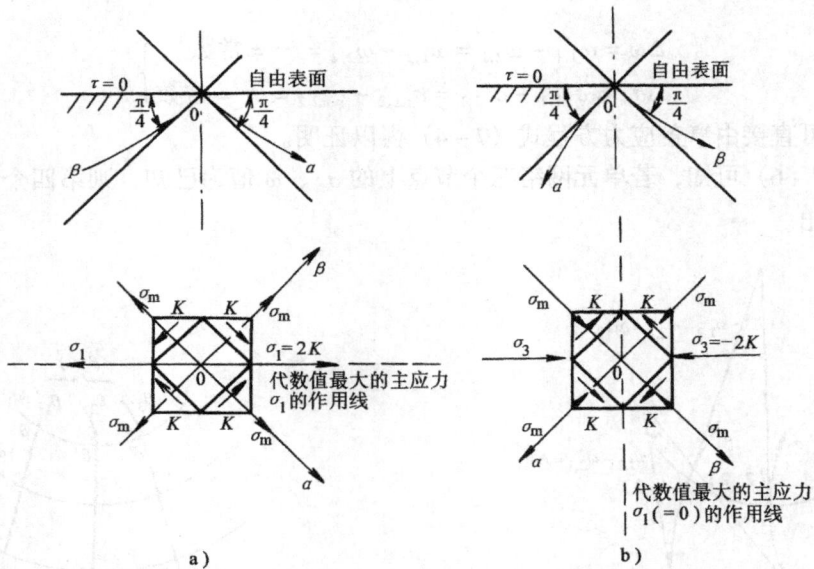

图7-7　自由表面处的滑移线

（2）无摩擦的接触表面　由于接触表面上无摩擦，即 $\tau_{xy} = 0$，则与不受力的自由表面情

况一样，$\omega = \pm\dfrac{\pi}{4}$，两族滑移线与接触表面相交成 $\pm\dfrac{\pi}{4}$，如图 7-8 所示。

（3）摩擦切应力达到最大值 K 的接触表面　由于接触表面上 $\tau_{xy} = \pm K$，则 $\cos 2\omega = \pm 1$，$\omega = 0$ 或 $\omega = \dfrac{\pi}{2}$，这说明一族滑移线与接触表面相切，另一族滑移线则与之正交，如图 7-9 所示。

（4）摩擦切应力为某一中间值的接触表面　在这种情况下，接触面上的摩擦切应力为 $0 < \tau_{xy} < K$。根据式（7-1）有

$$\omega = \pm\frac{1}{2}\cos^{-1}\frac{\tau_{xy}}{K} \qquad (7-7)$$

将 τ_{xy} 的数值代入式（7-7）可求得 ω 的两个解。但它的正确解应根据 σ_x、σ_y 的代数值并利用应力莫尔圆来确定。确定 ω 后，即可确定 α 线和 β 线，如图 7-10 所示。

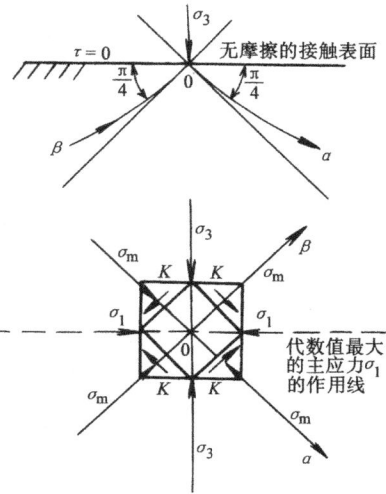

图 7-8　无摩擦接触表面处的滑移线

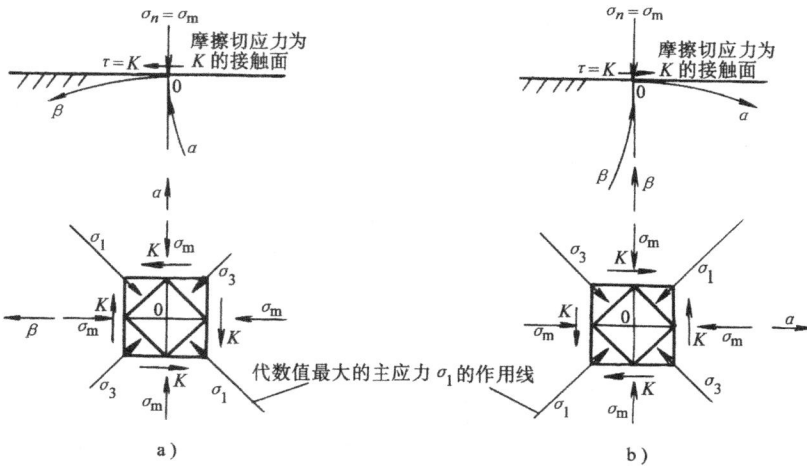

图 7-9　摩擦切应力为 K 的接触表面处的滑移线

2. 常见的滑移线场类型

常见的滑移线场有以下几种类型。

（1）直线滑移线场　这是由两族正交的直线构成的滑移线场，如图 7-11 所示。它所对应的应力场为均匀应力场。

（2）简单滑移线场　这是由一族为直线，另一族为曲线所构的滑移线场，如图 7-12 所示。它所对应的应力场称为简单应力场。这类滑移线场又可分以下两种情况：

1）有心扇形场。这是由一束直线及同心圆弧所组成，如图 7-12a 所示。中心点 O 称为应力奇点，应力不具有唯一值。

2）无心扇形场。这种滑移线场，直线型滑移线是滑移线族包络线 $\overparen{OO'}$ 的切线，曲线

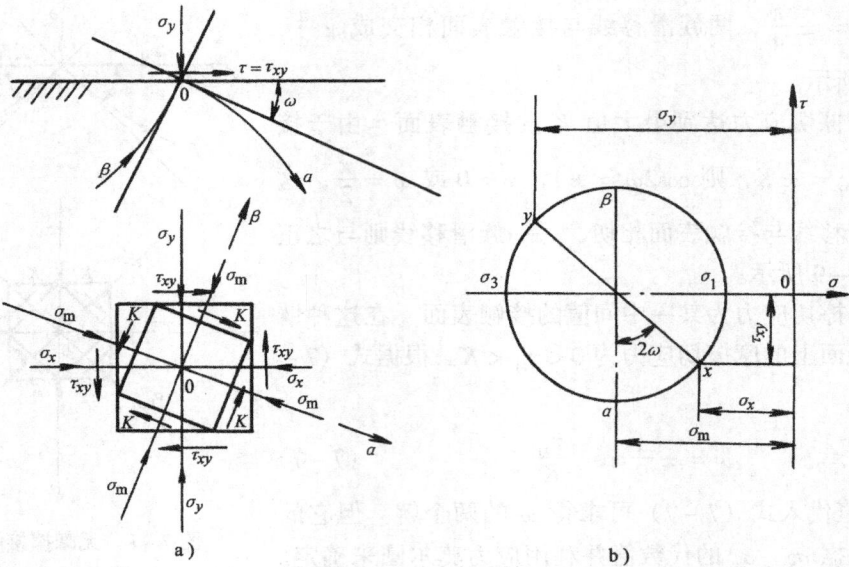

图 7-10 摩擦切应力为某一中间值的接触面处的滑移线

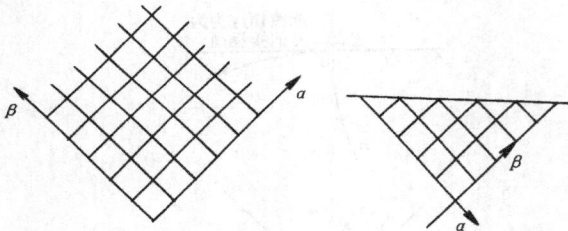

图 7-11 直线滑移线场

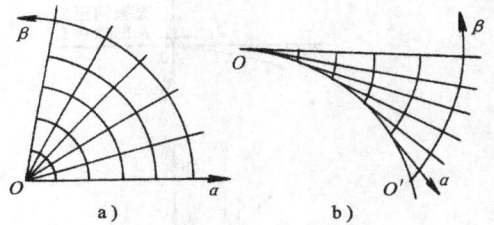

图 7-12 简单滑移线场

滑移线族是该包络线 $\overparen{OO'}$ 的等矩渐开线,如图 7-12b 所示。

(3)直线滑移线场与简单滑移线场的组合 根据滑移线的特性,可以断定,与直线滑移线场相邻的区域,其滑移线场只能是简单滑移线场,如图 7-13 所示。

(4)由两族相互正交的光滑曲线所构成的滑移线场 属于这一类的主要有

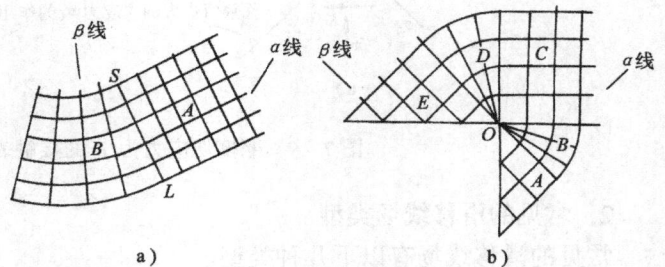

图 7-13 直线滑移线场与简单滑移线场的组合

1)当圆弧边界面为自由表面或其上作用有均布的法向应力时,其滑移线场为正交的对数螺旋线所构成,如图 7-14a 所示。

2)粗糙平行刚性板间压缩时,相应于接触面上摩擦力达到最大值的那一段,滑移线场为正交的圆摆线,如图 7-14b 所示。

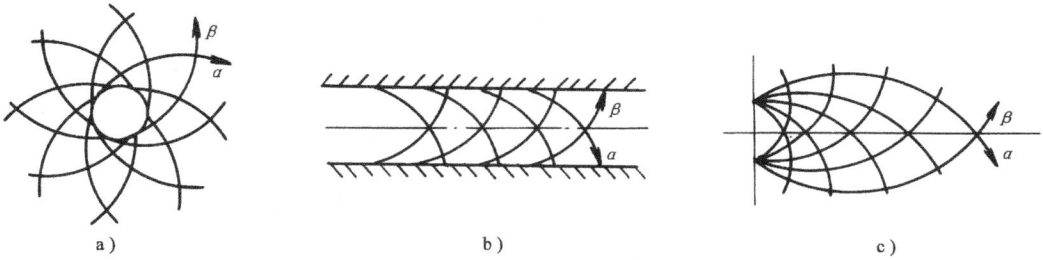

图 7-14 两族正交曲线构成的滑移线场

3）两个等半径圆弧所构成的滑移线场，也称为扩展的有心扇形场，如图 7-14c 所示。

3. 用图解法和数值积分法建立滑移线场

建立滑移线场从已知的边界条件开始。根据边界条件的不同，可分三类边值问题。这里只介绍第一类边值问题，即已知两相交滑移线 OA 和 OB，作出该两条滑移线所包围的塑性区 $OACB$ 内的滑移线场（图 7-15a）。这种情况，只要求出滑移线场中各节点的位置，然后用光滑的曲线连接，就可确定其滑移线场。

（1）图解法　滑移线场的节点编号是用一有序数组（m，n）表示，其中 m 为 α 线的序号，n 为 β 线的序号。

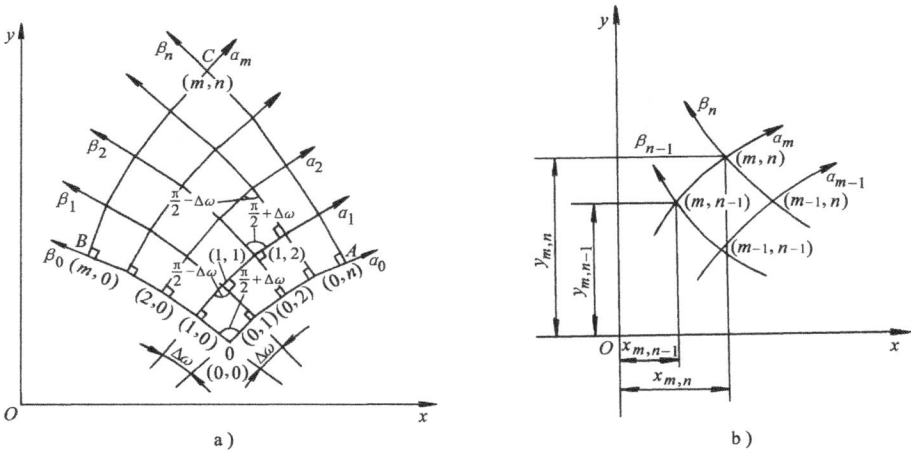

图 7-15　第一类边值问题

图解法可取弦线代替弧线。将滑移线等分成微小线段并标出节点号，画出相邻节点的弦线，如图 7-15a 所示。然后通过（0，1）点和（1，0）点分别作弦线的垂线得交点（1，1），则（0，0），（1，0），（1，1），（0，1）四点的连线所组成的四边形即为一个滑移线网格。再通过（0，2）点作弦线的垂线，与通过（1，1）点作（0，1）点和（1，1）点连线的垂线交于（1，2）点，依此类推，即可作出 $OACB$ 区的滑移线网格（图 7-15a）。根据滑移线的圆弧半径，可以算出微小弧段的中心角 $\Delta\omega$，如弧线分点较密，$\Delta\omega \leqslant 5°$，则用四边形代替滑移线曲线网格带来的误差不超过 3%。

（2）数值积分法（也称数值解析法）　滑移线网格各节点的坐标（x，y）可由滑移线

的差分方程确定。将滑移线的微分方程式（7-3）改写成相应的差分方程

$$
\left.
\begin{aligned}
\frac{\Delta y}{\Delta x} &= \tan\omega \qquad （沿\ \alpha\ 线）\\
\frac{\Delta y}{\Delta x} &= -\cot\omega \qquad （沿\ \beta\ 线）
\end{aligned}
\right\}
\tag{7-8}
$$

其实质是以弦代替微小弧，取弦的斜率等于两端节点斜率的平均值。则式（7-8）可写成下面的表达式（参见图7-15b）：

$$
\left.
\begin{aligned}
y_{m,n} - y_{m,n-1} &= （x_{m,n} - x_{m,n-1}）\tan\left[\frac{1}{2}（\omega_{m,n} + \omega_{m,n-1}）\right]\\
y_{m,n} - y_{m-1,n} &= -（x_{m,n} - x_{m-1,n}）\cot\left[\frac{1}{2}（\omega_{m,n} + \omega_{m-1,n}）\right]
\end{aligned}
\right\}
\tag{7-9}
$$

式中　　$\omega_{m,n} = \omega_{m-1,n} + \omega_{m,n-1} - \omega_{m-1,n-1}$

　　由式（7-9）可以看出，如已知（0,0），（0,1），（1,0）节点的坐标，即可算出（1,1）节点的坐标。依此类推，可算出塑性区 $OACB$（图7-15a）内各节点的坐标，从而可确定其滑移线场。这种计算，在计算机上实施是非常方便的。

第四节　滑移线场的速度场理论

　　滑移线场理论，不仅可以根据应力边界条件，利用滑移线的特性，可求得塑性变形区内的应力场，同时，还可确定塑性变形区内的速度场，从而可确定各点的位移和应变。

一、盖林格尔（H. Geiringer）速度方程

　　根据应力-应变速率方程式（3-130）可得平面应变状态下的应力-应变速率方程为

$$
\left.
\begin{aligned}
\dot\varepsilon_x &= \dot\lambda\sigma_x' = \dot\lambda（\sigma_x - \sigma_m）\\
\dot\varepsilon_y &= \dot\lambda\sigma_y' = \dot\lambda（\sigma_y - \sigma_m）\\
\dot\gamma_{xy} &= \dot\lambda\tau_{xy}
\end{aligned}
\right\}
\tag{7-10}
$$

　　在塑性变形区内任取一点 P，设 P 点为滑移线 α、β 的交点，若过 P 点取滑移线为坐标系（图7-16），则应力-应变速率方程式（7-10）中，$\sigma_x = \sigma_\alpha$、$\sigma_y = \sigma_\beta$、$\dot\varepsilon_x = \dot\varepsilon_\alpha$、$\dot\varepsilon_y = \dot\varepsilon_\beta$。由于 σ_α、σ_β 是最大切应力（$\tau_{max} = K$）所在平面上的正应力，因此，根据塑性平面应变的特点可知

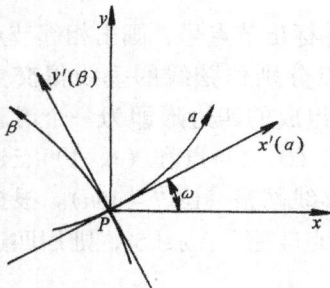

图7-16　取滑移线为坐标系　　　　　　　　图7-17　滑移线上邻近两点的速度分解

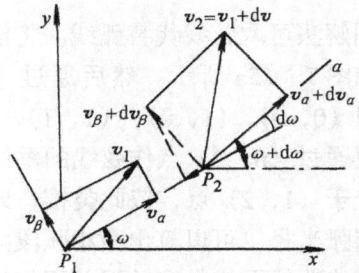

$$\sigma_\alpha = \sigma_\beta = \sigma_m$$

将上式代入（7-10），得

$$\left.\begin{array}{c} \dot{\varepsilon}_\alpha = 0 \\ \dot{\varepsilon}_\beta = 0 \end{array}\right\} \tag{7-11a}$$

即

$$\left.\begin{array}{cc} \dfrac{\mathrm{d}\varepsilon_\alpha}{\mathrm{d}t} = 0 & \mathrm{d}\varepsilon_\alpha = 0 \\[2mm] \dfrac{\mathrm{d}\varepsilon_\beta}{\mathrm{d}t} = 0 & \mathrm{d}\varepsilon_\beta = 0 \end{array}\right\} \tag{7-11b}$$

式（7-11b）表明，沿滑移线无线应变增量，即在滑移线方向上不产生线应变，只有剪切变形，亦即滑移线具有不可伸缩的特性。

若 α 线上点 P_1 处的速度为 v_1，其沿滑移线方向的速度分量为 v_α 和 v_β（图7-17）。在此 α 线上与 P_1 点无限接近的 P_2 点处的速度为 v_2，其沿滑移线方向的速度分量为 $v_\alpha + \mathrm{d}v_\alpha$ 和 $v_\beta + \mathrm{d}v_\beta$。同时，由 P_1 点到 P_2 点的转角为 $\mathrm{d}\omega$（图7-17）。由于点 P_1 与 P_2 是无限接近，则可认为弧 $\overparen{P_1P_2}$ 与其弦 $\overline{P_1P_2}$ 相重合。根据滑移线不可伸缩的性质，则点 P_1 与 P_2 在 $\overline{P_1P_2}$ 方向上的速度分量必相等，即有

$$v_\alpha = (v_\alpha + \mathrm{d}v_\alpha)\cos(\mathrm{d}\omega) - (v_\beta + \mathrm{d}v_\beta)\sin(\mathrm{d}\omega) \tag{a}$$

由于 $\mathrm{d}\omega$ 很小，则式（a）中 $\cos(\mathrm{d}\omega) \approx 1$，$\sin(\mathrm{d}\omega) \approx \mathrm{d}\omega$，高阶项 $\mathrm{d}v_\beta\sin(\mathrm{d}\omega)$ 可忽略，因此，式（a）可写成

$$v_\alpha = v_\alpha + \mathrm{d}v_\alpha - v_\beta\mathrm{d}\omega$$

即

同理

$$\left.\begin{array}{ll} \mathrm{d}v_\alpha - v_\beta\mathrm{d}\omega = 0 & \text{（沿 }\alpha\text{ 线）} \\ \mathrm{d}v_\beta + v_\alpha\mathrm{d}\omega = 0 & \text{（沿 }\beta\text{ 线）} \end{array}\right\} \tag{7-12}$$

式（7-12）是由盖林格尔于1930年首先导出，故称为盖林格尔速度方程式。此方程给出了沿滑移线上速度分量的变化特性，它可确定塑性变形区内的速度分布。

由式（7-12）可知，若 α 滑移线为直线，则 $\mathrm{d}\omega = 0$，$v_\alpha =$ 常数。因此，对于直线滑移线场，$v_\alpha =$ 常数，$v_\beta =$ 常数，故称为均匀速度场，此区域作刚性运动。

二、速度间断

若塑性区与刚性区之间或塑性区内相邻两区域之间可能有相对滑动，即速度发生跳跃，此现象称速度不连续，或称速度间断。例如刚性区与塑性区的交界，由刚性运动转变为塑性变形，虽然应力状态是连续的，但在交界处存在相对滑动，即产生速度不连续，此分界线称为速度间断线。

由于材料的连续性和不可压缩的要求，速度间断线两侧的法向速度分量必须相等（连续），否则将出现裂缝或者重叠，而切向速度分量可以产生间断。

速度间断线可以看成是从一个速度场连续过渡到另一个速度场的速度间断面（很薄的过渡层）的极限线。如图7-18所示，从1区域到2区域，切向速度沿过渡层厚度 $\mathrm{d}y$ 作急剧的变化，即由 v_t^1 跃变到 v_t^2。由切应变速率方程 $\dot{\gamma}_{xy} = \dfrac{1}{2}\left(\dfrac{\partial \dot{u}_y}{\partial x} + \dfrac{\partial \dot{u}_x}{\partial y}\right)$ 可知，当 $\mathrm{d}y \to 0$ 时，$\dfrac{\partial \dot{u}_x}{\partial y}$

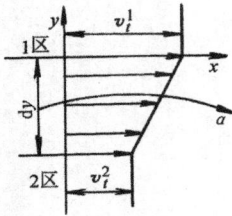

图7-18　速度间断的过渡层

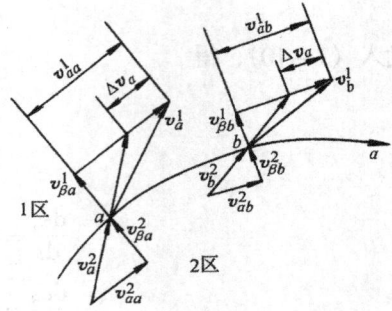

图7-19　速度间断

$\to \infty$（$\dot{u}_x$ 即为切向速度），则 $\dot{\gamma}_{xy} \to \infty$。又 $\dot{\gamma}_{xy} = \dot{\lambda} \tau_{xy}$，故有 $\tau_{xy} \to \infty$，即 $|\tau_{xy}| = |\tau_{max}| = K$，这说明速度间断线必定是滑移线。

图7-19中，设速度间断线为 α 线（或 β 线），线上某点（如 a 点）在1区域和2区域的速度矢量分别为 v^1 和 v^2，并可分解成切向速度和法向速度分量，其分别为 v_α^1 和 v_α^2、v_β^1 和 v_β^2。由于变形体的连续性和不可压缩性，必须满足法向速度分量连续，即 $v_\beta^1 = v_\beta^2$。根据盖林格尔速度方程式（7-12），沿 α 线有

$$\mathrm{d}v_\alpha^1 - v_\beta^1 \mathrm{d}\omega = 0$$
$$\mathrm{d}v_\alpha^2 - v_\beta^2 \mathrm{d}\omega = 0$$

将以上两式相减，可得

$$\mathrm{d}v_\alpha^1 = \mathrm{d}v_\alpha^2$$

则由图7-19可得

$$v_{\alpha a}^1 - v_{\alpha a}^2 = v_{\alpha b}^1 - v_{\alpha b}^2 = \Delta v_\alpha = 常数$$

亦即

$$v_\alpha^1 - v_\alpha^2 = \Delta v_\alpha = 常数 \qquad\qquad (7-13)$$

式（7-13）中 Δv_α 称为沿 α 线的速度间断值。此式表明，沿同一条滑移线的速度间断值为常数。

三、速度矢端图（速端图）

当给出滑移线场，并由边界条件定出速度间断线及速度间断值后，可用盖林格尔速度方程确定其速度场。但是，对于复杂的滑移线场解盖林格尔速度方程往往是困难的。因此，工程上常用图解法确定塑性变形区内各点的位移速度的分布（即速度场）。为此，将沿滑移线上各点的速度分布表示在速度平面 $v_x - v_y$ 上。在速度平面上以坐标原点 O 为极点（零向量），将塑性流动平面内位于同一条滑移线上各点的速度矢量按同一比例均由极点绘出，然后依次连接各速度矢量的端点，只要各点取得足够近，则会形成一条曲线。该曲线称为所研究的那条滑移线上各点的速度矢端曲线，如图7-20所示，对于塑性流平面内的每一条滑移线 α、β，一般都可以在速度平面内作出与之对应的速度矢端曲线 α'、β'（图7-20）。于是对于由 α 与 β 两族连续正交的曲线网络所构成的滑移线场，则在速度平面上相应有一由两族连续正交的速度矢端曲线网络所构成的速度矢端图（速端图），即为速度场。

1. 滑移线和速度矢端曲线之间的关系

图 7-21 所示，设 P_1、P_2、P_3 为某条滑移线（例如 α 线）上相邻的三个节点，v_1、v_2、v_3 分别为这三个节点的速度矢量。由于这三个节点无限接近，则可用弦 $\overline{P_1P_2}$、$\overline{P_2P_3}$ 分别代替微弧 $\overset{\frown}{P_1P_2}$、$\overset{\frown}{P_2P_3}$。在速度平面上，从极点 O 按同一比例画出各点的速度矢量，分别以 OP_1'、OP_2'、OP_3' 表示。由于滑移线不可伸缩，因此，v_1 和 v_2 在弦 $\overline{P_1P_2}$ 上的投影必然相等，亦即 OP_1' 和 OP_2'

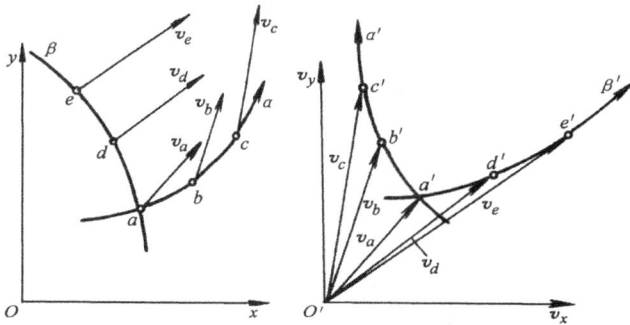

图 7-20 滑移线与速度矢端曲线

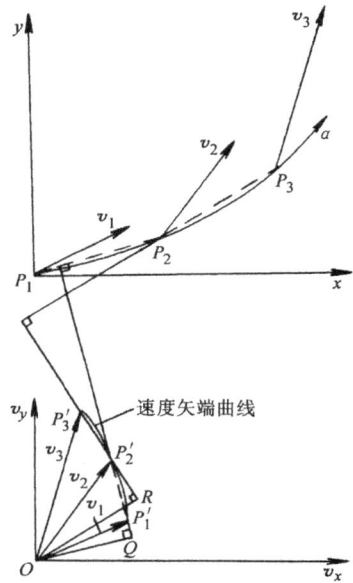

图 7-21 滑移线与速度矢端曲线之间的关系

在与弦 $\overline{P_1P_2}$ 相平行的 $\overline{OQ}$ 线上的投影必然相等，因而速度平面上速度矢量 OP_1' 和 OP_2' 的端点的连线 $\overline{P_1'P_2'}$ 必然垂直于弦 $\overline{P_1P_2}$。同理，速度矢量 OP_2' 和 OP_3' 的端点的连线 $\overline{P_2'P_3'}$ 垂直于弦 $\overline{P_2P_3}$。则折线 $P_1'P_2'P_3'$ 就是近似的速度矢端曲线。显然，若所取的 P_1、P_2、P_3……各点是无限接近的话，则所绘出的速度矢端曲线就是一条光滑连续的曲线，且与过 P_1、P_2、P_3……诸点的滑移线正交。由此，对于由 α 与 β 两族连续正交的曲线网络所构成的滑移线场一定在速度平面上相应由两族连续正交的速度矢端曲线网络所构成的速度场。

2. 几种速度间断线的速端图

（1）滑移线 ab 为一速度间断直线（图 7-22a）　其一侧为刚性区（"－"），以速度 v^- 作刚性平移，另一侧为塑性区（"＋"）。由于 ab 两侧分别具有同一速度，故在速度平面上的速度矢端曲线分别归缩为一个点，其速端图如图 7-22b 所示。

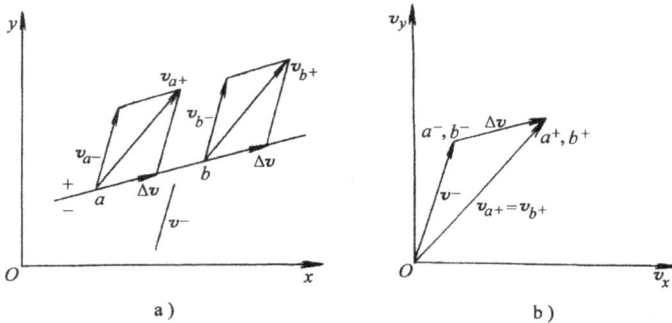

a)　　　　　　　　　b)

图 7-22 速度间断直线及其速端图

a) 速度间断直线　b) 速端图

（2）滑移线 $\overset{\frown}{ab}$ 为一速度间断曲线　这又可分两种情况：

1）其一侧为刚性区（"－"），另一侧为塑性区（"＋"）（图7－23a）　刚性区一侧在速度平面上的速度矢端曲线归缩为一点，而塑性区一侧的速度矢端曲线为一半径等于速度间断值 Δv 的圆弧 $\overset{\frown}{a^+b^+}$，此圆弧的中心角等于滑移线 $\overset{\frown}{ab}$ 在 a、b 两点之间的转角 ω_{ab}。其速度图如图7－23b所示。

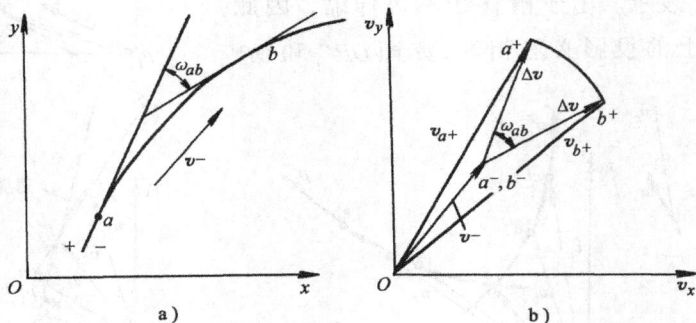

图7－23　一侧为刚性区的速度间断曲线及其速端图
a）速度间断曲线　b）速端图

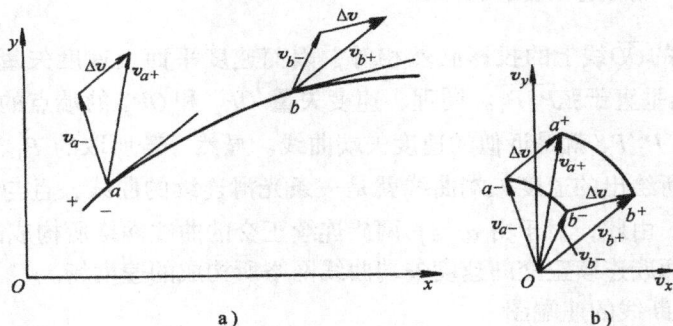

图7－24　二侧均为塑性区的速度间断曲线及其速端图
a）速度间断曲线　b）速端图

2）其两侧均为塑性区（一侧为"＋"区，另一侧为"－"区）（图7－24a）　在这种情况，滑移线 $\overset{\frown}{ab}$ 两侧在速度平面上分别有速度矢端曲线 $\overset{\frown}{a^-b^-}$ 和 $\overset{\frown}{a^+b^+}$ 与其相对应，其速端图如图7－24b所示。

第五节　滑移线场理论在塑性成形中的应用举例

应用滑移线场理论求解刚塑性体平面应变问题，可归结为根据应力边界条件求解滑移线场及其应力状态，并根据速度边界条件求出与滑移线场相匹配的速度场。

一、平冲头压入半无限高坯料

1．求单位流动压力

设刚性平冲头的宽度为 $2b$，长度远大于宽度，因而变形可以认为是平面应变状态。冲头和坯料的接触面没有摩擦，则接触面上仅作用有均匀分布的法向应力 $\sigma_y = \sigma_3 = -p$，p 即为单位流动压力。冲头两侧为自由表面。

根据应力边界条件，可建立滑移线场。这一问题有两种滑移线场解：即普朗特（L. Prandtl）场与希尔（R. Hill）场。前者由三个等腰直角三角形的均匀场与两个 90° 的中心扇形场（简单场）拼联而成的（图 7-25a）；后者由四个小等腰直角三角形与两个 90° 的中心扇形场拼联而成（图 7-26a）。两种场求得的 p 值相同。

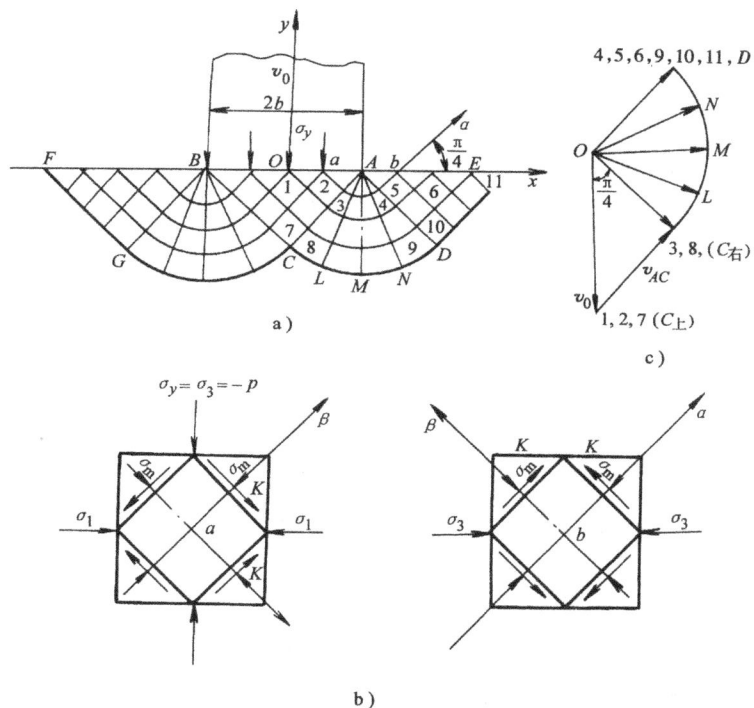

图 7-25　普朗特解
a）滑移线场　b）a、b 点的应力状态　c）速端图

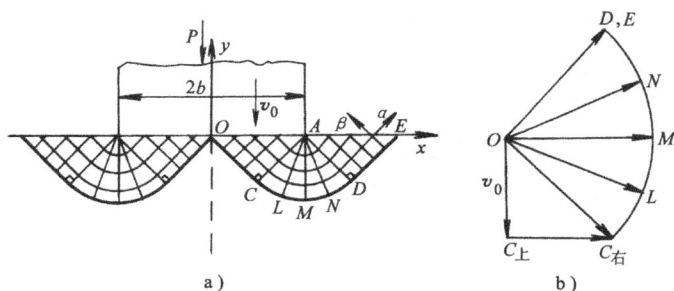

图 7-26　希尔解
a）滑移线场　b）速端图

要求出接触面上单位流动压力 p，需求出接触面上任一点的平均应力。

以普朗特场为例。任意取出一条滑移线 ab，使其 a 点处在接触面上，b 点处在已知应力状态的自由表面上。a、b 两点的应力状态如图 7－25b 所示。根据判断滑移线族性的规则，可确定滑移线 ab 为 α 线。

在 b 点：$\omega_b = \frac{\pi}{4}$，$\sigma_1 = 0$；根据屈服准则，有 $\sigma_1 - \sigma_3 = 2K$，所以 $\sigma_3 = -2K$，平均应力 $\sigma_{mb} = \frac{1}{2}(\sigma_1 + \sigma_3) = -K$。

在 a 点：$\omega_a = -\frac{\pi}{4}$，$\sigma_3 = -p$；根据屈服准则，有 $\sigma_1 - \sigma_3 = 2K$，所以 $\sigma_1 = 2K + \sigma_3 = 2K - p$，平均应力 $\sigma_{ma} = \frac{1}{2}(\sigma_1 + \sigma_3) = K - p$。

因 a、b 两点处在同一条 α 线上，根据式 (7－5)，有

$$\sigma_{ma} - \sigma_{mb} = 2K\omega_{ab}$$

即

$$K - p - (-K) = 2K\left(-\frac{\pi}{4} - \frac{\pi}{4}\right)$$

从上式可解得

$$p = 2K\left(1 + \frac{\pi}{2}\right) \tag{7－14}$$

或

$$\frac{p}{2K} = 1 + \frac{\pi}{2} = 2.57 \tag{7－14a}$$

平冲头单位长度上的极限压力：

$$P = 2b \cdot 1p = 4bK\left(1 + \frac{\pi}{2}\right) \tag{7－14b}$$

2. 塑性区内的速度场

现确定与滑移线场（图 7－25a）匹配的速度场（图 7－25c）。

根据材料的连续性和不可压缩性可知，在图 7－25a 中，$\triangle ABC$ 区域与平冲头一起以相同的速度 v_0 向下运动。C 为速度场的奇点，C 点以下的点（位于刚性区）的位移速度为零，C 点上侧的 1、2、7 等点是处在 $\triangle ABC$ 内，其速度矢量均等于 v_0，即 $\triangle ABC$ 全区各点的速度都一样，因此称为均匀速度场。$\overline{AC}$ 边是均匀应力场与中心扇形场的分界线，$\overline{CD}$ 及 $\overline{DE}$ 是刚塑性区分界线，它们都是速度间断线。

在中心扇形区 ACD 内，沿所有径向直线的速度皆为零，故速度间断线 $\overline{AC}$ 右侧的 3 点和 8 点的速度必沿圆弧的切线方向。此外，$\overline{AC}$ 线两侧的 2 点与 3 点及 7 点与 8 点的速度间断的矢量必平行于 $\overline{AC}$。同理，中心扇形区 ACD 内 4 点和 9 点及均匀应力区 $\triangle ADE$ 内 5、6、10 等点的速度矢量必平行于滑移线 $\overline{56}$ 或 $\overline{DE}$。由于沿 $\overline{CD}$ 线的切向速度分量不连续，只改变方向，不改变大小，因此，中心扇形区 ACD 内各点速度矢量的端点一定在以 $\overline{0C_右}$ 为半径所作的圆弧上。根据以上分析，可作得如图 7－25c 所示的速端图（即速度场）。根据速端图，可确定塑性区内各点的速度。

与希尔场相匹配的速度场如图 7 – 26b 所示。

也可由盖林格尔速度方程式（7 – 12）求塑性区内各点的速度。在图 7 – 25a 中，$\triangle ABC$ 内各点的速度为 v_0（图 7 – 27），根据速度投影关系可知：

$$v_\alpha = \frac{1}{\sqrt{2}} v_0$$

$$v_\beta = -\frac{1}{\sqrt{2}} v_0$$

v_α 的指向与 α 线的正向一致，v_β 的指向与 β 线的指向相反。在 $\triangle ABC$ 中，沿着其中每一条直线的速度分量都是常数，即为均匀速度场。

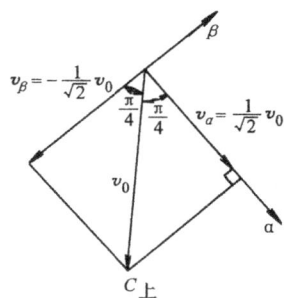

图 7 – 27　$\triangle ABC$ 内各点的速度

$\overline{AC}$ 线（β 线）为速度间断线，其 $\omega = -\frac{\pi}{4} =$ 常数，则 $\mathrm{d}\omega = 0$。根据盖林格尔速度方程式（7 – 12），有

$$\mathrm{d}v_\beta + v_\alpha \mathrm{d}\omega = \mathrm{d}v_\beta = 0$$

因此有

$$v_\beta = 常数$$

因 C 点下侧位于刚性区，所以在 $\overline{AC}$ 线左侧，$v_\beta = -\frac{1}{\sqrt{2}} v_0$，在 $\overline{AC}$ 右侧，$v_\beta = 0$。根据法向速度连续条件，在 $\overline{AC}$ 线上 $v_\alpha = \frac{1}{\sqrt{2}} v_0$。

由于扇形区 ACD 内的 β 线均是直线段，则 $\mathrm{d}\omega = 0$，$v_\beta =$ 常数。因此，在整个扇形区 ACD 内各点均有 $v_\beta = 0$。而该区内沿 α 线的速度方程为 $\mathrm{d}v_\alpha - v_\beta \mathrm{d}\omega = \mathrm{d}v_\alpha = 0$，则 $v_\alpha =$ 常数。根据 $\overline{AC}$ 线上法向速度连续的条件，在扇形区 ACD 内均有 $v_\alpha = \frac{1}{\sqrt{2}} v_0$。

$\overline{AD}$ 线是扇形区 ACD 与均匀应力区 $\triangle ADE$ 的分界线，但它不是速度间断线。根据法向速度连续的条件，$\overline{AD}$ 线上各点均有 $v_\alpha = \frac{1}{\sqrt{2}} v_0$。在直线滑移线场 $\triangle ADE$ 中，根据速度方程有

$$\mathrm{d}v_\alpha - v_\beta \mathrm{d}\omega = \mathrm{d}v_\alpha = 0，则 \ v_\alpha = \frac{1}{\sqrt{2}} v_0 = 常数 \quad （沿 \ \alpha \ 线）$$

$$\mathrm{d}v_\beta + v_\alpha \mathrm{d}\omega = \mathrm{d}v_\beta = 0，则 \ v_\beta = 常数 \quad （沿 \ \beta \ 线）$$

由于 $\overline{DE}$ 线为刚塑性区的分界线，即为速度间断线，因而 $\overline{DE}$ 线上的法向速度分量 $v_\beta = 0$。因此，在 $\triangle ADE$ 区域内均有 $v_\beta = 0$，$v_\alpha = \frac{1}{\sqrt{2}} v_0$，为均匀速度场。

二、平砧横镦圆断面轴

在塑性加工中，小送进比（送进量 b 与毛坯高度 h 之比）的拔长（图 7 – 28）、窄砧压缩有限高坯料（图 7 – 29）等均与平砧横镦圆断面轴坯料（图 7 – 30）时的情况相似。

试验指出，当坯料的相对高度为 $1 \leqslant \frac{h}{b} \leqslant 8.6$ 时，塑性变形区波及整个坯料的高度，如图 7 – 29 所示。

222

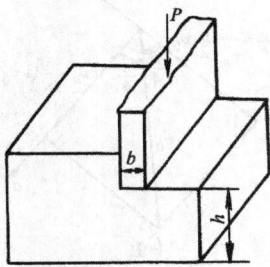

图 7-28　小送进比拔长　　　　　图 7-29　窄砧压缩有限高坯料　　　　图 7-30　平砧横镦圆断面轴

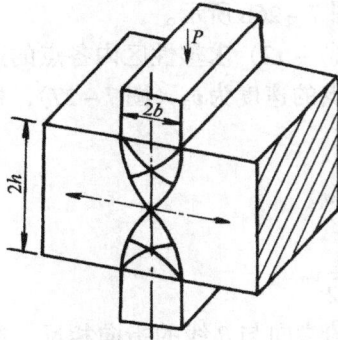

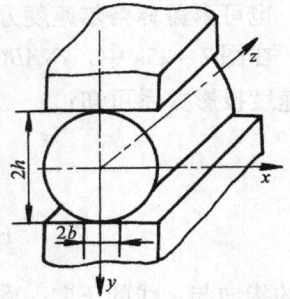

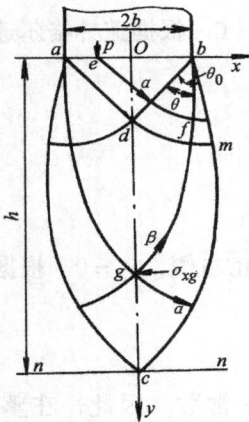

图 7-31　平砧横镦圆
断面轴坯料时的滑移线场

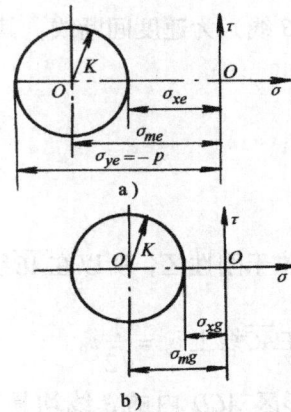

图 7-32　e、g 点的应力莫尔圆（大圆）
a）e 点　b）g 点

　　设平砧与圆断面轴接触面宽度为 $2b$，圆断面高度为 $2h$。接触面上无摩擦，则接触面上的单位流动压力 p 均匀分布。根据边界条件用图解法或数值积分法建立如图 7-31 所示的滑移线场，接触面下面的 △abd 区域为直线滑移线场（均匀应力状态区），其两侧为扩展的有心扇形场，上、下对称，在水平对称线 $n-n$ 相遇，交于中心对称点 c，则 $\omega_c = -\dfrac{\pi}{4}$。

　　建立滑移线场后，就可根据滑移线的特性来求解塑性区内的应力分布及接触面上的单位流动压力 p。

　　根据 e、g 点的应力状态，可作出该两点的应力莫尔圆，如图 7-32 所示。

　　根据亨盖应力方程式（7-5）可导得

$$\sigma_{me} - \sigma_{mg} = -4K\theta \tag{a}$$

式中　θ——塑性区中心对称线 y 轴上任一点 g 相对应的扇形场的中心角，参见图 7-31。

　　根据 e、g 点的应力莫尔圆，可得

$$\sigma_{me} = -p + K \quad (p > 0) \tag{b}$$

$$\sigma_{mg} = \sigma_{xg} - K \tag{c}$$

根据式（a）~式（c），可解得 g 点的 σ_{xg}

$$\sigma_{xg} = -p + 2K(1 + 2\theta) \tag{7-15}$$

由平衡条件得

$$\int_0^h \sigma_x dy = 0 \tag{d}$$

取参数 $\eta = \dfrac{y}{b}$，则 $dy = bd\eta$。当滑移线场分布到中心对称点 c 时，$y = h$，$\eta_0 = \dfrac{h}{b}$，相应的扇形中心角 $\angle dbm = \theta_0$，则式（d）可写成

$$b\int_0^{\eta_0} \sigma_x d\eta = 0 \tag{e}$$

将式（7-15）的 σ_{xg} 值代入式（e），可得

$$\int_0^{\eta_0} [-p + 2K(1 + 2\theta)]d\eta = 0$$

由于 σ_x 在 0d 段内（均匀应力场）值相等，故上式积分可分两段分别计算，即

$$\int_0^1 (-p + 2K)d\eta + \int_1^{\eta_0} [-p + 2K(1 + 2\theta)]d\eta = 0$$

将上式积分并化简后可得

$$p = 2K\left(1 + \frac{2}{\eta_0}\int_1^{\eta_0} \theta d\eta\right) \tag{f}$$

根据精确的计算结果，θ 和 η 有以下近似函数关系

$$\left.\begin{array}{c} \eta = e^{1.67\theta} \\ \theta = 0.6\ln\eta \end{array}\right\} \tag{7-16}$$

或

将式（7-16）代入式（f），积分化简后可得

$$p = 2K\left(1.2\ln\eta_0 + \frac{1.2}{\eta_0} - 0.2\right) \tag{7-17}$$

由式（7-17）算出的 p 值和精确计算结果比较，误差一般不超过 2%。

塑性区中心对称点 c 的 σ_x 值可将式（7-17）中的 p 值代入式（7-15）并使 $\theta = 0.6 \ln\eta_0$，化简得

$$\sigma_{xc} = 2.4K\left(1 - \frac{1}{\eta_0}\right) \tag{7-18}$$

由式（7-18）可以看出，当 $\eta_0 > 1$，则 σ_x 为正，即说明在塑性变形区中心点，σ_x 为拉应力。

$$\sigma_{yc} = \sigma_{xc} - 2K = 2K\left(0.2 - \frac{1.2}{\eta_0}\right) \tag{7-19}$$

上式说明当 $\eta_0 > 6$ 时，在塑性区中心点 c，σ_y 也为拉应力。

由式（7-17）可知，p 随 η_0 增大而增大。当 η_0 很大时，坯料内的塑性变形只在表层发生，如图 7-25a 所示。因此，式（7-17）的 p 值不能超过式（7-14）给出的 p 值，即

$$2K\left(1.2\ln\eta_0 + \frac{1.2}{\eta_0} - 0.2\right) \leqslant 2K\left(1 + \frac{\pi}{2}\right)$$

解得 $\eta_0 = 8.6$，说明图 7-31 所示的滑移线场适合于

$$1 \leqslant \frac{h}{b} \leqslant 8.6$$

当 $\eta_0 = 8.6$ 时，相应的 $\theta_0 = 77°$，这时塑性变形区的中心点 C 的应力值由式（7-18）和式（7-19）算得，即

$$\sigma_{x\max} \approx 2.12K , \quad \sigma_{y\max} \approx 0.12K$$

说明塑性变形区中心出现两向拉应力。这种现象在开坯拔长、锻轴或横轧时经常出现。图 7-33 表示平砧横镦圆轴时截面上的塑性变形区和应力分布。当坯料中心拉应力超过材料的抗拉强度时，在毛坯中心处出现裂纹，特别是当

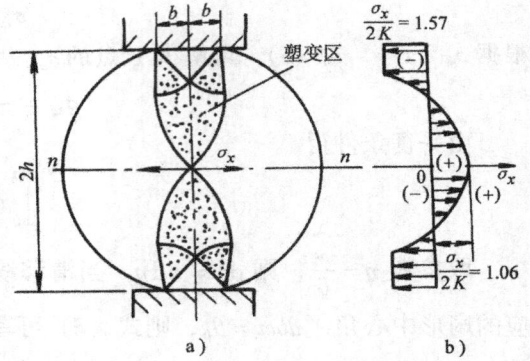

图 7-33　平砧横镦圆断面轴坯料时的滑移线场和应力分布

a) 滑移线场　b) $\frac{h}{b} = 8.6$ 时的 σ_x 分布

坯料内部存在原始缺陷时，引起应力集中现象，中心区的拉应力更易使缺陷扩大而开裂。为要避免坯料在锻压过程中出现中心开裂，必须选择合理的工艺参数，降低坯料中心区的拉应力。

第六节　滑移线场的矩阵算子法简介

矩阵算子法是从正交的滑移线段开始，将滑移线的曲率半径用均匀收敛的双幂级数表示，级数的系数用列向量表示，应用矩阵算法和叠加原理来解滑移线场。

一、矩阵算子法的发展概述

矩阵算子法起源于英国。1967 年，英国欧云（Ewing）首先提出用双幂级数表示求解滑移线场基本方程的通解——电报方程。同年，希尔（Hill）提出滑移线场构成的位置矢量叠加原理。这些为矩阵算子法奠定了理论基础。

1968 年，柯灵斯（Collins）证明：如果采用级数表达滑移线场基本方程的通解，则滑移线场及其速度场的建立可归结为少数几个基本矩阵算子的代数运算。

1973 年后，戴郝斯特（Dewhurst）和柯灵斯对此法作了进一步的完善，写出了系统的矩阵算子程序。至此，这一方法基本定型。以后，一些学者利用这种方法求解了一系列塑性力学问题。

矩阵算子法是近 20 多年来滑移线场理论与电子计算技术相结合所取得的重要成果。

二、矩阵算子法的基本原理

1. 滑移线场理论的基本方程

（1）曲率半径　如图 7-34 所示，设 α、β 线的曲率半径分别为 R、S，方向角分别为 α、β，则可导得

$$\left.\begin{array}{ll} \dfrac{\partial S}{\partial \alpha} + R = 0 & 沿\ \alpha\ 线 \\[3mm] \dfrac{\partial R}{\partial \beta} - S = 0 & 沿\ \beta\ 线 \end{array}\right\} \tag{7-20}$$

式（7-20）表明滑移线场内任一点的曲率半径是转角变量的函数。此即亨盖第二定理。

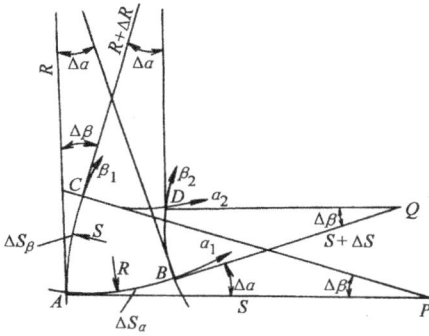

图 7-34 滑移线场的曲率半径和转角

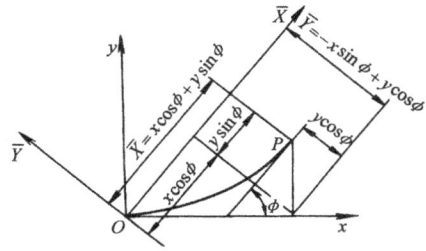

图 7-35 滑移线场的称动坐标

（2）移动坐标 如图 7-35 所示，由滑移线上任意点 P 作切线，设与 x 轴相交成 ϕ 角，由直角坐标原点 O 沿 ϕ 方向得 $\overline{X}$ 轴，逆时针旋转 $90°$ 得 $\overline{Y}$ 轴，此即为移动坐标轴。可导得 $\overline{X}$、$\overline{Y}$ 与滑移线转角之间的关系

$$\left.\begin{aligned} \frac{\partial \overline{Y}}{\partial \alpha} + \overline{X} &= 0 \qquad 沿 \alpha 线 \\ \frac{\partial \overline{X}}{\partial \beta} - \overline{Y} &= 0 \qquad 沿 \beta 线 \end{aligned}\right\} \tag{7-21}$$

（3）速度方程 将盖林格尔速度方程式（7-12）改写成

$$\left.\begin{aligned} \frac{\partial v_\alpha}{\partial \alpha} - v_\beta &= 0 \qquad 沿 \alpha 线 \\ \frac{\partial v_\beta}{\partial \beta} + v_\alpha &= 0 \qquad 沿 \beta 线 \end{aligned}\right\} \tag{7-22}$$

上述滑移线场的基本方程式（7-20）、（7-21）、（7-22）均为电报方程型，即

$$\left.\begin{aligned} \frac{\partial^2 f}{\partial \alpha \partial \beta} + f &= 0 \\ \frac{\partial^2 g}{\partial \alpha \partial \beta} + g &= 0 \end{aligned}\right\} \tag{7-23}$$

由于上述方程的线性特点，故可采用希尔建议的叠加原理。

2. 滑移线曲率半径的级数表示方法

滑移线场中任意点的曲率半径均可用其幂级数解表示。如图 7-36 所示的四边网络滑移线场中，OA 和 OB 为起始滑移线，其曲率半径分别为 R_0、S_0。OA 上任意点 A'，其切线和基切线（过基点 O 的切线）的夹角为 α，其曲率半径 $R_{A'}$ 可用幂级数解表示为

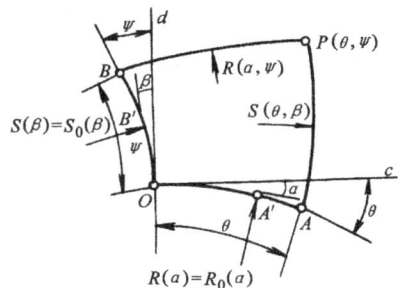

图 7-36 四边网络滑移线场

$$\left.\begin{aligned} R_{A'} &= R_0(\alpha) = \sum_{n=0}^{\infty} a_n \frac{\alpha^n}{n!} \\ 同理 \qquad S_{B'} &= S_0(\beta) = \sum_{n=0}^{\infty} b_n \frac{\beta^n}{n!} \end{aligned}\right\} \tag{7-24}$$

上式改写为矩阵形式：

$$R_{A'} = R_0 \ (\alpha) \ = \ [\alpha_0 \alpha_1 \alpha_2 \cdots \alpha_n] \begin{bmatrix} a_0 \\ a_1 \\ a_2 \\ \vdots \\ a_n \end{bmatrix} \qquad (7-25)$$

其中 $\quad \alpha_n = \dfrac{\alpha^n}{n!}$

由于 α 给定后，行阵 $[\alpha_0 \alpha_1 \alpha_2 \cdots \alpha_n]$ 只是 α 的函数，故曲率半径可用幂级数解的系数列向量（矩阵）V 表示，即

$$V_{0A} = \begin{bmatrix} a_0 \\ a_1 \\ a_2 \\ \vdots \\ a_n \end{bmatrix}, \qquad V_{0B} = \begin{bmatrix} b_0 \\ b_1 \\ b_2 \\ \vdots \\ b_n \end{bmatrix} \qquad (7-26)$$

由此可推导出过任意点 P（图 7-37）两滑移线的曲率半径：

$$\left. \begin{aligned} R(\alpha, \psi) &= \sum_{n=0}^{\infty} r_n(\psi) \frac{\alpha^n}{n!} \\ S(\theta, \beta) &= \sum_{n=0}^{\infty} s_n(\theta) \frac{\beta^n}{n!} \end{aligned} \right\} \qquad (7-27)$$

上式中系数 $r_n(\psi)$ 和 $s_n(\theta)$ 由下式确定：

$$\left. \begin{aligned} r_n(\psi) &= \sum_{m=0}^{n} a_{n-m} \frac{\psi^m}{m!} - \sum_{m=n+1}^{\infty} b_{m-n-1} \frac{\psi^m}{m!} \\ s_n(\theta) &= \sum_{m=0}^{n} b_{n-m} \frac{\theta^m}{m!} - \sum_{m=n+1}^{\infty} a_{m-n-1} \frac{\theta^m}{m!} \end{aligned} \right\} \qquad (7-28)$$

3．滑移线场的矩阵算子

(1) 中心扇形场的矩阵算子 图 7-37 为典型的曲边三角形中心扇形场网络，OA 为起始滑移线，转角为 θ。其曲率半径列向量间的关系为

$$\left. \begin{aligned} V_{0P} &= r_n \ (\psi) \ = P_\psi^* V_{0A} \\ V_{AP} &= s_n \ (\theta) \ = Q_\theta^* V_{0A} \end{aligned} \right\} \qquad (7-29)$$

式中 $\quad P_\psi^* = \begin{bmatrix} \psi_0 & 0 & 0 \\ \psi_1 & \psi_0 & 0 & \cdots \\ \psi_2 & \psi_1 & \psi_0 \\ & \cdots & \\ \psi_n & \psi_{n-1} & \psi_{n-2} \end{bmatrix}$，其中，$\psi_m = \dfrac{\psi^m}{m!}$

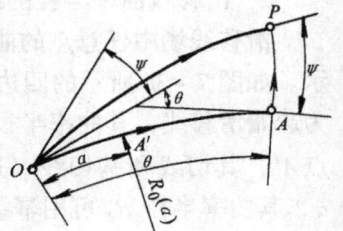

图 7-37 中心扇形场网络

$$Q_{\theta}^{*} = -\begin{bmatrix} \theta_1 & \theta_2 & \theta_3 \\ \theta_2 & \theta_3 & \theta_4 \\ \theta_3 & \theta_4 & \theta_5 & \cdots \\ & \cdot & \cdot & \cdot \\ \theta_n & \theta_{n+1} & \theta_{n+2} \end{bmatrix}, \text{ 其中 } \theta_m = \frac{\theta^m}{m!}$$

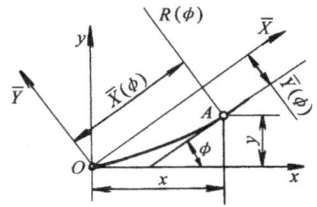

图 7 – 38 曲率半径 R （ϕ）
随 x，y 变化图

P_{ψ}^{*}、Q_{θ}^{*} 称为基本矩阵算子，已编成标准子程序，计算时调用方便。

（2）四边形滑移线场网络的矩阵算子 如图 7 – 36 所示，对这类滑移线场网络，可按叠加原理，视为两中心扇形场的组合。按式（7 – 28）可得

$$\left.\begin{aligned} V_{BP} = r_n \ (\psi) \ = P_{\psi}^{*} V_{0A} + Q_{\psi}^{*} V_{0B} \\ V_{AP} = S_n \ (\theta) \ = P_{\theta}^{*} V_{0B} + Q_{\theta}^{*} V_{0A} \end{aligned}\right\} \tag{7 – 30}$$

同理还可求出其他情况（如光滑边界、摩擦边界、自由边界等）时的矩阵算子。

4. 滑移线场节点坐标的确定

确定滑移线场节点坐标的基本思路是：首先将滑移线的曲率半径 R、S 转换为移动坐标 $\overline{X}$，$\overline{Y}$，然后将 $\overline{X}$，$\overline{Y}$ 转换为直角坐标 x，y。

欧云证明：滑移线上任一点 A 的曲率半径 R（ϕ）级数展开式系数和移动坐标 $\overline{X}$（ϕ），$\overline{Y}$（ϕ）级数展开式系数间存在简单对应关系。当滑移线曲率半径为正（即转角 ϕ 逆时针方向增大）时（图 7 – 38），曲率半径和移动坐标用幂级数确定如下：

$$\left.\begin{aligned} R(\phi) &= \sum_{n=0}^{\infty} r_n \frac{\phi^n}{n!} \\ \overline{X}(\phi) &= \sum_{n=0}^{\infty} t_n \frac{\phi^n}{n!} \\ \overline{Y}(\phi) &= - \sum_{n=0}^{\infty} t_n \frac{\phi^{n+1}}{(n+1)!} \end{aligned}\right\} \tag{7 – 31}$$

式中系数 t_n 和 r_n 之间存在下列对应关系：

$$t_{-1} = t_0 = 0, \ t_1 = r_0, \ t_{n+1} + t_{n-1} = r_n \tag{7 – 32}$$

此时，移动坐标和直角坐标间存在简单转换关系：

$$\left.\begin{aligned} x = \overline{X}\cos\phi - y\sin\phi \\ y = \overline{X}\sin\phi + y\cos\phi \end{aligned}\right\} \tag{7 – 33}$$

对曲率半径为负（即转角 ϕ 顺时针方向增大）的滑移线，则

$$\left.\begin{aligned} \overline{X}(\phi) &= - \sum_{n=0}^{\infty} t_n \frac{\phi^n}{n!} \\ \overline{Y}(\phi) &= \sum_{n=0}^{\infty} t_n \frac{\phi^{n+1}}{(n+1)!} \end{aligned}\right\} \tag{7 – 34}$$

$$\left.\begin{aligned} x &= \overline{X}\cos\phi + \overline{Y}\sin\phi \\ y &= - \overline{X}\sin\phi + \overline{Y}\cos\phi \end{aligned}\right\} \tag{7 – 35}$$

故若已知滑移线曲率半径即可求出其节点坐标。

这样，滑移线场的建立可归结为有限个矩阵算子运算。借助于电子计算机，可迅速准确

地建立滑移线场及速度场。

矩阵算子除了能顺利解决直接型问题外，还可以通过矩阵算子代数方程求逆来解出间接型问题，这是此法最大的特点。此外，矩阵算子法求解的精度不取决于分度而取决于级数截留项数。当截留项数不少于 6 项时，可获得五位精确数值。增加截留项数则会显著增加计算机时。

应指出的是，矩阵算子法仍然建立在定性地已知滑移线的基础上。若对所求解问题的滑移线场的情况一无所知时，似应采用有限元法。

思 考 与 练 习

1. 什么是滑移线？什么是滑移线场？

2. 什么是滑移线的方向角？其正、负号如何确定？

3. 判断滑移线族性的规则是什么？

4. 写出亨盖应力方程式。该方程有何意义？它说明了滑移线场的哪些重要特性？

5. 试述亨盖第一定理及其推论。

6. 滑移线场有哪些典型的应力边界条件（画图说明）？

7. 写出盖林格尔速度方程，并说明其用途。

8. 什么是速度间断？为什么说只有切向速度间断，而法向速度必须连续？

9. 什么是滑移线场的速端图？速端图有何用途？

10. 试述用矩阵算子法求解滑移线场的基本思路。

11. 试绘图表示宽度为 80mm 的平顶压头压入半无限高坯料使之产生塑性变形时，表层下 10mm 深处的静水压力（平均应力）的分布（滑移线场按 Prandtl 方法绘制）。

12. 已知某物体在高温下产生平面塑性变形，且为理想刚塑性体，其滑移线场如图 7-39 所示，α 族是直线族，β 族为一族同心圆，C 点的平均应力为 $\sigma_{mc} = -90$MPa，最大切应力为 $K = 60$MPa。试确定 C、B、D 三点的应力状态，并画出 D 点的应力莫尔圆。

13. 已知某合金结构钢在高温下产生平面塑性变形时是理想刚塑性体，$K = 60$MPa。某一瞬间该变形体内某点的应力分量为：$\sigma_x = -120$MPa，$\sigma_y = -60$MPa，$\sigma_z = -90$MPa，$\tau_{xy} = 52$MPa，$\tau_{xz} = \tau_{zy} = 0$。试画出该点的应力莫尔圆；确定该点滑移线的方向角，并画出该点的滑移线。

14. 试用滑移线法求光滑平冲头压入两边为斜面的半无限高坯料时的极限载荷 P（图 7-40）。设冲头宽度为 $2b$，长为 l，且 $l \gg 2b$。

15. 试用滑移线法求光滑平冲头压入开有深槽的半无限高坯料时的单位流动压力 P（图 7-41）。设冲头宽度为 $2b$，长度为 l，且 $l \gg 2b$。

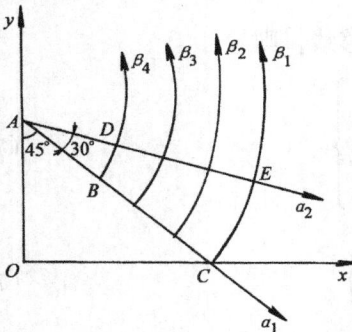

图 7-39

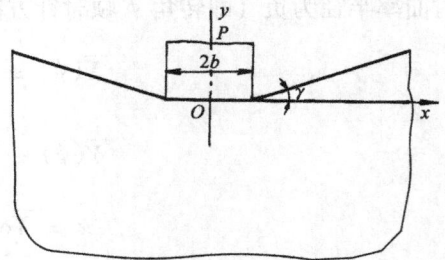

图 7-40

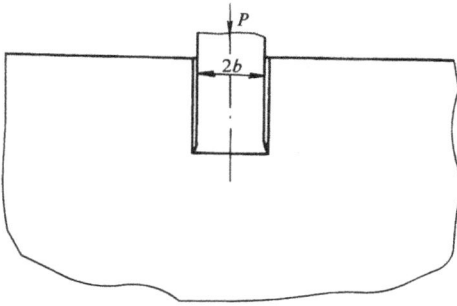

图 7-41

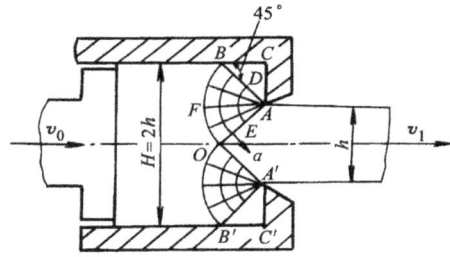

图 7-42

16.图 7-42 表示用平底模正挤压板料,挤压前坯料厚度为 H,挤出后板料厚度为 h,挤压比 $\dfrac{H}{h} = 2$。板料宽度为 B,且 $B \gg H$,即可视为平面应变。设挤压筒(凹模)内壁光滑,即 $\mu = 0$,其滑移线场如图 7-42 所示。试用滑移线法求单位挤压力,并画出速端图。

第八章 上限法及其应用

第一节 概   述

前面已提到，对于复杂的塑性成形问题，要求得一般的数学解是极其困难的。这就迫使人们去寻找比较简单的近似求解方法，基于虚功原理和变分极值原理的极限分析法或界限法即为其中很重要的一种，界限法包括下限法和上限法。

用下限法计算极限载荷时，只假设塑变区内的应力状态为静可容应力场 σ_{ij}^*，它满足下列三个条件：

1）满足平衡微分方程，即

$$\frac{\partial \sigma_{ij}^*}{\partial x_j} = 0$$

2）满足力的边界条件，即在力面 S_T 上，

$$T_i^* = \sigma_{ij}^* l_j = T_i$$

式中　l_j——方向余弦；

T_i——给定的真实表面力。

3）不违背屈服准则，即

$$\sigma_{ij}^{*\prime} \sigma_{ij}^{*\prime} \leqslant 2K^2$$

由于所假设的应力状态只要求满足静可容条件，而不考虑塑变区内的速度（位移）状态，因此该应力场不一定是（一般不是）真实的应力场，后面将证明，依据此应力场所求得的极限载荷总是小于（最多等于）真实载荷，故称下限法。

用上限法计算极限载荷时，只假设塑变区的位移状态为动可容速度场 $\dot{u}_i^*$（或位移场 u_i^*），它满足下列三个条件：

1）满足速度（或位移）的边界条件，即在位移面 S_u 上，$\dot{u}_i^* = \dot{u}_i$ 或 $u_i^* = u_i$，$\dot{u}_i$ 或 u_i 为给定的真实速度或真实位移。

2）在变形体内保持连续性，不发生重叠和开裂。

3）满足体积不变条件，即

$$\dot{\varepsilon}_{ii}^* = 0 \quad 或 \quad \varepsilon_{ii}^* = 0$$

由于所假设的速度（位移）场只要求满足动可容条件，而不考虑应力方面的条件，因此该速度（位移）场不一定是（一般不是）真实的速度（位移）场。同样可证明，依据此速度（位移）场所求得的极限载荷总是大于（最小等于）真实载荷，故称上限法。

不难理解，在众多的静可容应力场和动可容速度场中，必然有一个应力场和与之相对应的速度场，它们满足全部的静可容和动可容条件，此唯一的应力场和速度场，称之为真实应力场和真实速度场，由此导出的载荷，即为真实载荷，它是唯一的。

对于同一问题，其下限解、上限解和真实解之间的关系，可用图 8-1 表示。

图中横坐标表示变形模式的未定参数——准独立参数，纵坐标表示用界限法求得的变形功率或载荷。每一条曲线对应于一种模式，曲线上的每一点表示该模式下某一参数时的上（或下）限解。例如，图中的 I^k 表示某种上限模式，这种模式包含一个（或一组）准独立参数，随着它的取值的不同（也即代表不同的动可容速度场），将得到不同的上限解，如曲线上的点 1^k、2^k、3^k 和 4^k 等。其中 3^k 为最小值，它代表对应于该模式的最佳上限解，可由变分极值原理求得。对于一个给定的求

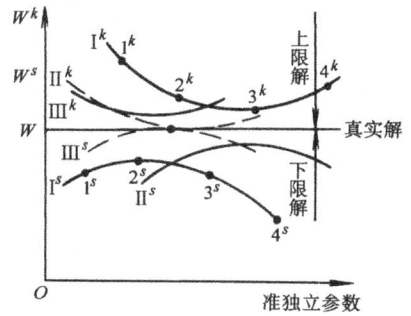

图 8-1 下限解、上限解和
真实解的关系

解问题，可以寻求多种模式，每种模式均对设定的准独立参数进行优化，然后将诸模式的优化后的上限解加以比较，从中选取最小者作为优化后的上限解。同样，对于下限法，对应于每一种模式也有不同的静可容应力场，及与之相应的变形功率或载荷，其中的最大者即代表该模式下的最佳下限解。取由不同模式所得的诸最佳下限解中的最大者，即为优化后的下限解。如果把所有的上限解和下限解均求出（事实上是不可能的），则最小的上限解应与最大的下限解相等，这就是真实解，也即表明对应的应力场和速度（位移）场满足全部的静可容和动可容条件。

由于用上限法求得的成形载荷总是大于或等于真实载荷，以这种高估的近似值选择加工设备和设计成形模具留有裕度、比较安全。另外，上限法所依据的动可容速度场较之真实速度场条件大大放宽，便于通过对金属流动的分析或实验观察直接建立，而不象静可容应力场那样抽象难于判断。加之上限法是利用能量的平衡原理，不必解复杂的偏微分方程，计算比较简单。因此，这种方法在工程中得到广泛的应用，它除了用来估算成形过程的力能参数外，还可用于金属流动和变形分析、工艺参数和模具的优化设计，以及工件内部温度场和缺陷的预测等。故此，本章着重介绍界限法中的上限法及其应用。

第二节 虚功原理与基本能量方程式

界限法的力学基础是虚功原理。变形体的虚功原理可表述如下：如对载荷系（力系）作用下处于平衡状态的变形体给予一符合约束条件的微小虚位移时，则外力在虚位移上所作的虚功，必等于变形体内应力在虚应变上所作的虚功（虚应变能）。

在引用虚功原理时，为了方便起见，也可用功增量或功率表示。现设一处于平衡受力状态的塑性变形体，其体积为 V，总表面积 S 分为 S_T 和 S_u 两部分，S_T 上的表面力 T_i 已知，S_u 上的位移增量 du_i（或位移速度 $\dot{u}_i$）已知，变形体的应力场为 σ_{ij}，应变增量场为 $d\varepsilon_{ij}$（或应变速率场为 $\dot{\varepsilon}_{ij}$），如图 8-2 所示。

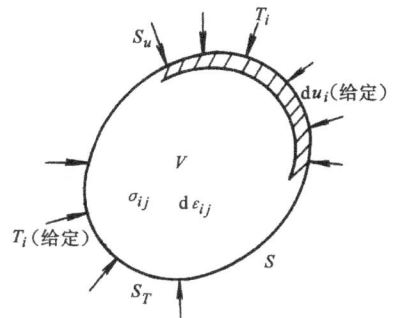

图 8-2 变形体边界的划分及其上的
表面力 T_i 和位移增量 du_i

于是，根据虚功原理可有

$$\int_S T_i \mathrm{d} u_i \mathrm{d} s = \int_V \sigma_{ij} \mathrm{d}\varepsilon_{ij} \mathrm{d} V \tag{8-1}$$

式中左边部分表示变形体上外力系所作的虚功（增量），右边表示变形体的虚应变能（增量）。该式称为虚功方程或基本能量方程式。

下面证明虚功方程：

已知力边界平衡条件为

$$T_i = \sigma_{ij} l_j$$

代入式（8-1）的左边部分，展开并稍加整理，得

$$\int_S T_i \mathrm{d} u_i \mathrm{d} S = \int_S \sigma_{ij} l_j \mathrm{d} u_i \mathrm{d} S$$

$$= \int_S [(\sigma_x \mathrm{d} u_x + \tau_{xy} \mathrm{d} u_y + \tau_{xz} \mathrm{d} u_z) l + (\tau_{yx} \mathrm{d} u_x +$$

$$\sigma_y \mathrm{d} u_y + \tau_{yz} \mathrm{d} u_z) m + (\tau_{zx} \mathrm{d} u_x + \tau_{zy} \mathrm{d} u_y + \sigma_z \mathrm{d} u_z) n] \mathrm{d} S$$

利用奥氏定理

$$\int_S (Pl + Qm + Rn) \mathrm{d} S = \int_V \left(\frac{\partial P}{\partial x} + \frac{\partial Q}{\partial y} + \frac{\partial R}{\partial z} \right) \mathrm{d} V$$

将上式改写成

$$\int_S T_i \mathrm{d} u_i \mathrm{d} S = \int_V \left\{ \left[\left(\mathrm{d} u_x \frac{\partial \sigma_x}{\partial x} + \mathrm{d} u_y \frac{\partial \tau_{xy}}{\partial x} + \mathrm{d} u_z \frac{\partial \tau_{xz}}{\partial x} \right) + \left(\sigma_x \frac{\partial(\mathrm{d} u_x)}{\partial x} + \tau_{xy} \frac{\partial(\mathrm{d} u_y)}{\partial x} \right. \right. \right.$$

$$\left. + \tau_{xz} \frac{\partial(\mathrm{d} u_z)}{\partial x} \right) \right] + \left[\left(\mathrm{d} u_x \frac{\partial \tau_{yx}}{\partial y} + \mathrm{d} u_y \frac{\partial \sigma_y}{\partial y} + \mathrm{d} u_z \frac{\partial \tau_{yz}}{\partial y} \right) + \left(\tau_{yx} \frac{\partial(\mathrm{d} u_x)}{\partial y} \right. \right.$$

$$\left. \left. + \sigma_y \frac{\partial(\mathrm{d} u_y)}{\partial y} + \tau_{yz} \frac{\partial(\mathrm{d} u_z)}{\partial y} \right) \right] + \left[\left(\mathrm{d} u_x \frac{\partial \tau_{zx}}{\partial z} + \mathrm{d} u_y \frac{\partial \tau_{zy}}{\partial z} + \mathrm{d} u_z \frac{\partial \sigma_z}{\partial z} \right) \right.$$

$$\left. \left. + \left(\tau_{zx} \frac{\partial(\mathrm{d} u_x)}{\partial z} + \tau_{zy} \frac{\partial(\mathrm{d} u_y)}{\partial z} + \sigma_z \frac{\partial(\mathrm{d} u_z)}{\partial z} \right) \right] \right\} \mathrm{d} V$$

考虑到平衡微分方程 $\frac{\partial \sigma_{ij}}{\partial x_j} = 0$，几何方程 $\mathrm{d}\varepsilon_{ij} = \frac{1}{2} \left[\frac{\partial(\mathrm{d} u_i)}{\partial x_j} + \frac{\partial(\mathrm{d} u_j)}{\partial x_i} \right]$，故上式变为

$$\int_S T_i \mathrm{d} u_i \mathrm{d} S = \int_V [\sigma_x \mathrm{d}\varepsilon_x + \sigma_y \mathrm{d}\varepsilon_y + \sigma_z \mathrm{d}\varepsilon_z + 2(\tau_{xy} \mathrm{d} r_{xy} + \tau_{yz} \mathrm{d} r_{yz} + \tau_{zx} \mathrm{d} r_{zx})] \mathrm{d} V$$

$$= \int_V \sigma_{ij} \mathrm{d}\varepsilon_{ij} \mathrm{d} V$$

虚功原理得证。

若以 $\dot{u}_i$ 代替 $\mathrm{d} u_i$，以 $\dot{\varepsilon}_{ij}$ 代替 $\mathrm{d}\varepsilon_{ij}$，则功增量变为功率，相应的虚功率方程为

$$\int_S T_i \dot{u}_i \mathrm{d} S = \int_V \sigma_{ij} \dot{\varepsilon}_{ij} \mathrm{d} V \tag{8-2}$$

对于刚塑性体，由于应力球张量不做功，故上式又可改写成

$$\int_S T_i \dot{u}_i \mathrm{d} S = \int_V \sigma_{ij}' \dot{\varepsilon}_{ij} \mathrm{d} V \tag{8-3}$$

在推导式（8-1）或式（8-2）时，我们假设变形体内的位移（增量）场或速度场是处

处连续的。而实际上，在刚塑性变形体内可能存在位移（增量）或速度不连续的情形，这在应用虚功方程时必须加以考虑。

现设变形体由速度间断面 S_D 分成①和②两个区域；在微段 dS_D 上的速度间断情况如图 8 - 3 所示。根据塑性变形体积不变条件可知，垂直于 dS_D 上的速度分量必须相等，即 $\dot{u}_n^① = \dot{u}_n^②$，否则材料将发生重叠或拉开。而切向速度分量可以不等，其速度间断值（跳跃量）为

$$[V_t] = \dot{u}_t^① - \dot{u}_t^②$$

这就造成①、②区的相对滑动。

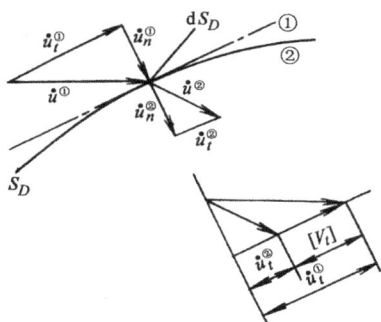

图 8 - 3　速度间断面
dS_D 上的速度间断

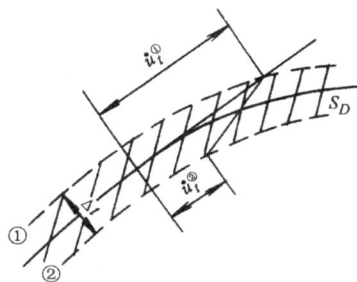

图 8 - 4　速度间断薄层区

所谓速度间断面，实际上是沿 S_D 的一个速度急剧而连续变化的薄层区，如图 8 - 4 所示。该薄层厚度 Δt 趋于零的极限位置，即为速度间断面，变形体由于存在速度间断在 S_D 上所消耗的功率为

$$\int_{S_D} \tau(\dot{u}_t^① - \dot{u}_t^②)dS_D = \int_{S_D} \tau[V_t]dS_D \qquad (8-4)$$

如果变形体内存在若干个速度间断面，则所消耗的功率等于各个面所消耗功率的总和，但为书写简便，仍以上式表示而不另加累加号。

于是，对于变形体存在速度间断时的虚功（率）方程应为

$$\int_S T_i \dot{u}_i dS = \int_V \sigma_{ij} \dot{\epsilon}_{ij} dV + \int_{S_D} \tau[V_t]dS_D \qquad (8-5)$$

式（8 - 5）适用于任何处于平衡状态的连续体。式中 τ 为沿速度间断面切线方向上的切应力，当变形体处于塑性屈服状态，由于速度间断面实质上是最大切应力平面，故 $\tau = K$（剪切屈服强度）。

第三节　最大散逸功原理

最大散逸功原理又称第二塑性变分原理。借助该原理可推出上、下限定理。

最大散逸功原理可表述如下：对刚塑性体一定的应变增量场而言，在所有满足屈服准则的应力场中，与该应变增量场符合应力应变关系的应力场所做的塑性功增量为最大，其表达

234

式为

$$\int_V (\sigma_{ij}' - \sigma_{ij}^{*'}) d\varepsilon_{ij} dV \geqslant 0 \tag{8-6}$$

式中 σ_{ij}'、$d\varepsilon_{ij}$——符合应力应变关系的应力偏量（场）和应变增量（场）；

$\sigma_{ij}^{*'}$——满足同一屈服准则的任意应力偏量（场）。

下面证明最大散逸功原理：

由第3章可知，应力状态 σ_{ij} 可以用主应力空间中的一矢量来表示，塑性变形时，该矢量的端点一定位于屈服表面上。同样，应变增量 $d\varepsilon_{ij}$ 也可以用主应变空间中的一矢量来表示。由于应变增量的主轴与应力主轴是重合的，故它们可以画在同一主轴空间内，如图8-5所示。

由于塑性变形时，

$$d\varepsilon_1 + d\varepsilon_2 + d\varepsilon_3 = 0$$

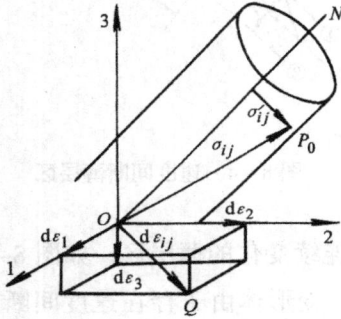

图8-5 主轴空间内的应力、
应变矢量

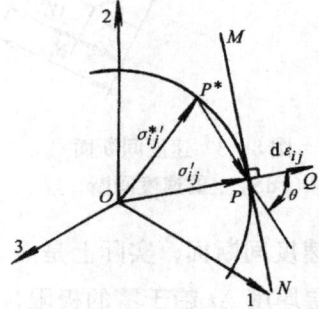

图8-6 π平面上的偏应力矢
量和应变矢量

这表示 $d\varepsilon_{ij}$ 的矢量 $\boldsymbol{OQ}$ 一定在 π 平面上，设应力矢量 $\boldsymbol{OP}$ 在 π 平面上的投影为 OP（见图8-6），它即代表其应力偏张量 σ_{ij}'。现将矢量 $\boldsymbol{OQ}$ 的起点移至 OP 的端点，变成 PQ。这样，单位体积塑性功增量就是矢量 $\boldsymbol{OP}$ 与 $\boldsymbol{PQ}$ 的数量积，即

$$dw = \sigma_{ij}' d\varepsilon_{ij} = \boldsymbol{OP} \cdot \boldsymbol{PQ} \tag{8-7}$$

在这里，我们假设应力张量 σ_{ij} 服从米塞斯屈服准则，于是 P 点即在米塞斯圆上，同时，假设应力与应变符合米塞斯方程，于是 σ_{ij}' 与 $d\varepsilon_{ij}$ 成正比，故矢量 $\boldsymbol{PQ}$ 的方向一定与 $\boldsymbol{OP}$ 相同，也即代表应变增量的矢量 $\boldsymbol{PQ}$ 必然垂直于 P 点处的屈服轨迹。

与前述的 σ_{ij} 符合同一屈服准则，但不一定与前述的 $d\varepsilon_{ij}$ 符合应力应变关系的应力状态是很多的，用 σ_{ij}^* 表示这样的应力状态，并用 π 平面上的矢量 $\boldsymbol{OP}^*$ 代表其应力偏张量 $\sigma_{ij}^{*'}$（见图8-6），将 $\sigma_{ij}^{*'}$ 与前述的 $d\varepsilon_{ij}$ 相乘，同样可得到一个单位体积塑性功增量（可理解为假想应力的单位体积塑性功增量）

$$dw^* = \sigma_{ij}^{*'} d\varepsilon_{ij} = \boldsymbol{OP}^* \cdot \boldsymbol{PQ} \tag{8-8}$$

将式（8-7）减去式（8-8），可得

$$dw - dw^* = \left(\sigma_{ij}' - \sigma_{ij}^{*'} \right) d\varepsilon_{ij} = \left(\boldsymbol{OP} - \boldsymbol{OP}^* \right) \boldsymbol{PQ}$$

$$= \boldsymbol{P}^* \boldsymbol{P} \cdot \boldsymbol{PQ} = | \boldsymbol{P}^* \boldsymbol{P} | | \boldsymbol{PQ} | \cos\theta$$

由于屈服轨迹是外凸的曲线，P^* 点一定在 P 点处屈服轨迹切线 MN 的左边；又 PQ 垂直于 P 点的屈服轨迹；所以，$\theta \leqslant \pi/2$，$\cos\theta \geqslant 0$，故

$$dw - dw^* = \left(\sigma_{ij}' - \sigma_{ij}^{*'} \right) d\varepsilon_{ij} \geqslant 0 \tag{8-9}$$

将上式对整个体积积分，即得

$$\int_V \left(\sigma_{ij}' - \sigma_{ij}^{*'} \right) d\varepsilon_{ij} dV \geqslant 0$$

这就是前述的最大散逸功原理的表达式，证明完毕。

前面所说的符合应力应变关系的应力场和应变增量场，既可以是真实的，也可以是虚拟的或可能的，若以 σ_{ij}^* 和 $d\varepsilon_{ij}^*$ 表示符合应力应变关系的虚拟应力场和相应的虚拟应变增量场，由于 $d\varepsilon_{ij}^*$ 的矢量必然也垂直于 σ_{ij}^* 的矢量端点处的屈服轨迹，故同样存在如下的关系式

$$\int_V \left(\sigma_{ij}^{*'} - \sigma_{ij}' \right) d\varepsilon_{ij}^* dV \geqslant 0 \tag{8-10}$$

总而言之，对于一定的应变增量场（不管是真实的还是虚拟的）来说，在所有满足屈服准则的应力场中（不管是真实的还是虚拟的），与该应变增量场符合应力应变关系的应力场所做的塑性功增量为最大。这也说明，由于屈服准则的限制，物体在塑性变形时，总是要导致最大的能量散逸（或能量消耗）。

将式（8-6）和式（8-10）对时间求导，则得

$$\int_V \left(\sigma_{ij}' - \sigma_{ij}^{*'} \right) \dot{\varepsilon}_{ij} dV \geqslant 0 \tag{8-6a}$$

$$\int_V \left(\sigma_{ij}^{*'} - \sigma_{ij}' \right) \dot{\varepsilon}_{ij}^* dV \geqslant 0 \tag{8-10a}$$

第四节　上、下限定理

一、下限定理

设刚塑性体的体积为 V，表面积为 S，S 由位移面 S_u 和力面 S_T 两部分组成，其中，S_u 上的 du_i 或 $\dot{u}_i$ 给定，而 S_T 上的表面力 T_i 给定，如图 8-7 所示。

变形体的真实应力场、真实位移增量场和真实应变增量场分别为 σ_{ij}、du_i 和 $d\varepsilon_{ij}$。又因是刚塑性体，应力球张量不做功，于是，由式（8-1）可写出

$$\int_{S_T} T_i du_i dS_T + \int_{S_u} T_i du_i dS_u = \int_V \sigma_{ij}' d\varepsilon_{ij} dV \tag{8-11}$$

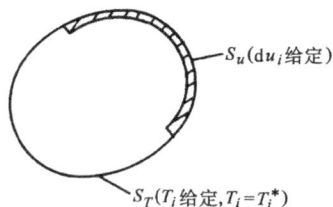

图 8-7　下限定理边界条件示意图

现设有一应力场 σ_{ij}^*，它满足静可容条件。在变形体内，σ_{ij}^* 的分布可能存在应力间断。但从应力间断面上力的平衡条件可知，该面两侧的表面力必然大小相等、方向相反，因而沿应力间断面上的虚功（率）相互抵消。也就是说，应力间断面的存在并不影响虚功方程。

于是，将虚功方程用于静可容应力场 σ_{ij}^* 和真实位移增量场 $\mathrm{d}u_i$，则有

$$\int_{S_T} T_i^* \, \mathrm{d}u_i \mathrm{d}S_T + \int_{S_u} T_i^* \, \mathrm{d}u_i \mathrm{d}S_u = \int_V \sigma_{ij}^{*'} \, \mathrm{d}\varepsilon_{ij} \mathrm{d}V \qquad (8-12)$$

式中 T_i^* ——与 σ_{ij}^* 相对应的表面力。

将式（8-11）减去式（8-12），并考虑到在 S_T 上，$T_i^* = T_i$，故得

$$\int_{S_u} (T_i - T_i^*) \mathrm{d}u_i \mathrm{d}S_u = \int_V (\sigma_{ij}' - \sigma_{ij}^{*'}) \mathrm{d}\varepsilon_{ij} \mathrm{d}V \qquad (8-13)$$

由最大散逸功原理（式8-6）可知，上式等号右边大于或等于零，因此

$$\int_{S_u} T_i \mathrm{d}u_i \mathrm{d}S_u \geqslant \int_{S_u} T_i^* \mathrm{d}u_i \mathrm{d}S_u \qquad (8-14)$$

式（8-14）即为下限定理的数学表达式，它可表述如下：在 S_u 上，由任一静可容应力场引起的表面力 T_i^* 所做功增量，总是小于或等于真实表面力 T_i 所做的功增量。

式（8-14）还表明，由 S_u 面上 T_i^* 确定的载荷 P^*，总是小于或等于由真实表面力 T_i 所确定的载荷 P（即真实载荷）。由于 σ_{ij}^* 可以有许多个，故相应的 T_i^* 和 P^* 也有许多个。如果能寻找出所有静可容应力场及其相应的载荷 P^*，则其中最大的一个 P^* 就是真实载荷。但是，由于实际情况很复杂，不可能考察尽所有的静可容应力场，因此一般只能得到真实载荷的下限解。

二、上限定理

上面在推导下限定理时，是假设变形体的应力场满足静可容条件，而不要求相应的位移增量场（或速度场）满足动可容条件。上限定理正相反，它是从动可容位移增量（或速度）场着手，并不要求相应的应力场满足静可容条件。

现设有一动可容位移增量场 $\mathrm{d}u_i^*$，且变形体内存在速度间断面 S_D^*，其上的位移增量间断值为 $[u^*]$，如图8-8所示。

将虚功方程用于动可容位移增量场 $\mathrm{d}u_i^*$ 和真实应力场 σ_{ij}，参照式（8-5）可写出

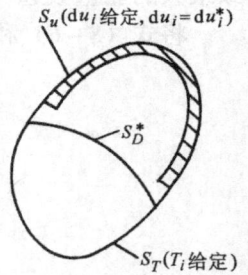

图8-8 上限定理边界条件及速度间断面示意

$$\int_{S_T} T_i \mathrm{d}u_i^* \, \mathrm{d}S_T + \int_{S_u} T_i \mathrm{d}u_i^* \, \mathrm{d}S_u = \int_V \sigma_{ij}' \mathrm{d}\varepsilon_{ij}^* \, \mathrm{d}V + \int_{S_D^*} \tau [u^*] \mathrm{d}S_D^*$$

$$(8-15)$$

式中，τ 表示真实应力场 σ_{ij} 在 S_D^* 上的切应力分量，它总是小于或等于按屈服准则所确定的切应力极限 K，即 $\tau \leqslant K$。

又由最大散逸功原理（式8-10）可知，

$$\int_V \sigma_{ij}' \mathrm{d}\varepsilon_{ij}^* \, \mathrm{d}V \leqslant \int_V \sigma_{ij}^{*'} \mathrm{d}\varepsilon_{ij}^* \, \mathrm{d}V$$

将这些关系式代入式（8-15），并考虑到在 S_u 上，$T_i^* = T_i$，故得

$$\int_{S_u} T_i \mathrm{d}u_i \mathrm{d}S_u \leqslant \int_V \sigma_{ij}^{*'} \mathrm{d}\varepsilon_{ij}^* \, \mathrm{d}V + \int_{S_D^*} K[u^*] \mathrm{d}S_D^* - \int_{S_T} T_i \mathrm{d}u_i^* \mathrm{d}S_T \qquad (8-16)$$

式中，右边第一项为虚拟的连续位移增量场 $\mathrm{d}u_i^*$ 所作的功增量，第二项为虚拟的速度间断

面 S_D^* 上所消耗的剪切功增量，第三项为 S_T 上真实表面力 T_i 在 $\mathrm{d}u_i^*$ 上所做的功增量。这三项之和正是所求虚拟变形功增量，也即 S_u 上虚拟表面力 T_i^* 所作功增量

$$\int_{S_u} T_i^* \, \mathrm{d}u_i^* \, \mathrm{d}S_u$$

而式（8-16）的左边项为 S_u 上真实表面力 T_i 所作的功增量。于是，式（8-16）可简写为

$$\int_{S_u} T_i \mathrm{d}u_i \mathrm{d}S_u \leq \int_{S_u} T_i^* \, \mathrm{d}u_i^* \, \mathrm{d}S_u = \int_{S_u} T_i^* \, \mathrm{d}u_i \mathrm{d}S_u \qquad (8-17)$$

式（8-16）、式（8-17）即为上限定理的数学表达式，它可表述如下：在 S_u 上，与任一动可容位移增量场 $\mathrm{d}u_i^*$ 对应的表面力 T_i^* 所做的功增量，总是大于或等于真实表面力 T_i 在真实位移增量场 $\mathrm{d}u_i$ 上所做的功增量。

在上述分析中，若用 $\dot{u}_i^*$、$\dot{\epsilon}_{ij}^*$ 分别代替 $\mathrm{d}u_i^*$ 和 $\mathrm{d}\epsilon_{ij}^*$，则式（8-16）中的各项变为相应的功率，因而得

$$\int_{S_u} T_i \dot{u}_i \mathrm{d}S_u \leq \int_V \sigma_{ij}^{*'} \dot{\epsilon}_{ij}^* \mathrm{d}V + \int_{S_D^*} K \{ V^* \} \mathrm{d}S_D^* - \int_{S_T} T_i \dot{u}_i^* \mathrm{d}S_T \qquad (8-18)$$

式（8-17）、式（8-18）还表明，由 S_u 上 T_i^* 所确定的载荷 P^*，总是大于或等于真实表面力 T_i 所确定的载荷 P（即真实载荷）。为了获得合理的上限载荷 P^*，通常需要多设计若干个动可容位移增量场（或速度场），分别求出相应的载荷，其中最小的一个就是最接近于真实载荷的上限解。

综合上述上、下限定理，并参见图8-1，可以看出：对于真实应变场来说，真实应力场与虚拟（假想）应力场相比，真实应力场所消耗的功（或功率）最大。但是，真实应力场总是力图引起最小的变形。因此，对于真实应力场来说，真实应变场与虚拟应变场相比，真实应变场消耗的功最小。这就是说，真实应力状态具有最大的性质，而真实应变状态具有最小的性质，这两个性质结合起来，就构成了刚塑性体的极值原理。

需要指出，若变形体与工具的接触表面（可以是 S_u 的部分或全部）存在外摩擦，且发生相对滑动，则式（8-18）右边部分的上限功率，还应计入此接触面上所消耗的摩擦功率：

$$\dot{w}_\tau = \int_{S_u} \tau \{ V^* \}_{S_u} \mathrm{d}S_u$$

又塑性加工中，力面 S_T 通常为自由表面，即 $T_i = 0$，于是此时式（8-18）右边部分的第三项为零，即

$$\int_{S_T} T_i \dot{u}_i^* \, \mathrm{d}S_T = 0$$

第五节　上限法的解题步骤和应用实例

一、解题步骤

利用上限法求解塑性成形问题，通常按以下步骤进行：

1）根据金属流动模式（或变形规律）和解题要求（如需分析缺陷等），设计动可容速度场；

238

2）利用塑性理论中的几何方程，由该速度场确定应变速率场和等效应变速率场；

3）计算式（8－18）右边部分的各项上限功率；

4）利用最优化原理确定使总功率消耗为最小的准独立变量，如表征圆柱体镦粗鼓形程度的系数、塑变区划分时的一些待定参数、模具的某些几何参数，等等；

5）求解上限载荷，并进行各变量间相互关系的分析，从中得出用以指导工艺变形的参数和结论。

由上述求解步骤中可以看出，选择合理的流动模式和设计尽可能接近真实情况的动可容速度场，是关键的一步。这当中，往往需要借助视塑性法、各种模拟实验、参考相关的理论成果、结合实际经验对金属流动所作的直观分析和逻辑判断等。

目前，上限法中的动可容速度场大体有三种模式。

第一种是针对平面应变问题，把变形体简化成由速度间断面分隔的若干三角形刚性块；塑性变形时，这些刚性块相互滑动，消耗剪切功率，而刚性块本身不变形，即 $\dot{\varepsilon}_{ij}^* = 0$，故

$$\int_V \sigma_{ij}^* \dot{\varepsilon}_{ij}^* \, dV = 0$$

在划分刚性块时，通常参照相关的滑移线场，由于滑移线场体现了平面应变条件下的精确解，因此，简化的刚性块变形模式与滑移线场越接近，据此求得的上限解就越精确。采用这种简化的变形模式，可使计算变得非常简单。利用刚体力学中的牵连速度、相对速度和绝对速度的概念，由给定速度边界条件绘出速端图，进而求得上限功率。

第二种是含有连续速度场的上限流动模式，即把塑变区设计为连续速度场，如平行速度场、各种形式的向心速度场等，只在刚－塑性边界产生速度间断。此外，还有由流函数求得的连续速度场。所有这些速度场，既可用于平面应变问题，也可用于轴对称变形问题。

第三种是在对大量上限流动模型进行综合归纳后提出的"上限单元技术"。其特点是将变形体的单元划分和单元速度场的确定规范化，进而计算各单元内部的功率消耗、各单元之间的剪切功率和各单元与接触表面之间的摩擦功率消耗。这种规范化的处理便于与计算机技术相结合。上限单元技术主要用于求解轴对称变形问题、以至复杂的三维变形问题，在第6节中将作较详细的介绍。

二、应用实例

下面分别以第一种和第二种上限流动模式，举例说明上限法的应用。

（一）光滑平冲头压入半无限体的上限分析

本题的滑移线解已在第7章中介绍，所求冲头的单位流动压力为

$$p = K(2+\pi) = 5.14K$$

现用上限法求解极限载荷。参照滑移线场，将变形区离散为三个等腰三角形的刚性块△A、△B 和△C（见图8－9a），变形状态就用此三个刚性块的相互滑动来表示，相应的速端图如图8－9b 所示。图中0a代表冲头的下移速度（设为一单位速度）；ab为△A 与冲头端面之间的相对滑动速度；0b为△A 的绝对速度，也即与半无限体0区的相对滑动速度；bc为△A 和△B 的相对滑动速度；0c为△B 的绝对速度，也即与0区的相对滑动速度；cd为△B 和△C 的相对滑动速度；0d为△C 的绝对速度，也即与0区的相对滑动速度。

设三角形等腰边的夹角为 θ，于是，由速端图可求得各速度间断值如下：

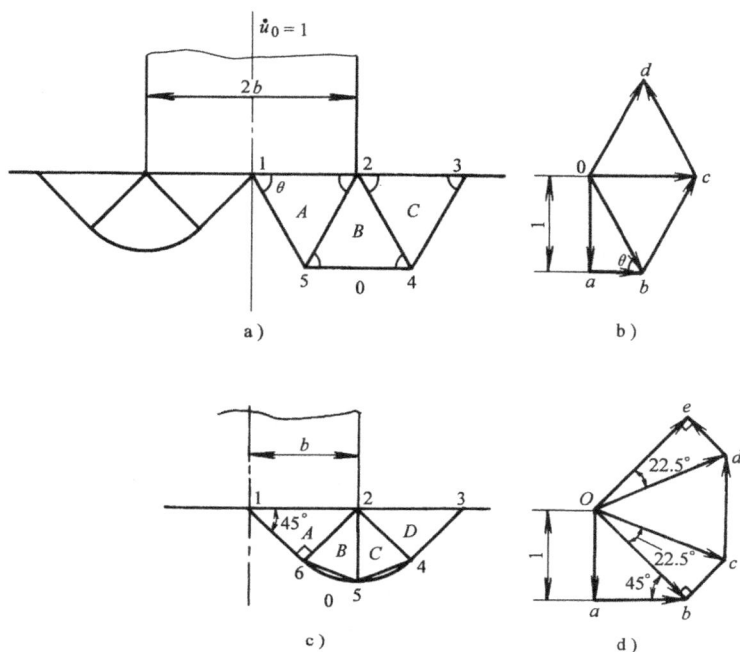

图 8 – 9 光滑冲头压入半无限体

a）滑移线场和上限模式 I   b）模式 I 对应的速端图

c）上限模式 II   d）模式 II 对应的速端图

$$\overline{ob} = \overline{bc} = \overline{cd} = \overline{od} = \frac{1}{\sin\theta}; \quad \overline{oc} = \frac{2}{\tan\theta}$$

又由几何关系可求得物理平面上各速度间断面的几何尺寸为

$$\overline{15} = \overline{25} = \overline{24} = \overline{34} = \frac{b}{2}\frac{1}{\cos\theta}; \quad \overline{54} = b$$

正如前述，刚性块本身不变形，故无功率消耗；又因系光滑冲头，在 $\overline{12}$ 上也不消耗摩擦功率。于是，式 8 – 18 右边部分的上限功率仅为各速度间断面上消耗的剪切功率，即有

$$\int_{S_D^*} K \left[V^* \right] \mathrm{d}S_D^* = K \left(\overline{15}\cdot\overline{0b} + \overline{25}\cdot\overline{bc} + \overline{54}\cdot\overline{0c} + \overline{24}\cdot\overline{cd} + \overline{34}\cdot\overline{0d} \right)$$

$$= K\left(4\cdot\frac{b}{2}\frac{1}{\cos\theta}\frac{1}{\sin\theta} + b\,\frac{2}{\tan\theta} \right)$$

$$= 2Kb\left(\frac{1}{\sin\theta\cos\theta} + \frac{1}{\tan\theta} \right)$$

同样，只考虑冲头一半外力所作功率应为 $P^* b$，根据功率平衡原理，可得

$$p^* b = 2Kb\left(\frac{1}{\sin\theta\cos\theta} + \frac{1}{\tan\theta} \right)$$

$$p^* = 2K\left(\frac{1}{\sin\theta\cos\theta} + \frac{1}{\tan\theta} \right)$$

式中，θ 为准独立变量，现设 $\theta = 45°$，则有

$$p^* = 2K\left(\sqrt{2}\times\sqrt{2} + 1 \right) = 6K$$

若取$\dfrac{\mathrm{d}p^*}{\mathrm{d}\theta} = 0$，得 $\theta = 54.74°$，则相应的 p 值为

$$p^* = 5.66\,K$$

这就是对应于变形模式 I 的最佳上限解，但它仍然大于滑移线解（$p^* = 5.14K$）。为求得最接近于真实载荷的上限解，还需设计其它变形模式。

现在，我们参照相应的滑移线场，选择图 8-9c 所示的变形模式，图中的 $\triangle A$、$\triangle B$、$\triangle C$ 和 $\triangle D$ 为三角形刚性块，由对应的速端图 8-9d，求得各速度间断面上的速度间断值为

$$\overline{0b} = \overline{0e} = \sqrt{2}，\quad \overline{0c} = \overline{0d} = \frac{\sqrt{2}}{\cos 22.5°}$$

$$\overline{bc} = \overline{de} = \sqrt{2}\tan 22.5°，\quad \overline{cd} = 2\sqrt{2}\tan 22.5°$$

又由几何关系求得物理平面上各速度间断面的几何尺寸为

$$\overline{16} = \overline{26} = \overline{25} = \overline{24} = \overline{43} = \frac{b}{\sqrt{2}}，\quad \overline{65} = \overline{54} = \sqrt{2}\,b\sin 22.5°$$

根据功率平衡原理，可得

$$pb = \int_{S_D^*} K[V^*]\mathrm{d}S_D^* = K(\overline{16}\cdot\overline{0b} + \overline{26}\cdot\overline{bc} + \overline{65}\cdot\overline{0c} + \overline{25}\cdot\overline{cd} + \overline{54}\cdot\overline{0d})$$

$$+ \overline{24}\cdot\overline{de} + \overline{43}\cdot\overline{0e})$$

$$= K\left[\frac{b}{\sqrt{2}}(2\sqrt{2} + 4\sqrt{2}\tan 22.5°) + 4b\tan 22.5°\right]$$

$$= K\cdot b(2 + 8\tan 22.5°)$$

故有

$$p^* = K(2 + 8\tan 22.5°) = 5.31\,K$$

此值虽然比模式 I 的最佳上限解更接近于真实载荷，但仍然是偏高的，如果把圆弧 $\overset{\frown}{65}$ 和 $\overset{\frown}{54}$ 再对半细分，则得由六个三角形刚性块组成的变形模式，其轮廓更接近于滑移线场，按此模式求得的 p 值为 $5.17K$，与滑移线解仅相差 0.6%。

（二）轴对称锥形模正挤压的上限分析

轴对称锥形模正挤压时，塑变区的形状随半模角 α、凹模接触表面的摩擦条件和截面缩减率等而变化。塑变区采用连续速度场，通常有球形连续速度场和三角形连续速度场两种设计，为简便计，本例采用球形速度场。

挤压坯料的划分如图 8-10 所示。图中 I 区为未变形的圆柱体坯料，是刚性区，轴向速度等于冲头移动速度 $\dot{u}_0$。II 区为塑变区，其形状为由两个同心球面截下的圆锥台，具有质点向心流动的连续速度场。III 区为挤出棒料的出口区，也是不变形的刚性区，轴向速度为 $\dot{u}_1$。各区之间的分界面，也即速度间断面分别为 S_{D0} 和 S_{D1}。

按此变形模式，挤压成形所消耗的上限总功率包括：II 区的塑性变形功率 $\dot{W}_d$，速度间断面 S_{D0} 和 S_{D1} 上消耗的剪切功率 $\dot{W}_{S_D}$，

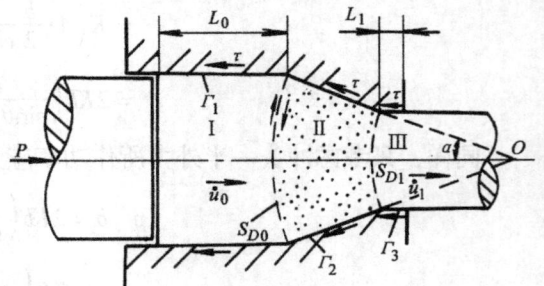

图 8-10 轴对称正挤压时变形区的划分

及沿挤压凹模工作面 Γ_1、Γ_2 和 Γ_3 上消耗的摩擦功率 $\dot{W}_r$。为简便起见，在下面推导过程中，虚拟符号 "∗" 略去不写。

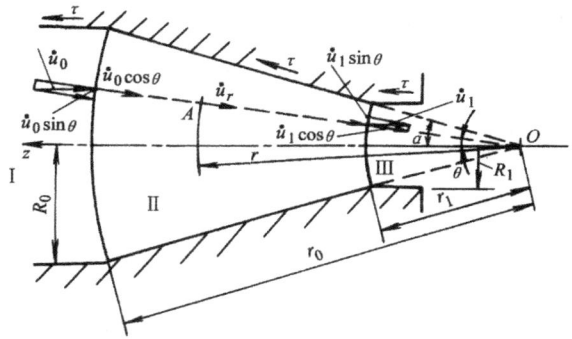

图 8-11　正挤塑变区球形速度场示意图

1. Ⅱ区的塑性变形功率 $\dot{W}_d$

为计算 $\dot{W}_d$，首先分析Ⅱ区的连续速度场和应变速率场（参见图 8-11）。

采用球形坐标系统（r、φ、θ），塑变区内任意点的速度分量分别用 $\dot{u}_r$、$\dot{u}_\varphi$、$\dot{u}_\theta$ 表示。

现设点 A 为该区内的任意点，其所在球面半径为 r，与 Z 轴夹角为 θ，向心（径向）速度为 $\dot{u}_r$。根据流量相等原则，并考虑到 S_{D1} 塑变区一侧质点的径向速度 $\dot{u}_{r1}$ 与轴向速度 $\dot{u}_1$ 具有如下关系

$$\dot{u}_{r1} = \dot{u}_1 \cos\theta$$

故有

$$\dot{u}_r 2\pi r^2 = \dot{u}_1 \cos\theta \cdot 2\pi r_1^2$$

得

$$\left.\begin{array}{l}\dot{u}_r = \dot{u}_1 \cos\theta \left(\dfrac{r_1}{r}\right)^2 \\[2mm] \text{其余速度分量}\quad \dot{u}_\varphi = \dot{u}_\theta = 0\end{array}\right\} \tag{8-19}$$

因采用球坐标系，r 正向是由球心辐射朝外，故式（8-19）中的 $\dot{u}_1$ 和 $\dot{u}_r$ 应为负值。

又根据体积不变条件，挤入速度 $\dot{u}_0$ 和挤出速度 $\dot{u}_1$ 具有如下关系：

$$\dot{u}_0 \pi R_0^2 = \dot{u}_1 \pi R_1^2$$

得

$$\dot{u}_1 = \dot{u}_0 \left(\frac{R_0}{R_1}\right)^2 = \dot{u}_0 \left(\frac{r_0}{r_1}\right)^2 \tag{8-20}$$

速度场确定后，即可由球形坐标的小应变几何方程求得塑变区的应变速率场如下：

$$\left.\begin{array}{l}\dot{\varepsilon}_r = \dfrac{\partial \dot{u}_r}{\partial r} = -2\,\dot{u}_1 \cos\theta \dfrac{r_1^2}{r^3} \\[3mm] \dot{\varepsilon}_\varphi = \dot{\varepsilon}_\theta = \dfrac{\dot{u}_r}{r} = \dot{u}_1 \cos\theta \dfrac{r_1^2}{r^3} \\[3mm] \dot{\gamma}_{r\theta} = \dfrac{1}{r}\dfrac{\partial \dot{u}_r}{\partial \theta} = -\dot{u}_1 \sin\theta \dfrac{r_1^2}{r^3} \\[3mm] \dot{\gamma}_{\theta\varphi} = \gamma_{\varphi r} = 0\end{array}\right\} \tag{8-21}$$

已知刚塑性材料的塑性变形功率为

$$\dot{W}_d = \int_V \sigma_{ij}{}' \dot{\varepsilon}_{ij} \mathrm{d}V$$

利用圣文南塑性流动方程，上式可改写成

$$\dot{W}_d = \frac{2}{\sqrt{3}}\sigma_s \int_V \left(\frac{1}{2}\,\dot{\varepsilon}_{ij}\,\dot{\varepsilon}_{ij}\right)^{\frac{1}{2}} \mathrm{d}V$$

现将式(8－21)代入上式,并考虑到 $\mathrm{d}V = 2\pi r\sin\theta r\mathrm{d}\theta\mathrm{d}r$ 得

$$\dot{W}_d = \frac{2}{\sqrt{3}}\sigma_s\int_0^\alpha\int_{r_1}^{r_0}\sqrt{\frac{1}{2}\left[\dot{\epsilon}_r^2 + \dot{\epsilon}_\varphi^2 + \dot{\epsilon}_\theta^2 + 2\left(\frac{1}{2}\dot{\gamma}_{r\theta}\right)^2\right]}2\pi r^2\sin\theta\mathrm{d}\theta\mathrm{d}r$$

$$= \frac{2}{\sqrt{3}}\sigma_s\int_0^\alpha\int_{r_1}^{r_0}\sqrt{\frac{1}{2}\left[\left(2\dot{u}_1 r_1^2\frac{\cos\theta}{r^3}\right)^2 + 2\left(\dot{u}_1 r_1^2\frac{\cos\theta}{r^3}\right)^2 + \frac{1}{2}\left(\dot{u}_1 r_1^2\frac{\sin\theta}{r^3}\right)^2\right]}2\pi r^2\sin\theta\mathrm{d}\theta\mathrm{d}r$$

$$= \frac{2}{\sqrt{3}}\sigma_s\cdot 2\pi\dot{u}_1 r_1^2\int_0^\alpha\sqrt{3\cos^2\theta + \frac{1}{4}\sin^2\theta}\sin\theta\mathrm{d}\theta\int_{r_1}^{r_0}\frac{\mathrm{d}r}{r}$$

$$= 4\pi\sigma_s\dot{u}_1 r_1^2\ln\frac{r_0}{r_1}\int_0^\alpha\sqrt{1 - \frac{11}{12}\sin^2\theta}\sin\theta\mathrm{d}\theta$$

$$= 2\pi\sigma_s\dot{u}_1 r_1^2\ln\frac{r_0}{r_1}\left(1 - \cos\alpha\sqrt{1 - \frac{11}{12}\sin^2\alpha} + \frac{1}{\sqrt{11}\cdot\sqrt{12}}\ln\frac{1 + \sqrt{\frac{11}{12}}}{\sqrt{\frac{11}{12}}\cos\alpha + \sqrt{1 - \frac{11}{12}\sin^2\alpha}}\right)$$

因 $\dfrac{r_0}{r_1} = \dfrac{R_0}{R_1}$, $r_1 = \dfrac{R_1}{\sin\alpha}$, 并令

$$f(\alpha) = \frac{1}{\sin^2\alpha}\left[1 - \cos\alpha\sqrt{1 - \frac{11}{12}\sin^2\alpha} + \frac{1}{\sqrt{11}\cdot\sqrt{12}}\ln\frac{1 + \sqrt{\frac{11}{12}}}{\sqrt{\frac{11}{12}}\cos\alpha + \sqrt{1 - \frac{11}{12}\sin^2\alpha}}\right]$$

最后得

$$\left.\begin{aligned}\dot{W}_d &= 2\pi\sigma_s\dot{u}_1 R_1^2\ln\frac{R_0}{R_1}f(\alpha)\\[2mm]\text{或}\qquad\dot{W}_d &= 2\pi\sigma_s\dot{u}_0 R_0^2\ln\frac{R_0}{R_1}f(\alpha)\end{aligned}\right\}\tag{8－22}$$

当 $\alpha < 45°$时, $f(\alpha)\approx 1$, 则上式简化为

$$\dot{W}_d\approx 2\pi\sigma_s\dot{u}_1 R_1^2\ln\frac{R_0}{R_1} = 2\pi\sigma_s\dot{u}_0 R_0^2\ln\frac{R_0}{R_1}$$

2. 沿速度间断面 S_{D0} 和 S_{D1} 上的剪切功率

由图 8－11 可见, S_{D0} 和 S_{D1} 上的速度间断值分别为

$$[V]_0 = \dot{u}_0\sin\theta;\qquad [V]_1 = \dot{u}_1\sin\theta$$

又

$$\mathrm{d}S_{D0} = 2\pi r_0\sin\theta r_0\mathrm{d}\theta$$

$$\mathrm{d}S_{D1} = 2\pi r_1\sin\theta r_1\mathrm{d}\theta$$

将上述关系代入式(8－18)右边部分第二项, 得

$$\dot{W}_{S_D} = \int_{S_{D0}}K[V]_0\mathrm{d}S_{D0} + \int_{S_{D1}}K[V]_1\mathrm{d}S_{D1}$$

$$= K\left[\int_0^\alpha(\dot{u}_0\sin\theta\cdot 2\pi r_0\sin\theta\cdot r_0 + \dot{u}_1\sin\theta 2\pi r_1\sin\theta\cdot r_1)\mathrm{d}\theta\right]$$

$$= 4\pi K\dot{u}_1 r_1^2\int_0^\alpha\sin^2\theta\mathrm{d}\theta$$

$$= \frac{2}{\sqrt{3}}\sigma_s\pi\dot{u}_1 r_1^2(\alpha - \sin\alpha\cdot\cos\alpha)$$

$$= \frac{2}{\sqrt{3}} \sigma_s \pi \, \dot{u}_1 R_1^2 \left(\frac{\alpha}{\sin^2\alpha} - \cot\alpha \right) \tag{8-23}$$

3. 沿挤压凹模工作面 Γ_1、Γ_2、Γ_3 上的摩擦功率 $\dot{W}_\tau$

设坯料与凹模接触表面的摩擦切应力 $\tau = mK$，又由式（8-19）可得 Ⅱ 区圆锥接触表面上径向（向心）速度值为

$$[\dot{u}_r] = \dot{u}_1 \cos\alpha \left(\frac{r_1}{r} \right)^2$$

于是，参见图 8-10 可写出

$$\dot{W}_\tau = \int_{\Gamma_1} \tau \dot{u}_0 \mathrm{d}\Gamma_1 + \int_{\Gamma_2} \tau [\dot{u}_r] \mathrm{d}\Gamma_2 + \int_{\Gamma_3} \tau \dot{u}_1 \mathrm{d}\Gamma_3$$

$$= mK \dot{u}_0 \cdot 2\pi R_0 L_0 + \int_{\Gamma_2} mK \dot{u}_1 \cos\alpha \left(\frac{r_1}{r} \right)^2 \mathrm{d}\Gamma_2 + mK \dot{u}_1 2\pi R_1 L_1$$

因 $\mathrm{d}\Gamma_2 = 2\pi R \dfrac{\mathrm{d}R}{\sin\alpha}$

故得

$$\dot{W}_\tau = \frac{m}{\sqrt{3}} \sigma_s 2\pi \dot{u}_1 R_1 \left(\frac{R_1}{R_0} L_0 + L_1 \right) + 2\pi m \frac{\sigma_s}{\sqrt{3}} \dot{u}_1 \cot\alpha \cdot R_1^2 \int_{R_1}^{R_0} \frac{\mathrm{d}R}{R}$$

$$= \frac{2}{\sqrt{3}} \sigma_s \pi m \dot{u}_1 R_1^2 \left(\frac{L_0}{R_0} + \frac{L_1}{R_1} + \cot\alpha \ln \frac{R_0}{R_1} \right) \tag{8-24}$$

4. 单位挤压力

外力所作功率

$$\dot{W} = \pi R_0^2 p \dot{u}_0 = \pi R_1^2 p \dot{u}_1 \tag{8-25}$$

根据能量平衡原理可知

$$\dot{W} = \dot{W}_d + \dot{W}_{S_D} + \dot{W}_\tau$$

将式（8-22）~式（8-25）代入上式，经整理后得

$$\frac{p}{\sigma_s} = 2f(\alpha) \ln \frac{R_0}{R_1} + \frac{2}{\sqrt{3}} \left[\left(\frac{\alpha}{\sin^2\alpha} - \cot\alpha \right) + m \left(\frac{L_0}{R_0} + \frac{L_1}{R_1} + \cot\alpha \ln \frac{R_0}{R_1} \right) \right] \tag{8-26}$$

5. 最佳模具半锥角和死角区的形成

由式（8-26）可知，p/σ_s 是截面缩小率和模具半锥角的函数，在其他条件相同的情况下，必然存在一个使单位挤压力为最小的最佳模具半锥角 α_{opt}。

取 $\dfrac{d\left(\dfrac{p}{\sigma_s} \right)}{\mathrm{d}\alpha} = 0$，得

$$f'(\alpha) \ln \frac{R_0}{R_1} + \frac{2}{\sqrt{3}} \frac{1}{\sin^2\alpha} \left[\left(1 - \frac{\alpha \cos\alpha}{\sin\alpha} \right) - \frac{1}{2} m \ln \frac{R_0}{R_1} \right] = 0 \tag{8-27}$$

又由 $f(\alpha)$ 的表达式可以算出，当 $\alpha = 40°$ 时，$f(\alpha) \approx 1.01193$，$\alpha = 45°$ 时，$f(\alpha) = 1.01590$。这表明当 $\alpha < 45°$ 时，$f(\alpha) \approx 1$，$f'(\alpha) \approx 0$。故得

$$1 - \alpha \cot\alpha - \frac{1}{2} m \ln \frac{R_0}{R_1} = 0 \tag{8-28}$$

将式中的 $\cot\alpha$ 按级数展开，可有

$$\cot\alpha = \frac{1}{\alpha} - \frac{1}{3}\alpha - \frac{1}{45}\alpha^3 - \cdots$$

略去高次项，代入式（8-28），求得

$$\alpha_{opt} = \sqrt{\frac{3}{2}m\ln\frac{R_0}{R_1}} \tag{8-29}$$

由式（8-29）可以看出，最佳半锥角随截面缩小率和摩擦因子 m 的增大而增大。当实际的模具半锥角 $\alpha > \alpha_{opt}$ 时，由于金属总是力图沿着最易流动的路线流动，塑变区可能与凹模表面不接触，而形成死角区 IV，如图 8-12 所示。在这种情况下，单位挤压力的计算不能直接采用式（8-26），而应根据塑变区的几何参数和摩擦条件的改变作相应的调整。

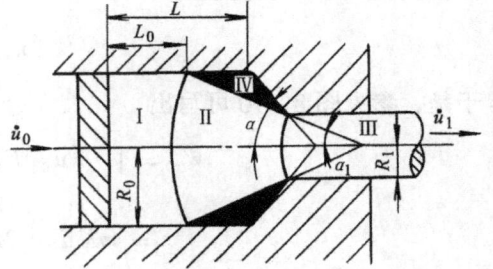

图 8-12　$\alpha > \alpha_{opt}$ 时出现的死角区

现设塑变区的半锥角为 α_1，又塑变区与死角区之间的摩擦因子 m 取 1。另外，由于塑变区的改变引起 I 区 L_0 的减小，其表达式改为

$$L_0 = L - (R_0 - R_1)(\cot\alpha_1 - \cot\alpha)$$

将这些关系代入式（8-26），得

$$\frac{p}{\sigma_s} = 2f(\alpha_1)\ln\frac{R_0}{R_1} + \frac{2}{\sqrt{3}}\left\{\left(\frac{\alpha_1}{\sin^2\alpha_1} - \cot\alpha_1\right) + \cot\alpha_1\ln\frac{R_0}{R_1} + m\left[\frac{L}{R_0} + \frac{L_1}{R_1} - \frac{R_0 - R_1}{R_0}(\cot\alpha_1 - \cot\alpha)\right]\right\} \tag{8-30}$$

取 $d\left(\frac{p}{\sigma_s}\right)/d\alpha_1 = 0$，得

$$2\sin\alpha_1\left[\sqrt{1 - \frac{11}{12}\sin^2\alpha_1} - \cos\alpha_1 \cdot f(\alpha_1)\right]\ln\frac{R_0}{R_1} + \frac{1}{\sqrt{3}}\left[2(1 - \alpha_1\cot\alpha_1) - \ln\frac{R_0}{R_1} + m\left(1 - \frac{R_1}{R_0}\right)\right] = 0 \tag{8-31}$$

解式（8-31），即可求得 α_1。但因求解困难，可将该式绘成线图，如图 8-13 所示，利用此图即可方便地查得 α_1 值。

6. 临界半锥角及其与死区半锥角和模具半锥角的关系

限制形成死角区的半锥角称为凹模的临界半锥角，以 α_{cr} 表示。当凹模的半锥角 $\alpha > \alpha_{cr}$ 时，存在死角区，其单位挤压力按式（8-30）计算，式中 α_1 可由式（8-31）或图 8-13 求得；当 $\alpha < \alpha_{cr}$ 时，无死角区存在，其单位挤压力直接按式（8-26）计算；当 $\alpha = \alpha_{cr}$ 时，则按式（8-26）和式

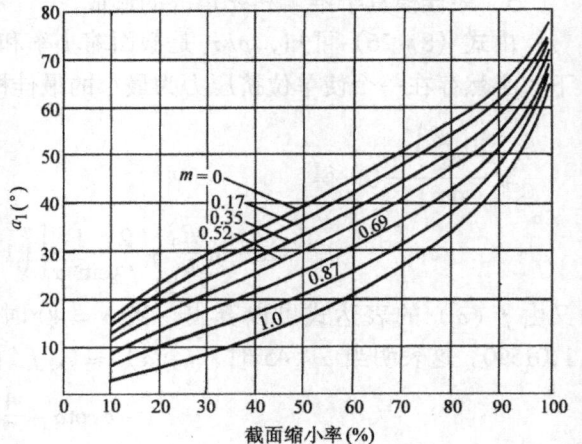

图 8-13　正挤时死区半锥角值

（8－30）的计算结果应相同。于是，以 α_{cr} 代替式（8－26）和式（8－30）中的 α，并令两式相等，则有

$$2\left[f\left(\alpha_{cr}\right)-f\left(\alpha_1\right)\right]\ln\frac{R_0}{R_1}+\frac{2}{3}\left[\left(\frac{\alpha_{cr}}{\sin^2\alpha_{cr}}-\cot\alpha_{cr}\right)-\left(\frac{\alpha_1}{\sin^2\alpha_1}-\cot\alpha_1\right)\right.$$

$$\left.+\left(m\cot\alpha_{cr}-\cot\alpha_1\right)\ln\frac{R_0}{R_1}+m\left(1-\frac{R_1}{R_0}\right)\left(\cot\alpha_1-\cot\alpha_{cr}\right)\right]=0 \qquad (8-32)$$

式中 α_1 仍按式（8－31）或图 8－13 确定。解式（8－32），即可求得 α_{cr} 值，为使用方便，也可根据给定的截面缩小率（%）和摩擦因子 m，直接从图 8－14 中查得。

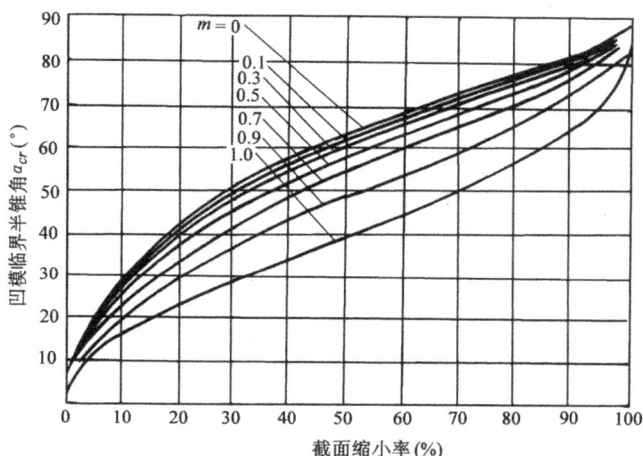

图 8－14　不同 m 值时截面缩小率与凹模临界半锥角的关系曲线

第六节　上限元技术（UBET）及应用举例

上限元技术是主要针对轴对称变形问题而发展起来的，其基本思路是：设计几种形状固定、尺寸可变的标准基元环，由它们可以组成各种形状的工件；这些标准基元环的速度场是规范化的，它是基元环边界速度的确定函数，并满足体积不变条件；基元环之间公共边界的法向速度连续。这样，就可根据工件的速度边界条件，求得整个工件的动可容速度场及其功率消耗的一般解，再用最优化方法求得最佳上限解。

一、变形基元环的规范化和划分

实际变形体的轮廓形状各式各样，所确定的标准基元环应能拼合成各种给定的变形体。最初人们曾提出各种基本单元环，后经进一步研究，综合归纳成以下五种标准基元环，如图 8－15 所示。其中，图 8－15a 为矩形截面基元环，图 8－15b~图 8－15e 为三角形截面基元环。

对变形体进行基元划分时，将变形体子午面轮廓曲线简化成折线，形成一个全部由折线组成的断面，然后由每一折线的角点向断面内部引垂直线和水平线，如引线遇到斜面边界，则向另一水平或垂直方向"反射"。依此进行，最终即可将整个变形体划分成由上述五种、或其中若干种标准基元环拼合而成的组合体。这项工作可由计算机来完成。图 8－16 示出复合挤压时变形体的基元环划分情况。

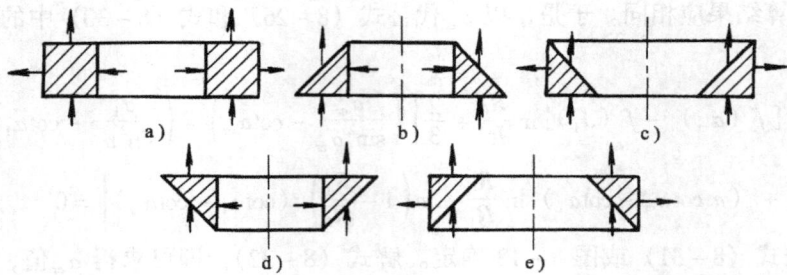

图 8 - 15 五种标准基元环

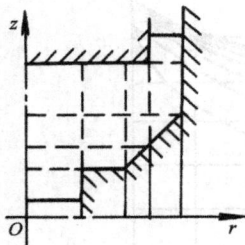

图 8 - 16 复合挤压的单元划分

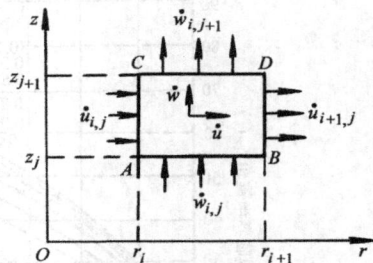

图 8 - 17 矩形基元环动可容速度场

二、标准基元环速度场的规范化

根据标准基元环的边界速度和体积不变条件，可推出其动可容速度场的通解。

1. 矩形截面基元环的动可容速度场（图 8 - 17）

图 8 - 17 所示基元环的体积为

$$V = \pi \ (r_{i+1}^2 - r_i^2) \ (z_{j+1} - z_j)$$

式中　角标 i、j——横坐标和纵坐标的编号。

将上式对时间求导数，得

$$\frac{\mathrm{d}V}{\mathrm{d}t} = \pi \ (r_{i+1}^2 - r_i^2) \ \left(\frac{\mathrm{d}z_{j+1}}{\mathrm{d}t} - \frac{\mathrm{d}z_j}{\mathrm{d}t} \right)$$

$$+ 2\pi \left(r_{i+1} \frac{\mathrm{d}r_{i+1}}{\mathrm{d}t} - r_i \frac{\mathrm{d}r_i}{\mathrm{d}t} \right) \ (z_{j+1} - z_j)$$

假设垂直于各平面上的速度为均匀分布，即有

$$\frac{\mathrm{d}z_{j+1}}{\mathrm{d}t} = \dot{w}_{i,\,j+1}, \qquad \frac{\mathrm{d}z_j}{\mathrm{d}t} = \dot{w}_{i,j}, \qquad \frac{\mathrm{d}r_{i+1}}{\mathrm{d}t} = \dot{u}_{i+1,\,j}, \qquad \frac{\mathrm{d}r_i}{\mathrm{d}t} = \dot{u}_{i,j}$$

考虑到体积不变假设，有 $\frac{\mathrm{d}V}{\mathrm{d}t} = 0$，故得

$$2\pi \ (z_{j+1} - z_j) \ (r_{i+1} \dot{u}_{i+1,j} - r_i \dot{u}_{i,j}) + \pi \ (r_{i+1}^2 - r_i^2) \ (\dot{w}_{i,\,j+1} - \dot{w}_{i,j}) = 0 \qquad (8-33)$$

上式规定了矩形基元环四个边界速度之间的关系，它们不能互相独立。

由于基元环内部任一点的变形必须符合体积不变假设，故有

$$\dot{\varepsilon}_r + \dot{\varepsilon}_\theta + \dot{\varepsilon}_z = 0$$

也即
$$\frac{\partial \dot{u}}{\partial r} + \frac{\dot{u}}{r} + \frac{\partial \dot{w}}{\partial z} = 0; \quad \frac{\partial \dot{u}}{\partial r} + \frac{\dot{u}}{r} = -\frac{\partial \dot{w}}{\partial z}$$

因假设速度沿边界均布，$\dot{u}$仅与r有关，$\dot{w}$仅与z有关，因而上式左边仅为r的函数，右边仅为Z的函数，两者互不相关，可按两个独立的常微分方程求解。即

$$\left. \begin{array}{l} \dfrac{\mathrm{d}\,\dot{u}}{\mathrm{d}r} + \dfrac{\dot{u}}{r} = -c_1 \\[3mm] \dfrac{\mathrm{d}\,\dot{w}}{\mathrm{d}z} = c_1 \end{array} \right\} \qquad (8-34)$$

将第一式改写为 $r\mathrm{d}\dot{u} + \dot{u}\mathrm{d}r = -c_1 r\mathrm{d}r$，即 $\mathrm{d}(\dot{u}r) = -c_1 r\mathrm{d}r$，积分后得

$$\dot{u} = -\frac{1}{2}c_1 r + \frac{c_3}{r}$$

对第二式直接积分，得$\dot{w} = c_1 Z + c_2$

故矩形基元环内部速度场的通式为

$$\left. \begin{array}{l} \dot{u} = -\dfrac{1}{2}c_1 r + \dfrac{c_3}{r} \\[3mm] \dot{w} = c_1 z + c_2 \end{array} \right\} \qquad (8-35)$$

式中的c_1、c_2、c_3由基元环几何边界条件和速度边界条件确定。

在$\overline{AB}$边界上，$z = z_j$，$\dot{w} = \dot{w}_{i,j}$

在$\overline{CD}$边界上，$z = z_{j+1}$，$\dot{w} = \dot{w}_{i,j+1}$

故有
$$\dot{w}_{i,j} = c_1 z_j + c_2$$
$$\dot{w}_{i,j+1} = c_1 z_{j+1} + c_2$$

联解得

$$\left. \begin{array}{l} c_1 = \dfrac{\dot{w}_{i,j+1} - \dot{w}_{i,j}}{z_{j+1} - z_j} \\[4mm] c_2 = \dfrac{\dot{w}_{i,j} z_{j+1} - \dot{w}_{i,j+1} z_j}{z_{j+1} - z_j} \end{array} \right\} \qquad (8-36)$$

同理，在$\overline{AC}$边界上，$r = r_i$，$\dot{u} = \dot{u}_{i,j}$，则由式（8-35）中的第一式得

$$\dot{u}_{i,j} = -\frac{1}{2}c_1 r_i + \frac{c_3}{r_i}$$

将c_1值代入上式，故得

$$c_3 = \dot{u}_{i,j}r_i + \frac{1}{2}\frac{\dot{w}_{i,j+1} - \dot{w}_{i,j}}{z_{j+1} - z_j}r_i^2 \qquad (8-37)$$

将式（8-36）、式（8-37）代入式（8-35），即得矩形基元环中任一点的速度分量，也即基元环的速度场为

$$\left. \begin{array}{l} \dot{u} = -\dfrac{1}{2}\dfrac{\dot{w}_{i,j+1} - \dot{w}_{i,j}}{z_{j+1} - z_j} \cdot r + \left[\dot{u}_{i,j}r_i + \dfrac{(\dot{w}_{i,j+1} - \dot{w}_{i,j})}{2(z_{j+1} - z_j)}r_i^2 \right]\dfrac{1}{r} \\[4mm] \dot{w} = \dfrac{\dot{w}_{i,j+1} - \dot{w}_{i,j}}{z_{j+1} - z_j} \cdot z + \dfrac{\dot{w}_{i,j} z_{j+1} - \dot{w}_{i,j+1} z_j}{z_{j+1} - z_j} \end{array} \right\} \qquad (8-38)$$

令
$$M = \frac{\dot{w}_{i,j+1} - \dot{w}_{i,j}}{z_{j+1} - z_j}; \qquad N = \dot{u}_{i,j}r_i + \frac{Mr_i^2}{2}$$

则式（8-38）可简写为

$$\left. \begin{array}{l} \dot{u} = -\dfrac{1}{2}Mr + \dfrac{N}{r} \\[2mm] \dot{w} = Mz + \dot{w}_{i,j} - Mz_j \end{array} \right\}$$

$$(8-39)$$

2. 三角形截面基元环的动可容速度场（图8-18）

如前所述，三角形截面基元环共有四种，如图8-18所示。下面仅对其中的第一种推导其动可容速度场（参见图8-18a），其余三种只写出结论。

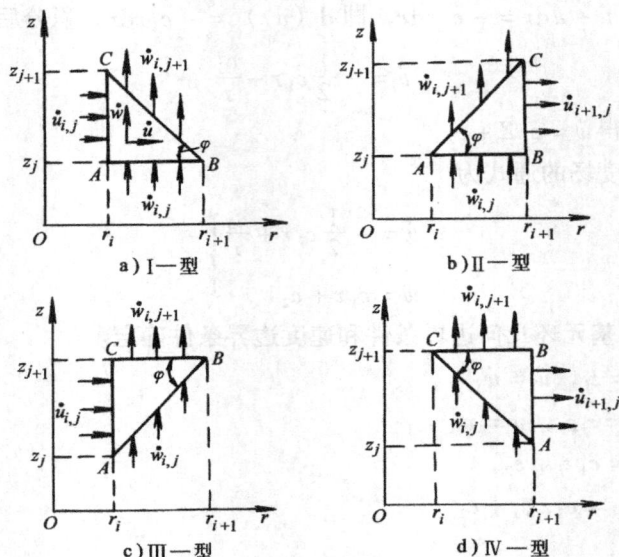

a) I—型　　b) II—型

c) III—型　　d) IV—型

图8-18　三角形基元环的动可容速度场

设

$$\dot{u} = c_1 + \dfrac{c_0}{r} \tag{8-40}$$

由体积不变条件可得

$$\dfrac{\partial \dot{u}}{\partial r} + \dfrac{\dot{u}}{r} + \dfrac{\partial \dot{w}}{\partial z} = 0$$

即有

$$-\dfrac{c_0}{r^2} + \left(c_1 + \dfrac{c_0}{r} \right)\dfrac{1}{r} + \dfrac{\partial \dot{w}}{\partial z} = 0; \qquad \dfrac{\partial \dot{w}}{\partial z} = -\dfrac{c_1}{r}$$

在分析三角形基元环速度场时，我们假设斜边 BC 为刚性线，即在变形时总保持其在坐标系中的方位不变，既不伸长，也不缩短，且边界速度也不变。现在，由于 $\dot{u}$ 仅是 r 的函数，为了保证三角形斜边为刚性线，$\dot{w}$ 就必须同时为 Z 和 r 的函数。

于是，上式积分后得

$$\dot{w} = -\dfrac{c_1}{r}z + f(r) \tag{8-41}$$

又斜边 BC 通过点 (r_i, z_{j+1}) 和 (r_{i+1}, z_j)，故其方程为

$$z = \left(\dfrac{z_j - z_{j+1}}{r_{i+1} - r_i} \right)r + \dfrac{z_{j+1}r_{i+1} - z_j r_i}{r_{i+1} - r_i} = \alpha r + \beta$$

由于变形的连续性，三角形基元环内部的速度场在边界 BC 上的法向速度，必须与边界速度 $\dot{w}_{i,j+1}$ 的法向速度相等，故有

$$\dot{w}_{i,j+1}\cos\varphi = \dot{w}\cos\varphi + \dot{u}\sin\varphi$$
$$= \left[-\frac{c_1}{r}(\alpha r+\beta)+f(r)\right]\cos\varphi+\left(c_1+\frac{c_0}{r}\right)\sin\varphi$$

再者，根据体积不变条件，基元环各边的流入量和流出量应相等，即有

$$\dot{w}_{i,j+1}\cdot\pi(r_{i+1}^2-r_i^2)=\dot{w}_{i,j}\cdot\pi(r_{i+1}^2-r_i^2)+\dot{u}_{i,j}\cdot2\pi r_i(z_{j+1}-z_j)$$

故
$$\dot{w}_{i,j+1}=\dot{w}_{i,j}+\dot{u}_{i,j}\cdot\frac{2r_i(z_{j+1}-z_j)}{(r_{i+1}^2-r_i^2)}$$

利用上述各关系式，经整理后得

$$f(r)=\dot{w}_{i,j}+\dot{u}_{i,j}\frac{2r_i(z_{j+1}-z_j)}{r_{i+1}^2-r_i^2}+c_1(\alpha-\tan\varphi)+\frac{1}{r}(c_1\beta-c_0\tan\varphi) \quad (8-42)$$

另在边界 AB 上，$z=z_j$，$\dot{w}=\dot{w}_{i,j}=-\frac{c_1}{r}z_j+f(r)$

则有
$$f(r)=\dot{w}_{i,j}+\frac{c_1}{r}z_j$$

于是，得

$$\dot{u}_{i,j}\frac{2r_i(z_{j+1}-z_j)}{r_{i+1}^2-r_i^2}+c_1(\alpha-\tan\varphi)+\frac{1}{r}(c_1\beta-c_0\tan\varphi-c_1z_j)=0$$

上式在 $r_i\leqslant r\leqslant r_{i+1}$ 范围内处处成立。因该式除 r 外均为常数，为保证在 r 取任意值时恒成立，只能是：

$$\dot{u}_{i,j}\frac{2r_i(z_{j+1}-z_j)}{r_{i+1}^2-r_i^2}+c_1(\alpha-\tan\varphi)=0$$
$$c_1\beta-c_0\tan\varphi-c_1z_j=0$$

联解上面两式，并考虑到 $\tan\varphi=\frac{z_{j+1}-z_j}{r_{i+1}-r_i}$，则得

$$c_1=\frac{\dot{u}_{i,j}r_i}{r_{i+1}+r_i} \quad (8-43)$$

$$c_0=\frac{\dot{u}_{i,j}r_ir_{i+1}}{r_{i+1}+r_i} \quad (8-44)$$

将式（8-42）~式（8-44）代入式（8-40）和式（8-41），最后得

$$\left.\begin{array}{l}\dot{u}=\frac{\dot{u}_{i,j}r_i}{r_{i+1}+r_i}+\frac{\dot{u}_{i,j}r_ir_{i+1}}{r_{i+1}+r_i}\frac{1}{r}\\[3mm]\dot{w}=\dot{w}_{i,j}+\left(\frac{\dot{u}_{i,j}r_i}{r_{i+1}+r_i}\right)(z_j-z)\frac{1}{r}\end{array}\right\} \quad (8-45)$$

根据同样原理，略去推导过程，可求得第二种三角形截面基元环的动可容速度场（参见图 8-18b）为

$$\left.\begin{array}{l}\dot{u}=\frac{r_{i+1}}{r_{i+1}+r_i}\dot{u}_{i+1,j}+\frac{r_ir_{i+1}}{r_{i+1}+r_i}\dot{u}_{i+1,j}\frac{1}{r}\\[3mm]\dot{w}=\dot{w}_{i,j}+\frac{r_{i+1}}{r_{i+1}+r_i}\dot{u}_{i+1,j}(z_j-z)\frac{1}{r}\end{array}\right\} \quad (8-46)$$

第三种三角形截面基元环的动可容速度场（参见图 8 – 18c）为

$$\left.\begin{aligned}
\dot{u} &= \frac{r_i}{r_{i+1} + r_i}\dot{u}_{i,j} + \frac{r_i r_{i+1}}{r_{i+1} + r_i}\dot{u}_{i,j}\frac{1}{r} \\
\dot{w} &= \dot{w}_{i,j+1} + \frac{r_i}{r_{i+1} + r_i}\dot{u}_{i,j}(z_{j+1} - z)\frac{1}{r}
\end{aligned}\right\}
\tag{8 – 47}$$

第四种三角形截面基元环的动可容速度场（参见图 8 – 18d）为

$$\left.\begin{aligned}
\dot{u} &= \frac{r_{i+1}}{r_{i+1} + r_i}\dot{u}_{i+1,j} + \frac{r_i r_{i+1}}{r_{i+1} + r_i}\dot{u}_{i+1,j}\frac{1}{r} \\
\dot{w} &= \dot{w}_{i,j+1} + \frac{r_{i+1}}{r_{i+1} + r_i}\dot{u}_{i+1,j}(z_{j+1} - z)\frac{1}{r}
\end{aligned}\right\}
\tag{8 – 48}$$

三、上限功率的计算

动可容速度场确定后，借助小应变几何方程，即可求得应变速率场，进而求得塑性变形时的各项功率消耗。它们包括：基元环的塑性变形功率 $\dot{W}_d$、基元环之间速度间断所消耗的剪切功率 $\dot{W}_s$ 和基元环与工模具接触表面上消耗的摩擦功率 $\dot{W}_r$。在分析某些特殊塑性变形问题（如高能率成形、变形体内部损伤和缺陷形成等）时，则还应考虑惯性功率、孔隙扩张或压合所消耗的功率以及表面变化所消耗的功率等。

1．基元环的塑性变形功率 $\dot{W}_d$

（1）矩形截面基元环的 $\dot{W}_d$　由式（8 – 39）求得应变速率场为

$$\dot{\varepsilon}_r = \frac{\partial \dot{u}}{\partial r} = -\frac{M}{2} - \frac{N}{r^2}$$

$$\dot{\varepsilon}_\theta = \frac{\dot{u}}{r} = -\frac{M}{2} + \frac{N}{r^2}$$

$$\dot{\varepsilon}_z = \frac{\partial \dot{w}}{\partial z} = M$$

$$\dot{\gamma}_{r\theta} = \dot{\gamma}_{\theta z} = \dot{\gamma}_{zr} = 0$$

故有

$$\dot{W}_d = \frac{2}{\sqrt{3}}\sigma_s \int_V \sqrt{\frac{1}{2}(\dot{\varepsilon}_r^2 + \dot{\varepsilon}_\theta^2 + \dot{\varepsilon}_z^2)}\,\mathrm{d}V$$

$$= \frac{2}{\sqrt{3}}\sigma_s \int_{z_j}^{z_{j+1}} \int_{r_i}^{r_{i+1}} \sqrt{\frac{3}{4}M^2 + \frac{N^2}{r^2}} \cdot 2\pi r\,\mathrm{d}r\mathrm{d}z$$

$$= \frac{2}{\sqrt{3}}\pi\sigma_s(z_{j+1} - z_j)\left[\sqrt{N^2 + \frac{3}{4}M^2 r_{i+1}^4} - \sqrt{N^2 + \frac{3}{4}M^2 r_i^4}\right.$$

$$\left. + N\ln\left(\frac{2N + \sqrt{4N^2 + 3M^2 r_i^4}}{2N + \sqrt{4N^2 + 3M^2 r_{i+1}^4}}\frac{r_{i+1}^2}{r_i^2}\right)\right]
\tag{8 – 49}$$

（2）三角形截面基元环的 $\dot{W}_d$　由式（8 – 45）求得应变速率场为

$$\dot{\varepsilon}_r = \frac{\partial \dot{u}}{\partial r} = -\frac{\dot{u}_{i,j}r_i r_{i+1}}{r_{i+1} + r_i}\frac{1}{r^2}$$

$$\dot{\varepsilon}_\theta = \frac{\dot{u}}{r} = \frac{\dot{u}_{i,j}r_i}{r_{i+1} + r_i}\left(\frac{1}{r} + \frac{r_{i+1}}{r^2}\right)$$

$$\dot\epsilon_z = -\frac{\dot u_{i,j} r_i}{r_{i+1} + r_i} \frac{1}{r}$$

$$\dot\gamma_{rz} = \left(\frac{\partial \dot u}{\partial z} + \frac{\partial \dot w}{\partial r}\right) = -\frac{\dot u_{i,j} r_i}{r_{i+1} + r_i}(z_j - z)\frac{1}{r^2}$$

故有

$$\dot W_d = \frac{2}{\sqrt 3}\sigma_s \int_V \sqrt{\frac{1}{2}\left(\dot\epsilon_r^2 + \dot\epsilon_\theta^2 + \dot\epsilon_z^2 + \frac{1}{2}\dot\gamma_{rz}^2\right)}\mathrm{d}V$$

$$= \frac{\sqrt 2}{\sqrt 3}\sigma_s \left|\frac{\dot u_{i,j} r_i}{r_{i+1} + r_i}\right| \int_V \sqrt{\frac{r_{i+1}^2}{r^4} + \frac{1}{r^2} + \frac{2r_{i+1}}{r^3} + \frac{r_{i+1}^2}{r^4} + \frac{1}{r^2} + \frac{(z_j - z)^2}{2r^4}}\mathrm{d}V \quad (8-50)$$

上式一般采用高斯积分法求 $\dot W_d$ 的近似值。

同理，可求出其他三种三角形截面基元环的塑性变形功率。

2. 基元环之间速度间断消耗的剪切功率 $\dot W_s$

已知
$$\dot W_s = \int_{S_D} K[V]\mathrm{d}S_D \qquad (8-51)$$

式中　　$[V]$——速度间断面上的切向速度间断值；

　　　　S_D——速度间断面面积。

(1) 矩形截面基元环之间的 $\dot W_s$　　在图 8-19a 中，基元环 m 和基元环 $m+1$ 具有水平公共边界$\overline{14}$，则其上的速度间断值为

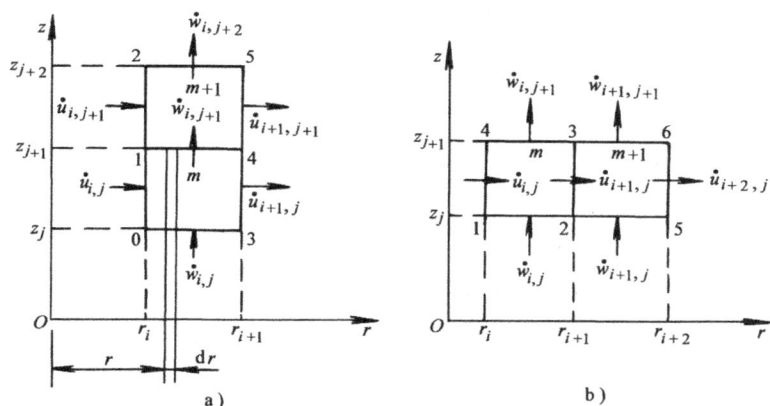

图 8-19　两个相邻矩形截面基元环公共边界的速度间断
a) 具有水平公共边界　b) 具有垂直公共边界

$$[V] = |\dot u^m - \dot u^{m+1}|$$

式中的 $\dot u^m$ 和 $\dot u^{m+1}$ 分别按式 (8-38) 计算，故得

$$[V] = \left| -\left[\frac{\dot w_{i,j+1} - \dot w_{i,j}}{2(z_{j+1} - z_j)} - \frac{\dot w_{i,j+2} - \dot w_{i,j+1}}{2(z_{j+2} - z_{j+1})}\right]r \right.$$

$$\left. + \left\{(\dot u_{i,j} - \dot u_{i,j+1})r_i + \left[\frac{\dot w_{i,j+1} - \dot w_{i,j}}{2(z_{j+1} - z_j)} - \frac{\dot w_{i,j+2} - \dot w_{i,j+1}}{2(z_{j+2} - z_{j+1})}\right]r_i^2\right\}\frac{1}{r} \right|$$

令式中中括弧项为 M_1 及 $(\dot{u}_{i,j} - \dot{u}_{i,j+1}) = -N_1$

则
$$[V] = \left| -M_1 r + (-N_1 r_i + M_1 r_i^2)\frac{1}{r} \right|$$

又 $\mathrm{d}S_D = 2\pi r \mathrm{d}r$，将上述关系代入式（8 - 51），得

$$\dot{W}_s = K\left| \int_{r_i}^{r_{i+1}} \left[-M_1 r + (-N_1 r_i + M_1 r_i^2)\frac{1}{r}\right] 2\pi r \mathrm{d}r \right|$$

$$= 2\pi K\left| -\frac{M_1}{3}(r_{i+1}^3 - 3r_i^2 r_{i+1} + 2r_i^3) - N_1(r_{i+1} - r_i)r_i \right| \qquad (8-52)$$

同理，可按下式计算两相邻矩形基元环具有垂直公共边界时的速度间断剪切功率（参见图 8 - 19b）：

$$\dot{W}_s = K\int_{S_D} |\dot{w}^m - \dot{w}^{m+1}|\mathrm{d}S_D \qquad (8-53)$$

式中的 $\dot{w}^m$ 和 $\dot{w}^{m+1}$ 分别按式（8 - 38）代入。

（2）矩形基元环与三角形基元环之间的 $\dot{W}_s$ 图 8 - 20 表示两相邻的矩形基元环 m 和三角形基元环 $m+1$ 具有垂直公共边界 AC，则其上的速度间断剪切功率为

$$\dot{W}_s = K\int_{S_D} |\dot{w}^m - \dot{w}^{m+1}|\mathrm{d}S_D$$

式中的 $\dot{w}^m$ 和 $\dot{w}^{m+1}$ 分别按式（8 - 38）和式（8 - 45）计算。

由于 $\dot{W}_s$ 的被积函数是一个绝对值函数，故积分时应作如下处理：

若以下角标符号 A、C 分别代表点 A 和点 C 的速度分量，则当

$\dot{w}_A^m > \dot{w}_A^{m+1}$、$\dot{w}_C^m > \dot{w}_C^{m+1}$ 或 $\dot{w}_A^m < \dot{w}_A^{m+1}$、$\dot{w}_C^m < \dot{w}_C^{m+1}$ 时，

$$\dot{w}_s = 2\pi r_i K\int_{z_j}^{z_{j+1}} |\dot{w}^m - \dot{w}^{m+1}|\mathrm{d}z \qquad (8-54)$$

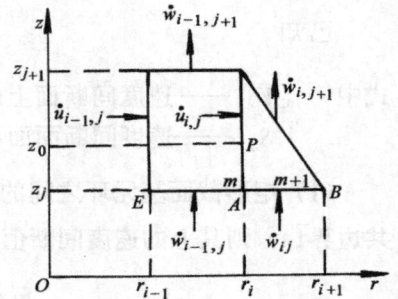

图 8 - 20 相邻矩形基元环和三角形基元环垂直公共边界的速度间断

若 $\dot{w}_A^m > \dot{w}_A^{m+1}$ 而 $\dot{w}_C^m < \dot{w}_C^{m+1}$ 或 $\dot{w}_A^m < \dot{w}_A^{m+1}$ 而 $\dot{w}_C^m > \dot{w}_C^{m+1}$，即边界两端的切向速度是异向不等关系，这时在 AC 上必然存在一个纵坐标为 z_0 的点 P，该点两个基元环的切向速度正好相等。于是，

$$\dot{W}_s = 2\pi r_i K\left[\int_{z_j}^{z_0} |\dot{w}^m - \dot{w}^{m+1}|\mathrm{d}z + \int_{z_0}^{z_{j+1}} |\dot{w}^m - \dot{w}^{m+1}|\mathrm{d}z \right] \qquad (8-55)$$

同理，可按下式计算两相邻矩形基元环和三角形基元环具有水平公共边界时的速度间断剪切功率：

$$\dot{W}_s = K\int_{S_D} |\dot{u}^m - \dot{u}^{m+1}|\mathrm{d}S_D \qquad (8-56)$$

式中的 $\dot{u}^m$ 和 $\dot{u}^{m+1}$ 分别按式（8 - 38）和式（8 - 45）计算。

3. 基元环与工模具接触表面之间的摩擦功率 $\dot{w}_\tau$

（1）矩形截面基元环与工模具接触表面之间的 $\dot{w}_\tau$ 设基元环与工模具表面的接触如图 8 - 21 所示，接触面上的摩擦切

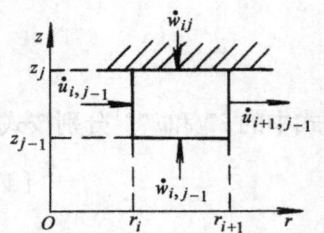

图 8 - 21 与工模具表面接触的矩形基元环

应力 $\tau = mK$，则

$$\dot{W}_\tau = mK \int_s \mid \Delta \dot{u} \mid \mathrm{d}s$$

因工具在 r 方向无位移，故式中 $\Delta \dot{u}$ 直接按式（8–39）计算，最后得

$$\dot{W}_\tau = mK \int_{r_i}^{r_{i+1}} \left| -\frac{Mr}{2} + \frac{N}{r} \right| 2\pi r \mathrm{d}r$$

$$= 2\pi mK \left| -\frac{M(r_{i+1}^3 - r_i^3)}{6} + N(r_{i+1} - r_i) \right|$$

$$= \pi m \frac{\sigma_s}{\sqrt{3}} \left| \frac{1}{3} \left(\frac{\dot{w}_{i,j} - \dot{w}_{i,j-1}}{z_j - z_{j-1}} \right) (r_{i+1}^3 - 3r_{i+1}r_i^2 + 2r_i^3) - 2\dot{u}_{i,j-1} r_i (r_{i+1} - r_i) \right|$$

$$(8-57)$$

（2）三角形截面基元环与工模具接触表面之间的 $\dot{W}_\tau$　三角形基元环与工模具的接触边界一般为斜边（如图 8–22 所示），其上的摩擦功率为

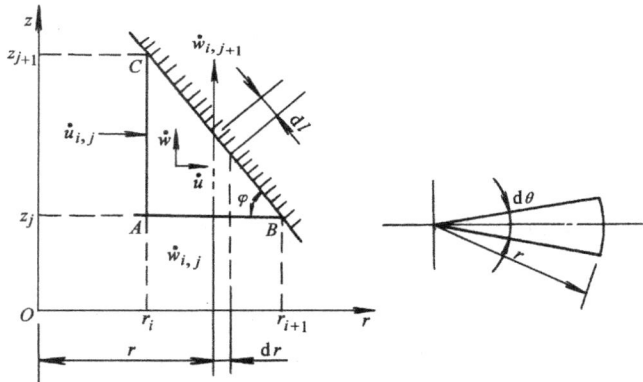

图 8–22　斜边与工模具表面接触的三角形基元环

$$\dot{W}_\tau = mK \int_s \mid \Delta V \mid \mathrm{d}s \qquad (8-58)$$

$$\Delta V = \dot{w}_{i,j+1} \sin\varphi - \dot{w}\sin\varphi + \dot{u}\cos\varphi, \quad \mathrm{d}s = \frac{2\pi r}{\cos\varphi}\mathrm{d}r$$

又根据斜边法向速度连续，可有

$$\dot{w}_{i,j+1}\cos\varphi = \dot{w}\cos\varphi + \dot{u}\sin\varphi$$

联解后，得

$$\Delta V = \dot{u}\cos\varphi \; (1 + \tan^2\varphi)$$

式中　$\dot{u}$ 按式（8–45）计算。

将上述关系代入式（8–58），最后得

$$\dot{W}_s = 2\pi mK \int_{r_i}^{r_{i+1}} \mid \dot{u}(1 + \tan^2\varphi) \mid r \mathrm{d}r$$

$$= \frac{\pi m \sigma_s r_i}{\sqrt{3}(r_{i+1} + r_i)} \left| (1 + \tan^2 \varphi)(r_{i+1} - r_i)(3r_{i+1} + r_i) \dot{u}_{i,j} \right|$$

$$(8 - 59)$$

需要指出，三角形基元环共有四种，且每一种基元环又可能以其垂直边和（或）水平边与矩形基元环相邻。因此，读者应根据实际情况和解题需要，参照上面介绍的各项上限功率计算方法，自行推导其它情况下的 $\dot{W}_d$、$\dot{W}_s$ 和 $\dot{W}_\tau$ 的计算公式，进而求得上限总功率。

四、基元环边界法向速度的确定及上限解的优化

1．基元环边界法向速度的自由度 n

由以上推导可知，基元环的速度场、应变速率场及各项功率消耗均决定于基元环的边界法向速度。在变形体中，各基元环边界可有以下四类：

1）与工模具重合的边界，即接触面，其法向速度由工模具运动速度给定，属已知；

2）以变形体的对称轴或分流面为边界，其法向速度为零；

3）各基元环之间的公共边界，其法向速度必须相等，但大小未知；

4）法向速度未知的边界。

总之，变形体经划分基元环后，并非所有的边界法向速度都是已知的、或可知的。这些未知的边界法向速度数即称为边界法向速度的自由度，它由下式确定：

$$n = N - (M + L) \tag{8-60}$$

式中 N——变形体划分基元环后的总边界数；

M——已知的边界法向速度数；

L——基元环的个数（因为每一个基元环都有一体积不变条件可利用，此即意味着有一个边界法向速度是可知的）。

2．规定变量的选择及其赋值和优化

1）未知的边界法向速度必须人为地加以规定，故称规定变量。规定变量数即为自由度 n。对于经过划分的变形体，究竟选择哪几个未知的边界法向速度作为规定变量？从理论上讲可有多种可能的方案，但研究表明，只要不与体积不变条件重复，规定变量是可以任意选择的，这对以后的计算结果不会有影响。

2）规定变量选定后，如果对变形体的流动情况已有较充分的了解和相关数据，则可直接赋值。赋值后各基元环的边界法向速度即可确定，进而计算整个变形体的速度场、应变速率场、各项功率消耗以及上限载荷等。如果有几种不同的赋值，则分别计算其总功率，取其中最小者，即为最优的上限解。

3）实际变形情况往往比较复杂，且规定变量数可能有多个，无法直接赋值。此时，在上限总功率的表达式中就包函有 n 个规定变量。由于最小的功率消耗更接近于真实解，因此可利用最优化原理求得使总功率消耗为最小的 n 个规定变量，以及相应的上限总功率和其他所需的参数等。

如此求得的结果，只是代表对应于某一种流动模式的最优解。如果存在多种可能的流动模式，则需分别进行优化，从中选出总功率为最小者，与此相对应的流动模式即为最接近于真实情况的流动模式。上述全部计算工作可编制程序由计算机自动完成。

五、上限元技术应用实例

上限元技术的应用范围几乎遍及塑性加工的各个方面，下面仅以环形件自由浮动凹模闭式模锻为例，说明其应用。

自由浮动凹模闭式模锻是近年来出现的一种利用摩擦积极作用的新工艺。它的下模由支承在弹性垫上可自由浮动的带内突肩的凹模筒和固定的下冲头组成，如图 8-23 所示。

闭式模锻时，凹模在接触摩擦作用下自由向下移动。若坯料体积正好等于工件体积，则当凹模筒突肩与下冲头凸台齐平时，模锻结束。若坯料体积大于工件体积，则多余金属推动凹模突肩下移并进入补偿腔，避免向上流入上冲头与凹模筒的间隙，形成纵向飞边。为了合理设计模具，必须了解金属流入上、下模腔的高度以及凹模向下浮动的速度，这些问题可借助上限元技术得到解决。

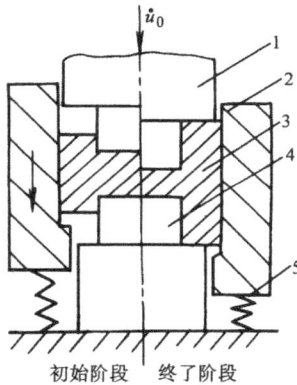

图 8-23　自由浮动凹模
闭式模锻示意图
1—上冲头　2—凹模筒　3—工件
4—下冲头　5—弹性垫

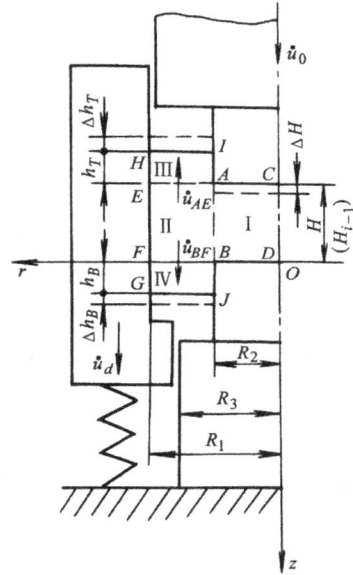

图 8-24　变形体基元环的划分

1. 基元环的划分及速度场的确定

按上述原则将变形体划分成四个矩形截面基元环（参见图 8-24）。其中Ⅰ、Ⅱ基元环为塑性变形区；Ⅲ、Ⅳ基元环为刚性区。

对于基元环Ⅰ，参照图 8-24 中所示的坐标系可知：$r_i = 0$，$z_j = -H$，$z_{j+1} = 0$，$\dot{w}_{i,j} = \dot{u}_0$，$\dot{w}_{i,j+1} = 0$，$\dot{u}_{i,j} = 0$，将上述关系代入式（8-38），得

$$\left. \begin{array}{l} \dot{u}^{\mathrm{I}} = \dfrac{\dot{u}_0}{2H} r \\[2mm] \dot{w}^{\mathrm{I}} = -\dfrac{\dot{u}_0}{H} z \end{array} \right\} \tag{8-61}$$

对于基元环Ⅱ，$r_i = R_2$，$r_{i+1} = R_1$，$z_j = -H$，$z_{j+1} = 0$，$\dot{w}_{i,j} = -\dot{u}_{AE}$，$\dot{w}_{i,j+1} = \dot{u}_{BF}$，又由式（8-61）可得 $\dot{u}_{AB}^{\mathrm{I}} = \dfrac{\dot{u}_0}{2H} R_2$，此即Ⅱ区的 $\dot{u}_{i,j}$。将上述关系代入式（8-38），考虑到体积

不变假设：$\pi R_2^2 \dot{u}_0 = \pi(\dot{u}_{AE} + \dot{u}_{BF})(R_1^2 - R_2^2)$，并令 $\eta = \dfrac{R_2^2}{R_1^2 - R_2^2}$，经整理后则得

$$\left. \begin{aligned} \dot{u}^{\text{II}} &= \frac{\dot{u}_0}{2H}\eta\left(\frac{R_1^2 - r^2}{r}\right) \\ \dot{w}^{\text{II}} &= \frac{\dot{u}_0}{H}\eta z + \dot{u}_{BF} \end{aligned} \right\} \tag{8-62}$$

对于基元环 III，$\dot{u}^{\text{III}} = 0$，$\dot{w}^{\text{III}} = -\dot{u}_{AE}$。

对于基元环 IV，$\dot{u}^{\text{IV}} = 0$，$\dot{w}^{\text{IV}} = \dot{u}_{BF}$。

2. 上限功率的计算

将上述关系代入式（8-49），可得基元环 I 的塑性变形功率为

$$\dot{W}_d^{\text{I}} = \pi R_2^2 \dot{u}_0 \sigma_s \tag{8-63}$$

基元环 II 的塑性变形功率为

$$\dot{W}_d^{\text{II}} = 2\pi R_2^2 \dot{u}_0 \frac{\sigma_s}{\sqrt{3}} B \tag{8-64}$$

式中 $B = \dfrac{R_1^2}{R_1^2 - R_2^2}\left\{ 1 - \dfrac{1}{2}\dfrac{R_2^2}{R_1^2}\sqrt{3 + \dfrac{R_1^4}{R_2^4}} + \dfrac{1}{2}\ln\left[\dfrac{1}{3}\left(\dfrac{R_1^2}{R_2^2} + \sqrt{3 + \dfrac{R_1^4}{R_2^4}}\right)\right] \right\}$

下面求解基元环公共边界上的速度间断剪切功率：

在 $\overline{AB}$ 面上，基元环 I 的 $\dot{w}_{AB}^{\text{I}}$ 和基元环 II 的 $\dot{w}_{AB}^{\text{II}}$ 分别由式（8-61）和式（8-62）确定，分析此两式可知，在 AB 面存在速度间断值为零的分界点（线），其位置 z_x 确定如下：

$$-\frac{\dot{u}_0}{H}z_x = \frac{\dot{u}_0}{H}\eta z_x + \dot{u}_{BF}$$

即有

$$z_x = -\dot{u}_{BF}\frac{H}{\dot{u}_0(1 + \eta)}$$

当 $z < z_x$ 时，$\dot{w}_{AB}^{\text{I}} > \dot{w}_{AB}^{\text{II}}$；而当 $z > z_x$ 时，则 $\dot{w}_{AB}^{\text{I}} < \dot{w}_{AB}^{\text{II}}$。前面已提到，剪切功率 $\dot{W}_s$ 的被积函数是一绝对值函数，故在求 AB 面上的 $\dot{W}_s$ 时应分段积分。参照式（8-55），可列出

$$\dot{W}_{S_{AB}} = 2\pi R_2 K\left[\int_{-H}^{z_x}(\dot{w}_{AB}^{\text{I}} - \dot{w}_{AB}^{\text{II}})\mathrm{d}z + \int_{z_x}^{0}(\dot{w}_{AB}^{\text{II}} - \dot{w}_{AB}^{\text{I}})\mathrm{d}z\right]$$

将式（8-61）和式（8-62）代入上式，得

$$\begin{aligned} \dot{W}_{S_{AB}} &= 2\pi R_2 K\left[\int_{-H}^{z_x}\left(-\frac{\dot{u}_0}{H}z - \frac{\dot{u}_0}{H}\eta z - \dot{u}_{BF}\right)\mathrm{d}z + \int_{z_x}^{0}\left(\frac{\dot{u}_0}{H}\eta z + \dot{u}_{BF} + \frac{\dot{u}_0}{H}z\right)\mathrm{d}z\right] \\ &= 2\pi R_2 H\frac{\sigma_s}{\sqrt{3}}\left[-\dot{u}_{BF} + \frac{\dot{u}_0}{2}(1 + \eta) + \frac{\dot{u}_{BF}^2}{\dot{u}_0(1 + \eta)}\right] \end{aligned} \tag{8-65}$$

又 AE 和 BF 面上的剪切功率为

$$\begin{aligned} \dot{W}_{S_{AE}} = \dot{W}_{S_{BF}} &= K\int_{R_2}^{R_1}\dot{u}^{\text{II}} 2\pi r\mathrm{d}r \\ &= \frac{\pi \dot{u}_0 \eta}{\sqrt{3}H}\sigma_s\left(\frac{2}{3}R_1^3 - R_1^2 R_2 + \frac{1}{3}R_2^3\right) \end{aligned} \tag{8-66}$$

摩擦功率计算公式如下：

$$\dot{W}_{\tau AC} = \dot{W}_{\tau BD} = m_2 K \int_s \dot{u}^{\mathrm{I}} \, \mathrm{d}s = \frac{\pi m_2 \dot{u}_0 R_2^3}{3\sqrt{3} H} \sigma_s \tag{8-67}$$

$$\dot{W}_{\tau BJ} = \frac{2}{\sqrt{3}} \pi R_2 h_B m_1 \sigma_s \dot{u}_{BF} \tag{8-68}$$

$$\dot{W}_{\tau AI} = \frac{2}{\sqrt{3}} \pi R_2 h_T m_1 \sigma_s \left[(1+\eta) \dot{u}_0 - \dot{u}_{BF} \right] \tag{8-69}$$

$$\dot{W}_{\tau FG} = \frac{2}{\sqrt{3}} \pi R_1 h_B m_1 \sigma_s (\dot{u}_{BF} - \dot{u}_d) \tag{8-70}$$

$$\dot{W}_{\tau HE} = \frac{2}{\sqrt{3}} \pi R_1 h_T m_1 \sigma_s (\eta \dot{u}_0 - \dot{u}_{BF} + \dot{u}_d) \tag{8-71}$$

式（8-70）和式（8-71）中的 $\dot{u}_d$ 为凹模筒下移速度。

关于 EF 面上的摩擦功率，因凹模筒以 $\dot{u}_d$ 下移，而基元环 Ⅱ 在该面上的 $\dot{w}_{EF}^{\mathrm{II}}$ 按式（8-62）规律由负到正变化，故存在相对滑动速度为零的分界点（线），设该点所在坐标为 z_y，则有

$$\frac{\dot{u}_0}{H} \eta z_y + \dot{u}_{BF} = \dot{u}_d$$

即

$$z_y = (\dot{u}_d - \dot{u}_{BF}) \frac{H}{\dot{u}_0 \eta}$$

于是，$\dot{W}_{\tau EF} = \dfrac{2}{\sqrt{3}} \pi R_1 m_2 \sigma_s \left[\int_{-H}^{z_y} (\dot{u}_d - \dot{w}_{EF}^{\mathrm{II}}) \mathrm{d}z + \int_{z_y}^{0} (\dot{w}_{EF}^{\mathrm{II}} - \dot{u}_d) \mathrm{d}z \right]$

$$= \frac{2}{\sqrt{3}} \pi R_1 m_2 H \sigma_s \left[\dot{u}_d - \dot{u}_{BF} + \frac{(\dot{u}_d - \dot{u}_{BF})^2}{\eta \dot{u}_0} + \frac{\eta \dot{u}_0}{2} \right] \tag{8-72}$$

上面导出了闭式模锻时的各项功率消耗，将它们相加后，即可求得上限总功率为

$$\dot{W} = \sum \dot{W}_d + \sum \dot{W}_s + \sum \dot{W}_\tau$$

显然，上限总功率 $\dot{W}$ 的函数表达式中包函有未知参数 $\dot{u}_d$ 和 $\dot{u}_{BF}$，它们可根据最小功原理求得。

3. 金属流动分析

取 $\quad \dfrac{\partial \dot{W}}{\partial \dot{u}_d} = 0, \quad \dfrac{\partial \dot{W}}{\partial \dot{u}_{BF}} = 0$

得

$$\dot{u}_d = \frac{\dot{u}_0}{2} \left\{ 1 + \frac{m_1}{H} (h_T - h_B) \left[(1+\eta) - \frac{\eta}{m_2} \right] \right\} \tag{8-73}$$

$$\dot{u}_{BF} = \frac{\dot{u}_0}{2} (1+\eta) \left[1 + \frac{m_1}{H} (h_T - h_B) \right] \tag{8-74}$$

当 $h_T = h_B$ 时，则上式简化为

$$\dot{u}_d = \frac{\dot{u}_0}{2}; \quad \dot{u}_{BF} = \frac{\dot{u}_0}{2} (1+\eta) \tag{8-75}$$

一般情况下，闭式模锻所用原毛坯为外径等于 $2R_1$ 的圆柱体，下面我们将证明，采用这种原毛坯模锻时，关系式 $h_T = h_B$ 始终成立。

下面分析金属流入上、下模腔的高度：

在模锻的初始瞬间，$h_T = h_B = 0$，则

$$\dot{u}_{BF} = \frac{\dot{u}_0}{2} (1 + \eta)$$

$$\dot{u}_{AE} = \eta \dot{u}_0 - \dot{u}_{BF} = -\frac{\dot{u}_0}{2} (1 - \eta)$$

现设冲头以 $\dot{u}_0$ 下压一微量 ΔH，经历的时间 $\Delta t = \dfrac{\Delta H}{\dot{u}_0}$，则金属流入下模腔的高度为

$$h_{B1} = \dot{u}_{BF} \Delta t = \frac{\Delta H}{2} (1 + \eta)$$

与此同时，金属流入上模腔的总高度（以上冲头底面为基准）为

$$h_{T1} = \dot{u}_{AE} \Delta t + \Delta H = -\frac{\dot{u}_0}{2} (1 - \eta) \frac{\Delta H}{\dot{u}_0} + \Delta H = \frac{\Delta H}{2} (1 + \eta)$$

显然，$h_{B1} = h_{T1}$。

若依次再下压 ΔH，则

$$h_{B2} = h_{B1} + \frac{\Delta H}{2} (1 + \eta), \quad h_{T2} = h_{T1} + \frac{\Delta H}{2} (1 + \eta)$$

由此可见，用外径为 $2R_1$ 的圆柱形原毛坯进行闭式模锻时，浮动凹模始终以 $\frac{1}{2} \dot{u}_0$ 的速度下移；再者，在变形的任一瞬间，工件的上、下挤出高度总是相等的，因而零件最终的上、下孔深也是一样的，冲孔连皮恰在零件的二分之一高度处。

思 考 与 练 习

1. 什么是真实速度场（或位移场）？什么是动可容速度场（或位移场）？
2. 什么是真实应力场？什么是静可容应力场？
3. 试写出上限定理的数学表达式，并说明该表达式中各项的意义。
4. 模壁光滑平面正挤压的刚性块变形模式如图 8 – 25 所示。试分别计算其上限载荷 P？并与滑移线解作比较，说明何种模式的上限解为最优？

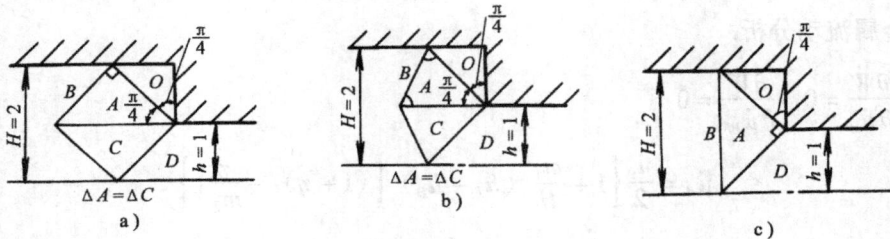

图　8 – 25

5. 对于轴对称变形问题，是否也可象平面应变问题那样采用简化的刚性块变形模式？为什么？
6. 试证明刚塑性体塑性变形功率

$$\dot{W}_d = \int_V \sigma_{ij} \dot{\varepsilon}_{ij} dV = \sigma_s \int_V \dot{\bar{\varepsilon}} dV = \sqrt{\frac{2}{3}} \sigma_s \int_V \sqrt{\dot{\varepsilon}_{ij} \dot{\varepsilon}_{ij}} dV$$

7. 设圆柱体镦粗变形如图 8 – 26 所示。△bco 和△fog 为刚性区，又接触面上的摩擦切应力 $\tau = mk$，试

指出哪些面为力面 S_T、位移面 S_u 和速度间断面 S_D? 并说明变形体的上限总功率包括哪些内容（不必具体推导)?

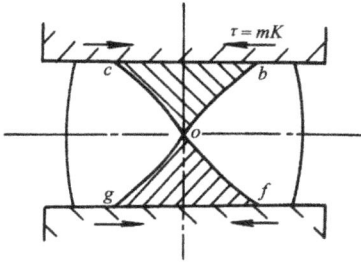

图 8 - 26

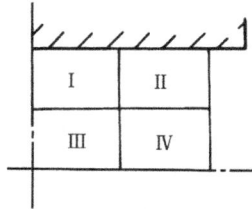

图 8 - 27

8. 圆柱体镦粗如图 8 - 27 所示（因对称只画出四分之一截面），现将其划分成四个矩形截面基元环，试计算其自由度 n? 并选择其规定变量。

9. 圆柱体镦粗时，由于存在外摩擦，会出现鼓形。现将圆柱坐标原点置于圆柱体的中心，并假设鼓形速度场为：

$$\dot{u}_\theta = 0, \quad \dot{u}_r = \frac{\dot{u}_0}{H} Ar e^{-\frac{bz}{H}}, \quad \dot{u}_z = \dot{u}_z \ (r, z)$$

式中 H 为圆柱体高度，$\dot{u}_0$ 为上、下锤头速度的二倍。试求系数 A、b 和 $\dot{u}_z$。

第九章　刚塑性有限元法及其应用

第一节　概　　述

有限元法是对塑性成形过程进行数值模拟的最有效方法。它可以比较精确地求解变形体内部的各种场变量，如速度（位移）场、应变场和应力场等，从而为工艺分析提供科学依据。当给出一定的条件或判据后，则可进一步对成形过程进行优化和控制。因此，它在塑性成形中的应用日益广泛。

有限元法的基本思想是：（1）把变形体看成是有限数目单元体的集合，单元之间只在指定节点处铰接，再无任何关连，通过这些节点传递单元之间的相互作用。如此离散的变形体，即为实际变形体的计算模型；（2）分片近似，即对每一个单元选择一个由相关节点量确定的函数来近似描述其场变量（如速度或位移），并依据一定的原理建立各物理量之间的关系式；（3）将各个单元所建立的关系式加以集成，得到一个与有限个节点相关的总体方程。解此总体方程，即可求得有限个节点的未知量（一般为速度或位移），进而求得整个问题的近似解，如应力、应变、应变速率等。所以有限元法的实质，就是将具有无限个自由度的连续体，简化成只有有限个自由度的单元集合体，并用一个较简单问题的解去逼近复杂问题的解，其示意图如图 9-1 所示。图中 $x-y$ 平面上有一由边界 S 围成的求解域被离散成有限个单元，纵坐标 φ 表示每一个单元上某一所求量（例如位移或速度）的近似解，这些解的集合即构成了该所求量在整个求解域上的近似分布。无疑，随着离散单元数目的增加，其解也就越逼近于真实情况。

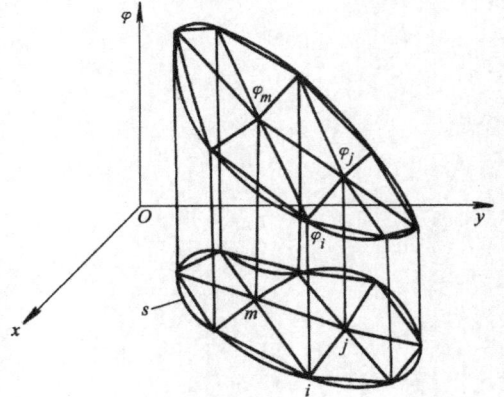

图 9-1　求解域的离散和解的分段逼近示意图

有限元法的一般解题步骤如下：

1）连续体的离散化。把求解的连续体离散成有限数目的单元，单元的类型有多种，如二维问题中的三边形、四边形，三维问题中的四面体、六面体等。合理地选择单元的类型、数目、大小和排列，就能有效地表示所研究的连续体。

2）选择满足某些要求（如在单元内保证连续性、在其边界上保证协调性等）的联系单元节点和单元内部各点位移（或速度）的插值函数，以保证数值计算结果更逼近精确解。插值函数通常选择多项式，以便于微分和积分。

3）建立单元的刚度矩阵或能量泛函。按变分原理，对弹性和弹塑性有限元推导单元的刚度矩阵 $[K]^e$，用此矩阵把单元节点位移 $\{u\}^e$ 和节点力 $\{P\}^e$ 联系起来，即 $[K]^e\{u\}^e = \{P\}^e$。对于刚塑性有限元，则建立以节点位移 u_i 为自变函数的单元能量泛函 $\varphi^e = \varphi^e$

(u_i)。

4）建立整体方程。对于弹性和弹塑性有限元，这个过程包括由各单元的刚度矩阵集合成整个变形体的总刚度矩阵〔K〕，以及由单元节点力列阵集合成总载荷列阵 $\{P\}$，从而建立表示整个变形体的节点位移和总载荷关系的联立方程组，即

$$[K]\{u\} = \{P\}$$

对于刚塑性有限元，则建立整个变形体的能量泛函变分方程组，即

$$\delta \left\{ \sum_{e=1}^{m} \varphi^e \ (u_i) \right\} = 0$$

式中　m——单元数目。

5）解上述方程组，求未知的节点位移（或速度）。在弹性有限元中，这些方程组是线性的；而在弹塑性和刚塑性有限元中，这些方程组是非线性的，因此求解时需进行线性化。

6）由节点位移（或速度），利用几何方程和物理方程，求整个变形体的应变场（或应变速率场）、应力场，并根据问题的需要，进一步计算各种参数。

分析塑性成形过程时，常用的有弹塑性有限元法、刚塑性有限元法和刚粘塑性有限元法。对于体积成形过程，刚塑性有限元法应用尤为广泛，本章将以此为重点进行介绍。

第二节　连续体的离散化

如上所述，求解有限元问题的第一步是将连续体离散化，即把求解域假想地划分成许多小单元，单元之间的相互作用通过若干节点来传递。

对于二维的平面问题，常用的单元形式有三角形、四边形、六节点三角形和八节点四边形等，如图9-2所示。

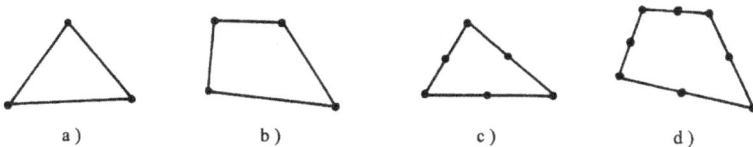

图9-2　平面问题常用的单元类型
a）三角形单元　b）四边形单元　c）六节点三角形单元　d）八节点四边形单元

轴对称问题的单元是其子午面有一定几何形状的环形旋转体，如三角形断面圆环和四边形断面圆环等（参见图9-3），其节点应理解为一圆形。

在三维空间问题中，常用的单元形式为四面体和六面体，也采用曲边四面体和曲边六面体，如图9-4所示。

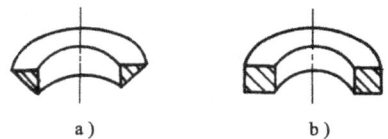

图9-3　轴对称问题的单元
a）三角形断面圆环　b）四边形断面圆环

单元形式选定后，便可对求解域进行网格划分。网格划分是否合理，在一定程度上会影响到计算精度和计算时间。网格划分越密，即单元数目越多，则计算精度越高，但相应的计算时间也越多。故此，在应力、应变变化梯度较大的部位或角点附近，单元要划分得密一些，反之，则划分得疏一些（参见图9-5）。总之，应在保证精度的前提下，力求采用较少

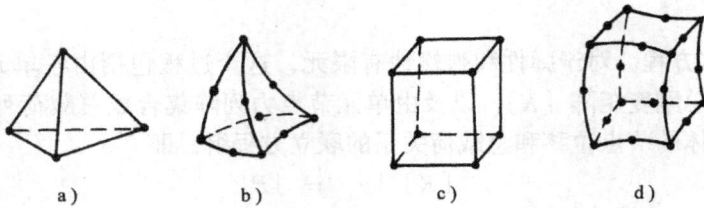

图9-4 三维空间问题常用的单元类型

a) 四面体单元　b) 十节点曲边四面体单元　c) 六面体单元　d) 二十节点曲边六面体单元

的单元数。

图9-5 挤压时的网格划分

除此之外，在单元划分时还应注意以下几点：对于三角形单元，三个边长之间不要相差太大，对于矩形单元，其长度和宽度之比（细长比）也不宜太大，否则会影响计算精度；任一三角形单元的顶点必须同时也是其相邻三角形单元的顶点；如果计算对象具有不同厚度或不同的材质，则其突变处应是单元的边线，不要把厚度和材质不同的区域划分在同一个单元里；分布载荷突变处或者承受集中载荷的地方，应布置节点，其附近的单元则应划分得小一些；对于受力和几何形状对称的变形体，应充分利用其对称性，只选择其对称部分进行网格划分即可。

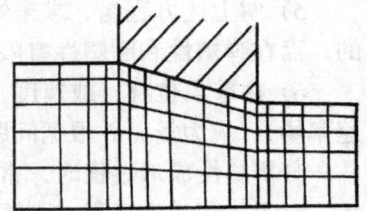

单元划分后，应对全部节点按一定顺序编码，以使单元方程能有序地集合成整体方程。合理编码能减少计算机内存和节省计算时间，因为任一节点只与其相邻的节点发生直接联系，这样在联立求解方程中，方程的系数矩阵是一个稀疏矩阵，而合理的编码能使稀疏矩阵中的非零元素集中排列在一个窄带内，从而可以采用带形矩阵来存放这些系数，使所占用的计算机内存减少和节省计算时间。为达此目的，编码的安排应使整个区域内相邻节点的编码差值尽可能小。

第三节　单元的几何特性

网格划分后，下一步工作是对单元进行分析和建立基本方程。包括：将节点位移通过形状函数插值转化为单元内部点的位移；利用几何方程求单元的应变；由弹性或塑性理论分析应力与应变的关系，建立节点位移和内部应力的关系式；借助虚功方程或变分原理，导出单元节点力和节点位移的关系。其流程如下：

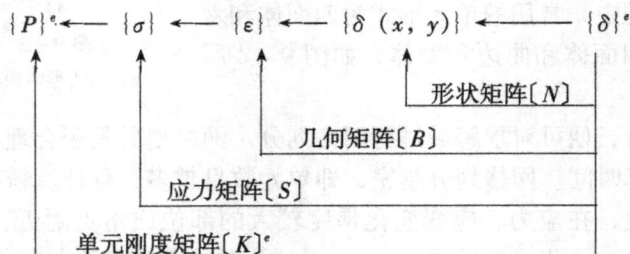

$$\{P\}^e \longleftarrow \{\sigma\} \longleftarrow \{\varepsilon\} \longleftarrow \{\delta(x,y)\} \longleftarrow \{\delta\}^e$$

形状矩阵$[N]$

几何矩阵$[B]$

应力矩阵$[S]$

单元刚度矩阵$[K]^e$

下面按此顺序作简要介绍

一、位移模式和形状函数

用有限元方法分析问题时，连续体被离散化为仅在节点处相铰接的有限单元的集合体，并以各个单元内部及边界节点的位移来近似地代表连续体的真实位移，这必然会带来误差，因而位移模式和形状函数选择的优劣，将会影响到解的收敛性和计算精度。故此，位移模式必须满足以下三个条件：（1）位移模式必须包含单元的刚体位移。也就是说，位移模式不但具有描述单元本身变形引起的位移的功能，而且还具有描述由于其他单元变形通过节点位移引起单元刚体位移的能力，这就要求位移模式中包含有与点的坐标无关的常数项。（2）位移模式必须包含有单元的常应变项。每个单元的应变一般包含两个部分：一部分是与点的位置坐标有关的变应变项；另一部分是与位置坐标无关的常应变项。当单元尺寸逐渐缩小时，每个单元的应变量将向常应变逼近。如果所选取的位移模式不包含常应变量，其求解结果就不能收敛于精确解。（3）位移模式必须满足位移的连续性，它包含两方面：一是单元内部位移连续，另一是单元之间位移的协调性，后者保证单元之间既不开裂也不重叠。

位移模式多采用多项式，它便于微分和积分，且增加多项式的次数能提高计算精度。

1. 三角形单元的位移模式和形状函数

图 9-6 示出平面应变状态下常用的三角形单元 ijm（按逆时针方向排列）。三节点的坐标和位移分别为 (x_i, y_i)、(x_j, y_j)、(x_m, y_m) 和 (u_i, v_i)、(u_j, v_j)、(u_m, v_m)。单元内部任意点的位移以 $u(x, y)$、$v(x, y)$ 表示，位移模式采用如下的线性多项式：

$$\left. \begin{array}{l} u(x, y) = a_1 + a_2 x + a_3 y \\ v(x, y) = a_4 + a_5 x + a_6 y \end{array} \right\} \qquad (9-1)$$

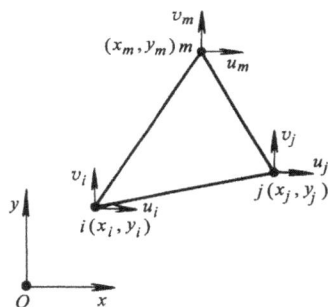

图 9-6 三节点三角形单元

在式（9-1）中，a_1 和 a_4 为常数项，它们反映了单元的刚体位移。又由几何方程可得

$$\{\varepsilon\}^e = \begin{cases} \varepsilon_x = \dfrac{\partial u}{\partial x} = a_2 \\[2mm] \varepsilon_y = \dfrac{\partial v}{\partial y} = a_6 \\[2mm] \gamma_{xy} = \dfrac{\partial u}{\partial y} + \dfrac{\partial v}{\partial x} = a_3 + a_5 \end{cases}$$

由于 a_2、a_6、a_3、a_5 都是与单元内点的坐标无关的常数，说明三角形单元为常应变单元，因而自然满足了位移模式应包含常应变项的条件。再者，由于式（9-1）是 x、y 的线性连续函数，既能保证单元内位移的连续，又能保证两相邻单元在其公共边（例如 jm 边）上的任意点都具有相同的位移，因而满足了位移连续性的要求。

现将节点的位移和坐标代入式（9-1），即可确定系数 a_1，a_2，…，a_6。例如

$$u_i = a_1 + a_2 x_i + a_3 y_i$$
$$u_j = a_1 + a_2 x_j + a_3 y_j$$
$$u_m = a_1 + a_2 x_m + a_3 y_m$$

解此联立方程组，求得

$$\left.\begin{aligned} a_1 &= \frac{1}{2A}\ (a_i u_i + a_j u_j + a_m u_m) \\ a_2 &= \frac{1}{2A}\ (b_i u_i + b_j u_j + b_m u_m) \\ a_3 &= \frac{1}{2A}\ (c_i u_i + c_j u_j + c_m u_m) \end{aligned}\right\} \tag{9-2a}$$

式中 A——三角形 ijm 的面积。

$$2A = \begin{vmatrix} 1 & x_i & y_i \\ 1 & x_j & y_j \\ 1 & x_m & y_m \end{vmatrix} = x_j y_m + x_m y_i + x_i y_j - x_j y_i - x_i y_m - x_m y_j \tag{9-3}$$

$$\left.\begin{aligned} a_i &= \begin{vmatrix} x_j & y_j \\ x_m & y_m \end{vmatrix} = x_j y_m - x_m y_j \\ b_i &= - \begin{vmatrix} 1 & y_j \\ 1 & y_m \end{vmatrix} = y_j - y_m \\ c_i &= \begin{vmatrix} 1 & x_j \\ 1 & x_m \end{vmatrix} = x_m - x_j \end{aligned}\right\} \tag{9-4}$$

将式 (9-4) 中的下标 (i、j、m) 循环变换，即得 a_j、b_j、c_j、a_m、b_m、c_m。

同理可求得

$$\left.\begin{aligned} a_4 &= \frac{1}{2A}\ (a_i v_i + a_j v_j + a_m v_m) \\ a_5 &= \frac{1}{2A}\ (b_i v_i + b_j v_j + b_m v_m) \\ a_6 &= \frac{1}{2A}\ (c_i v_i + c_j v_j + c_m v_m) \end{aligned}\right\} \tag{9-2b}$$

将式 (9-2a) 和式 (9-2b) 代入式 (9-1)，即得

$$\left.\begin{aligned} u\ (x,\ y) &= \frac{1}{2A}\ [\ (a_i + b_i x + c_i y)\ u_i + (a_j + b_j x + c_j y)\ u_j + (a_m + b_m x + c_m y)\ u_m] \\ v\ (x,\ y) &= \frac{1}{2A}\ [\ (a_i + b_i x + c_i y)\ v_i + (a_j + b_j x + c_j y)\ v_j + (a_m + b_m x + c_m y)\ v_m] \end{aligned}\right\} \tag{9-5a}$$

式 (9-5a) 即为单元的节点位移与单元内任一点位移的关系式。

令

$$\left.\begin{aligned} N_i &= \frac{1}{2A}\ (a_i + b_i x + c_i y) \\ N_j &= \frac{1}{2A}\ (a_j + b_j x + c_j y) \\ N_m &= \frac{1}{2A}\ (a_m + b_m x + c_m y) \end{aligned}\right\} \tag{9-6}$$

则式 (9-5a) 改写成

$$\left.\begin{aligned} u\ (x,\ y) &= N_i u_i + N_j u_j + N_m u_m \\ v\ (x,\ y) &= N_i v_i + N_j v_j + N_m v_m \end{aligned}\right\} \tag{9-5b}$$

用矩阵表示为

$$\left\{ \begin{array}{c} u\ (x,\ y) \\ v\ (x,\ y) \end{array} \right\} = \left[\begin{array}{cccccc} N_i & 0 & N_j & 0 & N_m & 0 \\ 0 & N_i & 0 & N_j & 0 & N_m \end{array} \right] \left\{ \begin{array}{c} u_i \\ v_i \\ u_j \\ v_j \\ u_m \\ v_m \end{array} \right\} \tag{9-5c}$$

简记为

$$\left\{ \begin{array}{c} u\ (x,\ y) \\ v\ (x,\ y) \end{array} \right\} = [N]\ \{\delta\}^e \tag{9-5d}$$

式中　$\{\delta\}^e$——三个节点的位移列阵。

由式（9-5b）可知，当 $u_i = 1$（或 $v_i = 1$），而其它节点的位移为零时，则单元内任意一点的位移为 $u = N_i$（或 $v = N_i$）。这就是说，函数 N_i 表示节点 i 发生单位位移时，单元内部位移的分布规律。N_i、N_j、N_m 分别称为三角形单元三个节点的形状函数，它们具有如下性质：

1）在节点 i 上，$N_i = 1$，$N_j = N_m = 0$；在节点 j 上，$N_j = 1$，$N_i = N_m = 0$；在节点 m 上，$N_m = 1$，$N_i = N_j = 0$。

2）在单元的任一点上，三个形状函数之和等于 1，即
$$N_i + N_j + N_m = 1$$

3）在三角形单元 ijm 的某一边上，例如 ij 边上，有
$$N_i = 1 - \frac{x - x_i}{x_j - x_i}$$
$$N_j = \frac{x - x_i}{x_j - x_i}$$
$$N_m = 0$$

2．四边形单元的位移模式和形状函数

四边形单元（图9-7）也是一种广泛应用的单元型式。为了计算上的方便，引入局部坐标 $\xi - \eta$，坐标轴为单元四个边对应中点的连线，连线的交点即为坐标原点。此时，$\overline{12}$边 $\eta = -1$，$\overline{23}$边 $\xi = 1$，$\overline{34}$边 $\eta = 1$，$\overline{41}$边 $\xi = -1$。经过这样的变换，整体坐标系中的任意四边形单元就变成局部坐标系中的矩形单元，如图9-8所示。

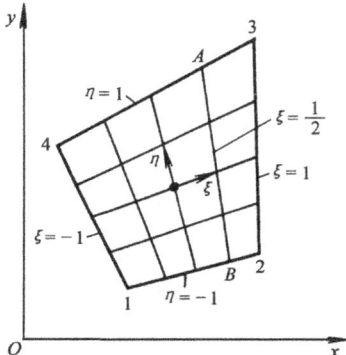

图9-7　整体坐标系中的任意四边形单元

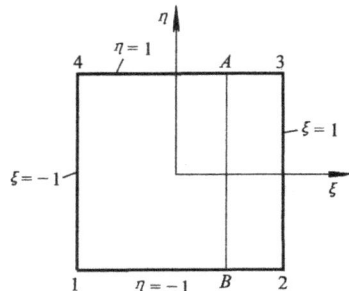

图9-8　局部坐标系中的矩形单元

四边形单元有四个节点，用局部坐标（ξ，η）表示的位移模式一般选择双线性函数，其表达式如下：

$$\left.\begin{array}{l} u = a_1 + a_2\xi + a_3\eta + a_4\xi\eta \\ v = a_5 + a_6\xi + a_7\eta + a_8\xi\eta \end{array}\right\} \tag{9-7}$$

把四个节点的位移和局部坐标值（节点 1：$\xi = -1$，$\eta = -1$；节点 2：$\xi = 1$，$\eta = -1$；节点 3：$\xi = 1$，$\eta = 1$；节点 4：$\xi = -1$，$\eta = 1$）代入上式，即可求得系数 a_1，a_2，…，a_8。于是式（9-7）可写成

$$\left.\begin{array}{l} u = N_1 u_1 + N_2 u_2 + N_3 u_3 + N_4 u_4 \\ v = N_1 v_1 + N_2 v_2 + N_3 v_3 + N_4 v_4 \end{array}\right\} \tag{9-8a}$$

式中

$$\left.\begin{array}{l} N_1 = \dfrac{1}{4}\ (1-\xi)\ (1-\eta) \\[2mm] N_2 = \dfrac{1}{4}\ (1+\xi)\ (1-\eta) \\[2mm] N_3 = \dfrac{1}{4}\ (1+\xi)\ (1+\eta) \\[2mm] N_4 = \dfrac{1}{4}\ (1-\xi)\ (1+\eta) \end{array}\right\} \tag{9-9}$$

式（9-9）即为单元的形状函数。

位移模式（式 9-8a）用矩阵形式表示为

$$\begin{aligned} \left\{\begin{array}{l} u \\ v \end{array}\right\} &= \begin{bmatrix} N_1 & 0 & N_2 & 0 & N_3 & 0 & N_4 & 0 \\ 0 & N_1 & 0 & N_2 & 0 & N_3 & 0 & N_4 \end{bmatrix} \{\delta\}^e \\ &= [N]\ \{\delta\}^e \end{aligned} \tag{9-8b}$$

式中　$\{\delta\}^e$——为四个节点的位移列阵。

同样可以证明，式（9-8）满足位移模式的三个条件。

整体坐标与局部坐标的转换式为

$$\left.\begin{array}{l} x = N_1 x_1 + N_2 x_2 + N_3 x_3 + N_4 x_4 \\ y = N_1 y_1 + N_2 y_2 + N_3 y_3 + N_4 y_4 \end{array}\right\} \tag{9-10}$$

式中，N_1，…，N_4 按式（9-9）确定。

为了说明上式的正确性，只需证明 $\xi-\eta$ 平面上平行于坐标轴的任一直线通过式（9-10）能转变为整体坐标 $x-y$ 平面上的另一对应直线就可以了。现设 $\xi-\eta$ 平面上有一直线 AB（见图 9-8），其 $\xi = \dfrac{1}{2}$，将此值代入式（9-9）和式（9-10），则得

$$x = \frac{1}{8}\ (1-\eta)\ x_1 + \frac{3}{8}\ (1-\eta)\ x_2 + \frac{3}{8}\ (1+\eta)\ x_3 + \frac{1}{8}\ (1+\eta)\ x_4$$

$$y = \frac{1}{8}\ (1-\eta)\ y_1 + \frac{3}{8}\cdot (1-\eta)\ y_2 + \frac{3}{8}\ (1+\eta)\ y_3 + \frac{1}{8}\ (1+\eta)\ y_4$$

由上面两式消去 η，便可得到 x、y 之间的线性函数关系，表明在 $\xi-\eta$ 平面上的一条直线，对应于 $x-y$ 平面上也是一条直线。又 A 点 $\eta = 1$，B 点 $\eta = -1$，将它们分别代入上述两式，求得

$$x_A = x_4 + \frac{3}{4}\ (x_3 - x_4),\ \ y_A = y_4 + \frac{3}{4}\ (y_3 - y_4)$$

$$x_B = x_1 + \frac{3}{4} \ (x_2 - x_1), \ \ y_B = y_1 + \frac{3}{4} \ (y_2 - y_1)$$

在图 9 – 7 中，线段 $\overline{A3}$ 为线段 $\overline{43}$ 的 $1/4$，而线段 $\overline{B2}$ 为线段 $\overline{12}$ 的 $1/4$，所以 x_A、y_A 和 x_B、y_B 正好是 A、B 两点在整体坐标中的坐标值，因而，转换式（9 – 10）是正确的。

由于位移函数（式 9 – 8）和坐标函数（式 9 – 10）的形式相同，即变换时的参数相同，故上述单元又称为四边形等参（数）单元。

二、应变矩阵和几何矩阵

位移函数确定后，即可由几何方程求单元的应变。下面仍以平面应变问题中常见的三角形单元和四边形单元为例进行介绍。

1. 三角形单元的应变矩阵和几何矩阵

平面应变问题有三个应变分量，写成矩阵形式为：

$$\{\varepsilon\} = \begin{Bmatrix} \varepsilon_x \\ \varepsilon_y \\ \gamma_{xy} \end{Bmatrix} = \begin{Bmatrix} \dfrac{\partial u}{\partial x} \\[2mm] \dfrac{\partial v}{\partial y} \\[2mm] \dfrac{\partial u}{\partial y} + \dfrac{\partial v}{\partial x} \end{Bmatrix} \tag{9 – 11}$$

将式（9 – 5）代入式（9 – 11），便得

$$\{\varepsilon\} = \begin{Bmatrix} \varepsilon_x \\ \varepsilon_y \\ \gamma_{xy} \end{Bmatrix} = \frac{1}{2A} \begin{bmatrix} b_i & 0 & b_j & 0 & b_m & 0 \\ 0 & c_i & 0 & c_j & 0 & c_m \\ c_i & b_i & c_j & b_j & c_m & b_m \end{bmatrix} \begin{Bmatrix} u_i \\ v_i \\ u_j \\ v_j \\ u_m \\ v_m \end{Bmatrix} = [B]\{\delta\}^e \tag{9 – 12}$$

式中 $\quad [B] = \dfrac{1}{2A} \begin{bmatrix} b_i & 0 & b_j & 0 & b_m & 0 \\ 0 & c_i & 0 & c_j & 0 & c_m \\ c_i & b_i & c_j & b_j & c_m & b_m \end{bmatrix}$ $\tag{9 – 13}$

$[B]$ 是联系单元内任一点的应变与节点位移的关系矩阵，称之为几何矩阵。

2. 四边形单元的应变矩阵和几何矩阵

前面推导四边形单元的形状函数矩阵 $[N]$ 时，引入了局部坐标，且 $[N]$ 表示为局部坐标 ξ、η 的函数。而由式（9 – 11）可知，应变是位移 u、v 对整体坐标 x、y 的偏导，为此采用复合函数求导方法求应变。

由复合函数的求导可知

$$\begin{Bmatrix} \dfrac{\partial}{\partial \xi} \\[2mm] \dfrac{\partial}{\partial \eta} \end{Bmatrix} = \begin{bmatrix} \dfrac{\partial x}{\partial \xi} & \dfrac{\partial y}{\partial \xi} \\[2mm] \dfrac{\partial x}{\partial \eta} & \dfrac{\partial y}{\partial \eta} \end{bmatrix} \begin{Bmatrix} \dfrac{\partial}{\partial x} \\[2mm] \dfrac{\partial}{\partial y} \end{Bmatrix} = [J] \begin{Bmatrix} \dfrac{\partial}{\partial x} \\[2mm] \dfrac{\partial}{\partial y} \end{Bmatrix}$$

即有：

$$\begin{Bmatrix} \dfrac{\partial}{\partial x} \\[2mm] \dfrac{\partial}{\partial y} \end{Bmatrix} = \left[J \right]^{-1} \begin{Bmatrix} \dfrac{\partial}{\partial \xi} \\[2mm] \dfrac{\partial}{\partial \eta} \end{Bmatrix} = \dfrac{1}{|J|} \begin{bmatrix} \dfrac{\partial y}{\partial \eta} & -\dfrac{\partial y}{\partial \xi} \\[3mm] -\dfrac{\partial x}{\partial \eta} & \dfrac{\partial x}{\partial \xi} \end{bmatrix} \begin{Bmatrix} \dfrac{\partial}{\partial \xi} \\[2mm] \dfrac{\partial}{\partial \eta} \end{Bmatrix}$$

式中 $\left[J \right]$——雅可比矩阵；

$\left[J \right]^{-1}$——$\left[J \right]$ 的逆矩阵；

$|J|$——雅可比行列式。

于是，

$$\begin{Bmatrix} \dfrac{\partial u}{\partial x} \\[2mm] \dfrac{\partial u}{\partial y} \end{Bmatrix} = \dfrac{1}{|J|} \begin{bmatrix} \dfrac{\partial y}{\partial \eta} & -\dfrac{\partial y}{\partial \xi} \\[3mm] -\dfrac{\partial x}{\partial \eta} & \dfrac{\partial x}{\partial \xi} \end{bmatrix} \begin{Bmatrix} \dfrac{\partial u}{\partial \xi} \\[2mm] \dfrac{\partial u}{\partial \eta} \end{Bmatrix}$$

$$\begin{Bmatrix} \dfrac{\partial v}{\partial x} \\[2mm] \dfrac{\partial v}{\partial y} \end{Bmatrix} = \dfrac{1}{|J|} \begin{bmatrix} \dfrac{\partial y}{\partial \eta} & -\dfrac{\partial y}{\partial \xi} \\[3mm] -\dfrac{\partial x}{\partial \eta} & \dfrac{\partial x}{\partial \xi} \end{bmatrix} \begin{Bmatrix} \dfrac{\partial v}{\partial \xi} \\[2mm] \dfrac{\partial v}{\partial \eta} \end{Bmatrix}$$

故得：

$$\varepsilon_x = \frac{\partial u}{\partial x} = \frac{1}{|J|} \left(\frac{\partial u}{\partial \xi} \frac{\partial y}{\partial \eta} - \frac{\partial u}{\partial \eta} \frac{\partial y}{\partial \xi} \right)$$

$$\varepsilon_y = \frac{\partial v}{\partial y} = \frac{1}{|J|} \left(-\frac{\partial v}{\partial \xi} \frac{\partial x}{\partial \eta} + \frac{\partial v}{\partial \eta} \frac{\partial x}{\partial \xi} \right)$$

$$\gamma_{xy} = \frac{\partial u}{\partial y} + \frac{\partial v}{\partial x} = \frac{1}{|J|} \left[\left(-\frac{\partial u}{\partial \xi} \frac{\partial x}{\partial \eta} + \frac{\partial u}{\partial \eta} \frac{\partial x}{\partial \xi} \right) + \left(\frac{\partial v}{\partial \xi} \frac{\partial y}{\partial \eta} - \frac{\partial v}{\partial \eta} \frac{\partial y}{\partial \xi} \right) \right]$$

将式（9-8）和式（9-10）代入上式，进行偏导和运算，最后可整理成

$$\begin{Bmatrix} \varepsilon_x \\ \varepsilon_y \\ \gamma_{xy} \end{Bmatrix} = \frac{2}{J} \begin{bmatrix} A_1 & 0 & A_2 & 0 & A_3 & 0 & A_4 & 0 \\ 0 & B_1 & 0 & B_2 & 0 & B_3 & 0 & B_4 \\ B_1 & A_1 & B_2 & A_2 & B_3 & A_3 & B_4 & A_4 \end{bmatrix} \begin{Bmatrix} u_1 \\ v_1 \\ u_2 \\ v_2 \\ u_3 \\ v_3 \\ u_4 \\ v_4 \end{Bmatrix} \qquad (9-14a)$$

简记为 $$\{\varepsilon\} = \left[B \right] \{\delta\}^e \qquad (9-14b)$$

式中 $\left[B \right]$——几何矩阵，即

$$\left[B \right] = \frac{2}{J} \begin{bmatrix} A_1 & 0 & A_2 & 0 & A_3 & 0 & A_4 & 0 \\ 0 & B_1 & 0 & B_2 & 0 & B_3 & 0 & B_4 \\ B_1 & A_1 & B_2 & A_2 & B_3 & A_3 & B_4 & A_4 \end{bmatrix} \qquad (9-15)$$

式中

$$\begin{Bmatrix} A_1 \\ A_2 \\ A_3 \\ A_4 \end{Bmatrix} = \begin{Bmatrix} y_{24} - y_{34}\xi - y_{23}\eta \\ -y_{13} + y_{34}\xi + y_{14}\eta \\ -y_{24} + y_{12}\xi - y_{14}\eta \\ y_{13} - y_{12}\xi + y_{23}\eta \end{Bmatrix} \qquad (9-16)$$

$$\begin{Bmatrix} B_1 \\ B_2 \\ B_3 \\ B_4 \end{Bmatrix} = \begin{Bmatrix} -x_{24} + x_{34}\xi + x_{23}\eta \\ x_{13} - x_{34}\xi - x_{14}\eta \\ x_{24} - x_{12}\xi + x_{14}\eta \\ -x_{13} + x_{12}\xi - x_{23}\eta \end{Bmatrix} \qquad (9-17)$$

$$x_{ij} = x_i - x_j, \ y_{ij} = y_i - y_j \qquad (i,j = 1, 2, 3, 4)$$

$$\begin{aligned}
J = &\left[(-x_1 + x_2 + x_3 - x_4) + (x_1 - x_2 + x_3 - x_4)\eta \right] \\
&\times \left[(-y_1 - y_2 + y_3 + y_4) + (y_1 - y_2 + y_3 - y_4)\xi \right] \\
&- \left[(-x_1 - x_2 + x_3 + x_4) + (x_1 - x_2 + x_3 - x_4)\xi \right] \\
&\times \left[(-y_1 + y_2 + y_3 - y_4) + (y_1 - y_2 + y_3 - y_4)\eta \right]
\end{aligned} \qquad (9-18)$$

对照式（9-12）、式（9-13）和式（9-14）、式（9-15）可以看出，在三角形单元中，几何矩阵 $[B]$ 为常数矩阵，只依赖于三角形单元三个节点的坐标值，故三角形单元应变为常应变；而四边形单元的几何矩阵中还包含有 ξ、η，说明单元的应变还随点的坐标而变化。

需要指出，对于四边形等参单元或更复杂的单元，由于是立足于局部坐标进行运算的，因此，有关的积分式也要化为对局部坐标（ξ、η）的积分。例如，平面应变单元的虚变形功为

$$W_d = \iint_s \{\varepsilon\}^T \{\sigma\} \mathrm{d}x\mathrm{d}y \qquad (9-19a)$$

假设应力与应变之间的关系矩阵为 $[D]$，即有 $\{\sigma\} = [D]\{\varepsilon\}$（弹性变形时，应力应变关系为线性的；而塑性变形时则为非线性的）。于是式（9-19a）改写为

$$W_d = \iint_s \{\varepsilon\}^T [D]\{\varepsilon\} \mathrm{d}x\mathrm{d}y \qquad (9-19b)$$

式中 $\{\varepsilon\}$ 既然已表示为局部坐标的函数，则微面积 $\mathrm{d}x\mathrm{d}y$ 也要用局部坐标来表示。可以证明，$\mathrm{d}x \cdot \mathrm{d}y = |J|\mathrm{d}\xi\mathrm{d}\eta$，故有

$$W_d = \int_{-1}^{1}\int_{-1}^{1} \{\varepsilon\}^T [D]\{\varepsilon\} |J| \mathrm{d}\xi\mathrm{d}\eta = \int_{-1}^{1}\int_{-1}^{1} f(\xi,\eta)\mathrm{d}\xi\mathrm{d}\eta \qquad (9-20)$$

此时，虽然积分域变得很简单，但被积函数却复杂化了，难以直接积分。因而一般采用数值积分方法计算积分值，即在单元内选某些点作为积分点，求出被积函数 $f(\xi,\eta)$ 在这些点的数值，然后根据这些数值求积分值。

数值积分法一般有两类：一类是积分点为等距的，如辛普森法；另一类是积分点为不等距的，如高斯法。在有限元法中，由于被积函数往往很复杂，故一般采用高斯积分法，它可以用较少的积分点达到较高的精度，有关高斯积分法的详细内容，可参阅有关的书籍。

上面只介绍平面应变三角形单元和四边形单元的几何特性，至于其他类型单元的几何特性，可参阅有关的文献。

由于单元的几何特性仅决定于单元的类型、位移模式和节点数值，而与材料无关，因

此，上述有关形状函数和几何矩阵等，既适用于弹性问题，也适用于塑性问题。

第四节　载荷向节点的移置

在有限元法中，单元之间的力是假定通过节点来传递的，单元的边界并不传递力。因此，外作用力必须向节点移置，移置后在公共节点处应用力的叠加原理进行叠加，最后便可得到整体的节点载荷向量。

施加于变形体的外作用力主要有两种：集中力和分布力。对于集中力，在划分网格时应使其作用点成为一个节点；而对于分布力，则应移置为等效的节点力。

单元载荷移置的基本原则是：单元的实际载荷与移置后的节点载荷在相对应的虚位移上所做的虚功相等，即所谓能量等效原则。

需要指出，载荷移置必须在结构的局部区域内进行，这样按能量等效原则移置后，只可能在该区域内产生误差，而不会影响整个结构的变形或应力状态。在有限元分析中，一般所取的单元较小，因此，单元载荷的移置对计算结果不会带来大的误差。

分布力包括分布边界力和均布体积力，对于一般的金属塑性成形问题，体积力可不考虑。下面推导分布边界力向节点移置的普遍公式：

设三角形单元 ijm 的 mi 边作用有分布面力 $\{q\}$，其分量为 q_x 和 q_y，即

$$\{q\} = \begin{Bmatrix} q_x \\ q_y \end{Bmatrix}$$

移置到节点 m、i 上的等效节点力为

$$\{p\} = \begin{bmatrix} p_{ix} & p_{iy} & p_{mx} & p_{my} \end{bmatrix}^T$$

节点相应的虚位移为

$$\{\delta\} = \begin{bmatrix} u_i & v_i & u_m & v_m \end{bmatrix}^T$$

则根据能量等效原则可列出：

$$\int_{l_{im}} (uq_x + vq_y)\, t\mathrm{d}l = p_{ix}u_i + p_{iy}v_i + p_{mx}u_m + p_{my}v_m$$

又

$$u = N_i u_i + N_m u_m$$
$$v = N_i v_i + N_m v_m$$

将 u、v 代入上式，并用矩阵形式表示为

$$(u_i \quad v_i \quad u_m \quad v_m) \int_{l_{im}} \begin{bmatrix} N_i & 0 \\ 0 & N_i \\ N_m & 0 \\ 0 & N_m \end{bmatrix} \begin{Bmatrix} q_x \\ q_y \end{Bmatrix} t\mathrm{d}l = (u_i \quad v_i \quad u_m \quad v_m) \begin{Bmatrix} p_{ix} \\ p_{iy} \\ p_{mx} \\ p_{my} \end{Bmatrix}$$

即有

$$\begin{Bmatrix} p_{ix} \\ p_{iy} \\ p_{mx} \\ p_{my} \end{Bmatrix} = \int_{l_{im}} \begin{bmatrix} N_i & 0 \\ 0 & N_i \\ N_m & 0 \\ 0 & N_m \end{bmatrix} \begin{Bmatrix} q_x \\ q_y \end{Bmatrix} t\mathrm{d}l \qquad (9-21)$$

式中　t——三角形单元的厚度。

下面举一实例，应用式（9-21）计算等效节点力：设 im 边上作用有如图 9-9 所示的

平行于 x 轴的线性分布面力。则由式（9-21）可写出：

$$\left.\begin{array}{l} p_{ix} = \displaystyle\int_{l_{im}} N_i q_x t \mathrm{d}l \\[2mm] p_{mx} = \displaystyle\int_{l_{im}} N_m q_x t \mathrm{d}l \end{array}\right\} \qquad (9-22)$$

已知 $\qquad N_i = 1 - \dfrac{x - x_i}{x_m - x_i}$

$$N_m = \dfrac{x - x_i}{x_m - x_i}$$

又 $\qquad \mathrm{d}l = \dfrac{l_{im}}{(x_m - x_i)}\mathrm{d}x, \qquad q_x = q_o \dfrac{(x_m - x)}{(x_m - x_i)}$

代入式（9-22），得

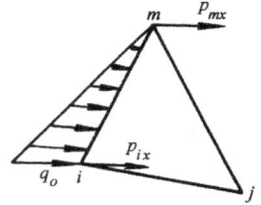

图 9-9　线性分布面力的等效移置

$$p_{ix} = \int_{x_i}^{x_m} \left(1 - \frac{x - x_i}{x_m - x_i}\right) q_o \left(\frac{x_m - x}{x_m - x_i}\right) \cdot \frac{l_{im}}{(x_m - x_i)} t \mathrm{d}x$$

$$= \frac{1}{3} q_o l_{im} t$$

$$p_{mx} = \int_{x_i}^{x_m} \left(\frac{x - x_i}{x_m - x_i}\right) q_o \left(\frac{x_m - x}{x_m - x_i}\right) \cdot \frac{l_{im}}{(x_m - x_i)} t \mathrm{d}x$$

$$= \frac{1}{6} q_o l_{im} t$$

第五节　刚塑性有限元法

　　塑性成形一般为大变形问题，此时材料的弹性变形量相对于塑性变形量可以忽略不计，因而可视为刚塑性材料。针对这种刚塑性材料建立的有限元法就称为刚塑性有限元法，它是小林史郎（Shiro Kobayashi）和李（Lee.C.H）于 1973 年提出的，二十几年来已得到很大的发展，广泛应用于分析各种塑性加工问题。

　　刚塑性有限元法每一加载步的计算，是在以前材料累加变形的几何形状和硬化状态的基础上进行的；而且每步变形增量较小。因此，可以用小变形的计算方法来处理塑性成形的大变形问题，且计算模型也比较简单。再者，计算每一步的应力值时不是靠应力增量逐步叠加、而是直接计算获得的，因而没有累积误差，计算步长可以相对取大些。但是，由于这种方法忽略弹性变形，所以在计算小变形时其精度不及弹塑性有限元法；另外这种方法不能计算回弹和残余应力。

　　刚塑性有限元法的理论基础是变分原理，即认为在一切动可容速度（或位移）场中，使能率泛函取得驻值的速度场就是真实速度场。根据这个速度场，利用小变形几何方程即可求得应变速率场，进而由本构方程求得应力场。但是，在构造可容速度场时，要满足速度边界条件较容易，而要满足体积不可压缩条件则较难，但又必须满足。这样，刚塑性有限元法在求解过程中，针对体积不可压缩条件的处理方法提出不同的解法，主要有拉格朗日乘子法、体积可压缩法和罚函数法。每一种方法都对能率泛函进行"改造"，建立新的能率泛函。当新建立的能率泛函取得驻值时，则体积不可压缩条件能自动得到满足。这样，就给初始速度场的选择带来方便，且解决了体积不可压缩的刚塑性问题，只能由应变速率场求得应力偏量而不能求得应力值的矛盾。

一、拉格朗日乘子法

1. 刚塑性材料不完全广义变分原理

拉格朗日乘子法是建立在刚塑性材料不完全广义变分原理的基础上，它把体积不可压缩条件用拉格朗日乘子 λ 引入能率泛函中，得到如下的新泛函：

$$\varphi = \sqrt{2}K\int_V \sqrt{\dot\epsilon_{ij}\dot\epsilon_{ij}}\,\mathrm{d}V - \int_{S_P} p_i v_i \,\mathrm{d}S + \int_V \lambda \dot\epsilon_{ij}\delta_{ij}\,\mathrm{d}V \tag{9-23}$$

式中第一项为塑性变形功率；第二项为力面 S_P 上给定表面力 p_i 所作的功率；δ_{ij} 为 Kronecker 符号，当 $i=j$ 时，$\delta_{ij}=1$，而当 $i\neq j$ 时，$\delta_{ij}=0$。还需说明，第一项中 K 放在积分号外，是因为把变形体视为理想刚塑性材料。对于刚塑性硬化材料，K 是塑性应变的函数，应放在积分号内，但这会给求解带来困难。为了简化计算，采用阶段硬化的概念，即在每一加载步中视 K 为常数，而在不同加载步中，K 值则因材料硬化而取不同数值。故此，式（9-23）不仅对理想刚塑性材料适用，而且对于刚塑性硬化材料在一个加载步内的变形也是适用的。

刚塑性材料不完全广义变分原理认为，在所有满足几何方程和速度边界条件的速度场 v_i 中，使泛函式（9-23）取得驻值的 v_i 为真实速度场。

下面证明这一原理：

将式（9-23）改写成

$$\varphi = \int_V \sigma_{ij}{}'\dot\epsilon_{ij}\,\mathrm{d}V - \int_{S_P} p_i v_i\,\mathrm{d}S + \int_V \lambda \dot\epsilon_{ij}\delta_{ij}\,\mathrm{d}V$$

又 $\quad \sigma_{ij}{}' = \sigma_{ij} - \dfrac{1}{3}\sigma_{kk}\delta_{ij}$

代入上式并变分，得

$$\delta\varphi = \int_V \left(\sigma_{ij} - \frac{1}{3}\sigma_{kk}\delta_{ij}\right)\delta\dot\epsilon_{ij}\,\mathrm{d}V - \int_{S_P} p_i\delta v_i\,\mathrm{d}S$$
$$+ \int_V (\lambda\delta\dot\epsilon_{ij} + \dot\epsilon_{ij}\delta\lambda)\delta_{ij}\,\mathrm{d}V \tag{9-24}$$

因

$$\int_V \sigma_{ij}\delta\dot\epsilon_{ij}\,\mathrm{d}V = \int_V \sigma_{ij}\delta\frac{\partial v_i}{\partial x_j}\,\mathrm{d}V$$
$$= \int_V \frac{\partial(\sigma_{ij}\delta v_i)}{\partial x_j}\,\mathrm{d}V - \int_V \frac{\partial\sigma_{ij}}{\partial x_j}\delta v_i\,\mathrm{d}V$$

又由奥氏定理(参见第 8 章 2 节) 可得

$$\int_V \frac{\partial(\sigma_{ij}\delta v_i)}{\partial x_j}\,\mathrm{d}V = \int_S (\sigma_{ij}\delta v_i)\,n_j\,\mathrm{d}S$$
$$= \int_{S_P}(\sigma_{ij}\delta v_i)\,n_j\,\mathrm{d}S + \int_{S_v}(\sigma_{ij}\delta v_i)\,n_j\,\mathrm{d}S$$

因为在 S_v 上 v_i 是给定的，其变分 δv_i 为零，故上式第二项为零。

将这些关系式代入式（9-24），最后求得

$$\delta\varphi = \int_{S_P}(\sigma_{ij}\delta v_i)\,n_j\,\mathrm{d}S - \int_V \frac{\partial\sigma_{ij}}{\partial x_j}\delta v_i\,\mathrm{d}V - \int_V \frac{1}{3}\sigma_{kk}\delta_{ij}\delta\dot\epsilon_{ij}\,\mathrm{d}V$$

$$- \int_{S_p} p_i \delta v_i \mathrm{d}S + \int_V \lambda \delta \dot{\varepsilon}_{ij} \delta_{ij} \mathrm{d}V + \int_V \dot{\varepsilon}_{ij} \delta \lambda \delta_{ij} \mathrm{d}V$$

$$= \int_{S_p} (\sigma_{ij} n_j - p_i) \delta v_i \mathrm{d}S - \int_V \frac{\partial \sigma_{ij}}{\partial x_j} \delta v_i \mathrm{d}V$$

$$- \int_V (\frac{1}{3} \sigma_{kk} \delta_{ij} - \lambda \delta_{ij}) \delta \dot{\varepsilon}_{ij} \mathrm{d}V + \int_V \dot{\varepsilon}_{ij} \delta_{ij} \delta \lambda \mathrm{d}V \qquad (9-25)$$

因为 δv_i 和 $\delta \lambda$ 都是任意的, 要使 $\delta \varphi = 0$, 取得驻值, 必须满足下列等式:

在 S_p 表面上: $\qquad\qquad \sigma_{ij} n_j - p_i = 0 \qquad\qquad (9-26)$

在体积 V 内: $\qquad\qquad \dfrac{\partial \sigma_{ij}}{\partial x_j} = 0 \qquad\qquad (9-27)$

$$\frac{1}{3} \sigma_{kk} \delta_{ij} - \lambda \delta_{ij} = 0 \qquad\qquad (9-28)$$

$$\dot{\varepsilon}_{ij} \delta_{ij} = 0 \qquad\qquad (9-29)$$

式 (9-26) 是应力边界上的平衡条件, 式 (9-27) 是应力平衡微分方程, 式 (9-29) 是体积不可压缩条件, 而式 (9-28) 给出拉格朗日乘子 λ 的物理意义, 即 λ 恰为平均应力 ($\lambda = \frac{1}{3} \sigma_{kk}$)。这就证明了在满足速度边界条件和速度与应变速率关系的速度场中, 使能率泛函变分 (式 9-25) 为零的速度场为真实速度场, 因为它满足了所有的边界条件和基本方程。

2. 求解方程的建立

为了便于有限元法的计算, 将泛函式 (9-23) 改写成矩阵形式, 即有

$$\varphi = \sqrt{2} K \int_V \sqrt{\{\dot{\varepsilon}\}^T \{\dot{\varepsilon}\}} \mathrm{d}V - \int_{S_p} \{v\}^T \{p\} \mathrm{d}S + \int_V \lambda \{\dot{\varepsilon}\}^T \{c\} \mathrm{d}V \qquad (9-30)$$

$$\{\dot{\varepsilon}\} = \begin{bmatrix} \dot{\varepsilon}_x & \dot{\varepsilon}_y & \dot{\varepsilon}_z & \dfrac{1}{\sqrt{2}} \dot{\gamma}_{xy} & \dfrac{1}{\sqrt{2}} \dot{\gamma}_{yz} & \dfrac{1}{\sqrt{2}} \dot{\gamma}_{zx} \end{bmatrix}^T$$

$$\{c\} = \begin{bmatrix} 1 & 1 & 1 & 0 & 0 & 0 \end{bmatrix}^T$$

式中 $\qquad \{\dot{\varepsilon}\}$——应变速率列阵;

$\qquad\quad \{v\}$——速度列阵;

$\qquad\quad \{p\}$——S_p 边界上给定表面力列阵;

$\qquad\quad \{c\}$——矩阵记号。

由式 (9-30) 可以看出, 泛函 φ 为速度场和拉格朗日乘子 λ 的函数。由于泛函取驻值时的 $\{v\}$ 为真实解, 且 λ 为平均应力 σ_m, 故可根据这一条件求得速度场和平均应力。

现假定将变形体离散成 m 个单元 n 个节点, 根据单元的几何特性 (参见本章第 3 节), 可有

$$\{v\} = [N] \{v\}^e$$

$$\{\dot{\varepsilon}\} = [B] \{v\}^e$$

$$\{\dot{\varepsilon}\}^T \{\dot{\varepsilon}\} = \{v\}^{eT} [B]^T [B] \{v\}^e$$

将这些关系式代入式 (9-30), 则得单元的能率泛函为:

$$\varphi^e = \sqrt{3} K \int_V \sqrt{\frac{2}{3} \{v\}^{eT} [B]^T [B] \{v\}^e} \mathrm{d}V$$

$$- \{v\}^{eT} \left(\int_{S_p} [N]^T \{p\} \mathrm{d}S - \int_V \lambda^e [B]^T \{c\} \mathrm{d}V \right) \tag{9-31}$$

由式可见，单元泛函 φ^e 是 $\{v\}^e$ 和 λ^e 的函数，即

$$\varphi^e = \varphi^e \ (\{v\}^e, \ \lambda^e) \tag{9-32}$$

对于整个变形体，整体泛函 ϕ 由各个单元泛函 φ 集合而成，它是节点速度 v_i（$i = 1, 2,$ $\cdots, 3n$)（其中 n 前的系数 3 表示每个节点的自由度，也即求解问题的维数；若平面应变问题，则 n 前系数应为 2）和各单元的 λ_j（$j = 1, 2, \cdots, m$）的函数，即

$$\phi \approx \sum_{e=1}^m \varphi^e \ (\{v\}^e, \ \lambda^e) = \varphi \ (v_1, \ v_2, \ \cdots, \ v_{3n}, \ \lambda_1, \ \lambda_2, \ \cdots, \ \lambda_m) \tag{9-33}$$

当泛函取驻值时，则

$$\delta\phi \approx \sum_{e=1}^m \left(\frac{\partial \varphi^e}{\partial v_i} \delta v_i + \frac{\partial \varphi^e}{\partial \lambda_j} \delta \lambda_j \right) = 0 \tag{9-34}$$

由于变分 δv_i 和 $\delta \lambda_j$ 是任意的独立变量，故有

$$\left. \begin{aligned} \sum_{e=1}^m \frac{\partial \varphi^e}{\partial v_i} = 0 \qquad (i = 1, 2, \cdots, 3n) \\ \sum_{e=1}^m \frac{\partial \varphi^e}{\partial \lambda_j} = 0 \qquad (j = 1, 2, \cdots, m) \end{aligned} \right\} \tag{9-35}$$

这是 $m + 3n$ 个联立方程组，可解出 $3n$ 个节点速度 v_i 和 m 个单元的拉格朗日乘子 λ_j。

下面对每一个单元的泛函式（9-31）取变分，并令其为零，则有

$$\frac{\partial \varphi^e}{\partial \{v\}^e} = \sqrt{3} K \int_V \frac{\frac{2}{3} [B]^T [B] \{v\}^e}{\sqrt{\frac{2}{3} \{v\}^{eT} [B]^T [B] \{v\}^e}} \mathrm{d}V - \int_{S_p} [N]^T \{p\} \mathrm{d}S$$

$$+ \lambda^e \int_V [B]^T \{c\} \mathrm{d}V = 0 \tag{9-36}$$

$$\frac{\partial \varphi^e}{\partial \lambda^e} = \{v\}^{eT} \int_V [B]^T \{c\} \mathrm{d}V = \int_V \{c\}^T [B] \{v\}^e \mathrm{d}V = 0 \tag{9-37}$$

对于每一个单元，都可以求得一组如式（9-36）和式（9-37）的方程，m 个单元则有 m 组这样的方程。然后按式（9-35）的形式集合，就可以得到与未知数个数相同的联立方程组。解此方程组，即可求得整个集合体各节点上的速度 $\{v\}$ 和各单元的 $\{\lambda\}$（即 σ_m）。但是，此方程组是关于 $\{v\}$ 的非线性函数，直接求解有困难，需进行线性化。

下面采用摄动法对方程组进行线性化。

首先假定节点速度的初值为 $\{v\}_0$，然后引入节点速度的摄动量 $\{\Delta v\}$。由于假定 $\{\Delta v\}$ 比节点速度 $\{v\}$ 小得多，因之可以省略 $\{\Delta v\}$ 二次以上的微小项。于是方程组就变成关于 $\{\Delta v\}$ 的线性方程组。把解此方程组得到的 $\{\Delta v\}$ 加到初值 $\{v\}_0$ 上，再用这个值求下一个解，如此迭代下去，就可求得 $\{v\}$ 的收敛解。这种方法就称为摄动法。具体做法如下：

令式（9-36）的 $\frac{\partial \varphi^e}{\partial \{v\}^e}$ 为 $f_1 \ (\{v\}^e, \ \lambda^e)$，式（9-37）的 $\frac{\partial \varphi^e}{\partial \lambda^e}$ 为 $f_2 \ (\{v\}^e)$，且 $\{v\}_{n-1}^e$ 为第 $n-1$ 次迭代时的解，将 $f_1 \ (\{v\}^e, \ \lambda^e)$ 和 $f_2 \ (\{v\}^e)$ 在 $\{u\}_{n-1}^e$ 处展开成泰勒级数，并略去二次项，则有

$$f_1 \left(\{v\}^e, \ \lambda^e \right) = f_1 \left(\{v\}_{n-1}^e, \ \lambda^e \right) + \left(\frac{\partial f_1}{\partial \{v\}^e} \right)_{\{v\}_{n-1}^e} \{\Delta v\}_n^e = 0 \qquad (9-38)$$

$$f_2 \left(\{v\}^e \right) = f_2 \left(\{v\}_{n-1}^e \right) + \left(\frac{\partial f_2}{\partial \{v\}^e} \right)_{\{v\}_{n-1}^e} \{\Delta v\}_n^e = 0 \qquad (9-39)$$

将式 (9-36) 代入式 (9-38)，并令 $[K] = [B]^T[B]$ ($[K]$ 不是刚度矩阵)，且考虑到等效应变速率为

$$\bar{\dot{\varepsilon}}^e = \sqrt{\frac{2}{3} \dot{\varepsilon}_{ij} \dot{\varepsilon}_{ij}} = \sqrt{\frac{2}{3} \{v\}^{eT} [B]^T [B] \{v\}^e} = \sqrt{\frac{2}{3} \{v\}^{eT} [K] \{v\}^e}$$

则得

$$\sqrt{3} K \int_V \frac{\frac{2}{3} [K] \{v\}_{n-1}^e}{\bar{\dot{\varepsilon}}_{n-1}^e} \mathrm{d}V - \int_{S_p} [N]^T \{p\} \mathrm{d}S + \lambda^e \int_V [B]^T \{C\} \mathrm{d}V$$

$$+ \left(\sqrt{3} K \int_V \left[\frac{\frac{2}{3}[K]}{\bar{\dot{\varepsilon}}_{n-1}^e} - \frac{\frac{2}{3}[K]\{v\}_{n-1}^e \cdot \{v\}_{n-1}^{eT} \cdot \frac{2}{3}[K]^T}{(\bar{\dot{\varepsilon}}_{n-1}^e)^3} \right] \mathrm{d}V \right) \{\Delta v\}_n^e = 0$$

$$(9-40)$$

同样，将式 (9-37) 代入式 (9-39)，得

$$\left(\int_V \{C\}^T [B] \mathrm{d}V \right) \{v\}_{n-1}^e + \left(\int_V \{C\}^T [B] \mathrm{d}V \right) \{\Delta v\}_n^e = 0 \qquad (9-41)$$

令

$$\{b\}_{n-1} = [K] \{v\}_{n-1}^e$$

$$[F]_{n-1} = \frac{2}{3} \int_V \frac{1}{\bar{\dot{\varepsilon}}_{n-1}^e} \left[[K] - \frac{2}{3} \frac{\{b\}_{n-1} \{b\}_{n-1}^T}{(\bar{\dot{\varepsilon}}_{n-1}^e)^2} \right] \mathrm{d}V$$

$$\{H\}_{n-1} = \int_V \frac{2}{3} \frac{\{b\}_{n-1}}{\bar{\dot{\varepsilon}}_{n-1}^e} \mathrm{d}V$$

$$\{P\}^e = \int_{S_p} [N]^T \{p\} \mathrm{d}S$$

$$\{Q\}^e = \int_V [B]^T \{C\} \mathrm{d}V$$

于是，式 (9-40) 和式 (9-41) 可改写为

$$\left. \begin{array}{l} \sigma_s \{H\}_{n-1} - \{P\}^e + \lambda^e \{Q\}^e + \sigma_s [F]_{n-1} \{\Delta v\}_n^e = 0 \\ \{Q\}^{eT} \{v\}_{n-1}^e + \{Q\}^{eT} \{\Delta v\}_n^e = 0 \end{array} \right\} \qquad (9-42)$$

将式 (9-42) 写成矩阵形式，得

$$\begin{bmatrix} \sigma_s [F]_{n-1} & \{Q\}^e \\ \{Q\}^{eT} & 0 \end{bmatrix} \begin{Bmatrix} \{\Delta v\}_n^e \\ \lambda^e \end{Bmatrix} = \begin{Bmatrix} \{P\}^e - \sigma_s \{H\}_{n-1} \\ -\{Q\}^{eT} \{v\}_{n-1}^e \end{Bmatrix} \qquad (9-43)$$

式 (9-43) 是对第 e 个单元而言的。现共有 m 个单元，就有 m 个这样的方程组，将所有这些方程组组织到式 (9-35)，就可以得到以所有节点速度增量 $\{\Delta v\}$ 和所有单元的拉格朗日乘子 λ 为未知数的线性代数方程组：

$$[S]_{n-1} \begin{Bmatrix} \{\Delta v\}_n \\ \lambda \end{Bmatrix} = \{R\}_{n-1} \qquad (9-44)$$

式（9-44）即为拉格朗日乘子法的整体方程。求解时采用迭代法。由 $n-1$ 次迭代计算后的 $\{v\}_{n-1}$ 算出 $\{S\}_{n-1}$ 和 $\{R\}_{n-1}$，然后由式（9-44）求得 $\{\Delta v\}_n$ 和 $\{\lambda\}_n$，当 $\{\Delta v\}_n$ 足够小时，则认为迭代收敛。收敛速度场即为

$$\{v\}_n = \{v\}_{n-1} + \{\Delta v\}_n \qquad (9-45)$$

迭代收敛的判据通常采用范数比小于某个正微小数，即

$$\| \{\Delta v\}_n \| / \| \{v\}_{n-1} \| < \delta \quad (\text{一般取 } 0.0001 \text{ 以下}) \qquad (9-46)$$

式中

$$\| \{\Delta v\}_n \| = \sqrt{\sum_{i=1}^{3n} \Delta v_{i_n}^2} \; ; \qquad \| \{v\}_{n-1} \| = \sqrt{\sum_{i=1}^{3n} v_{i_{n-1}}^2}$$

有了速度场后，即可根据单元几何特性求得应变速率，再由塑性流动方程求得应力偏量为

$$\sigma_{ij}' = \frac{\sqrt{2}K}{\sqrt{\dot\varepsilon_{ij}\dot\varepsilon_{ij}}}\dot\varepsilon_{ij} \qquad (9-47)$$

又由于拉格朗日乘子 $\lambda = \sigma_m$，故得单元的应力值为

$$\sigma_{ij} = \sigma_{ij}' + \lambda\delta_{ij} \qquad (9-48)$$

下面举例说明如何由式（9-43）集合成式（9-44）。设有一平面应变刚塑性体，离散成两个三角形单元 I 和 II，如图 9-10 所示。图中 i、j、m 为局部编号，1，2，3，4 为整体编号，彼此有一定的对应关系。

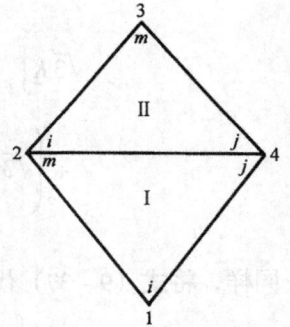
图 9-10 两个三角形单元的矩阵方程集成

对于单元 I ，由式（9-43）列出以下矩阵方程：

$$
\begin{array}{c}
\begin{array}{cccc} i & \quad\quad j & \quad\quad m & \quad\quad \text{I} \end{array}\\
\begin{array}{c} i\\ \\ j\\ \\ m\\ \\ \text{I} \end{array}
\begin{bmatrix}
\sigma_s F_{11}^{\text{I}} & \sigma_s F_{12}^{\text{I}} & \sigma_s F_{13}^{\text{I}} & \sigma_s F_{14}^{\text{I}} & \sigma_s F_{15}^{\text{I}} & \sigma_s F_{16}^{\text{I}} & Q_{11}^{\text{I}}\\
\sigma_s F_{21}^{\text{I}} & \sigma_s F_{22}^{\text{I}} & \sigma_s F_{23}^{\text{I}} & \sigma_s F_{24}^{\text{I}} & \sigma_s F_{25}^{\text{I}} & \sigma_s F_{26}^{\text{I}} & Q_{21}^{\text{I}}\\
\sigma_s F_{31}^{\text{I}} & \sigma_s F_{32}^{\text{I}} & \sigma_s F_{33}^{\text{I}} & \sigma_s F_{34}^{\text{I}} & \sigma_s F_{35}^{\text{I}} & \sigma_s F_{36}^{\text{I}} & Q_{31}^{\text{I}}\\
\sigma_s F_{41}^{\text{I}} & \sigma_s F_{42}^{\text{I}} & \sigma_s F_{43}^{\text{I}} & \sigma_s F_{44}^{\text{I}} & \sigma_s F_{45}^{\text{I}} & \sigma_s F_{46}^{\text{I}} & Q_{41}^{\text{I}}\\
\sigma_s F_{51}^{\text{I}} & \sigma_s F_{52}^{\text{I}} & \sigma_s F_{53}^{\text{I}} & \sigma_s F_{54}^{\text{I}} & \sigma_s F_{55}^{\text{I}} & \sigma_s F_{56}^{\text{I}} & Q_{51}^{\text{I}}\\
\sigma_s F_{61}^{\text{I}} & \sigma_s F_{62}^{\text{I}} & \sigma_s F_{63}^{\text{I}} & \sigma_s F_{64}^{\text{I}} & \sigma_s F_{65}^{\text{I}} & \sigma_s F_{66}^{\text{I}} & Q_{61}^{\text{I}}\\
Q_{11}^{\text{I}} & Q_{21}^{\text{I}} & Q_{31}^{\text{I}} & Q_{41}^{\text{I}} & Q_{51}^{\text{I}} & Q_{61}^{\text{I}} & 0
\end{bmatrix}
\begin{Bmatrix}
\Delta v_{ix}^{\text{I}}\\
\Delta v_{iy}^{\text{I}}\\
\Delta v_{jx}^{\text{I}}\\
\Delta v_{jy}^{\text{I}}\\
\Delta v_{mx}^{\text{I}}\\
\Delta v_{my}^{\text{I}}\\
\lambda^{\text{I}}
\end{Bmatrix}
=
\begin{Bmatrix}
P_1^{\text{I}} - \sigma_s H_{11}^{\text{I}}\\
P_2^{\text{I}} - \sigma_s H_{21}^{\text{I}}\\
P_3^{\text{I}} - \sigma_s H_{31}^{\text{I}}\\
P_4^{\text{I}} - \sigma_s H_{41}^{\text{I}}\\
P_5^{\text{I}} - \sigma_s H_{51}^{\text{I}}\\
P_6^{\text{I}} - \sigma_s H_{61}^{\text{I}}\\
-(Q_{11}^{\text{I}} v_{ix}^{\text{I}} + \cdots + Q_{61}^{\text{I}} v_{my}^{\text{I}})
\end{Bmatrix}
\end{array}
$$

同样，可列出单元 II 的矩阵方程如下：

$$
\begin{bmatrix}
\sigma_s F_{11}^{\text{II}} & \sigma_s F_{12}^{\text{II}} & \sigma_s F_{13}^{\text{II}} & \sigma_s F_{14}^{\text{II}} & \sigma_s F_{15}^{\text{II}} & \sigma_s F_{16}^{\text{II}} & Q_{11}^{\text{II}}\\
\sigma_s F_{21}^{\text{II}} & \sigma_s F_{22}^{\text{II}} & \sigma_s F_{23}^{\text{II}} & \sigma_s F_{24}^{\text{II}} & \sigma_s F_{25}^{\text{II}} & \sigma_s F_{26}^{\text{II}} & Q_{21}^{\text{II}}\\
\sigma_s F_{31}^{\text{II}} & \sigma_s F_{32}^{\text{II}} & \sigma_s F_{33}^{\text{II}} & \sigma_s F_{34}^{\text{II}} & \sigma_s F_{35}^{\text{II}} & \sigma_s F_{36}^{\text{II}} & Q_{31}^{\text{II}}\\
\sigma_s F_{41}^{\text{II}} & \sigma_s F_{42}^{\text{II}} & \sigma_s F_{43}^{\text{II}} & \sigma_s F_{44}^{\text{II}} & \sigma_s F_{45}^{\text{II}} & \sigma_s F_{46}^{\text{II}} & Q_{41}^{\text{II}}\\
\sigma_s F_{51}^{\text{II}} & \sigma_s F_{52}^{\text{II}} & \sigma_s F_{53}^{\text{II}} & \sigma_s F_{54}^{\text{II}} & \sigma_s F_{55}^{\text{II}} & \sigma_s F_{56}^{\text{II}} & Q_{51}^{\text{II}}\\
\sigma_s F_{61}^{\text{II}} & \sigma_s F_{62}^{\text{II}} & \sigma_s F_{63}^{\text{II}} & \sigma_s F_{64}^{\text{II}} & \sigma_s F_{65}^{\text{II}} & \sigma_s F_{66}^{\text{II}} & Q_{61}^{\text{II}}\\
Q_{11}^{\text{II}} & Q_{21}^{\text{II}} & Q_{31}^{\text{II}} & Q_{41}^{\text{II}} & Q_{51}^{\text{II}} & Q_{61}^{\text{II}} & 0
\end{bmatrix}
\begin{Bmatrix}
\Delta v_{ix}^{\text{II}}\\
\Delta v_{iy}^{\text{II}}\\
\Delta v_{jx}^{\text{II}}\\
\Delta v_{jy}^{\text{II}}\\
\Delta v_{mx}^{\text{II}}\\
\Delta v_{my}^{\text{II}}\\
\lambda^{\text{II}}
\end{Bmatrix}
=
\begin{Bmatrix}
P_1^{\text{II}} - \sigma_s H_{11}^{\text{II}}\\
P_2^{\text{II}} - \sigma_s H_{21}^{\text{II}}\\
P_3^{\text{II}} - \sigma_s H_{31}^{\text{II}}\\
P_4^{\text{II}} - \sigma_s H_{41}^{\text{II}}\\
P_5^{\text{II}} - \sigma_s H_{51}^{\text{II}}\\
P_6^{\text{II}} - \sigma_s H_{61}^{\text{II}}\\
-(Q_{11}^{\text{II}} v_{ix}^{\text{II}} + \cdots + Q_{61}^{\text{II}} v_{my}^{\text{II}})
\end{Bmatrix}
$$

由于一个单元一个样，没有统一的格式，不能迭加。故此，先把每个单元的矩阵方程扩展到整体结构上，也即每个单元矩阵方程的有关元素在整体矩阵方程中找到自己的合适位置，如同"对号入座"一样，然后再进行相加。这个原则对于一切有限元法的整体集成均适用。

根据上述，可得整体矩阵方程如下：

$$
\begin{bmatrix}
\sigma_s F^I_{11} & \sigma_s F^I_{12} & \sigma_s F^I_{15} & \sigma_s F^I_{16} & 0 & 0 & \sigma_s F^I_{13} & \sigma_s F^I_{14} & Q^I_{11} & 0 \\
\sigma_s F^I_{21} & \sigma_s F^I_{22} & \sigma_s F^I_{25} & \sigma_s F^I_{26} & 0 & 0 & \sigma_s F^I_{23} & \sigma_s F^I_{24} & Q^I_{21} & 0 \\
\sigma_s F^I_{51} & \sigma_s F^I_{52} & \sigma_s F^I_{55}+\sigma_s F^{II}_{11} & \sigma_s F^I_{56}+\sigma_s F^{II}_{12} & \sigma_s F^{II}_{15} & \sigma_s F^{II}_{16} & \sigma_s F^I_{53}+\sigma_s F^{II}_{13} & \sigma_s F^I_{54}+\sigma_s F^{II}_{14} & Q^I_{51} & Q^{II}_{11} \\
\sigma_s F^I_{61} & \sigma_s F^I_{62} & \sigma_s F^I_{65}+\sigma_s F^{II}_{21} & \sigma_s F^I_{66}+\sigma_s F^{II}_{22} & \sigma_s F^{II}_{25} & \sigma_s F^{II}_{26} & \sigma_s F^I_{63}+\sigma_s F^{II}_{23} & \sigma_s F^I_{64}+\sigma_s F^{II}_{24} & Q^I_{61} & Q^{II}_{21} \\
0 & 0 & \sigma_s F^{II}_{51} & \sigma_s F^{II}_{52} & \sigma_s F^{II}_{55} & \sigma_s F^{II}_{56} & \sigma_s F^{II}_{53} & \sigma_s F^{II}_{54} & 0 & Q^{II}_{51} \\
0 & 0 & \sigma_s F^{II}_{61} & \sigma_s F^{II}_{62} & \sigma_s F^{II}_{65} & \sigma_s F^{II}_{66} & \sigma_s F^{II}_{63} & \sigma_s F^{II}_{64} & 0 & Q^{II}_{61} \\
\sigma_s F^I_{31} & \sigma_s F^I_{32} & \sigma_s F^I_{35}+\sigma_s F^{II}_{31} & \sigma_s F^I_{36}+\sigma_s F^{II}_{32} & \sigma_s F^{II}_{35} & \sigma_s F^{II}_{36} & \sigma_s F^I_{33}+\sigma_s F^{II}_{33} & \sigma_s F^I_{34}+\sigma_s F^{II}_{34} & Q^I_{31} & Q^{II}_{31} \\
\sigma_s F^I_{41} & \sigma_s F^I_{42} & \sigma_s F^I_{45}+\sigma_s F^{II}_{41} & \sigma_s F^I_{46}+\sigma_s F^{II}_{42} & \sigma_s F^{II}_{45} & \sigma_s F^{II}_{46} & \sigma_s F^I_{43}+\sigma_s F^{II}_{43} & \sigma_s F^I_{44}+\sigma_s F^{II}_{44} & Q^I_{41} & Q^{II}_{41} \\
Q^I_{11} & Q^I_{21} & Q^I_{51} & Q^I_{61} & 0 & 0 & Q^I_{31} & Q^I_{41} & 0 & 0 \\
0 & 0 & Q^{II}_{11} & Q^{II}_{21} & Q^{II}_{51} & Q^{II}_{61} & Q^{II}_{31} & Q^{II}_{41} & 0 & 0
\end{bmatrix}
\begin{Bmatrix}
\Delta v_{1x} \\ \Delta v_{1y} \\ \Delta v_{2x} \\ \Delta v_{2y} \\ \Delta v_{3x} \\ \Delta v_{3y} \\ \Delta v_{4x} \\ \Delta v_{4y} \\ \lambda^I \\ \lambda^{II}
\end{Bmatrix}
$$

$$
=\begin{Bmatrix}
P^I_1 - \sigma_s H^I_{11} \\
P^I_2 - \sigma_s H^I_{21} \\
(P^I_5 - \sigma_s H^I_{51}) + (P^{II}_1 - \sigma_s H^{II}_{11}) \\
(P^I_6 - \sigma_s H^I_{61}) + (P^{II}_2 - \sigma_s H^{II}_{21}) \\
P^{II}_5 - \sigma_s H^{II}_{51} \\
P^{II}_6 - \sigma_s H^{II}_{61} \\
(P^I_3 - \sigma_s H^I_{31}) + (P^{II}_3 - \sigma_s H^{II}_{31}) \\
(P^I_4 - \sigma_s H^I_{41}) + (P^{II}_4 - \sigma_s H^{II}_{41}) \\
-(Q^I_{11} v_{1x} + Q^I_{21} v_{1y} + Q^I_{31} v_{4x} + Q^I_{41} v_{4y} + Q^I_{51} v_{2x} + Q^I_{61} v_{2y}) \\
-(Q^{II}_{11} v_{2x} + Q^{II}_{21} v_{2y} + Q^{II}_{31} v_{4x} + Q^{II}_{41} v_{4y} + Q^{II}_{51} v_{3x} + Q^{II}_{61} v_{3y})
\end{Bmatrix}
\begin{matrix} 1 \\ \\ 2 \\ \\ 3 \\ \\ 4 \\ \\ I \\ II \end{matrix}
$$

其实，只要掌握集合过程的规律，上述工作是可以通过编程来实现的。

二、体积可压缩法

1．理论基础

对于刚塑性问题，由于假设体积不可压缩，故当求得速度场后，利用圣维南塑性流动方程，只能求得应力偏量，而无法求得应力值。前面介绍的拉格朗日乘子法，虽然可求得应力值，有效地解决这一难题，但由于引入拉格朗日乘子 λ，使得未知数和方程数增加（若有 m 个单元，则增 m 个未知的 λ 和相应的方程数），从而使计算工作量增大。

众所周知，多孔性材料塑性变形时，会发生体积变化，即使对于致密的金属材料，在其塑性变形时，也会由于孔隙的压实而发生微量的体积变化，而体积变化的大小又是与平均应力（静水应力）有关。这样，如果假设塑性变形时材料的体积是可变的，则当求得速度场后，就不难确定其体积变化，进而求得平均应力和应力值。下面介绍的可压缩材料的刚塑性有限元法，正是建立在材料体积可以变化的基础上的。

对于体积不可压缩材料，其屈服条件是与平均应力 σ_m 无关的；而对于可压缩性材料，则与 σ_m 有关，并假设为

$$\overline{\sigma}^{*2} = \frac{1}{2} \left[(\sigma_x - \sigma_y)^2 + (\sigma_y - \sigma_z)^2 + (\sigma_z - \sigma_x)^2 + 3 (\tau_{xy}^2 + \tau_{yx}^2 + \tau_{yz}^2 + \tau_{zy}^2 + \tau_{zx}^2 + \tau_{xx}^2) \right] + g\sigma_m^2$$

$$(9 - 49)$$

$$\sigma_m = \frac{1}{3} (\sigma_x + \sigma_y + \sigma_z)$$

式中　　g——很小的正数，一般取0.01；

σ_m——平均应力。

由式（9 - 49）可看出，当 $g = 0$ 时，即为 Mises 屈服准则，屈服曲面在应力空间中表示为一圆柱面；而当 $g \neq 0$ 时，即为一椭球面。如图 9 - 11 所示。

由 Mises 屈服方程可求得

$$\frac{\partial \overline{\sigma}^2}{\partial \sigma_x} = 2\overline{\sigma} \frac{\partial \overline{\sigma}}{\partial \sigma_x} = 3\sigma_z'$$

$$\cdots$$
$$\cdots$$

$$\frac{\partial \overline{\sigma}^2}{\partial \tau_{xy}} = 2\overline{\sigma} \frac{\partial \overline{\sigma}}{\partial \tau_{xy}} = 3\tau_{xy}$$

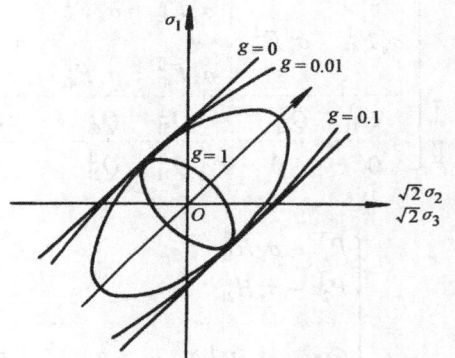

图 9 - 11　屈服条件的几何表示

$$\cdots$$
$$\cdots$$

简写为

$$\sigma_{ij}' = \frac{\partial \left(\frac{1}{3}\overline{\sigma}^2 \right)}{\partial \sigma_{ij}}$$

代入圣文南塑性流动方程，可有

$$\dot{\varepsilon}_{ij} = \dot{\lambda} \sigma_{ij}' = \dot{\lambda} \frac{\partial \left(\frac{1}{3}\overline{\sigma}^2 \right)}{\partial \sigma_{ij}}$$

同理，针对所假设的可压缩材料的屈服方程（式 9 - 49），可写出

$$\dot{\varepsilon}_{ij} = \dot{\lambda}^* \frac{\partial \left(\frac{1}{3} \overline{\sigma}^{*2} \right)}{\partial \sigma_{ij}} \tag{9-50}$$

又因

$$\frac{\partial \left(\frac{1}{3} \overline{\sigma}^{*2} \right)}{\partial \sigma_{ij}} = \left(\sigma_{ij}' + \frac{2}{9} g \sigma_m \delta_{ij} \right)$$

式中　δ_{ij}——克氏符号。

故得

$$\dot{\varepsilon}_{ij} = \dot{\lambda}^* \left(\sigma_{ij}' + \frac{2}{9} g \sigma_m \delta_{ij} \right) \tag{9-51}$$

考虑到体积变化速率为

$$\dot{\varepsilon}_V = \dot{\varepsilon}_x + \dot{\varepsilon}_y + \dot{\varepsilon}_z = \dot{\lambda}^* \left[\left(\sigma_x' + \frac{2}{9} g \sigma_m \right) + \left(\sigma_y' + \frac{2}{9} g \sigma_m \right) + \left(\sigma_z' + \frac{2}{9} g \sigma_m \right) \right]$$

$$= \frac{2}{3} g \dot{\lambda}^* \sigma_m \tag{9-52}$$

故式（9-51）可改写为

$$\dot{\varepsilon}_{ij} = \dot{\lambda}^* \sigma_{ij}' + \frac{\dot{\varepsilon}_V}{3} \delta_{ij} \tag{9-53}$$

或

$$\dot{\varepsilon}_{ij} = \dot{\lambda}^* \left(\sigma_{ij} - \sigma_m \delta_{ij} \right) + \frac{\dot{\varepsilon}_V}{3} \delta_{ij}$$

$$= \dot{\lambda}^* \sigma_{ij} - \left(\frac{3}{2} \frac{\dot{\varepsilon}_V}{g} - \frac{\dot{\varepsilon}_V}{3} \right) \delta_{ij} \tag{9-54}$$

将上式展开，稍加整理并代入式（9-49），可得

$$\overline{\sigma}^{*2} = \frac{1}{\dot{\lambda}^{*2}} \frac{1}{2} \left[(\dot{\varepsilon}_x - \dot{\varepsilon}_y)^2 + (\dot{\varepsilon}_y - \dot{\varepsilon}_z)^2 + (\dot{\varepsilon}_z - \dot{\varepsilon}_x)^2 + 3 \left(\frac{\dot{\gamma}_{xy}^2}{4} + \frac{\dot{\gamma}_{yx}^2}{4} + \frac{\dot{\gamma}_{yz}^2}{4} \right. \right.$$

$$\left. \left. + \frac{\dot{\gamma}_{zy}^2}{4} + \frac{\dot{\gamma}_{zx}^2}{4} + \frac{\dot{\gamma}_{xz}^2}{4} \right) \right] + \frac{1}{\dot{\lambda}^{*2}} \frac{9}{4} \frac{\dot{\varepsilon}_V^2}{g}$$

令 $\overline{\dot{\varepsilon}}^*$ 为等效应变速率，且

$$\overline{\dot{\varepsilon}}^* = \sqrt{\frac{2}{9} \left[(\dot{\varepsilon}_x - \dot{\varepsilon}_y)^2 + (\dot{\varepsilon}_y - \dot{\varepsilon}_z)^2 + (\dot{\varepsilon}_z - \dot{\varepsilon}_x)^2 + \frac{3}{2} (\dot{\gamma}_{xy}^2 + \dot{\gamma}_{yz}^2 + \dot{\gamma}_{zx}^2) \right] + \dot{\varepsilon}_V^2 \frac{1}{g}}$$

$$\tag{9-55}$$

则

$$\overline{\sigma}^{*2} = \frac{1}{\dot{\lambda}^{*2}} \frac{9}{4} \overline{\dot{\varepsilon}}^* ; \qquad \dot{\lambda}^* = \frac{3}{2} \frac{\overline{\dot{\varepsilon}}^*}{\overline{\sigma}^*} \tag{9-56}$$

由此可见，可压缩性材料的应力与应变之间的相关系数 $\dot{\lambda}^*$，与不可压缩材料的 $\dot{\lambda}$（$\dot{\lambda} = \frac{3}{2}$ $\frac{\overline{\dot{\varepsilon}}}{\overline{\sigma}}$）有相同的形式，只不过各自的等效应力（$\overline{\sigma}^*$、$\overline{\sigma}$）和等效应变速率（$\overline{\dot{\varepsilon}}^*$、$\overline{\dot{\varepsilon}}$）有不同的定义。

现将式（9-55）分别代入式（9-52）和式（9-54），得

$$\sigma_m = \frac{\overline{\sigma}^*}{\overline{\dot{\varepsilon}}^*} \cdot \frac{\dot{\varepsilon}_V}{g} \tag{9-57}$$

$$\sigma_{ij} = \frac{\overline{\sigma}^*}{\overline{\dot{\varepsilon}}^*} \left[\frac{2}{3} \dot{\varepsilon}_{ij} + \left(\frac{1}{g} - \frac{2}{9} \right) \dot{\varepsilon}_V \delta_{ij} \right] \tag{9-58}$$

将上式写成矩阵形式，则为

$$\{\sigma\} = \frac{\overline{\sigma}^*}{\dot{\overline{\epsilon}}^*} [A] \{\dot{\epsilon}\}$$

式中　$\{\sigma\} = [\sigma_x \quad \sigma_y \quad \sigma_z \quad \tau_{xy} \quad \tau_{yz} \quad \tau_{zx}]^T$

$\{\dot{\epsilon}\} = [\dot{\epsilon}_x \quad \dot{\epsilon}_y \quad \dot{\epsilon}_z \quad \frac{1}{\sqrt{2}}\dot{\gamma}_{xy} \quad \frac{1}{\sqrt{2}}\dot{\gamma}_{yz} \quad \frac{1}{\sqrt{2}}\dot{\gamma}_{zx}]^T$

$$[A] = \begin{bmatrix} \frac{2}{3}+G & G & G & 0 & 0 & 0 \\ & \frac{2}{3}+G & G & 0 & 0 & 0 \\ & & \frac{2}{3}+G & 0 & 0 & 0 \\ & 对 & & \frac{\sqrt{2}}{3} & 0 & 0 \\ & 称 & & & \frac{\sqrt{2}}{3} & 0 \\ & & & & & \frac{\sqrt{2}}{3} \end{bmatrix}$$

$$G = \frac{1}{g} - \frac{2}{9}$$

至此不难看出，当求得速度场 v_i 后，即可由几何方程求得应变速率场 $\dot{\epsilon}_{ij}$ 和体积变化速率 $\dot{\epsilon}_V$，若再给定 g 值，则可由式（9－55）求得等效应变速率 $\dot{\overline{\epsilon}}^*$，进而由式（9－57）和式（9－58）求得平均应力 σ_m 和应力场 σ_{ij}。在这当中，系数 g 所起的作用和前面的拉格朗日乘子 λ 相似。

下面讨论可压缩性材料的屈服应力 $\overline{\sigma}^*$ 与按 Mises 屈服准则确定的屈服应力 $\overline{\sigma}_M$ 的差别，以及系数 g 的取值问题。

单向压缩时，$\overline{\sigma} = \sigma_1 = \overline{\sigma}_M$，$\sigma_M = \frac{\sigma_1}{3} = \frac{\overline{\sigma}_m}{3}$

代入式（9－49），得

$$\overline{\sigma}^* = \sqrt{\overline{\sigma}_M^2 + g\frac{\overline{\sigma}_M^2}{9}} = \overline{\sigma}_M\sqrt{1 + \frac{g}{9}}$$

再者，由式（9－57）和式（9－55）可有

$$\dot{\epsilon}_V = \frac{\dot{\overline{\epsilon}}^*}{\overline{\sigma}^*} g\sigma_m$$

$$\dot{\overline{\epsilon}}^{*2} = \dot{\overline{\epsilon}}^2 + \dot{\epsilon}_V^2 \frac{1}{g}$$

联解得

$$\dot{\epsilon}_V = \frac{g\sigma_m \dot{\overline{\epsilon}}}{\sqrt{\overline{\sigma}^{*2} - g\sigma_m^2}} \quad 或 \quad \epsilon_V = \frac{g\sigma_m \overline{\epsilon}}{\sqrt{\overline{\sigma}^{*2} - g\sigma_m^2}}$$

借助上述关系式，可求出 g 不同取值时屈服应力的近似程度，以及高度压缩率为 10%（即 $\overline{\epsilon} = \epsilon_H = -\ln\frac{1}{0.9}$）时的体积变化率，如表 9－1 所示。

表 9 - 1　屈服应力的近程程度和体积变化与 g 值的关系

g	$\dfrac{\overline{\sigma}^* - \overline{\sigma}_M}{\overline{\sigma}_M}$	体积变化
0.04	0.2%	-0.3%
0.01	0.06%	-0.04%
0.0025	0.01%	-0.009%

注: $\overline{\sigma}_M$ 为按 Mises 屈服准则确定的屈服应力。

由表 9 - 1 可见，当 g 取很小值时，所假设的屈服准则（式 9 - 49）与 Mises 屈服准则几乎没有什么差别。所假设的可压缩性材料的体积变化率也是极小的，如同是体积不可压缩的刚塑性材料。正因为如此，在此基础上所建立的有限元法，称为可压缩性材料的刚塑性有限元法。

2. 求解方程的建立

针对体积可压缩材料的塑性变形，其能量泛函为

$$\varphi^* = \int_V \overline{\sigma}^* \, \overline{\dot{\epsilon}}^* \, \mathrm{d}V - \int_{S_p} v_i p_i \mathrm{d}S \qquad (9-59)$$

考虑到　$\dot{\epsilon}_x' + \dot{\epsilon}_y' + \dot{\epsilon}_z' = 0$, 由式 (9 - 55) 可得

$$\overline{\dot{\epsilon}}^* = \sqrt{\frac{2}{3}\, \dot{\epsilon}_{ij}'^2 \dot{\epsilon}_{ij}'^2 + \frac{1}{g}\, \dot{\epsilon}_V^2}$$

代入式 (9 - 59), 得

$$\varphi^{*`} = \int_V \overline{\sigma}^* \sqrt{\frac{2}{3}\, \dot{\epsilon}_{ij}'^2 \dot{\epsilon}_{ij}'^2 + \frac{1}{g}\, \dot{\epsilon}_V^2}\, \mathrm{d}V - \int_{S_p} v_i p_i \mathrm{d}S$$

用矩阵形式表示为

$$\varphi^* = \int_V \overline{\sigma}^* \sqrt{\frac{2}{3}\{\dot{\epsilon}'\}^T\{\dot{\epsilon}'\} + \frac{1}{g}\big[\{\dot{\epsilon}\}^T\{C\}\big]^2}\, \mathrm{d}V - \int_{S_p} \{v\}^T\{p\}\mathrm{d}S \qquad (9-60)$$

式中　$\{\dot{\epsilon}'\} = \big[\dot{\epsilon}_x' \quad \dot{\epsilon}_y' \quad \dot{\epsilon}_z' \quad \dfrac{1}{\sqrt{2}}\dot{\gamma}_{xy} \quad \dfrac{1}{\sqrt{2}}\dot{\gamma}_{yz} \quad \dfrac{1}{\sqrt{2}}\dot{\gamma}_{zx}\big]^T$

$\{\dot{\epsilon}\} = \big[\dot{\epsilon}_x \quad \dot{\epsilon}_y \quad \dot{\epsilon}_z \quad \dfrac{1}{\sqrt{2}}\dot{\gamma}_{xy} \quad \dfrac{1}{\sqrt{2}}\dot{\gamma}_{yz} \quad \dfrac{1}{\sqrt{2}}\dot{\gamma}_{zx}\big]^T$

$\{C\} = (1 \quad 1 \quad 1 \quad 0 \quad 0 \quad 0)^T$

又　$\{\dot{\epsilon}'\} = [H]\{\dot{\epsilon}\}$

式中

$$[H] = \begin{bmatrix} \dfrac{2}{3} & -\dfrac{1}{3} & -\dfrac{1}{3} & 0 & 0 & 0 \\ -\dfrac{1}{3} & \dfrac{2}{3} & -\dfrac{1}{3} & 0 & 0 & 0 \\ -\dfrac{1}{3} & -\dfrac{1}{3} & \dfrac{2}{3} & 0 & 0 & 0 \\ 0 & 0 & 0 & 1 & 0 & 0 \\ 0 & 0 & 0 & 0 & 1 & 0 \\ 0 & 0 & 0 & 0 & 0 & 1 \end{bmatrix}$$

故式（9-60）改写成

$$\varphi^* = \int_V \bar{\sigma}^* \sqrt{\frac{2}{3}\{\dot{\epsilon}\}^T[H]^T[H]\{\dot{\epsilon}\} + \frac{1}{g}[\{\dot{\epsilon}\}^T\{C\}]^2}\,dV - \int_{S_p}\{v\}^T\{p\}dS \quad (9-61)$$

设将变形体分成 m 个单元 n 个节点。对于第 e 单元，泛函 φ^{*e} 为节点速度 $\{v\}^e$ 的函数，即

$$\varphi^{*e} = \varphi^{*e}(\{v\}^e) \quad (9-62)$$

则整体泛函为

$$\phi^* \approx \sum_{e=1}^m \varphi^{*e}(\{v\}^e) = \varphi^*(v_1, v_2, \cdots, v_{3n}) \quad (9-63)$$

对上式取变分，并令其等于零，得

$$\delta\phi^* \approx \sum_{e=1}^m \frac{\partial\varphi^{*e}}{\partial v_i}\delta v_i = 0$$

由于变分的任意性，则

$$\sum_{e=1}^m \frac{\partial\varphi^{*e}}{\partial v_i} = 0 \quad (i = 1, 2, \cdots, 3n) \quad (9-64)$$

上式代表 $3n$ 个联立方程组，可解出 $3n$ 个节点速度分量。对于第 e 个单元，则有

$$\frac{\partial\varphi^{*e}}{\partial\{v\}^e} = 0 \quad (9-65)$$

又由前已知

$$\{v\} = [N]\{v\}^e$$
$$\{\dot{\epsilon}\} = [B]\{v\}^e$$

代入式（9-61），得

$$\varphi^{*e} = \int_V \bar{\sigma}^* \sqrt{\frac{2}{3}\{v\}^{eT}[B]^T[H]^T[H][B]\{v\}^e + \frac{1}{g}[\{v\}^{eT}[B]^T\{C\}]^2}\,dV$$
$$- \int_{S_p}\{v\}^{eT}[N]^T\{p\}dS \quad (9-66)$$

将式（9-66）代入式（9-65），并令 $[K] = [B]^T[H]^T[H][B]$，则有

$$\frac{\partial\varphi^{*e}}{\partial\{v\}^e} = \int_V \bar{\sigma}^* \frac{\frac{4}{3}[K]\{v\}^e + \frac{2}{g}\{v\}^{eT}[B]^T\{C\}[B]^T\{C\}}{2\sqrt{\frac{2}{3}\{v\}^{eT}[K]\{v\}^e + \frac{1}{g}[\{v\}^{eT}[B]^T\{C\}]^2}}\,dV - \int_{S_p}[N]^T\{p\}dS = 0$$

因

$$\dot{\epsilon}_V = \{\dot{\epsilon}\}^T\{C\} = \{v\}^{eT}[B]^T\{C\}$$

故

$$\frac{\partial\varphi^{*e}}{\partial\{v\}^e} = \int_V \bar{\sigma}^* \frac{\frac{4}{3}[K]\{v\}^e + \frac{2}{g}\dot{\epsilon}_V[B]^T\{C\}}{2\bar{\dot{\epsilon}}^*}\,dV - \int_{S_p}[N]^T\{p\}dS = 0 \quad (9-67)$$

此为关于 $\{v\}^e$ 的非线性方程组，采用前述的摄动法对方程组进行线性化。设 $\{v\}_{n-1}^e$ 为第 $n-1$ 次迭代的解，则有

$$\frac{\partial\varphi^{*e}}{\partial\{v\}^e} = \left(\frac{\partial\varphi^{*e}}{\partial\{v\}^e}\right)_{\{v\}_{n-1}^e} + \left(\frac{\partial\left(\frac{\partial\varphi^{*e}}{\partial\{v\}^e}\right)}{\partial\{v\}^e}\right)_{\{v\}_{n-1}^e}\{\Delta v\}_n^e = 0 \quad (9-68)$$

将式（9-67）代入式（9-68），得

$$\int_V \frac{\overline{\sigma}^*}{2\,\dot{\overline{\epsilon}}^*_{n-1}} \left(\frac{4}{3} [K] \{v\}^e_{n-1} + \frac{2}{g} \dot{\epsilon}_{V_{n-1}} [B]^T \{C\} \right) \mathrm{d}V - \int_{S_p} [N]^T \{p\} \mathrm{d}S$$

$$+ \left(\int_V \frac{\overline{\sigma}^*}{2\,\dot{\overline{\epsilon}}^*_{n-1}} \left(\frac{4}{3} [K]^T + \frac{2}{g} [B]^T \{C\} \{C\}^T [B] - \frac{\{A\} \{A\}^T}{2\,\dot{\overline{\epsilon}}^{*2}_{n-1}} \right) \mathrm{d}V \right) \{\Delta v\}^e_n = 0$$

$$(9-69)$$

式中 $\{A\} = \dfrac{4}{3} [K]\{v\}^e_{n-1} + \dfrac{2}{g} \dot{\epsilon}_{V_{n-1}} [B]^T \{C\}$

移项得

$$\left(\int_V \frac{\overline{\sigma}^*}{2\,\dot{\overline{\epsilon}}^*_{n-1}} \left(\frac{4}{3} [K]^T + \frac{2}{g} [B]^T \{C\} \{C\}^T [B] - \frac{\{A\} \{A\}^T}{2\,\dot{\overline{\epsilon}}^{*2}_{n-1}} \right) \mathrm{d}V \right) \{\Delta v\}^e_n$$

$$= \int_{S_p} [N]^T \{p\} \mathrm{d}S - \int \frac{\overline{\sigma}^*}{2\,\dot{\overline{\epsilon}}^*_{n-1}} \{A\} \mathrm{d}V \qquad (9-70)$$

对于每个单元，都可以得到如式（9-70）所示的线性方程组，将所有这些方程组按式（9-64）集合起来，写成矩阵形式，则为

$$[S]_{n-1} \{\Delta v\}_n = \{R\}_{n-1} \qquad (9-71)$$

解此线性方程组，即可求得 $\{\Delta v\}_n$。关于整体集成的原则和迭代求解过程，与前述的拉格朗日乘子法相同，在此不多赘述。

顺便提一下，由于体积可压缩法所用的屈服条件与平均应力有关，亦即泛函式（9-60）已隐含体积可压缩条件，故在选择初始速度场时不必严格地满足这一条件，在随后迭代收敛真实解时，泛函可自动使体积可压缩这一条件得到满足。而正如前面所分析的，此体积压缩实际上是极其微小的。

三、罚函数法

刚塑性有限元法的一个基本假设是材料体积不变，而初始速度场很难满足这一点。如何处理这一问题，除上述的拉格朗日乘子法外，还有本节介绍的罚函数法。所谓罚函数法，就是根据泛函是否满足体积不变条件来决定是否给予惩罚，以改变泛函值而促使其满足体积不变条件。具体做法是，在泛函中引入由一个很大的正数 a（通常为 $10^5 \sim 10^6$）乘以体积应变速率 $\dot{\epsilon}_V$ 平方形成的惩罚项，构成如下的新泛函：

$$\varphi = \sqrt{2} K \int_V \sqrt{\{\dot{\epsilon}\}^T \{\dot{\epsilon}\}} \, \mathrm{d}V - \int_{S_p} \{v\}^T \{p\} \mathrm{d}S + \frac{a}{2} \int_V \dot{\epsilon}_V \mathrm{d}V \qquad (9-72)$$

当该泛函取得极小值时，由于 a 是一个很大的正数，$\dot{\epsilon}_V$ 必须很小才有可能，因而体积不变条件便得到近似满足，这时所对应的速度场就逼近真实的速度场。a 值取得越大，精度当然也越高。

对照拉格朗日乘子法（参见式 9-30）可以看出，式（9-72）只是最后一项不同。对于第 e 单元设该项为 φ_V，现为排除过分约束的可能，而改写为

$$\varphi^e_V = \frac{a}{2} \frac{1}{V} \left(\int_V \{\dot{\epsilon}\}^T \{C\} \mathrm{d}V \right)^2$$

$$= \frac{a}{2} \frac{1}{V} \left(\int_V \{v\}^{eT} [B]^T \{C\} \mathrm{d}V \right)^2 \qquad (9-73)$$

取变分，得

284

$$\frac{\partial \varphi_V^e}{\partial \{v\}^e} = \frac{a}{V}\int_V \{v\}^{eT}[B]^T\{C\}\mathrm{d}V \cdot \int_V [B]^T\{C\}\mathrm{d}V \tag{9-74}$$

由于 $\{v\}^{eT}[B]^T\{C\}$ 是一个数，故有

$$\{v\}^{eT}[B]^T\{C\} = \{C\}^T[B]\{v\}^e$$

代入上式，得

$$\frac{\partial \varphi_V^e}{\partial \{v\}^e} = \frac{a}{V}\int_V [B]^T\{C\}\{C\}^T[B]\{v\}^e\mathrm{d}V \tag{9-75}$$

令

$$[M] = \frac{a}{V}\int_V [B]^T\{C\}\{C\}^T[B]\mathrm{d}V$$

则有

$$\frac{\partial \varphi_V^e}{\partial \{v\}^e} = [M]\{v\}^e \tag{9-76}$$

下面按照与拉格朗日乘子法同样的步骤，略去推导过程，直接写出罚函数法的计算公式：

参照式（9-36），可有

$$\frac{\partial \varphi_V^e}{\partial \{v\}^e} = \sqrt{3}K\int_V \frac{\frac{2}{3}[K]\{v\}^e}{\overline{\dot{\varepsilon}}^e}\mathrm{d}V - \int_{S_p}[N]^T\{p\}\mathrm{d}S + [M]\{v\}^e \tag{9-77}$$

参照式(9-'40)，可得

$$\sqrt{3}K\int_V \frac{\frac{2}{3}[K]\{v\}_{n-1}^e}{\overline{\dot{\varepsilon}}_{n-1}^e}\mathrm{d}V - \int_{S_p}[N]^T\{p\}\mathrm{d}S + [M]\{v\}_{n-1}^e$$

$$+ \left(\sqrt{3}K\int_V \left[\frac{\frac{2}{3}[K]}{\overline{\dot{\varepsilon}}_{n-1}^e} - \frac{\frac{4}{9}[K]\{v\}_{n-1}^e \cdot \{v\}_{n-1}^{eT}[K]^T}{(\overline{\dot{\varepsilon}}_{n-1}^e)^3}\right]\mathrm{d}V + [M]^T\right)\{\Delta v\}_n^e = 0$$

$$\tag{9-78}$$

对所有单元，都可以得到如式（9-78）的结果，移项后将所有方程象拉格朗日乘子法那样集合起来，则有

$$[S]_{n-1}\{\Delta v\}_n = \{R\}_{n-1} \tag{9-79}$$

如拉格朗日乘子法和体积可压缩法那样，求解式（9-79），再修正速度场并反复迭代直至收敛。这样，便得到了逼近真实解的速度场，进而求得应变速率场和应力偏量场。

关于如何由应力偏量场求应力场，目前有两种不同方法：一种是采用与视塑性法（Visioplasticity）相同的方法，即利用已求得的应力偏量场，从已知的应力边界出发，沿适当路径积分平衡微分方程式，求得平均应力，从而求得应力值。另一种是按拉格朗日乘子法的泛函变分与罚函数法的泛函变分相等的原则求应力场。

前面已提到，拉格朗日乘子法的泛函和罚函数法的泛函仅最后一项不同，当这两种方法的泛函变分相等时，参见式（9-36）和式（9-74），可有

$$\lambda \int_V [B]^T\{C\}\mathrm{d}V = \frac{a}{V}\int_V \{v\}^T[B]^T\{C\}\mathrm{d}V \cdot \int_V [B]^T\{C\}\mathrm{d}V$$

又

$$\{\dot{\varepsilon}\}^T\{C\} = \{v\}^T[B]^T\{C\}, \lambda = \sigma_m$$

故得

$$\lambda = \sigma_{\mathrm{m}} = \frac{a}{V} \int_V \{\dot{\varepsilon}\}^T \{C\} \mathrm{d}V \qquad (9-80)$$

于是,应力场为

$$\sigma_{ij} = \frac{2}{3} \frac{\overline{\sigma}}{\overline{\dot{\varepsilon}}} \dot{\varepsilon}_{ij} + \sigma_{\mathrm{m}} \delta_{ij} \qquad (9-81)$$

与拉格朗日乘子法相比,罚函数法的方程数目少了 m 个(m 为单元数),从而减少内存和计算时间,且收敛速度快;但对初始速度场要求较严格,如果初始速度场严重失真,即 $\dot{\varepsilon}_V$ 较大,则罚项变得很大,难以收敛。

四、计算中若干技术问题的处理

前面已介绍了刚塑性有限元法的各种基本理论及相应的求解方程,利用这些方程就可以进行编程计算。但在实际计算过程中,会遇到一些技术问题,如果这些问题处理不好,会直接影响计算的正常进行,或迭代计算不收敛,或计算结果与实际出入较大。因此从某种意义上说,正确解决这些技术问题是刚塑性有限元法应用的难点所在。下面分别对这些技术问题进行讨论。

1. 初始速度场的确定

任何一种刚塑性有限元法,都是通过反复迭代来逼近真实解的。在进行第一次迭代计算时,必须预先知道速度场,这个速度场称为初始速度场。初始速度场选择的好坏,直接影响迭代计算的收敛性。如果选取的初始速度场比较接近于真实速度场,则迭代计算的收敛速度快;反之,若选择不合理,则收敛速度慢,甚至导致迭代发散。因此,正确选择初始速度场是一个极为重要的问题。下面就此问题作简要介绍。

(1)用近似法确定初始速度场 一种最简单的生成初始速度场的方法是假设在变形体内存在一个均匀的速度场或线性速度场,这种方法适于变形体几何形状和边界条件都比较简单的情况,这时可根据模具的运动状态假定变形体的初始速度场;然而,该方法通用性差,所假定的速度场有时难于保证迭代收敛,特别是对于较复杂的成形问题,该方法往往无效。又如细分单元法,即先将变形体分成几个大单元,用均匀速度场作为初始速度场进行计算,当收敛到一定程度时,再细分单元,并用插值法求出细分单元各节点的速度,以此作为新划分模式下的初始速度场,如此反复进行,直至认为单元尺寸满足要求为止;然而,这种方法的工作量大,解的精度也不高。还有用上限法、滑移线法等求得近似速度场,以此作为刚塑性有限元计算的初始速度场;然而,对于较复杂的非稳态成形过程,上限解或滑移线解本身并不易求得,即使能求得其误差也较大,且由于各求解问题的特殊性,使得该方法难于实现通用化和自动化。

(2)用泛函最小化求解初始速度场 这种方法的关键是选择适当的泛函表达式。对于体积可压缩法,森和小坂田建议采用如下的便于求导并和前述能量泛函 ϕ 相似的泛函 G:

$$G = \sqrt{\sum_{i=1}^{m_1} \left[(\overline{\sigma}\overline{\dot{\varepsilon}} V_e)^2 \right]_i + \sum_{j=1}^{m_2} \left[(\tau_f A \Delta v)^2 \right]_j \pm \sum_{K=1}^{m_3} \left[(pv)^2 \right]_K} \qquad (9-82)$$

式中　　m_1——单元总数;

m_2——和工模具接触的单元数;

m_3——给定表面力(摩擦力除外)的单元数;

$\overline{\sigma}$、$\overline{\dot{\varepsilon}}$、$V_e$——分别为单元 e 的等效应力、等效应变速率和体积;

τ_f、A、Δv——分别为接触单元的表面摩擦切应力、表面积和相对滑动速度；

　　　　　p、v——给定表面力单元上的表面力和位移速度，当它们同向时，上式第三项前取
　　　　　　　　负，反向时则取正。

　　显然，泛函 G 为节点速度的函数，G 取得驻值时的速度场，即作为有限元计算的初始速度场。为此，对式（9-82）变分，令 $\delta G=0$，得如下线性方程组：

$$\frac{\partial G}{\partial v_{1x}}=0, \quad \frac{\partial G}{\partial v_{1y}}=0, \quad \frac{\partial G}{\partial v_{1z}}=0, \quad \frac{\partial G}{\partial v_{2x}}=0, \cdots$$

解此方程组，即得所需的初始速度场。

　　对于拉格朗日乘子法和罚函数法，也可用类似的方法求初始速度场。

　　对于拉格朗日乘子法，泛函取

$$G_1=\left\{\sum_{i=1}^{m_1}\left[(\overline{\sigma\dot\epsilon}\,V_e)^2\right]_i+\sum_{j=1}^{m_2}\left[(\tau_f A\Delta v)^2\right]_j\pm\sum_{K=1}^{m_3}\left[(pv)^2\right]_K+\sum_{i=1}^{m_1}(\lambda^*\dot\epsilon_v V_e)_i\right\}^{\frac12}$$

$$(9-83)$$

该泛函是节点速度和各单元的 λ^* 的函数。

　　对于罚函数法，泛函取

$$G_2=\left\{\sum_{i=1}^{m_1}\left[(\overline{\sigma\dot\epsilon}\,V_e)^2\right]_i+\sum_{j=1}^{m_2}\left[(\tau_f A\Delta v)^2\right]_j\pm\sum_{K=1}^{m_3}\left[(pv)^2\right]_K+\beta\sum_{i=1}^{m_1}\left[(\dot\epsilon_v V_e)^2\right]_i\right\}^{\frac12}$$

$$(9-84)$$

式中　β——大的正数。

　　由于上述泛函 G、G_1、G_2 等具有能量泛函性质，故取驻值时所得的速度场较接近于实际情况，以此为初始速度场进行迭代计算，其收敛性就较好。然而也必须指出，虽然这种方法可用于边界条件较为复杂的金属塑性成形问题，但由于引入了新的泛函表达式，使得程序设计的工作量增加。

　　总的说来，以上各种确定初始速度场的方法，都或多或少地存在着一些问题，通用化和自动化程度不高，在程序实现上也较困难等。

　　（3）直接迭代法（Direct Iteration）　该方法是假定本构关系是线性的，等效应力与等效应变速率的比值 $\overline\sigma/\overline{\dot\epsilon}$ 为常数，且用摩擦应力与相对滑动速度的线性关系近似代替原来的非线性关系，最后导出的整体刚度方程也是线性的。解此线性方程组所得的速度场，就可作为后续迭代过程的初始速度场。这种方法具有普遍适应性，它的建立和软件的实施，无疑会促进有限元分析软件通用化和自动化程度的进一步提高，使计算效率大大提高。

　　2．接触边界摩擦条件的处理

　　在刚塑性有限元计算中，如何正确地确定接触表面上的摩擦力，将直接影响到计算结果的准确性。影响摩擦力的因素很多，为定量地确定其大小，需作一些简化假设。目前常用的摩擦条件有以下几种。

　　（1）常摩擦条件　假设摩擦表面上摩擦因子 m 为一常数，即

$$\tau=mK \tag{9-85}$$

式中　K——剪切屈服强度。

　　这种摩擦条件，用于有限元计算时最为简单，但与实际情况差距较大，特别是在处理含有分流层（点）的金属塑性流动问题时，会导致矩阵方程组中的刚度矩阵成为病态，计算时

出现跳跃，难于收敛，甚至不收敛。

（2）库仑摩擦条件　假设摩擦应力是库仑摩擦系数 μ 和正压力 p 的函数，即

$$\tau = \mu p \tag{9-86}$$

采用这种摩擦条件进行有限元计算时，由于接触边界上的正压力大小及其分布都是未知的，因而摩擦应力也是未知数。为此，可先设定一摩擦力分布，通过计算求得正压力，再利用式（9－86）求得摩擦力。假如开始设定的摩擦力与计算所得的摩擦力相差较大，则利用后者再进行有限元计算。如此反复迭代计算，直至两邻两次计算所得的摩擦力基本相等为止。

（3）假设摩擦系数为相对滑动速度的函数　这种摩擦条件是假设接触表面的摩擦力符合库仑摩擦定律，但摩擦系数不再是常数，而是相对滑动速度的线性函数，即

$$\mu = a \Delta v \tag{9-87}$$

式中　a——由实验所得的一个常数。

利用这种处理方法，计算结果得到改善，因为同时考虑了正压力和相对滑动速度对摩擦力的影响，但计算相应地要复杂些。

（4）假设摩擦力为相对滑动速度的反正切函数　该摩擦条件用下式来表达：

$$\tau = -mK \left\{ \frac{2}{\pi} \arctan \left(\frac{|\Delta v|}{a|v_d|} \right) \right\} \tag{9-88}$$

式中　m——摩擦因子；

　　　K——剪切屈服强度；

　　　Δv——变形体与工模具之间的相对滑动速度；

　　　v_d——工模具运动速度；

　　　a——比工模具运动速度小几个数量级的正数，一般取 10^{-5}。

式（9－88）能很好处理含有分流层的塑性成形问题。因为按此式计算的分流层两侧的摩擦力为光滑过渡，而在分流点处，因 Δv 为零，则 τ 为零，这是符合实际情形的。

3. 奇异点的处理

在塑性加工中，常存在流动速度发生急剧变化的局部区域。如轧制时的入口处（图9－12a）和挤压时锥形模的出、入口处（图9－12b），都存在金属流动方向发生突变的情形。这些速度方向发生突变的点，就称为奇异点。

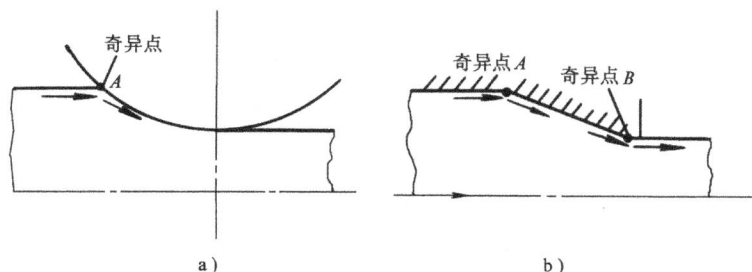

图9－12　轧制和挤压时的奇异点
a）轧制　b）挤压

在有限元计算时，为了保证单元之间的速度场连续（即单元在公共节点上的速度连续），必须在速度突变的奇异点附近增设较多的单元和节点，以便能较好地反映速度的剧烈变化。但这种局部细分单元的方法势必增加计算时间。

为了在奇异点附近只配置较少的单元，又能取得较好的计算结果，可采用双速度点或多速度点的处理方法。

图 9 – 13a 表示含有奇异点 B 的平面应变四边形单元。现将其再划分成一个三角形单元和一个四边形单元，如图 9 – 13b 所示。这时节点 B' 的速度方向沿模面 AB，节点 B'' 的速度方向沿模面 BD。若使 $\overline{B'B''}$ 趋于零，即令节点 B' 和 B'' 的坐标值与 B 点的相同，则得到 9 – 13c 所示的单元情况，其中 $AB'B''C$ 为退化的四边形单元，计算时仍按四边形单元处理，而奇异点 B 便具有两个速度方向。

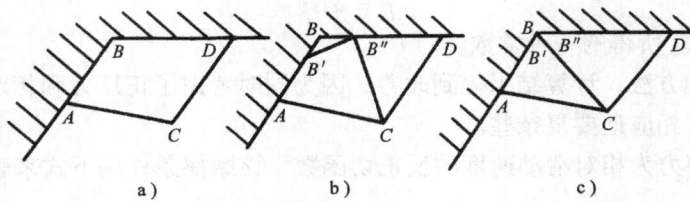

图 9 – 13　奇异点的双速度点处理
a) 含有奇异点 B 的四边形单元　b) 四边形单元的再划分
c) 退化的四边形单元 $AB'B''C$

这种处理方法也有一些缺点，其一是四边形单元再划分成一个三角形单元和一个四边形单元之后，在这个局部区域增加了一个节点，使原来有规律的网络排列打乱，同时增加了刚度矩阵的带宽，从而也增加了计算时间。其二是划分出一个三角形单元后，需引入计算三角形单元的程序，这就增加了程序的复杂性。

若将上例按图 9 – 14 所示划分，使点 D 与点 B 具有相同的坐标值，$ABDC$ 为退化的四边形单元，仍按四边形单元计算，而点 B 则具有双速度方向：一沿模面 AB，另一沿模面 BDF。如此处理可不增加带宽，也不需要引进或计算三角形单元的程序。有关将奇异点视作多速度点的处理方法，在此从略。

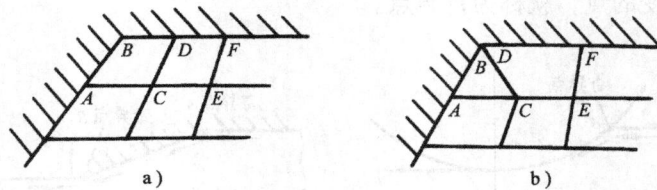

图 9 – 14　奇异点的一种处理
a) 含奇异点 B 的四边形单元　b) 退化的四边形单元 $ABDC$

4. 减速因子 β 的选取

用摄动法求解时，采用 $\{v\}_n = \{v\}_{n-1} + \{\Delta v\}_n$ 来修正速度场。在反复迭代计算中，如将每次求得的速度修正量 $\{\Delta v\}$ 直接加到上一次的速度中，则有时泛函值并不减小，反而增大。这是因为在推导线性方程组时，是假设 $\{\Delta v\}$ 为微小量，略去了其高阶微量。但在迭代计算的开始阶段，所求出的速度增量并不都是微小量，个别节点的速度增量甚至可能比原速度大几十倍，若将其全量相加，反而使原速度场更加失真。因此，为了能恰到好处地对速度场进行修正，需要用一个小于 1 的减速因子 β 与所求得的速度修正量相乘，再加到上一次的速度中去，即

$$\{v\}_n = \{v\}_{n-1} + \beta \{\Delta v\}_n \tag{9-89}$$

减速因子的大小要根据所求出的 $\{\Delta v\}$ 来确定。一般应保证 $\{\Delta v\}$ 中最大的一个速度修正量乘以 β 后不大于相对应的原速度的0.2倍左右，这样就能有较好的收敛性。在迭代初始，由于 $\{\Delta v\}$ 偏大，β 值应取得很小；而在迭代后期，由于速度场已基本上接近于真实速度场，故 β 值可取得大些、直至最后取 1。下面给出一组 β 值（表 9-2），可供计算时参考。

表 9-2 β 的取值

范 数	>2.0	<2.0	<0.5	<0.25	<0.1	<0.05
β 值	0.08	0.18	0.25	0.4	0.6	0.8

β 值的选择还受到变形体形状及单元特性的影响。如计算镦粗变形过程，用上述表值，一般迭代 2~3 次即可收敛；但计算形状复杂的成形过程，如复合挤压及锻造，则 β 值可取得略小些，但也不能太小，否则收敛很慢。总之，β 值的选取也是一个较麻烦的问题，需要根据具体情况具体分析。

5. 关于网格重分问题

实际的塑性成形过程，往往具有大变形和变形分布不均匀的特点，这就导致有限元数值模拟时网格的严重畸变，以致计算无法继续进行下去。因此，必须对变形体的初始网格进行重新划分，称为网格重分。网格重分一般包括两个步骤：首先在畸变网格系统中生成单元性态（指单元最大内角差和长宽比）较好的新网格；然后将旧网格系统中的各种场变量传递到新网格中，从而使计算过程可以在新网格系统中继续进行。对于场变量的传递，一般采用映射法，这种方法首先确定新网格节点在旧网格中的位置，然后利用节点局部坐标和形状函数计算新节点的场变量。至于网格生成算法则有多种，从生成网格的拓扑性质看，有所谓结构型和非结构型两种。而从新网格单元的生成顺序看，又可分为宏单元法和直接法两种。

为了进行网格重分，必须建立一套相应的判断准则，包括干涉准则和畸变准则。

所谓干涉，是指工件的某些单元侵入模具的现象。随着干涉程度的增大，计算结果的精度逐渐降低；故当干涉程度达到一定值时，就必须进行网格重分。

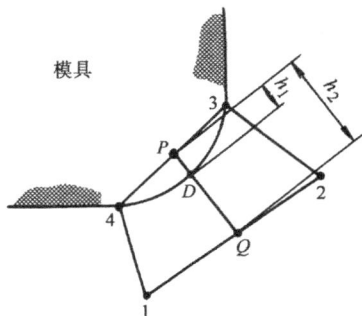

图 9-15 干涉和干涉准则示意

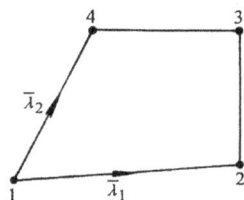

图 9-16 畸变准则

现设某一边界单元 1234 与模具干涉如图 9－15 所示。图中 P 点为干涉边 $\overline{34}$ 的中点，Q 点为对边 $\overline{12}$ 的中点，D 点为连线 $\overline{PQ}$ 与模具边界的交点，则干涉准则可表示为

$$C_i = \frac{h_1}{h_2} \leqslant \delta_i \qquad (9-90)$$

式中　C_i 为该单元的相对干涉量；δ_i 为干涉量控制参数，一般取 0.01 ~ 0.1 。

关于网格畸变准则，已知在有限元计算时，为了进行坐标变换和积分换元，要求单元的雅可比行列式 $|J|$ 应为正，因此，单元的任一内角 θ_i 必须满足 $0° < \theta_i < 180°$。

现设某一单元 1234 发生畸变，如图 9－16 所示。令 λ_1 和 λ_2 分别为单元任一内角两角边上的单位矢量，则畸变准则可表示为

$$C_d = \lambda_1 \times \lambda_2 \leqslant \delta_d \qquad (9-91)$$

式中　C_d 为矢量 λ_1 和 λ_2 所构成的四边形面积；δ_d 为畸变程度控制参数，一般取 0.01 ~ 0.1。

6. 关于动态接触边界处理问题

对于非稳态塑性成形过程，变形体的形状不断发生变化，其边界节点与模具表面的接触状态也随之改变，主要表现为：边界自由节点可能与模具表面接触而成为约束节点，而原来与模具表面接触的节点可能脱离接触而成为自由节点。因此，在刚塑性有限元模拟过程中，需要在修正变形体构形的同时，对边界节点的接触状态进行动态识别，并不断修正边界约束条件。

采用边界自由节点的位移矢量与模具轮廓线求交的方法，可以判断自由节点是否贴模。设已求得边界自由节点 i 与模具轮廓线接触所需时间为 t_i，又加载时间步长为 Δt，则当满足条件：$0 < t_i \leqslant \Delta t$ 时，该节点 i 在本加载步中会贴模；反之，不会贴模。

对于已判定会贴模的边界节点，在按加载时间步长 Δt 刷新节点坐标和模具位置后，往往会出现工件节点穿透模具边界的情况，这时需要将节点位置修正到模具表面上，修正方法参见图 9－17。图中 a 点表示节点 i 经贴模所需时间 t_i 后与模具的接触点，随着变形的继续，当经时间步长 Δt 后，该接触点将沿模具表面移动至 b 点。一般情况下，b 点的确切位置难以确定。为此，可先按时间步长刷新节点 i 坐标，设该节点移至模具内部 j 点，然后从 j 点向模具边界作法线交于 c 点，由于时间步长一般很小，可认为线段 $\overline{ij} \approx$ 线段 $\overline{ic} \approx$ 线段 $\overline{ib}$，于是就用 c 点近似代替节点 i 经 Δt 时间后与模具表面的真实接触点。

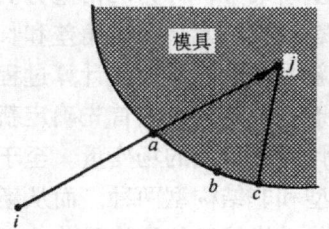

图 9－17　接触节点的位置修正

对于原来的接触边界节点的脱模，可用检查边界节点的受力状态来判断，因为接触边界上的约束节点在变形过程中必然受到压应力的作用。因此，当某接触节点 i 的法向应力 σ_i^n 或法向约束力 F_i^n 非负时，即

$$\left.\begin{array}{r} \sigma_i^n \geqslant 0 \\ \text{或}\quad F_i^n \geqslant 0 \end{array}\right\} \qquad (9-92)$$

可认为该节点脱离模具而成为自由节点。在下一个增量加载步计算中，应相应地解除其速度约束。

上面介绍了刚塑性有限元计算中若干技术问题的处理。除此之外，由于塑性成形过程的

复杂性，在实际计算中还可能会遇到其他的一些技术问题。比如刚塑性交界面问题。大家知道，对于某些变形过程，变形体可能包含有塑性区和弹性区（刚性区），但在计算开始时又是无法准确确定何处是塑性区、何处是刚性区的；而刚塑性有限元法所依据的刚塑性变分原理，只适用于塑性区，不适用刚性区，这就给计算带来一定的困难；针对这个问题，目前可用不同方法来处理，如速降函数法等。

总的说来，尽管有限元法的基础理论已日趋成熟，对塑性成形过程模拟中有关的技术难题也都有一些处理方法和算法，但由于问题的复杂性，对其研究仍一直在深入地进行，这里由于篇幅所限，只作初步的介绍，读者如需要可查阅有关的文献资料。

五、刚塑性有限元法在塑性成形中的应用

刚塑性有限元法自问世以来，就引起人们的极大重视，并得到了迅速的发展。目前，它已广泛地用来解决各种塑性成形的实际问题，与此同时，也不断地丰富和发展了有限元理论和应用技术。

刚塑性有限元法不但可用来计算塑性成形的力能消耗和压力分布，还可以对整个成形过程进行数值模拟，定量地描述变形体内部质点的流动规律和应力、应变分布，从而为合理选择加工设备、优化工艺和模具参数，以及分析产品质量、预测产品缺陷等提供科学依据。

如果按成形过程的相反方向进行模拟（又称反向模拟），即以工件的最终形状尺寸为起始点，逐步倒推前一变形瞬间变形体的过渡形状，最终复原到工件所需的毛坯或预成形坯形状尺寸，则能为复杂成形件的中间毛坯预成形设计，以保证金属的合理流动和充填，并最大限度地节约原材料提供理论依据。

由于刚塑性有限元法（包括其他的塑性有限元法）能提供大量的信息，因此若与计算机技术相结合，则可为科学研究开辟一种新的途径——模拟计算实验。过去人们设想一种新的成形方法，往往需要进行大量的试验，才能确定其可行性。而在今天，应用塑性有限元法就可对设想的新工艺进行模拟计算，分析它的流动规律、应力应变分布，以及改变变形条件和工艺参数所产生的影响，从而对其可行性和先进性进行评估，最后再进行有针对性的实验。这样就可减少盲目性，增加预见性，大量节省人力物力，特别是对于那些需要耗资巨大的实验研究，其经济效益更为可观。

下面简要介绍用刚塑性有限元法模拟塑性成形过程的实例。

塑性成形时，金属的流动情况可分为稳态流动和非稳态流动两种。对于稳态流动，金属流经变形区内任一点的速度不随时间的变化而变化，轧制、拉拔和正挤等成形过程即属于此。在此种情况下，若不考虑加工硬化，则变形区各点的流动应力为一常数。当考虑加工硬化时，因变形区内各点的等效应变不同，其流动应力就不再是常数。为解决这一问题，可借助流线，即利用速度场及应变速率分布，通过积分求出若干流线上诸点的等效应变，然后利用插值关系将其赋值给各个单元，在此基础上重新计算速度场，并迭代直至收敛。

对于非稳态流动过程，变形体内质点的流动速度既是坐标的函数，又是时间的函数，即

$$v = f(x, y, z, t) \tag{9-93}$$

在模拟计算中，对时间的处理一般采用差分法，由瞬时的变化率情况，取一时间间隔 Δt，求出下一瞬时的情况。例如，设第 n 步加载时各节点的速度为 $\{v\}$，则第 $n+1$ 步加载时的节点坐标为

$$\{x\}_{n+1} = \{x\}_n + \{v\} \Delta t \tag{9-94}$$

式中　Δt——第 $n+1$ 步加载时间步长。

同样，等效应变表示为

$$\overline{\varepsilon}_{n+1} = \overline{\varepsilon}_n + \overline{\dot{\varepsilon}}\Delta t \qquad (9-95)$$

如此连续计算下去，就能模拟出变形体受力后的整个变化过程。包括各瞬时的速度场、应变场、应力场、单元网格的变化及工件的外轮廓形状等。有了这些信息，就可进一步分析工艺过程的合理性和产生缺陷的原因等，以为改进工艺和模具结构提供科学依据。

实例1：用拉格朗日乘子法模拟正挤压变形。

计算的主要参数：挤压比（即挤压前后变形体横截面积之比）为2.89，挤压凹模锥角 $2\alpha = 32.52°$，摩擦因子 $m = 0.25$，挤压原理图如图9-18所示。网格划分为36个四边形单元，如图9-19所示。收敛判据取 $\| \{\Delta v\} \| / \| \{v\} \| \leqslant 0.00001$。程序框图如图9-20所示。

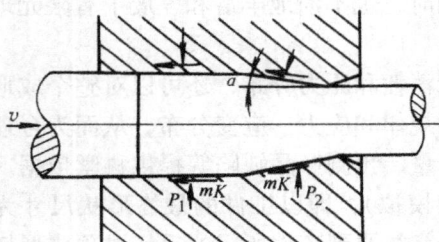

图9-18　正挤压示意图

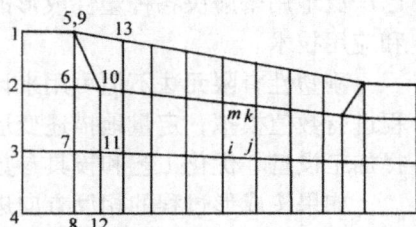

图9-19　网格划分

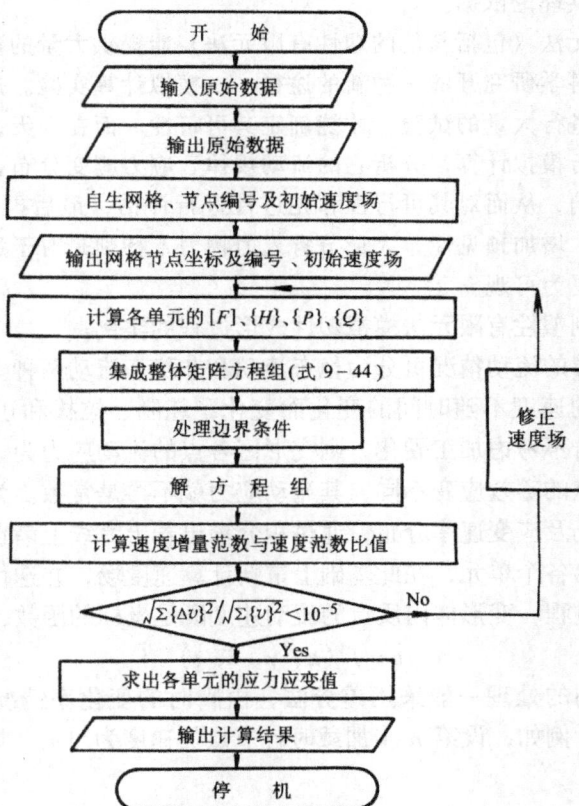

图9-20　刚塑性有限元程序框图

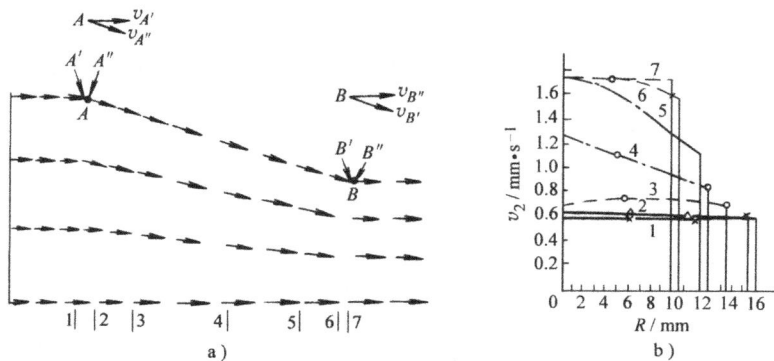

图 9－21　速度分布

a）子午面上的速度分布　b）不同横截面上的速度分布

所得计算结果如下：

1）收敛速度场，如图 9－21 所示。其中图 9－21a 为沿子午面上的速度分布，图 9－21b 为沿轴线不同位置（参见图 9－21a）的横截面上的速度分布。

2）网格畸变，如图 9－22 所示。

3）变形体的应力应变分布，如图 9－23 所示。

实例 2：用体积可压缩法模拟圆柱体镦粗变形。

试件尺寸为 φ200×200mm，材料的屈服强度 $\sigma_s =$

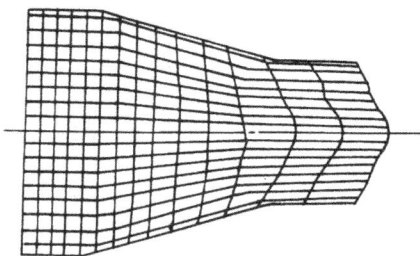

图 9－22　圆锥模挤压时的网格畸变

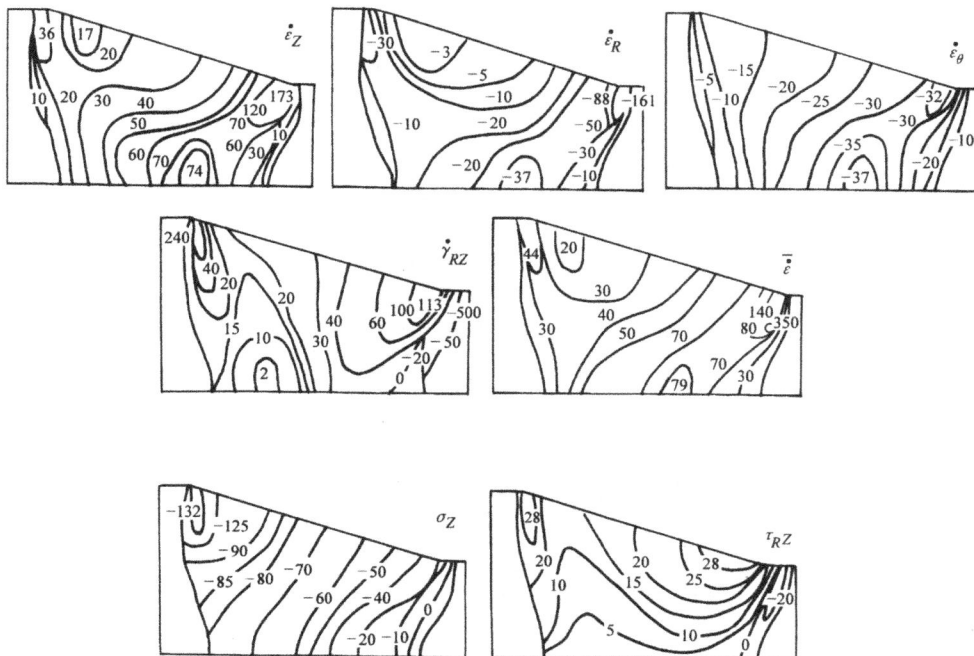

图 9－23　应力、应变分布 σ、τ（×10MPa）

300MPa。考虑加工硬化，接触表面的摩擦因子 $m = 0.25$。计算取子午面的四分之一，划分成 7×7 个四边形单元。因镦粗变形系非稳态流动过程，必须严格控制 Δt。Δt 过大，则产生的误差较大；但若 Δt 过小，则计算量太大。本例按每次压下量为工件瞬时高度的 1% 来取 Δt。计算结果如下：

1）高度压下量为 10% 时的网格变化，如图 9-24 所示。

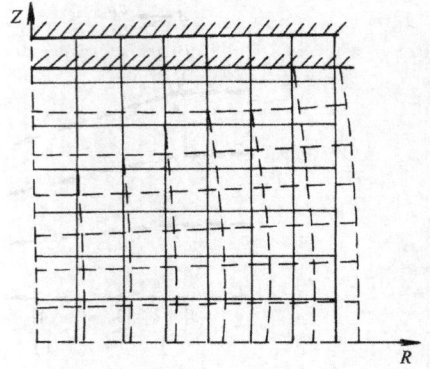

2）开始压下时和压下量为 10% 时的应力、应变分布，如图 9-25 所示。

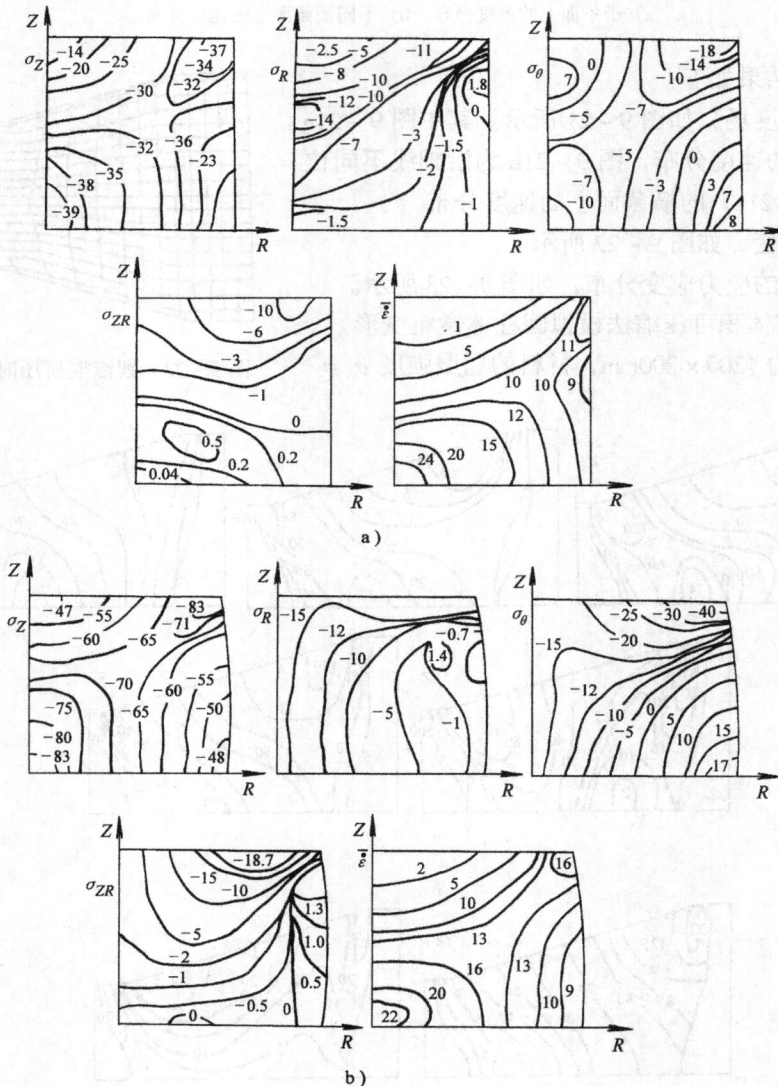

图 9-24 压下量为 10% 时的网格变化

a)

b)

图 9-25

a）开始压下时的应力应变分布 b）压下量为 10% 时的应力应变分布 σ、τ（$\times 10$MPa）

思 考 与 练 习

1．简述有限元法的一般解题步骤。

2．对连续体进行单元划分时应注意些什么？

3．什么是位移模式？什么是形状函数？

4．设在三角形单元的 ij 边上作用有均布载荷 q，其方向与 x 轴呈 60°角（见图 9-26），试求其等效节点载荷？

5．简述刚塑性材料的不完全广义变分原理。

6．试分析拉格朗日乘子法、体积可压缩法和罚函数法的特点。

7．整体方程集成的原则是什么？

8．何谓初始速度场？刚塑性有限元法中如何确定初始速度场？

9．何谓奇异点？刚塑性有限元法中如何处理奇异点问题？

10．刚塑性有限元法计算中，摩擦问题如何处理？

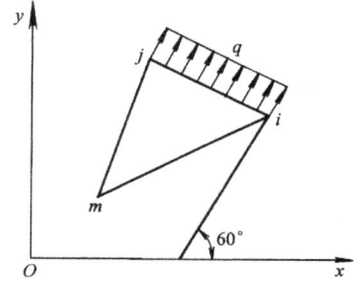

图 9-26　三角形单元上的均布载荷

第十章　塑性成形过程的物理模拟

由于塑性成形过程的复杂性，应用解析方法对其进行理论计算往往很困难，即使能求解的问题也非常有限。随着计算机技术的发展，利用塑性有限元法模拟塑性成形过程已日趋广泛，但其准确性仍然有赖于合理的数学模拟和边界条件的建立，特别是对于复杂的大塑性变形问题，其数值模拟结果往往与实际情况有较大的出入。鉴于此，用实验的方法来模拟塑性成形过程（即所谓物理模拟）就具有重要的意义。它不仅可以用来检验理论计算结果的正确与否，而且物理模拟本身又是一种能定量分析塑性成形应力应变状态等的有效方法。如果进一步将模拟实验和理论分析结合起来，形成实验—解析综合研究的方法，使物理模拟和数值模拟相互配合、取长补短，则能为研究塑性成形问题提供更可靠和有力的手段。

塑性成形模拟实验的目的大体有以下几种：对某特定塑性成形工艺进行基础性研究以掌握其特点和规律；研究某工艺过程的合理性和改进工艺措施提高产品质量的效果；研究新工艺方法和新工艺模具的效用；为自动化设计建立数学模型；为设计新的或改造旧的塑性加工设备采集必要的工艺参数等等。

塑性成形模拟实验的内容一般有两个方面，一是模拟研究金属的化学成分、原始组织状态以及变形的温度—速度条件等对变形后金属组织和性能的影响；二是模拟研究不同的约束条件、加载方式或不同工艺方法下，变形金属内部的应力应变特征和金属流动规律等。本章介绍的内容侧重于后者。

第一节　相似理论在塑性成形模拟实验中的应用

对塑性成形过程进行实验研究时，为节省实验费用和缩短实验周期，除个别零件尺寸较小可直接用实物外，通常需选择比例缩小的适当模型进行模拟实验，然后将实验结果推广到实际零件的成形过程。但要使模拟实验结果与实际零件的成形过程相一致或比较接近，就必须遵循几何的和物理方面的相似准则，主要包括以下条件：

1）在模拟实验中，模型与实物应保持几何相似，即模型与实物的相关尺寸比应相同，表示为：

$$\frac{l_o}{l_m} = \frac{a_o}{a_m} = \frac{h_o}{h_m} = \cdots = n \tag{10-1}$$

式中，n 称为模拟比例，相关尺寸的下角标 o 和 m 分别代表实物和模型。

2）对于模型与实物，工模具工作部分的形状在几何上应相似，而其对应的尺寸比应等于模拟比例 n。例如，圆筒件拉深时，实物与模型对应的凸模圆角半径比 $r_o/r_m = n$、凹模圆角半径比 $R_o/R_m = n$。

3）在模拟实验中，模型与实物应保持物理方面的相似。就模型材料来说，可以是具有相同化学成分、组织状态和力学性能的实物材料，也可以是不同于实物材料的其他模拟材料。对于后者，则要求其泊松比 ν、屈服点与弹性模量之比 σ_s/E、硬化指数 n、应变速率敏

感性指数 m 等与实物材料的相同，这些又称为塑性模拟准则。

此外，为保持同样的硬化、软化效果，在每一变形相应阶段（即从变形开始起到同一变形程度所处的瞬时），模型与实物的变形温度 t 及应变速率 $\dot{\varepsilon}$ 应相等，即

$$t_m = t_0 \tag{10-2}$$

$$\dot{\varepsilon}_m = \dot{\varepsilon}_0 \tag{10-3}$$

4）对于模型与实物，工模具与变形金属接触表面上的摩擦条件（如摩擦性质、摩擦系数或摩擦因子等）应相同。

在实际的模拟实验中，要完全满足上述条件往往是很困难的，甚至是不可能或互不相容。例如，为保证接触面上具有相同的摩擦条件，模型及实物材料沿接触面的滑动速度应相等，这就要求各自的工模具的运动速度 v 也相等，即

$$v_m = v_0 \tag{10-4}$$

而为保证模型与实物具有相同的应变速率，则要求模型对应的工模具运动速度应比实物的小几倍，即

$$v_m = \frac{1}{n}v_0 \tag{10-5}$$

这显然是矛盾的。又如，对于几何上相似的模型与实物，其表面积 F 和体积 V 之比 F/V 是不同的，实物的 F/V 是模型的几分之一。当进行热变形时，即使实物和模型的初始变形温度相同，但由于实物的 F/V 小，热散失和温度降低也就较少，这样，为保证每一变形相应阶段实物和模型的变形温度相同，就要求模型对应的工模具运动速度大约为实物的 n 倍，即

$$v_m = nv_0 \tag{10-6}$$

无疑，这与式（10-4）、式（10-5）也是不相容的。再如板料成形模拟实验时，要使模型与实物的板厚严格按比例变化也是有困难的。因此，在进行模拟实验时，我们可以根据实际情况，保证主要的、简化次要的，而忽略一些影响不大的条件，以期既保证模拟实验的现实可行性，又保证有足够的准确度。此外，还可通过一些系数（如尺寸系数、速度系数等）来修正模拟实验与实物变形不一致的地方。

第二节　关于塑性变形的模拟材料

选择合适的模拟材料是模拟实验首先应当考虑的问题。模拟研究的内容不同，所选用的模拟材料一般也不同。对于塑性成形过程的物理化学方面的模拟研究，通常应选用同种的实物材料；而对于塑性成形过程的位移、应变和应力分布，以及金属流动规律方面的模拟研究，则一般选用非实物材料的模拟材料。此时，所选用的模拟材料除应满足第一节中所述的塑性模拟准则外，还应尽可能考虑如下要求：模拟实验时所需载荷小；模拟材料易于得到，成本低；试件和试验工模具加工方便；实验时试件性能稳定；实验数据的测量计算方便可靠；能在室温下模拟高温塑性变形（这一点对于高温塑性成形的模拟研究特别有利）。

目前常用的塑性成形模拟材料，除实物材料外还有以下四类：

（1）软金属材料　铅、铝、铜、锡等都属于这类材料，其中铅的应用较为广泛。铅的屈服应力较低，对应变速率有一定的敏感性，室温变形时会发生再结晶，因此能在室温下模拟钢的热态成形。

（2）粘土类材料　其代表是塑泥（Plasticine），有黑、白、青、绿、灰等十几种颜色，其主要成分是碳酸钙，还有矿物油、氧化铁、氧化硫、碳酸镁和颜料等。实验表明，室温下塑泥与热态钢的应力应变曲线是相似的，当用碳酸钙粉做润滑剂时，其摩擦系数与钢热态变形时的相当。因此，可用来模拟钢的高温塑性成形。此外，塑泥的变形抗力小，模拟实验时所需载荷低，实验工模具制造较为方便。缺点是试件的稳定性较差，变形后的形状尺寸较难保持，从而影响试件实验数据的准确测量。

（3）蜡　蜡的种类很多，其中常用的是熔点为 54℃ 的石蜡。用蜡作为塑性模拟材料的优点是：能预先在试件上着色，便于了解试件各部分的流动情况和位移；能借助石蜡的结晶性观察材料内部结晶的变化和流动状态；保持试件变形后的形状尺寸较塑泥的容易，因而对薄壁成形件的模拟较为有利。缺点是蜡的应力应变关系受温度和应变速率的影响比较敏感，又蜡的试验温度应略高于室温，再加上蜡的种类多、性能各异，这些都给模拟实验带来较大的麻烦和误差。

（4）高分子材料　用高分子材料作为弹性模拟材料模拟金属构件受载后在弹性范围内的应力应变状态，已相当普遍；而用作为塑性模拟材料模拟金属塑性成形也已得到应用。实验表明，用有机玻璃进行塑性平面压缩所得到的应变分布曲线，和用铅进行同样试验得到的应变分布曲线相当一致。由于高分子材料具有记忆特性，因此用于进行塑性模拟实验具有特殊的作用。但是，用高分子材料进行塑性模拟实验时，一般应有一定的温度条件，这给实验带来一定的麻烦。

第三节　模拟实验基本方法

用于研究塑性成形过程中位移、应变以至应力分布的模拟实验方法有多种，如网格法、云纹法、偏振光法、点式传感器法、视塑性法等。其中网格法和云纹法应用较普遍，下面对其作简要介绍。

一、网格法

网格法是在试样的表面或剖分面上刻上坐标网格，变形后测量和分析坐标网格的变化，求得变形体的应变大小和分布。如果知道应力边界条件，利用数值积分法还可进一步求得应力的大小和分布。由于直接刻画坐标网格其精细程度较难保证，且破坏了试样表面的完整性，所以完善的作法是将试样表面抛光，再涂上感光膜，然后覆上精确的坐标网底片，经感光冲洗后，即可得到精细的坐标网。

在用网格法研究金属的变形分布时，可把每个网格看成是变形区的小单元，单元的变形是均匀的。坐标网格可以是立体的，也可以是平面的。平面坐标网可以是连续的或分开的正方形和圆形。圆形在变形过程中变成椭圆，椭圆轴的尺寸和方向反映了主变形的大小和方向。对于正方形网格，当其中心线在变形前后始终与主轴重合，即无切应力的作用，则变形后正方形变为矩形，正方形的内切圆变为椭圆，椭圆的轴与矩形的中心线重合（图 10 - 1b）。在一般情况下，主轴方向相对原来正方形的中心线发生了变化，则正方形变为平行四边形，其内切圆变成椭圆，但切点不是椭圆的顶点（图 10 - 1c），椭圆的轴即为新的应力主轴。

根据椭圆的尺寸可计算出主应变为

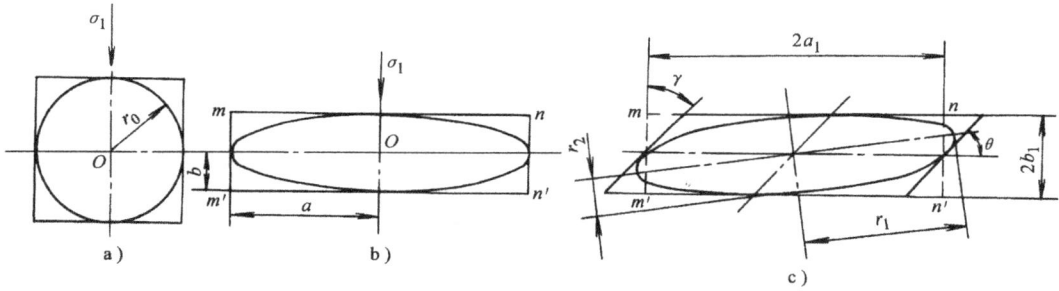

图 10-1 具有内切圆的正方形网格变形后的情形

a) 变形前的坐标网格 b) 无剪切变形时坐标网格的变化 c) 有剪切变形时坐标网格的变化

$$\in_1 = \ln \frac{r_1}{r_0} \qquad \in_2 = \ln \frac{r_2}{r_0} \qquad\qquad (10-7)$$

切应变为 γ （见图 10-1c）。

式中 r_0 为变形前内切圆的半径，r_1、r_2 为椭圆的长、短轴半径。如果 r_1、r_2 难于直接测得，则可由下式求得：

$$r_1 = \pm \sqrt{\frac{1}{2}\left[a_1^2 + \left(\frac{b_1}{\sin\theta}\right)^2\right] + \frac{1}{2}\sqrt{\left[a_1^2 + \left(\frac{b_1}{\sin\theta}\right)^2\right]^2 - 4a_1^2 b_1^2}} \qquad (10-8)$$

$$r_2 = \pm \sqrt{\frac{1}{2}\left[a_1^2 + \left(\frac{b_1}{\sin\theta}\right)^2\right] - \frac{1}{2}\sqrt{\left[a_1^2 + \left(\frac{b_1}{\sin\theta}\right)^2\right]^2 - 4a_1^2 b_1^2}} \qquad (10-9)$$

式中 a_1、b_1、θ 见图 10-1c。

图 10-2 示出金属经挤压后，其正方形坐标网格的内切圆变为椭圆的情形。椭圆的主轴方向即为主应力的方向，主应变可由式（10-7）～式（10-9）计算求得。图中曲线 c 即为主应变 $\in_1$ 的分布图形。

二、云纹法

1. 基本原理

将一块密栅胶片（称为试件栅）粘贴在试件表面上，或直接在试件表面上刻制一组栅线，它将随着试件变形，即栅线的距离（称为节距）和方向发生变化。在试件栅上再重叠一块不变形的栅片（称为基准栅），它通常是刻印在玻璃板上。此时，由于光的几何干涉，会产生明暗相间的条纹，称为云纹。云纹的分布与试件的变形情况有着定量的关系，根据云纹图即可算出试件各处的位移和应变分布；再根据本构方程和应力边界条件，又可进一步推算出试件的应力分布。

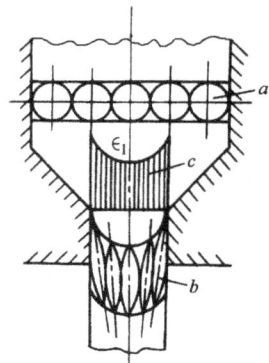

图 10-2 金属挤压后的变形分布

a—变形前的坐标网格

b—变形后的坐标网格

c—变形体内主应变 $\in_1$ 的分布曲线

应用密栅云纹法可直接获得大面积的位移（速度）场以及应变场、应力场；既可用于模型试验，也可在某些实物上进行测量；具有很广的测量范围，从微小的弹性变形到很大的塑性变形，从静载到动载，从室温到高温，从全面积的应变分布到局部区域的应力集中等；因此，是一种很有发展前途的测试技术。

下面介绍云纹的形成和基本性质，以及如何由云纹图计算应变。

设基准栅的节距为 p，试件栅变形前的节距亦为 p，但经沿垂直于栅线方向上均匀拉伸或压缩变形后，其节距变为 $p' = p \pm \Delta p$。将两栅片白线条重合或栅线对齐，则该处光线能透过而形成亮带中心。从此处起，由于两栅片节距不等，栅线逐渐错位，经过 n 根栅线后，两栅片的白线条必又重合，形成另一云纹的亮带中心；而在 $n/2$ 根栅线处，一栅片的黑线正好落在另一栅片的白线上，将光线遮挡而形成暗带中心，如此周而复始，便形成了明暗相间且等距的平行云纹，云纹与栅线平行，如图 10-3 所示。

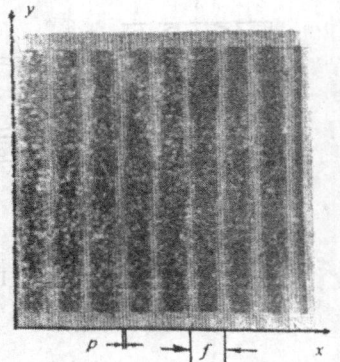

图 10-3 两栅片节距不等平行重叠形成的平行云纹

由此可见，云纹是表示垂直于基准栅栅线方向上位移分量相等的点的轨迹，且两条相邻的平行云纹条纹上各点在垂直于基准栅栅线方向的位移分量差值都等于一个栅线节距 p。故此，在云纹间距 f 范围内的平均应变为：

$$\varepsilon = p/f \tag{10-10}$$

在一般情况下，试件变形平面不仅会发生拉伸（或压缩）变形和剪切变形，而且变形分布是不均匀的。这就使变形前相互平行和重合的两组基准栅和试件栅栅线，在变形后其相对位置不仅发生了各处不等的平行移动，而且还发生了各处不等的相对转动。因而，所形成的云纹不再是平行等距的条纹，而是呈现疏密不等的各种曲线形状。在这种情况下，云纹是否仍然代表垂直于基准栅栅线方向等位移线的轨迹？下面对此作分析。

在图 10-4 中，试件栅和基准栅的两组栅线在变形前相互平行和重合，现由于试件变形不均匀，试件栅栅线发生弯曲，且间距不等。显然，这两组栅线的交点连成的曲线，即为云纹的亮带。由图不难看出，此时的云纹仍然代表沿垂直于基准栅栅线方向上位移分量相等的点的轨迹，且相邻两条云纹条纹上各点在垂直于基准栅栅线方向的位移分量差值都等于一个基准栅栅线节距。正由于云纹具有这种基本性质，我们就可以利用对位移场求导数的方法，根据所获得的云纹图来分析应变。

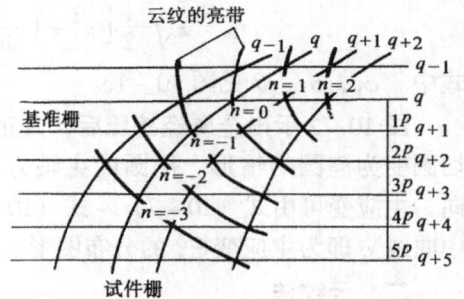

图 10-4 不均匀变形时两组栅线平移和转动形成的云纹

在直角坐标系中，分别以 u、v 表示质点在 x 轴和 y 轴方向的位移分量。水平栅线形成的云纹图，即表示 y 轴方向 v 场等位移线；而垂直栅线形成的云纹图，则表示 x 轴方向 u 场等位移线。设图 10-5 为 u 场等位移线云纹图中的两条相邻云纹条纹，其级次分别为 n 和 $n+1$。根据云纹的上述

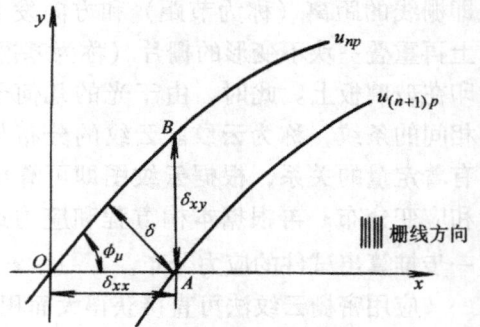

图 10-5 u 场等位移线沿坐标轴的分量

性质，此两云纹在 x 方向的位移差值（增量）为一节距 p，即 $\Delta u = p$；而两条云纹在 x 轴和 y 轴上的间距分别为 δ_{xx} 和 δ_{xy}。根据小应变几何方程可得：

$$\left.\begin{aligned}\frac{\partial u}{\partial x} &\approx \frac{\Delta u}{\Delta x} = \frac{p}{\delta_{xx}} \\[2mm] \frac{\partial u}{\partial y} &\approx \frac{\Delta u}{\Delta y} = \frac{p}{\delta_{xy}}\end{aligned}\right\} \tag{10-11}$$

同理，由 v 场等位移线图可求得

$$\left.\begin{aligned}\frac{\partial v}{\partial y} &\approx \frac{\Delta v}{\Delta y} = \frac{p}{\delta_{yy}} \\[2mm] \frac{\partial v}{\partial x} &\approx \frac{\Delta v}{\Delta x} = \frac{p}{\delta_{yx}}\end{aligned}\right\} \tag{10-12}$$

再利用下列关系式求得各应变分量 ε_x、ε_y、γ_{xy}

$$\left.\begin{aligned}\varepsilon_x &= \frac{\partial u}{\partial x}; \qquad \varepsilon_y = \frac{\partial v}{\partial y} \\[2mm] \gamma_{xy} &= \frac{\partial u}{\partial y} + \frac{\partial v}{\partial x}\end{aligned}\right\} \tag{10-13}$$

应变值确定后，利用塑性理论的有关基本方程和应力边界条件，可以进一步求得应力值。此过程比较复杂，通常采用差分法计算。下面简要介绍其基本原理。

设有一刚塑性平面应变问题，由云纹法已求得其阶段变形的应变增量场，又根据列维—密塞斯增量理论可求得其应力偏量场。为进一步求得应力场，将平衡微分方程第一式改写成如下的差分式：

$$\frac{\Delta \sigma_x}{\Delta x} + \frac{\Delta \tau_{xy}}{\Delta y} = 0 \tag{10-14}$$

即有 $\quad \sigma_x(x_0 + \Delta x, y_0) = \sigma_x(x_0, y_0) - \dfrac{\Delta x}{\Delta y}[\tau_{xy}(x_0, y_0 + \Delta y) - \tau_{xy}(x_0, y_0)] \tag{10-15}$

式中，$\sigma_x(x_0, y_0)$ 由给定的应力边界条件确定 [对于自由边界，则 $\sigma_x(x_0, y_0) = 0$]。

由于剪应力场已由增量理论确定，故相邻点的 $\sigma_x(x_0 + \Delta x, y_0)$ 便可由式（10-15）确定。依此原理，便可最终求得变形体内各点的 σ_x 值。再由式：

$$\sigma_x - \sigma_y = \sigma_x{}' - \sigma_y{}' \tag{10-16}$$

求得各相应点的 σ_y 值。

显然，要对塑性成形问题进行全场分析，数据处理和计算的工作量很大，故宜采用计算机编程计算和先进的云纹图像数据处理方法，以保证模拟实验结果的精度。

2. 云纹法在塑性成形中的应用举例

用云纹法研究塑性成形过程时，可以在模型或试件上进行。对于材料厚度远比其他尺寸小的平面应力状态问题，可以在模型或试件的自由表面上贴片，直接观察和拍摄加载过程的云纹图，并研究其变形的全过程。而对于平面应变问题或轴对称变形问题，则需用剖分式试件，并将试件栅粘贴在其对称平面、子午面或其他特征剖面上。由于加载过程无法直接观察到，所以只能在卸载后提取剖分面的云纹图。考虑到这类问题的塑性变形量要比弹性变形量大得多（后者一般仅占 5% 左右），所以卸载后进行测试所造成的误差并不大。又实际的塑性成形多为大塑性变形问题，通常采用阶段变形方法测量每一小阶段变形相应的位移增量场或速度场（即位移增量除以阶段变形持续的时间），然后应用小变形几何方程计算应变增量场或应变速率场。

下面为利用云纹法研究平面应变镦粗的实例。铅试样的高度 H 和宽度 B 均为 50mm，用节距为 0.083 mm 的双线正交栅，阶段镦粗变形程度 $\Delta H/H$ 约为 4%。其云纹图如图 10-6 所示。其中图 10-6a 为水平栅线形成的云纹图，表示垂直方向上的 v 场等位移速度线；而图 10-6b 为垂直栅线形成的云纹图，表示水平方向上的 u 场等位移速度线。

从图中可以看出，靠近接触表面部位和两侧自由表面中部的云纹密度最小，表明该处的应变值最小；而试件中心部位和沿对角线方向的云纹密度最大，表明该处的应变值最大。由阶段变形云纹图求得的应变速率 $\dot{\varepsilon}_X$、$\dot{\varepsilon}_Y$、$\dot{\gamma}_{XY}$ 分布曲线，如图 10-7 所示。由应变速率根据增量理论求得的应力分布曲线，如图 10-8 所示。

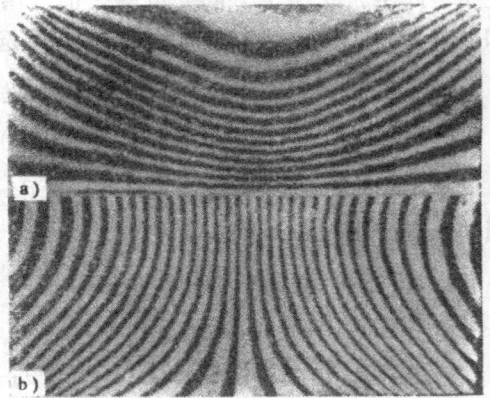

图 10-6　v 和 u 等位移速度线云纹图（铅试件原始尺寸比 $H/B=1$，阶段变形 4%）

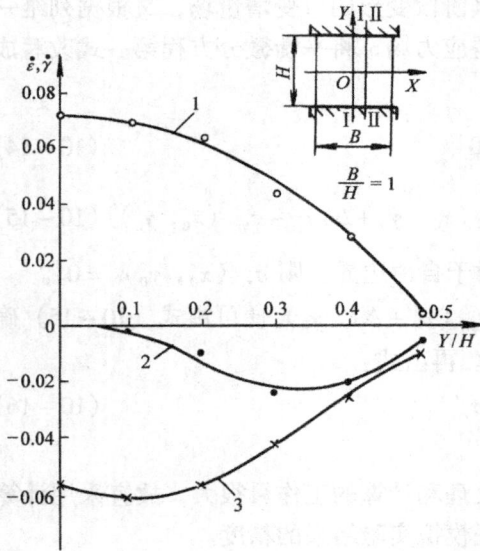

图 10-7　平面应变镦粗试件应变速率分布曲线

1—截面 Ⅰ-Ⅰ 上 $\dot{\varepsilon}_X$ 分布曲线

2—截面 Ⅱ-Ⅱ 上 $\dot{\gamma}_{XY}$ 分布曲线

3—截面 Ⅱ-Ⅱ 上 $\dot{\varepsilon}_Y$ 分布曲线

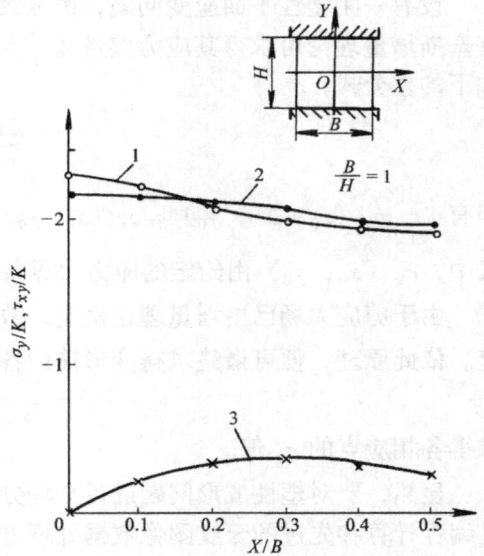

图 10-8　平面应变镦粗试件应力分布曲线

1—接触表面上 σ_Y 分布曲线

2—沿 OX 轴 σ_Y 分布曲线

3—接触表面上 τ_{XY} 分布曲线

第四节　成形极限图（FLD）及其在板料冲压生产或模拟实验中的应用

一、用网格技术制作成形极限图

实际应用的成形极限图通常用刚性半球形凸模胀形试验来制作。试验前，在薄板试件表面上预先印制一定形式的密集网格，网格的基本形式有四种，如图10-9所示。它们的共同特点是采用圆形网格，以便于根据变形后椭圆的长、短轴来确定主应变的大小和方向，小圆的直径依试件的尺寸大小而定，模拟实验时一般取 $\phi 2$ 或 $\phi 2.5$，而生产中常用 $\phi 5$。其中，图10-9b和图10-9d为叠合圆形式，它能增加裂纹通过网格中心的机会，对测量裂纹处的应变值有利；图10-9c的邻接圆形式与图10-9a的相比，可减少应变梯度的误差，但线条重叠，测量结果反而不易精确；对于测量不包含细颈（局部变薄）的椭圆的应变，采用图10-9a所示的形式最方便，且可根据变形后方格线条的形状，判断材料的流动方向。印制网格的方法有晒相法、电化学浸蚀法和混合法等。

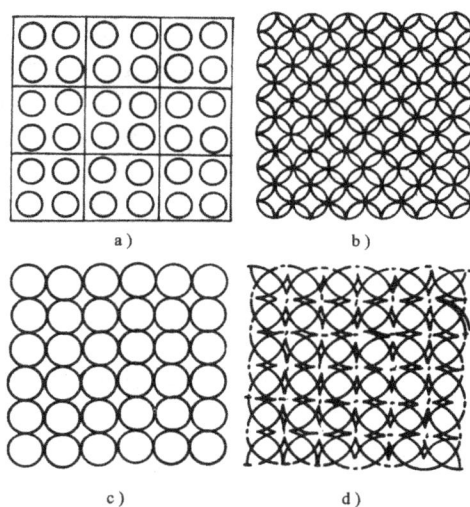

图10-9　四种网格的基本形式

试验时，将印制有网格的试件置于带凸梗的压边圈和凹模之间牢固夹紧，凹模孔径为 $\phi 100$，凹模圆角半径大于5倍的试件厚度，然后用刚性半球形凸模将试件胀形至破裂或出现细颈时为止。取出试件，测量与破裂起始部位（裂纹中央）最接近、且不包含细颈的椭圆的长、短轴，计算其相应的应变值，它们即表示此应变状态下的极限变形值。改变试件的宽度和润滑方式，以改变应变状态和面内应变的比例，再测量及计算相应的不同应变状态下的极限变形值。当取得能覆盖较大变形范围的足够的试验数据后，以椭圆长、短轴的应变为坐标，即可绘出板料成形极限图（FLD）。通常由于试验数据有些分散，成形极限曲线成为具有一定宽度的条带区，称为临界区，若应变落入该区内，则意味着该处的板料有濒临破裂的危险。

不同材质的板料，所得的成形极限图亦不一样。试验表明，一般的塑性材料（如软钢、铜、铝等），其简单加载时的典型成形极限图如图10-10所示。

二、成形极限图在板料成形中的应用

成形极限图能全面、直观地反映不同应变状态下板料的成形性能，因而可用以判断复杂形状冲压件工艺设计的合理性，分析冲压件的成形质量并改进工艺，以保证冲压生产的顺利进行。

在成形零件的板坯上印制上述网格，测量并计算成形零件中若干危险点的应变值，将它们标注在相应的成形极限图上，如图10-11所示。如果危险点落在临界区内（如图中点

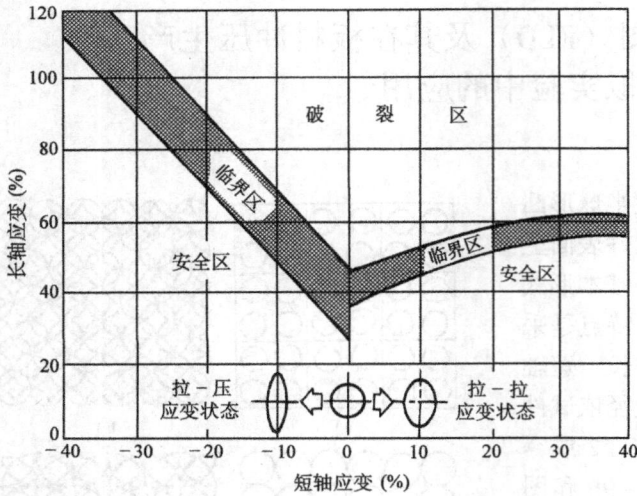

图 10－10　成形极限图

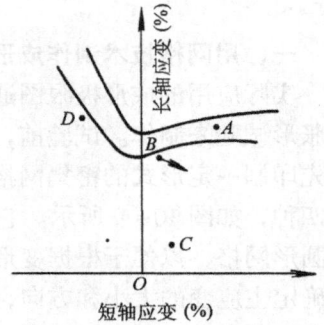

图 10－11　成形极限图上的
成形零件危险点

A），则预示该零件压制时废品率会很高。如果危险点靠近界限曲线（如图中点 B 和 D），则提示必须对有关条件严格控制，否则有可能出现废品。如果危险点（相对于零件中其他点而言）远离界限曲线（如图中点 C），则说明板料还有很大的塑性成形潜力；此时，对于民用产品，可考虑换用成形性能较差、价格较便宜的板材。

　　冲压成形的可控因素有：模具圆角半径、板坯几何尺寸、润滑状况和压边力等。从成形极限图中可以看出，对于零件危险点处于点 B 的情形，为增加冲压成形的安全性，应减小该处椭圆长轴的应变，或增大椭圆短轴的应变，或二者兼而有之。而为减小前者，应降低椭圆长轴方向的流动阻力，这可用在该方向上减小板坯尺寸、增大模具圆角半径、改善润滑等方法来实现；为增大椭圆短轴的应变，则应增大椭圆短轴方向的流动阻力，实现的方法是在该方向上增大板坯尺寸、减小模具圆角半径，或者在模具上设置适当的拉延筋等。对于零件危险点处于点 D 的情况，则应从减小椭圆长轴应变或减小椭圆短轴应变的代数值着手。要注意的是，为减小椭圆短轴应变的代数值，应减小该方向上板坯尺寸和增大模具圆角半径，或改善润滑等，以使材料沿短轴方向容易流入。这和上述点 B 的情形正好相反。这也说明，零件的危险点位于双向拉伸应变区域和一拉一压应变区域，为提高零件成形的安全性，所应采取的措施是不同的。

　　冲压生产中影响生产过程稳定的因素繁多，如板料成形性能的差异、润滑剂性能的变动、模具磨损情况、机床调整、压边力控制和工人操作情况，等等。这些因素影响的综合效果，集中表现在零件应变的分布和大小上。为了对生产过程进行监控，及时发现生产的不稳定性，在验收工艺规程和模具时，可压出一件带有网格的"标准零件"，将其危险区诸点的应变标注在成形极限图上。然后在生产中，定期插入一块印有网格的板坯，成形后将其与"标准零件"对比，就可以看出所有影响因素是否稳定。如果发现应变相对于"标准零件"有较大的漂移，就应仔细研究引起漂移的原因。若发现应变已漂移到临近界限曲线，则应停止生产，以防止大量废品的产生。

思 考 与 练 习

1. 什么是相似理论中的几何相似和物理相似？

2. 为什么在模拟试验中要严格遵循相似准则是很困难的？

3. 什么是坐标网格法？试举例说明其在体积成形和板料成形中的应用。

4. 简述云纹法的基本原理，及如何由云纹图计算应变和应力。

5. 成形零件的危险点若位于成形极限图中的双向拉应变区，为提高板料成形的安全性，可采取哪些具体措施？如危险点位于拉压应变区，则可采取哪些具体措施？为什么？

参 考 文 献

1 王仲仁等编著．塑性加工力学基础．北京：国防工业出版社，1989

2 汪大年主编．金属塑性成形原理（修订本）．北京：机械工业出版社，1986

3 王占学主编．塑性加工金属学．北京：冶金工业出版社，1991

4 赵志业主编．金属塑性变形与轧制理论（第二版）．北京：冶金工业出版社，1994

5 杨觉先编．金属塑性变形物理基础．北京：冶金工业出版社，1988

6 ［俄］E．II．翁克索夫等．金属塑性变形理论．王仲仁等译．北京：机械工业出版社，1992

7 宋维锡主编．金属学（修订版）．北京：冶金工业出版社，1989

8 王祖唐等编．金属塑性成形理论．北京：机械工业出版社，1989

9 包永千主编．金属学基础．北京：冶金工业出版社，1986

10 林法禹主编．特种锻压工艺．北京：机械工业出版社，1991

11 王仲仁主编．特种塑性成形．北京：机械工业出版社，1995

12 陈森灿，叶庆荣编著．金属塑性加工原理。北京：清华大学出版社，1991

13 张鸿庆等编．金属学与热处理（锻压专业用）．北京：机械工业出版社，1991

14 万胜狄主编．金属塑性成形原理．北京：机械工业出版社，1995

15 胡世光等著．板料冷压成形原理（修订版）．北京：国防工业出版社，1989

16 王仲仁等著．弹性与塑性力学基础．哈尔滨：哈尔滨工业大学出版社，1997

17 ［美］E．G．汤姆生等著．金属塑性加工力学．陈适先译．北京：知识出版社，1989

18 曹乃光主编．金属塑性加工原理．北京：冶金工业出版社，1983

19 曹鸿德主编．塑性变形力学基础与轧制原理．北京：机械工业出版社，1979

20 徐秉业等编．弹塑性力学及其应用．北京：机械工业出版社，1984

21 ［苏］M．B．斯德洛日夫，E．A．波波夫．金属压力加工原理．哈尔滨工业大学等译．北京：机械工业出版社，1980

22 姚若浩编著．金属压力加工中的摩擦与润滑．北京：冶金工业出版社，1990

23 王仁等著．塑性力学基础．北京：科学出版社，1982

24 ［苏］L．M．卡恰诺夫著．塑性理论基础．周承倜译．北京：人民教育出版社，1983

25 陈德和编著．钢的缺陷（修订本）．北京：机械工业出版社，1977

26 蔡泽高等编著．金属磨损与断裂．上海：上海交通大学出版社，1985

27 《锻件质量分析》编写组编写．锻件质量分析．北京：机械工业出版社，1983

28 吕炎等编著．锻件组织性能控制．北京：国防工业出版社，1988

29 吴诗惇著．金属超塑性变形理论．北京：国防工业出版社，1997

30 吕炎等编著．锻压成形理论与工艺．北京：机械工业出版社，1991

31 王祖唐编著．金属塑性加工工步的力学分析．北京：清华大学出版社，1987

32 林治平编著．上限法在塑性加工工艺中的应用．北京：中国铁道出版社，1991

33 钟春生等编．金属塑性变形力计算基础．北京：冶金工业出版社，1994

34 乔端等编．非线性有限元法及其在塑性加工中的应用．北京：冶金工业出版社，1990

35 吕丽萍主编．有限元法及其在锻压工程中的应用．西安：西北工业大学出版社，1989

36 黄学玲主编．锻压测试技术（修订本）．北京：机械工业出版社，1987

37 肖景容主编. 塑性成形模拟理论. 武汉：华中理工大学出版社，1994

38 曹起骧等编. 密栅云纹法原理及应用. 北京：清华大学出版社，1983

39 吴诗惇著. 挤压理论. 北京：国防工业出版社，1994

40 T. 阿尔坦等编. 现代锻造. 陆索译. 北京：国防工业出版社，1982

41 李大潜等编. 有限元素法续讲. 北京：科学出版社，1979

42 钱伟长编著. 变分法及有限元（上册）. 北京：科学出版社，1980

43 曹起骧等编著. 云纹法工程应用及图像自动处理. 北京：中国铁道出版社，1990

44 W. Johnson et al. Engineering Plasticity. Van Nostrand Reinhold Co. London, 1973

45 D. R. J. Owen et al. Finite Elements in Plasticity – Theory and Practice. Pineridge Press, Ltd., 1980

46 B. Avitzur. Metal Forming – The Application of Limit Analysis, Marcel Dekker Inc. New York, 1980

47 J. F. T. Pittman et al. Numerical Analysis of Forming Processes. John Wiley and Sons, 1984

48 R. A. C. Slater. Engineering Plasticity Theory and Application to Metal Forming Processes. John Wiley and Sons, 1977

49 M. Kiuchi, Y. Murata. Simulation of Contact Pressure Distribution on Tool Surface By UBET. Proc. 21, MTDR Conf., （1980）P13

50 A. S. Cramphorn, A. N. Bramtey. Computer Aided Forging Design with UBET. Proc. 18, MTDR Conf., （1977）P717

51 S. Kobayashi. The Role of The finite Element Method in Metal Forming Technology. Advanced Technology of Plasticity, Vol .11, 1984

52 Kozo Osakado. A Review of Finite Element Analysis of Metal. Proc. of 4th Int. conf. on Production Engineering, Tokyo, 1980

53 关廷栋等著. 理想状态下轴对称镦粗工艺上限元分析. 模具技术. No. 4，1984

54 林桐等著. 用刚塑性有限单元法计算塑性压缩过程金属的流动. 锻压技术. No. 5，1983